Q&A로
알아보는
구조설계

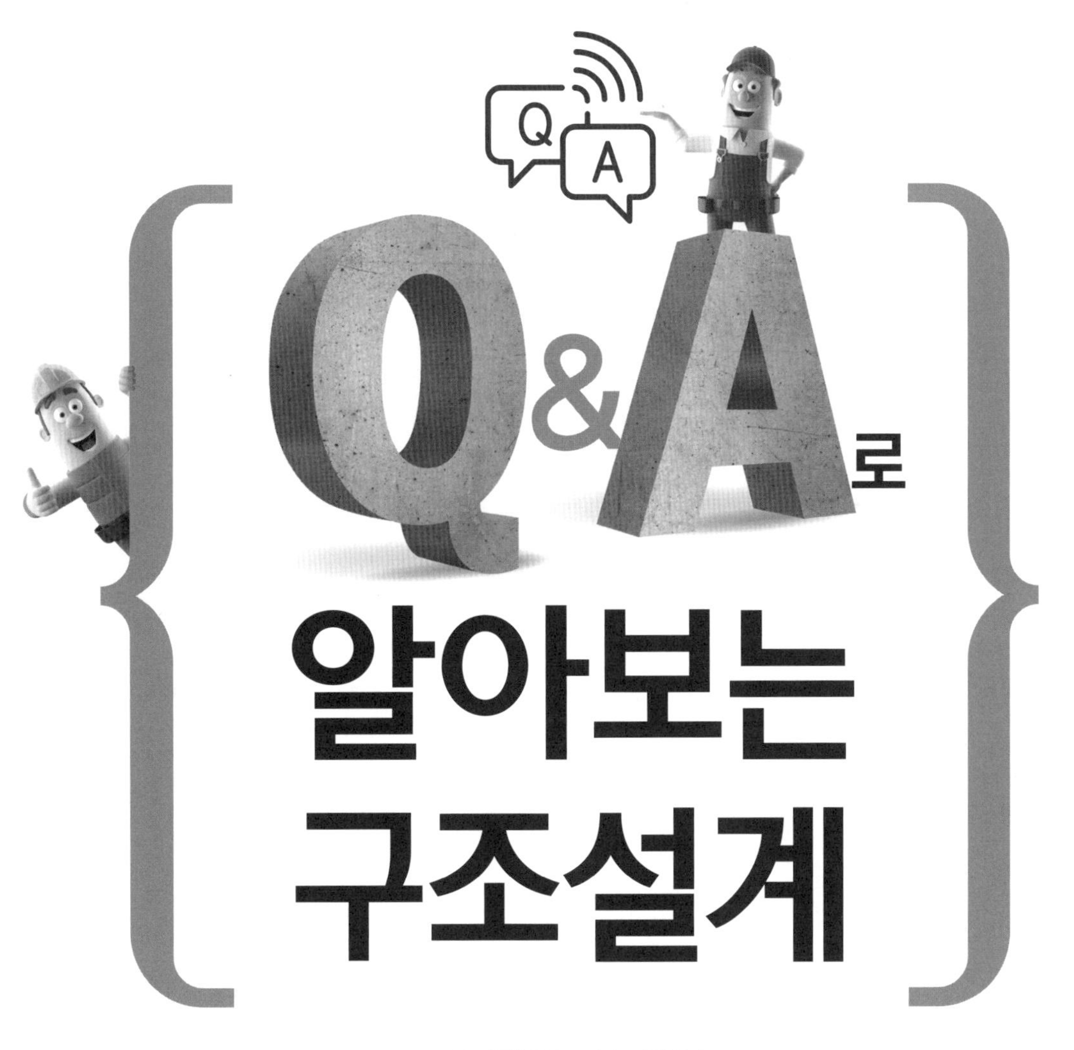

Q&A로 알아보는 구조설계

저자_ **진현균**　감수_ **정영수**

KSCE PRESS
KOREAN SOCIETY OF CIVIL ENGINEERS PRESS

Preface _머리말

이 책은 필자가 국내는 물론 해외의 화력발전소 구조물들(연료하역부두, 송전철탑 및 철탑기초, 케이블터널, G.I.S 기초, Transformer 기초, 터빈 및 주제어 구조물, 보일러 기초, HRSG 기초 등)을 설계하면서 궁금했던 점들에 대해서 여러 기준들을 참고하여 Q&A 형식으로 정리한 것입니다. 20년 넘게 설계를 하면서 의문이 나거나 궁금했던 문제들을 국내는 물론 해외기준을 찾아보면서 설계를 하였지만 일회성으로 지나치곤 했습니다. 최근 들어 관련 기준(Code)과 표준(Standard)들이 어디에 있는지 찾는 것이 흐릿한 기억으로 점점 어려워짐을 느꼈습니다. 그러던 어느 날 의문을 가졌던 것들을 '미리 정리해두면 필요할 때 찾는 시간을 줄일 수 있어 효율적인 업무가 되겠구나' 라고 생각했습니다. 본인은 물론 후배들이 많이 질의하고 궁금해했던 점들을 관련 국내 기준들과 해외의 Code와 Standard를 찾아 정리하기 시작했습니다. 설계 업무 때 궁금해하는 많은 문제들은 인터넷 검색을 이용하면 해결되거나 참고자료를 찾는 데 상당한 도움이 됩니다. 관련 규정이 어디에 있는지 모를 뿐이지 다른 나라의 기준들에는 우리가 궁금해하는 것들이 설명되어 있거나 규정되어 있는 경우가 많습니다.

대부분 각 나라의 기준들은 유사한 점도 많지만 차이점 또한 있습니다. 아마도 다른 나라의 엔지니어들은 물론 구조공학자(Structural Engineering)들도 우리와 유사한 의문을 갖고 고민하면서 관련 규정을 만들었을 것이라 생각합니다. 대부분 국내의 실무 설계자들은 기준을 직접 제정하는 일을 하지는 않습니다. 다만 만들어진 기준을 설계에 적용하는 것이 주된 업무라 할 수 있습니다. 많은 설계기준은 실제 설계에 곧바로 적용할 수 있도록 모든 내용을 세세하게 규정하고 있지는 않습니다. 그렇다 보니 국내의 관련 기준은 어떻게 되어 있고, 해외의 기준들은 또 어떻게 규정하고 있는지 알 필요가 있다고 생각합니다. 이런 경우에 관련 참고자료를 근거로 가장 합리적인 결정, 즉 Engineering Judgement를 내리는 것이 설계 실무자들의 최종 목표가 아닐까요?

이 책에서는 크게 지진, 콘크리트, 강구조, 기타로 구분하여 4개의 범주로 분류하였습니다. 의문점들에 관한 관련 기준이 어디에 있고, 내용은 무엇인지 간결하게 기술하였으며, 원문에 관한 참고문헌도 함께 작성하였습니다. 관심 있는 독자들과 설계 기술자들이 원문을 쉽게 찾을 수 있도록 하여 조금이나마 도움이 되도록 하였습니다. 마지막으로 이 책이 출간되도록 지지와 성원을 해주신 지광습 교수님과 감수를 해주시느라 고생하신 정영수 교수님, 출판을 승낙해주신 KSCEPRESS 관계자 모든 분들과 편집하느라 애쓰신 씨아이알의 김동희 과장님께 진심으로 감사의 말씀을 드립니다.

Contents
_차 례

02 철근콘크리트 Reinforced Concrete

03 강구조 Steel

04 기타 Miscellaneous

01

지진
Earthquake

01
지진
Earthquake

EQ 01

성능설계법과 사양설계법은 어떻게 다를까?

A

사양설계법(prescriptive design methodology)이란 오랜 기간 축적된 경험에 기반한 것으로 국내외 각종 설계기준에 따라 설계하는 것을 말한다. 사양설계기준에 따를 때 설계와 검토는 단순하면서 경제적 측면에서도 유리하다. 법적 분쟁이 발생했을 때 대응이 비교적 쉽다. 발주자 또한 빠르고 편리하게 결과물에 대한 검토가 가능한 장점이 있다. 그러나 종종 필요 이상으로 보수적으로 설계될 수도 있으며, 새로운 재료나 신기술, 신공법을 적용하기 어려운 경우도 있다. 특별한 설계조건에서는 설계자의 합리적 판단을 기대하기 곤란하다.

성능설계법(performance based design)은 설계에서 요구하는 성능목표를 이루기 위해 사양규정에 따르는 것이 아니라 설계자의 능력에 따라 검증된 여러 가지 방법을 적용하여 설계를 수행하면서 목표성능을 이룰 수 있는 설계방법이다. 고성능 재료의 개발, 설계자의 설계능력과 해석기술을 능동적으로 반영할 수 있으며 세계 시장에 적극적으로 대응할 수 있는 장점이 있다. 콘크리트 Q & A(2011)에 따르면, 내화설계 분야는 성능기반설계의 선두 역할을 하고 있다고 하며, 지진공학에서도 이미 많이 적용하고 있고(EQ 03 참조), 콘크리트 분야에서도 시도되고 있다.

EQ **02**

역량설계법이란 무엇일까?

A

역량설계법(capacity design method)은 1968년 New Zealand의 기술자 John Hollings가 처음으로 제시한 것으로 1970년대 중반과 80년대 초반 Tom Paulay 교수의 연구에 의해 대중화 되었다.[50] NZS 1170.5(2004)의 5.6.1에는 역량설계는 제한된 연성구조물(수직, 수평 비정형이 아닌 구조물/높이 15 m 이하/적절한 재료 표준이 추가적으로 요구되는 구조물)과 적절한 재료적인 요구에 따라야 하는 구조물에도 적용할 수 있다고 한다. NZS 1170.5 Supp1(2004)의 C5.6.1에서는 역량설계의 목표는 주요 지진이 발생할 때 구조물이 붕괴 없이 살아남을 수 있도록 연성파괴 메커니즘이 발현되도록 하는 것이라고 설명한다. Review of NZ Building Codes of Practice(2011)의 1.4.1에 따르면 지진에 저항하기 위한 구조물의 역량설계는 주요한 횡력 저항 시스템의 확실한 요소를 선택하여 상당한 변형하에 에너지 소산이 되도록 상세를 해야 하고, 적절히 설계되어야 한다고 설명한다. 소성힌지라 불리는 주요 영역(critical regions)은 비탄성적인 휨 거동이 발휘되도록 설계 및 상세(detail)되어야 하고, 전단파괴는 적절한 강도에서는 금지되어야 한다고 기술하고 있다.

NIST GCR 10-917-5(2010) 'Sidebar 2'에 의하면 역량설계(capacity design)의 예로 강한 기둥(strong column)/약한 보(weak beam) 개념 또는 항복링크(yielding links)의 설계와 편심 브레이스(brace, 가새) 골조(eccentrically braced frame)에서 탄성 브레이스(elastic braces)를 들고 있다. 역량설계법의 이해를 돕기 위해 다음과 같은 체인(link)을 생각해보자.

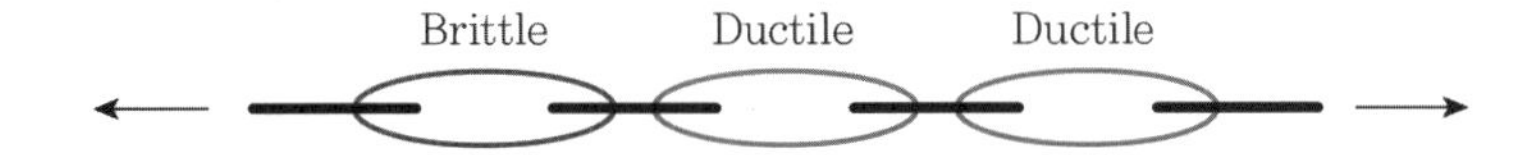

좌측 체인은 취성(brittle)이고 나머지는 연성(ductile) 체인이다. 전체 구조물의 강도는 가장 약한 요소의 강도가 좌우한다. 내진설계의 목표는 지진하중에 의해 체인이 당겨질 때 체인이 파괴되지 않도록 하는 것이다. 이렇게 하려면 설계자는 구조물의 가장 약한 부위를 알아야 하고, 그 위치에서의 강도를 평가해야 한다. 상기 체인 구조에서 취성파괴가 발생하지 않으려면 취성체인의 강도는 연성체인들보다 커야 한다. 이때 취성체인은 다른 체인들의 "Capacity"로 설계되어야 한다. 이런 Capacity는 "체인은 공칭 설계강도보다 상당히 크고 동적효과가 고려되었다"는 사실로부터 개발되었다. 이것을 역량설계(capacity design)라고 한다. Capacity Design이 개발된 주요 동기는 자연현상을 정확하게 예측하는 것은 불가능하고, 설계자가 보수적으로 평가하였던 지진력은 구조물에 치명적인 손상을 입혀왔다는 것을 깨달았기 때문이다. 이 설계법의 가장 중요한 점은 예상된 파괴 메커니즘이 체인의 가장 약한 부위로 선택한 위치에서 발생해야 한다는 것이다. 역량설계에 대한 배경에 대해 좀 더 알고 싶은 독자들은 참고문헌 51과 52를 참고하면 된다.

참고로 이철호(2008)는 역량설계법에 대해 다음과 같이 설명한다.

어떤 구조물에 가해질 지진하중을 예측한다는 것은 거의 불가능하므로, 아무리 정교한 해석으로 설계를 한다고 해도 입력자체가 불확실하므로 큰 의미가 없다. 따라서 알 수 없는 지진동의 특성에 크게 좌우되지 않고 설계자가 미리 의도한 위치에 소성힌지가 유도되도록 설계하여 내진성을 확보하는 것을 말한다.

EQ 03

미국의 내진설계기준에 성능설계법을 도입하게 된 이유는?

A

1997년 이전 미국의 내진설계 개념은 50년간 10% 초과확률(재현주기 475년, 일반적으로 재현주기 500년으로 칭함)에 대응하는 설계지진에 대하여 인명안전(life safe)을 목표로 하였다. 그러나 1987년에 발생한 Loma Prieta 지진을 통해 내진설계가 단순히 인명안전(life safe)을 목표로 해야 하는 것이 아니라 설계지진의 수준(design earthquake level)에 따라 여러 가지 성능수준(performance level)을 만족시킬 수 있는 기준으로 전환되어야 한다는 것을 인식하게 되었다. 기준에서 제시된 지반가속도의 25~50%에 해당되는 지진이 발생하였음에도 불구하고 샌프란시스코의 도심을 흔든 이 지진은 약 70억 달러에 달하는 경제적인 피해를 유발했다. 또한 1994년 발생한 규모 6.7 정도의 Northridge 지진의 경우에도 인명피해는 크지 않았으나 약 200억 달러에 달하는 막대한 경제적 피해가 발생했다고 한다. 이와 같이 설계지진 이하의 지진으로부터 겪은 막대한 경제적인 피해로 인해 내진설계의 기본 개념을 새롭게 정립해야 할 필요성이 제기된 것이다. 이에 따라 내진설계를 성능에 기반한 방법으로 변경하게 되었고 최대예상지진(maximum considered earthquake, MCE)이라는 개념이 새롭게 제시되었다. 성능설계법을 사용하면 다양한 성능수준과 지진에 대해 검토할 수 있다. 이 방법은 구조물에 전통적인 설계방법으로 사용하는 반응(응답)수정계수(R factor)를 전체 구조계에 적용하는 것이 아니라 부재별(구조 부재 또는 비구조 요소)로 검토가 가능하게 되는 장점이 있다.

FEMA P-1050-2(2015), RP1-2 History of Performance-Based Design에 따르면 확률의 개념을 가진 재해도는 1970년대 초반에 개발되었으며 50년의 10% 초과확률을 갖는 것으로 재현주기 475년에 대한 것이었다. 1990년대 중반에 두 개의 프로젝트가 수행되었다. ATC-33의 기반작업을 통해 FEMA 273/274가 작성되었고 SEAOC(캘리포니아 구조기술자협회)의 Vision 2000이 작성되었는데 두 프로젝트 모두 성능설계의 개념이 소개되었다. SEACO의 Vision 2000에 제시된 성능목표 Matrix는 다음과 같다. 2020년 현재 미국의 설계개념과는 다르게 970년 재현주기까지만 제시되어 있다.

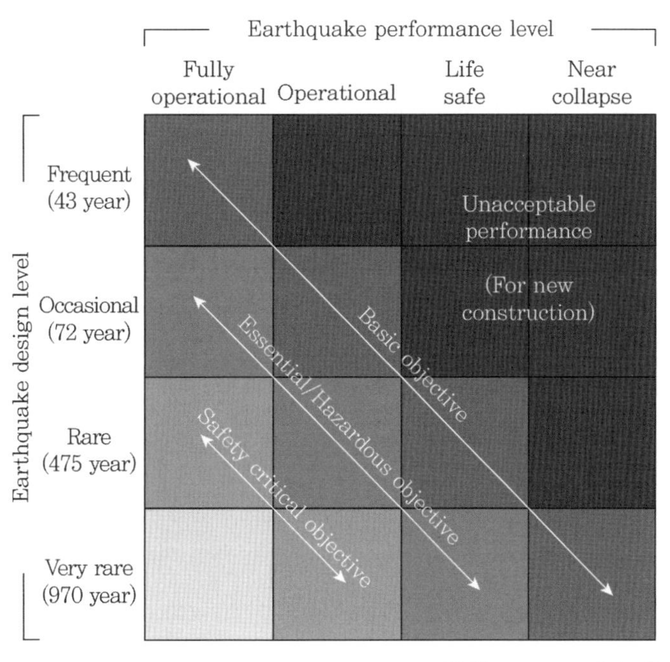

(출처 : FEMA P-1050-2)

1997년 NEHRP Provisions(FEMA 302/303)에서는 지진에 대한 예전의 개념을 변경 제안했으며, 최초로 최대예상지진(MCE)의 개념을 소개했다. 여기서는 SEAOC의 Vision 2000(1995)과 다르게 재현주기를 975년이 아닌 50년간 2% 초과확률(재현주기 2,475년)을 채택하였다. 또한 지진의 성능수준에 대한 용어도 다음과 같이 표현했다.

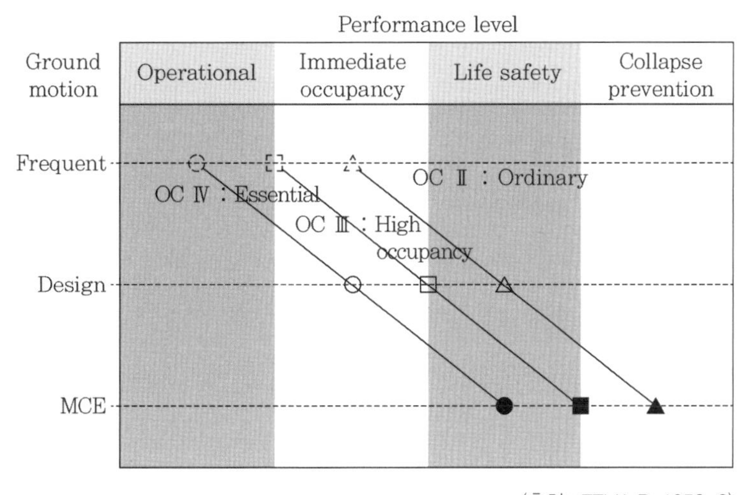

(출처 : FEMA P-1050-2)

EQ 04

미국토목학회 표준 ASCE 7의 내진설계 재현주기가 2,475년인 이유는?

A

FEMA 303(1997) 4.1.1 Maximum Considered Earthquake Ground Motions에 따르면 국가 전체 지진 재해도는 이전 규정(provisions)에서 50년의 10% 초과 확률(재현주기 475년, 통상 재현주기 500년으로 칭함)로 정의되었고, 설계요구사항은 지진성능범주(seismic performance category)와 지진재해노출그룹(seismic hazard exposure group)을 기반으로 하였다. 이러한 접근방법은 국가 전역에 설계지반운동을 넘지 않는 가능성(likelihood)을 균일하게 제공하지만, 그러한 지반운동으로 설계된 구조물은 파괴에 대한 균일한 여유(uniform margin of failure)를 제공하지 못한다. 따라서 미국의 서로 다른 지역에서 가능성(likelihood)에 대한 지진지반운동의 변화 비율이 일정하지 못했다. FEMA 303에서 채택한 접근법은 설계지반운동에서 붕괴에 대한 균일한 여유가 제공되도록 의도했다. 이것을 달성하기 위해 지반운동의 위험(ground motion hazard)을 최대예상지진(maximum considered earthquake, MCE)으로 정의하였다고 한다. MCE란 구조물의 내진설계에서 합리적으로 적용될 수 있는 최대 수준의 지진을 의미하며 50년간 2%의 초과확률(재현주기 2,475년, 일반적으로 재현주기 2,400년 또는 2,500년으로 칭함)을 기준으로 한다. 미국토목학회(American Society of Civil Engineers, ASCE)에서 발행하는 ASCE 7-98 및 IBC(International Building Code) 2000 기준부터 지진하중 계산에 MCE가 적용되었다. 국내에서는 2005년 건축구조설계기준부터 재현주기 2,400년에 대해 지진하중을 산출하도록 규정했다. ASCE 7-10과 IBC-2012부터는 Risk-Targeted Maximum Considered Earthquake, MCE_R이라는 개념을 새롭게 도입했다. FEMA P-750(2009) C21.2.1에서는 종전(ASCE 7-05) 내진설계는 50년 재해수준(hazard level)의 2%였으나 50년 붕괴수준(collapse level)의 1%로 변경하였다고 서술하고 있다. 이렇게 변경한 이유는 **더욱 균일한 붕괴방지(collapse prevention) 수준을 달성하여 내진설계(seismic design)를 향상시키려는 의도**라고 한다. 이렇게 함으로 인해 미 동부와 중부의 강진지역과 오리건 해안가(coastal Oregon)의 지반운동(ground motion)이 30% 넘게 감소되었다고 한다.[66] ASCE 7-10 C11.4에서는 MCE_R의 지반운동은 MCE의 지반운동과 상당히 다르며, 차이점에 대해 다음과 같이 설명하고 있다.

1) 균일한 재해(uniform hazard)가 아닌 균일한 붕괴위험(uniform collapse risk)에 근거한 확률론적 지반운동(probabilistic ground motions)
2) 활성단층에 가까운 부지의 응답스펙트럼가속도 중앙값의 1.5배가 아닌 84 백분위수(중앙값의 약 1.8배)에 근거한 결정론적 지반운동(deterministic ground motions)
3) 평균(기하평균, geometrical mean)이 아닌 수평면에서 최대응답스펙트럼가속도에 근거한 지반운동의 세기(ground motion intensity)

참고로 FEMA 303(1997) 4.1.1에서 제시하였고 ASCE 7에서 사용 중인 단주기 스펙트럼 가속도(S_S)와 1초 주기 스펙트럼가속도(S_1)는 S_B 지반상태(rock)를 기준으로 한 것이다. 단주기용 지반증폭계수(F_a)와 장주기용 지반증폭계수(F_v)도 S_B 지반조건 값이 1.0이라는 것은 S_B 지반상태를 기준하였다는 증거다. FEMA 303(1997) Appendix B 서두에서는 전통적으로 사용되었던 최대지반가속도(peak ground acceleration) 또는 최대속도(peak ground velocity)가 아닌 스펙트럴 응답가속도(spectral response acceleration)를 기반으로 한 새로운 설계절차를 FEMA 303(1997)에서 사용하였다고 설명한다.

EQ 05

ASCE 7과 IBC 기준에서 단주기와 1초 주기 설계스펙트럼가속도에 2/3를 사용하는 이유는?

A

FEMA 303(1997) Appendix A에 따르면 다음과 같이 설명한다. 구조물의 실제설계에서 보수성(conservatism)은 자주 'Seismic Margin'으로 일컬어진다. 엄청난 인명손실은 설계수준과 같은 실제 지반가속도에서 발생되지 않도록 하는 것이 지진여유도(seismic margin)다. Building Seismic Safety Council(BSSC)에서 임명한 15명의 Seismic Design Procedure Group(SDPG)에서 모여진 의견은 FEMA 303(1997) 규정(provision)에 포함된 지진여유도 (seismic margin)는 최소한 설계지반운동(design earthquake ground motions)의 1.5배 여유(margin)가 제공된다고 한다.

즉 구조물이 설계수준의 1.5배의 지반진동수준을 겪게 되어도 구조물의 붕괴 가능성은 낮다. SDPG는 이러한 여유(margin)의 정량화(quantification)는 구조물의 형태, 상세요구사항 등에 따라 달라지지만 이 규정에 따라 설계된 구조물들에 대한 1.5 계수는 적절하게 보수적으로 판단한 것으로 인식하고 있다. 이와 같은 지진여유도는 구조설계 여유도를 평가한 Kenney et al.(1994), Cornell(1994), Ellingwood(1994)에 의해 확인되었고, 유사한 결론에 도달했다고 한다. 따라서 단주기와 1초 주기 설계스펙트럼가속도에 2/3(MCE의 2/3)를 사용한다.

EQ 06

내진설계에 사용하는 고유주기 약산식을 이용할 때 주의사항은?

A

건축구조기준(KBC 2016) 0306.5.4에 따르면 빌딩(건물)에 대한 근사고유주기 T_a(초)는 다음 식에 의해서 구한다.

$$T_a = C_T h_n^{3/4} \quad \cdots\cdots 1)$$

여기서, $C_T = 0.085$: 철골모멘트골조(steel moment-resisting frames)

$= 0.073$: 철근콘크리트모멘트골조(moment-resisting frames system of reinforced concrete), 철골 편심가새골조(eccentrically braced steel frames)

$= 0.049$: 그 외 다른 모든 건축물

h_n = 건축물의 밑면으로부터 최상층까지의 전체 높이(m)

다만, 철근콘크리트와 철골모멘트저항골조에서 12층을 넘지 않고 층의 최소높이가 3 m 이상일 때에는 근사고유주기 T_a는 다음 식에 의하여 구할 수 있다.

$$T_a = 0.1N \quad \cdots\cdots \quad 2)$$

여기서, N : 층수

2019년 공표된 국가건설기준의 건축물 내진설계기준(KDS 41 17 00 : 2019) 7.2.4에는 다음과 같이 ASCE 7과 동일하게 변경했다.

$$T_a = C_t h_n^x \quad \cdots\cdots \quad 3)$$

여기서, $C_t = 0.0466,\ x = 0.9$: 철근콘크리트모멘트골조

$C_t = 0.0724,\ x = 0.8$: 철골모멘트골조

$C_t = 0.0731,\ x = 0.75$: 철골편심가새골조 및 철골 좌굴방지 가새골조

$C_t = 0.0488,\ x = 0.75$: 철근콘크리트 전단벽구조, 기타골조

h_n = 건축물의 밑면으로부터 최상층까지의 전체높이(m)

ASCE 7-16 C15.4.4에서는 **건물과 비건물(nonbuilding) 구조물은 상당한 차이가 있으므로 $T_a = C_t h_n^x$ 식을 비건물 구조물에 대해 사용하면 안 된다**고 한다. 건축구조기준(KBC 2016) 0306.11.2.2 해설 및 건축물 내진설계기준 해설 19.3.2에서도 주기산정의 경험식은 일반적으로 건물 외 구조물의 거동과는 연관이 없으므로 사용을 추천하지 않는다고 설명한다. 따라서 비건물 구조물 또는 건물 외 구조물은 고유치해석이나 문헌 등으로 구조물의 주기를 구해야 한다. 한편 $T_a = C_T h_n^{3/4}$ 식은 1988년 UBC 2312 Earthquake Regulations에 처음 제시되었으며 ASCE 7-88~ASCE 7-98까지 사용하였다. ASCE 7-02 기준부터는 $T_a = C_t h_n^x$와 같이 변수형태로 표현했다. 다음은 변수에 대한 값으로 ASCE 7-16에서 발췌했다.

표 12.8-2 Values of Approximate Period Parameters C_t and x

Structure Type	C_t	x
Moment-resisting frame systems in which the frames resist 100% of the required seismic force and are not enclosed or adjoined by components that are more rigid and will prevent the frames from deflecting where subjected to seismic forces :		
Steel moment-resisting frames	0.028(0.0724)[a]	0.8
Concrete moment-resisting frames	0.016(0.0466)[a]	0.9
Steel eccentrically braced frames in accordance with Table 12.2-1 lines B1 or D1	0.03(0.0731)[a]	0.75
Steel buckling-restrained braced frames	0.03(0.0731)[a]	0.75
All other structural systems	0.02(0.0488)[a]	0.75

a : Metric equivalents are shown in parentheses.

ASCE 7-16, C12.8.2.1에 따르면 $T_a = C_t h_n^x$ 식은 바람효과(wind effects)를 포함하여 작거나 중간 정도의 지진(small-to moderate-sized earthquakes)에 대해 관측된 건물구조의 응답을 통계적 분석으로 얻은 것이라 설명한다. 지수 x는 역사적으로 0.75로 취했다고 한다. 이 식은 다음 그림과 같이 낮은 범주의 자료들에 기초한 것이다. 고유주기 약산식을 사용하면 주기가 작아지므로 지진응답계수(C_S)와 밑면전단력(V)이 크게 계산된다.

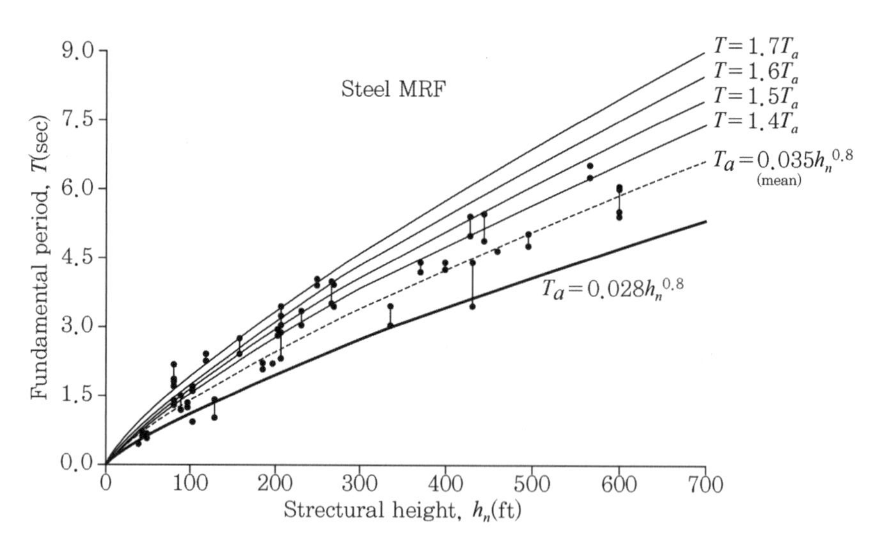

그림 C 12.8-2 Variation of fundamental period with structural height

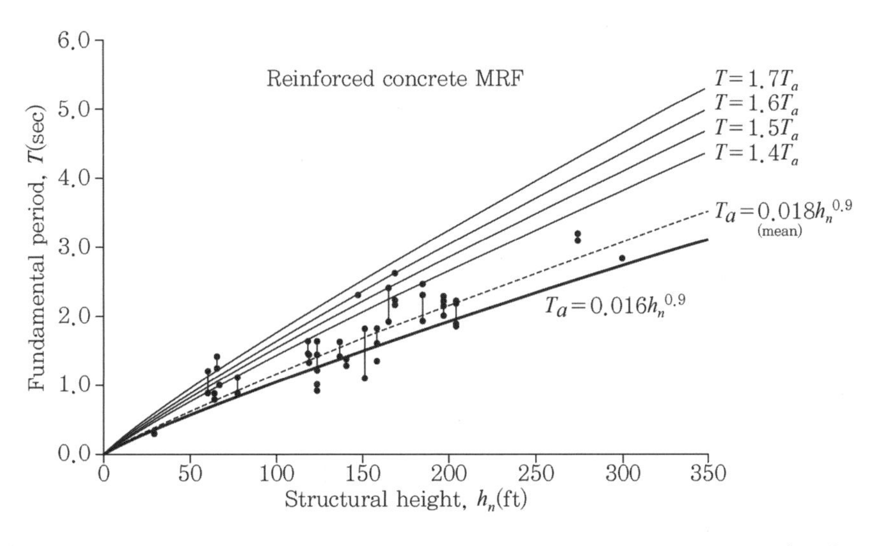

그림 C 12.8-2 Variation of fundamental period with structural height(계속)

개략주기 예측식 $T_a = 0.1N$은 UBC 1961~1985까지 규정되어 있었다. 간략식의 제한 조건은 요구된 횡력에 대해 100% 저항할 수 있는 연성모멘트골조(ductile moment-resisting space frames) 형태의 구조물에 허용되었다. 이후 $T_a = 0.1N$ 식은 UBC 1988년에 삭제하였고 마지막 UBC 기준인 1997년까지 사용하지 않았다. ASCE 7은 이 식을 1995년에 처음으로 추가했다. 빌딩 통합기준인 2000년 IBC 1617.4.2.1에서 $T_a = 0.1N$ 식은 다시 채택되어 IBC-2018과 ASCE 7-16 기준에서 사용하고 있다.

EQ 07

ASCE 7-16 12.4.2.2의 수직지진하중 산출식의 근거는?

A

Seismic Design Handbook(2013) 2.6 Estimating Ground Motion에 따르면 Newmark는 수평운동의 2/3를 최대 수직가속도로 제안했다고 한다. Significant Changes to the Minimum Design Load Provisions of ASCE 7-16, P96에서는 수직지진하중 산출식(E_V)을 다음과 같이 계산할 수 있다고 설명한다. $E_V = 0.3 \times 2/3 \times S_{DS} \times D = 0.2S_{DS} \times D$가 된다. 0.3을 곱하는 이유는 다음 그림과 같이 수평방향에 대한 수직방향에 100%-30% 법칙을 적용하였기 때문이라고 한다.

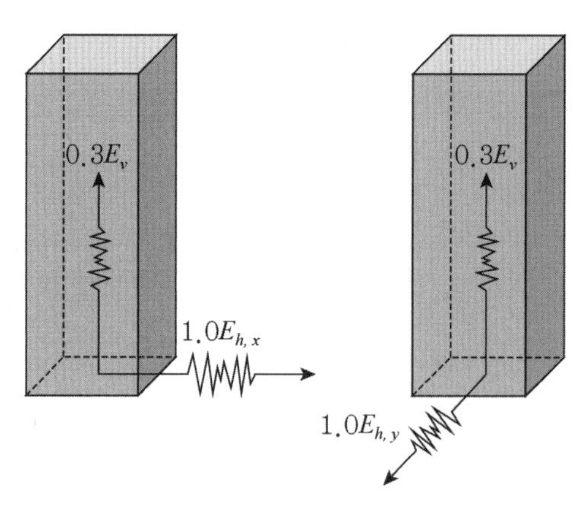

100%–30% Rule for combining the effects of orthogonal ground motions

건축물 내진설계기준(KDS 41 17 00 : 2019) 8.1.2.3 특별지진하중 편에는 필로티 등과 같이 전체 구조물의 불안정성으로 붕괴를 일으키거나, 지진하중의 흐름을 급격히 변화시킬 수 있는 주요부재와 이를 지지하는 해당 위치의 수직부재 설계에는 지진하중을 포함한 하중조합에 일반지진하중(E) 대신 특별지진하중(E_m)을 사용하도록 다음과 같이 제시했다. ASCE 7-16 12.4.3에서도 초과강도(overstrength)를 포함한 수직과 수평지진하중 효과를 고려하는 식이 있다.

$$E_m = \Omega_0 E \pm 0.2 S_{DS} D$$

여기서, Ω_0는 시스템초과강도계수, S_{DS}는 단주기설계스펙트럼가속도, D는 고정하중이다.

EQ 08

내진설계기준에서 말하는 직교하중효과란?

A

지진하중은 일반적으로 ±x축 방향과 ±y축 방향에 대해 적용한다. 그러나 실제 지반운동은 구조물을 중심으로 모든 방향으로 발생될 수 있다. 이와 같이 지진으로 인해 구조물에 가장 불리한 응력(축력, 모멘트)을 발생시키는 방향을 알 수 없으므로 국내외 기준에서는 내진설계

범주(KDS 41 17 00 : 2019의 8.1.3.2 및 8.1.3.3 : C, D, ASCE 7-16 12.5 : C, D, E, F)에 따라 이 효과를 고려해야 한다. KBC 2016 기준에서는 건축, 기계, 전기 등의 비구조요소와 강성이 큰 건물 외 구조물(탱크, 저장용기 등)로 분류되는 구조물들에 대해서는 직교하중효과(orthogonal load effects)에 대해 규정하지 않았다. 그러나 수직지반운동에 민감한 건물 외 구조물은 KDS 41 17 00 19.3.6.2와 ASCE 7-16 Seismic Design Requirements for Nonbuilding Structures 15.1.4.1에 새롭게 수평지진하중과 수직방향의 직교효과까지 고려하도록 했다. 이를 그림으로 표현하면 다음과 같다.

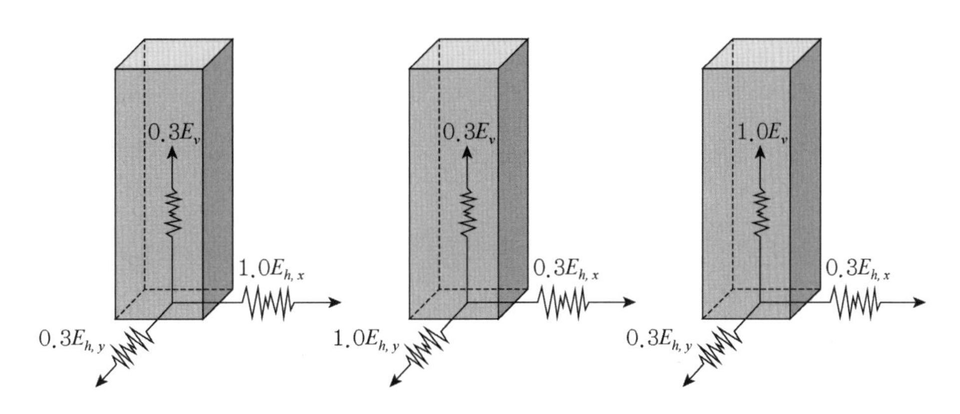

Application of seismic forces required for hanging structures and structures incorporating horizontal cantilevers

수직효과가 없는 구조물에 대해 직교효과를 고려하는 방법은 다음과 같다.

1) 한 방향 지진하중 100%와 직각방향 지진하중의 30%에 대한 하중효과의 절댓값을 구하되 두 조합 중 큰 값을 택한다.

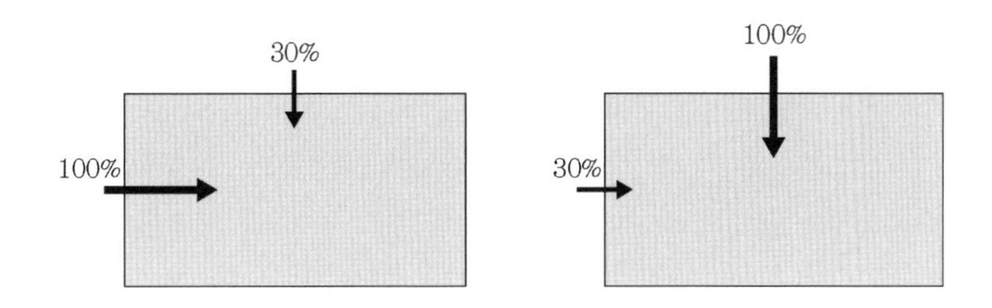

2) 직교하는 2방향 하중효과의 100%를 제곱합제곱근(SRSS) 방법으로 조합한다.

EQ 09

지진공학에서 사용하는 스펙트럼이란?

A

Wind and Earthquake Resistant Buildings(2005)의 2.2.14.1에서는 지진공학에서 스펙트럼(spectrum)이란 용어는 구조물이 갖는 넓은 범위의 응답을 하나의 그래프에 요약할 수 있기 때문이라고 설명한다. 7가지 색깔의 무지개를 한눈에 볼 수 있듯이 구조물의 주기와 이에 대응하는 가속도를 다음과 같이 한눈에 볼 수 있다.

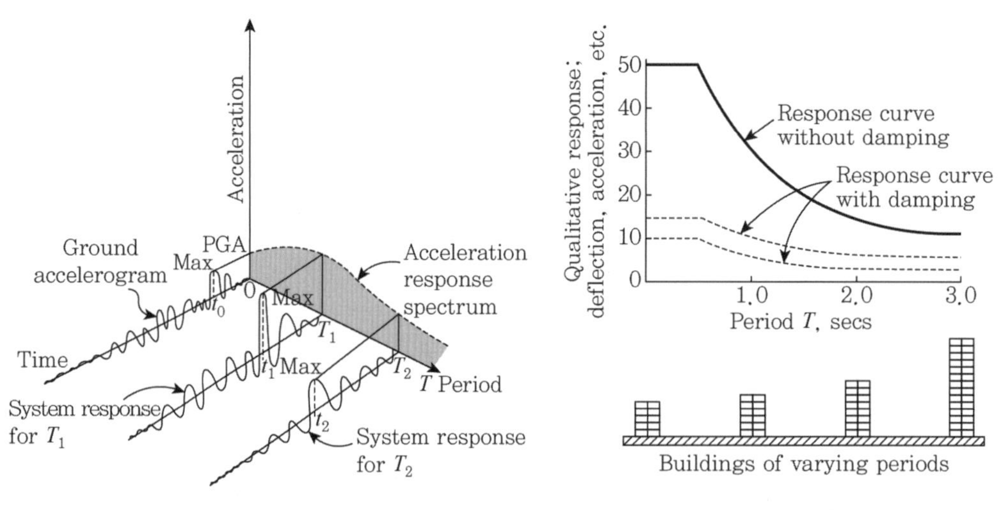

(출처 : 참고문헌 98)

참고로 Gupta(1990)는 응답스펙트럼(response spectrum)은 실제적인 지진(actual earthquake)에 대한 응답을 나타낸 것이고, 설계스펙트럼(design spectrum)은 설계를 위한 지진저항성(seismic resistance)의 수준(level)이라고 설명한다.

EQ 10

설계스펙트럼에서 통제주기 또는 전이점(전이주기)을 구하는 이유는?

A

UBC 97의 설계응답스펙트럼(design response spectra)은 다음과 같다.

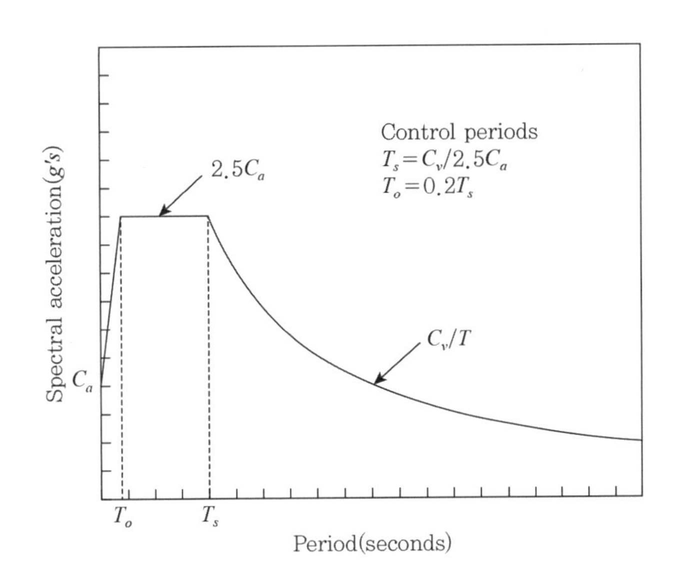

상기 설계응답스펙트럼은 2018년까지 토목 분야의 내진설계기준(구조물기초설계기준, 공동구설계기준, 상수도시설기준, 도시철도 내진설계기준 등)에서 대부분 채택하고 있었다. 기초내진설계기준(KDS 11 50 25, 2018) 및 철도계획(KDS 47 10 15, 2019), 도시철도 내진설계기준(2018) 등은 내진설계일반(KDS 17 10 00)을 반영하여 작성되었다.

KBC 2016(2016년 5월 31일 고시분)의 설계응답스펙트럼은 다음과 같다. KBC 2016은 ASCE 7-02의 설계응답스펙트럼과 일치한다.

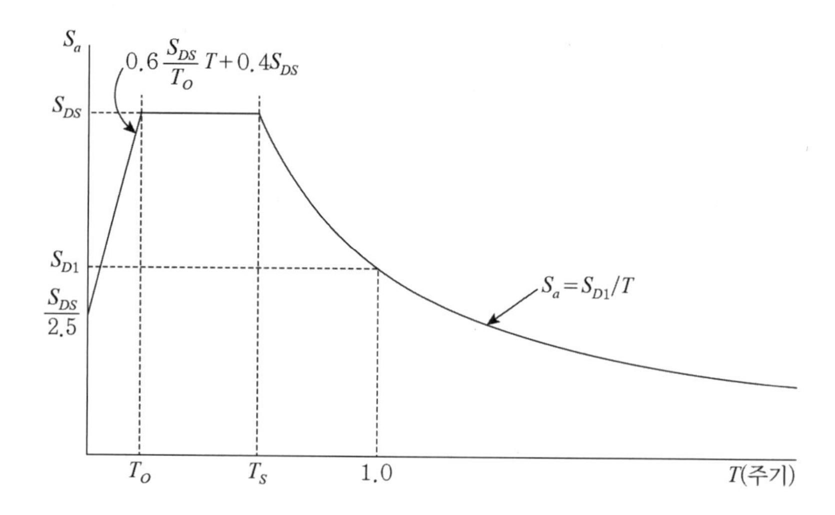

여기서, $T_o = 0.2\dfrac{S_{D1}}{S_{DS}}$, $T_S = \dfrac{S_{D1}}{S_{DS}}$, S_{D1} : 주기 1초의 설계스펙트럼가속도,

S_{DS} : 단주기의 설계스펙트럼가속도

ASCE 7-16의 설계응답스펙트럼은 다음과 같다. ASCE 7에서는 2005년부터 다음과 같은 형태로 변경했다. ASCE 7-05 11.4.5에 따르면 다음 그림의 T_L은 장주기 전이주기(long-period transition period)이며, 이 값은 미국 전역에 대해 지역별로 4~16초까지 제시되어 있다. 내진설계공통기준에서는 3초다. 그러나 ASCE의 Guidelines for Seismic Evaluation & Design of Petrochemical Facilities(2011), 3.4.1 Design Response Spectrum-Standard Code Approach에서는 속도일정구간에서부터 변위일정구간으로 스펙트럼이 변하는 전이점은 역사적으로 4초로 취해왔다고 한다. KDS 41 17 00 : 2019에는 T_L이 5초다. 구조물 특성이 다르기 때문인지는 모르지만 ASCE(2011)의 설명 내용과 다르고 내진설계 공통적용사항과도 다르다.

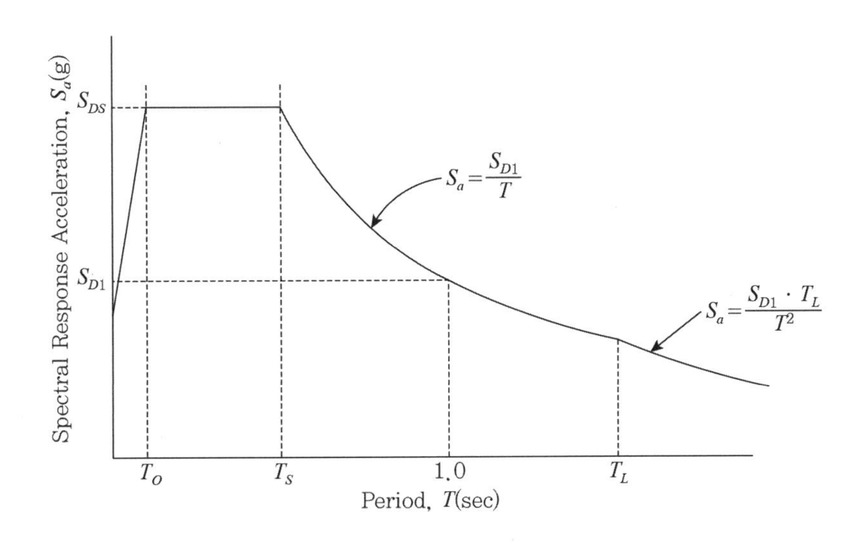

한편, 2017년 9월 개정 고시된 내진설계기준 공통적용사항에서는 토사지반과 암반지반으로 다음과 같이 구분했다. 이것은 현재 내진설계일반(KDS 17 10 00)과 일치한다.

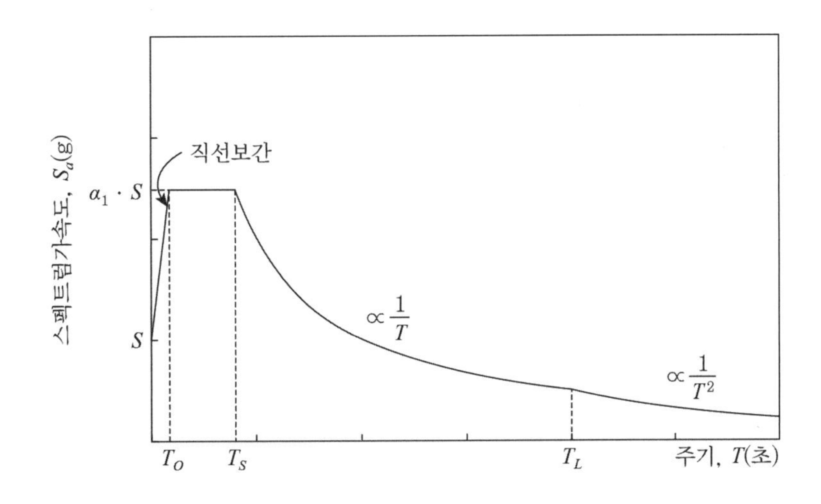

〈암반지반 수평설계지반운동의 가속도 표준설계응답스펙트럼〉

구분	α_A (단주기스펙트럼 증폭계수)	전이주기(sec)		
		T_o	T_S	T_L
수평	2.8	0.06	0.3	3

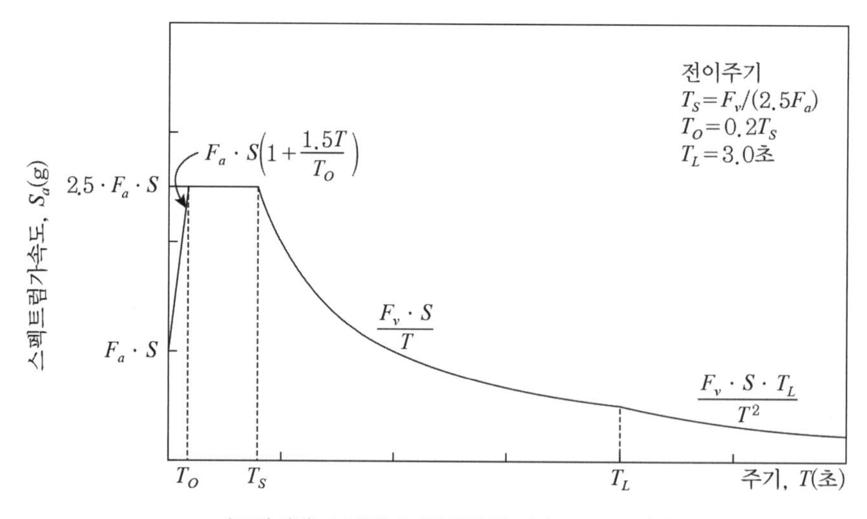

〈토사지반 수평설계지반운동의 가속도 표준설계응답스펙트럼〉

T_o나 T_S를 통제주기(control periods) 또는 전이점(전이주기)이라 한다. Chopra 교수에 의하면 대부분의 스펙트럼은 5% 감쇠(damping)를 기본으로 작성하고, T_S나 T_L은 감쇠에 영향을 받는다고 한다. 응답스펙트럼의 형상은 저주기 구간(low period), 고주기 구간(high period), 중주기 구간으로 구분된다.

저주기 구간(low period or high frequency)은 구조물의 강도가 극도로 강한(stiff or rigid) 상태를 나타내며, 변위응답은 미소하고 가속도 응답은 최대 지반가속도와 거의 같은 응답을 보이는 구간이다. 또한 실제 가속도 값과 의사가속도(pseudo-acceleration) 스펙트럼에 의한 가속도의 값이 큰 오차를 보이지 않는 구간으로 가속도 일정구간(constant acceleration region) 또는 가속도 민감구간(acceleration sensitive region)이라 한다.

이와 관련된 이해를 돕고자 동역학의 기본을 잠시 살펴보자.

구조물의 고유(외력의 작용이 없어도 구조물이 자유롭게 진동할 때 나타나는 구조물의 물성값) 진동수는 다음과 같이 정의된다.

$$w_n = \sqrt{\frac{k}{m}}$$

여기서 m : 질량, k : 구조물의 강성

구조물의 주기(T : period, 단위 : sec, 정의 : 구조물이 한 번 진동하는 데 소요되는 시간)는 다음과 같은 관계가 있다.

$$T = 2\pi\sqrt{\frac{m}{k}}$$

여기서 진동수(f : frequency, 단위 : cycle/sec 또는 Hz, 정의 : 1초 동안 진동하는 횟수)는 주기의 역수다.

$$f = \frac{1}{T} = \frac{1}{2\pi}\sqrt{\frac{k}{m}}$$

감쇠가 없는 구조물의 자유진동은 다음 그림과 같다.

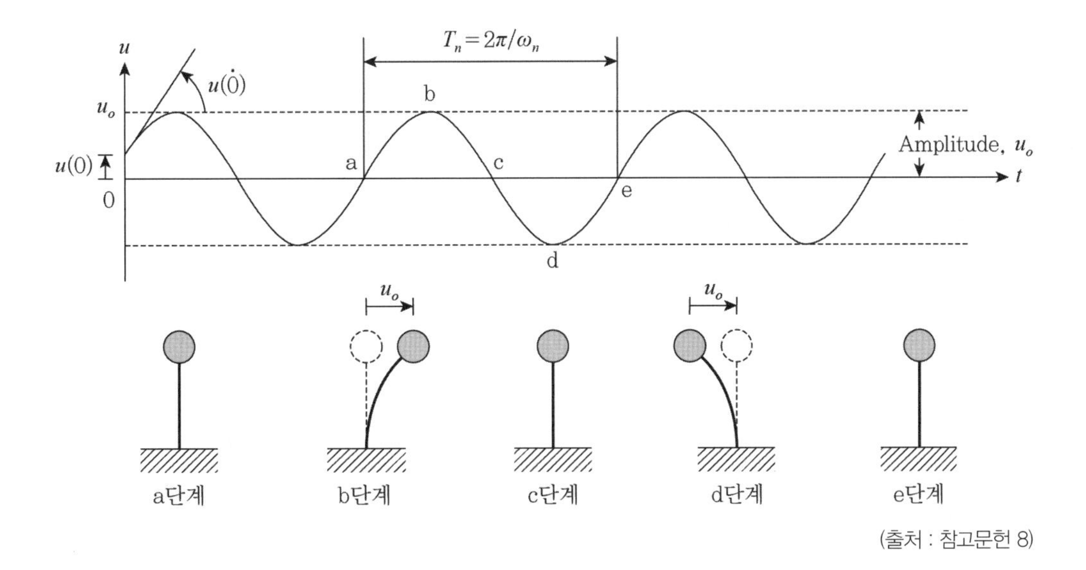

(출처 : 참고문헌 8)

구조물이 강(stiff or rigid)한 것은 강성이 크다(k 값이 크다)는 것이고, $T = 2\pi\sqrt{\frac{m}{k}}$ 식에서 k가 커지면 주기(T)가 작아진다. 주기가 매우 작아지면 구조물이 강하기 때문에 미소 변형이 기대되고, 구조물은 지반과 같이 움직이게 된다. 매우 작은 저주기 구조물의 최대 상대변위는 (maximum relative displacement) Zero가 되고 최대가속도(maximum acceleration)는 지반가속도 (ground acceleration)에 근접하게 된다. 동역학이나 지진공학 관련 서적에서 종종 언급되는 영주기(zero period) 상태는 구조물의 강성이 매우 커서 주기가 거의 영(zero)에 근접한다는 것을 말하는 것이다. 원자력구조물의 내진설계에서는 진동수가 33 Hz 이상 또는 주기 0.03초 이하를 영주기로 정의한다.

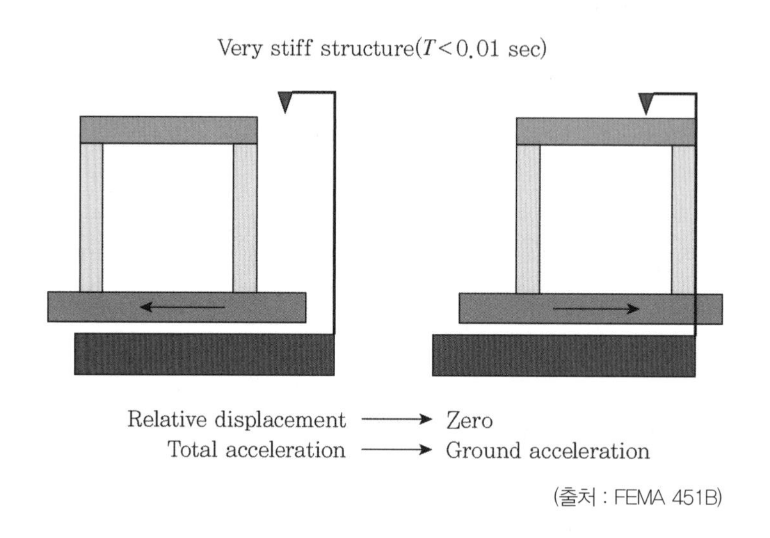

(출처 : FEMA 451B)

고주기 구간(high period or low frequency)은 구조물의 강도가 매우 유연한(flexible) 상태이며, 가속도 응답은 거의 무시할 수 있는 반면에 상대적으로 큰 변위를 나타내는 구간이다. 이 구간에서는 변위응답이 구조물의 감쇠비에 관계없이 최대 지반변위와 거의 같은 값을 나타내는데 단자유도계의 질량점이 지반운동에 무관하게 거의 움직임이 없기 때문에 변위 일정 구간(constant displacement region) 또는 변위 민감 구간(displacement sensitive region)이라 한다. 고주기 구조물은 지반이 움직이는 동안 질량은 움직이지 않을 것으로 기대된다. 매우 높은 고주기 구조물은 최대상대변위(maximum relative displacement)가 최대지반변위(maximum ground displacement)와 같고 전체 최대가속도는 Zero에 근접하게 된다.

Very flexible structure(T > 10 sec)

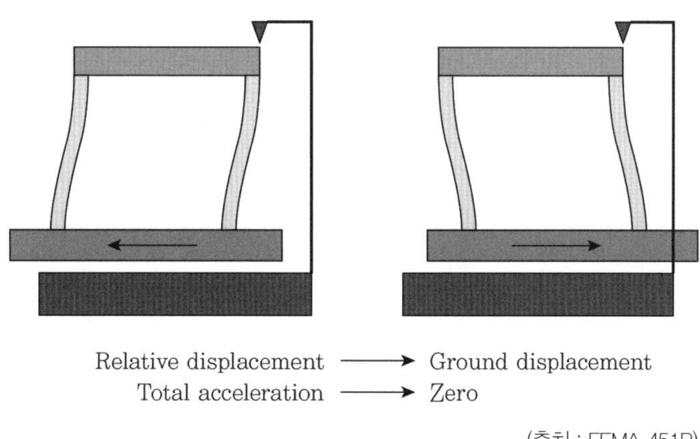

(출처 : FEMA 451B)

중주기 구간은 균일한 속도응답을 보이는 구간으로 속도 일정 구간(constant velocity region) 또는 속도 민감 구간(velocity sensitive region)이라 하는데 이 속도응답은 지반운동에 일정한 증폭비를 곱한 값이다.

이와 같이 **구조물의 주기에 따라 다른 응답을 보이므로 전이점으로 이러한 특성을 구분한 것이다.** 다음 그림은 Guidelines for Seismic Evaluation & Design of Petrochemical Facilities(2011)에 소개된 것이다.

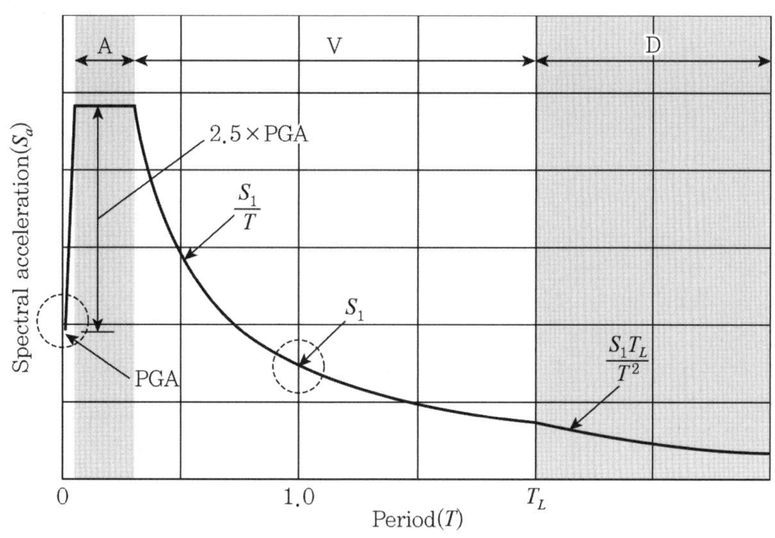

A=Constant acceleration region, V=Constant velocity region, D=Constant displacement region

(출처 : 참고문헌 68, PGA : EQ13 참조)

EQ 11

토목구조물, 건축구조물, 발전 구조물의 설계스펙트럼을 비교하면?

A

1988년 건축물 구조기준 등에 관한 규칙 14조 '지진하중 편'이 건축물 내진설계에 대한 국내 최초의 성문화된 규정이다. 이후 여러 번의 개정을 거쳐 2019년 3월 건축물 내진설계기준(KDS 41 17 00)에 이르고 있다. 2000년 6월 건축물하중기준 및 해설이 제정되었는데 지역계수는 다음과 같은 변화가 있었다. 다음의 표에 이전 기준의 지역계수(0.08과 0.12)와 지진구역 구분은 1987년 건설부에서 시행한 '내진설계 지침서 작성에 관한 연구'에서 제시된 것으로 건축학회 주관으로 연구를 수행했다. 당시 내진설계기준은 최대 지반가속도와 최대 지반속도를 사용하는 ATC3-06의 방법을 기준으로 지진구역을 설정하였다고 하며, 최대 지반가속도만을 사용하였다고 한다. 최대 지반속도를 사용하지 않았던 이유는 자료가 충분하지 못하며 우리나라에 예상되는 최대 지진의 규모가 6 정도이고 연약지반이 두꺼운 층을 이루고 있는 경우가 드물기 때문이라고 설명했다.

<table>
<tr><th colspan="2"></th><th>이전 기준</th><th colspan="2">2000년 건축물 하중기준</th></tr>
<tr><td rowspan="3">지진구역 I
(2000년
이전기준 1)</td><td>지역계수(A)</td><td>0.08</td><td colspan="2">0.11</td></tr>
<tr><td rowspan="2">해당지역</td><td rowspan="2">광주직할시, 강원도(화천군 제외), 전라북도 고창군, 전라남도(곡성군, 구례군, 광양군 제외), 경상북도 울진군, 제주도</td><td>시</td><td>서울특별시, 6대 광역시(부산, 대구, 울산, 대전, 인천, 광주)</td></tr>
<tr><td>도</td><td>경기도, 강원도 남부, 충청북도, 충청남도, 경상북도, 경상남도, 전라북도, 전라남도 북동부</td></tr>
<tr><td rowspan="2">지진구역 II
(2000년
이전기준 2)</td><td>지역계수(A)</td><td>0.12</td><td colspan="2">0.07</td></tr>
<tr><td>해당지역</td><td>지진구역 I을 제외한 지역</td><td colspan="2">강원도 북부, 전라남도 남서부, 제주도</td></tr>
</table>

2000년 건축물 하중기준의 지역계수는 내진설계기준연구(1997년)의 내용을 반영한 것으로 추정된다. 내진설계기준연구(II)의 표준설계응답스펙트럼은 UBC 97과 거의 유사하므로 이를 참조하여 작성하였다고 생각한다.

KBC 2005 이후 기준들과 2019년 3월에 고시된 KDS 41 17 00(건축물 내진설계기준)에서도 건축물은 지진에 대해 재현주기 2,400년으로 설계해야 한다. 재현주기 2,400년 사용은 KBC 2005 기준부터다. 당시 500년 재현주기에 위험도계수 2를 곱하여 2/3를 취하면 500년 재현주기에 1.33배라고 설명했다. 이는 미국의 IBC 2000년 기준을 반영한 것으로, 실제적인 유효지반가속도 값이 토목의 재현주기 1,000년과 유사하다. 미 연방재난관리청(FEMA)에서 발간한 문헌 FEMA 302/303(1997)에 따르면 미국이 재현주기 2,475년을 적용했던 이유는 미 전역이 지진으로 인한 구조물 파괴에 대한 여유(margin)를 균일하게 갖도록 하는 것이 목적이었다고 설명한다. 여기서는 지반조건을 고려한 단주기 스펙트럼가속도(S_{MS})와 1초 주기 스펙트럼가속도(S_{M1})를 사용했고, 설계스펙트럼가속도(S_{DS} 및 S_{D1})는 S_{MS} 및 S_{M1}에 2/3를 곱했다. 이러한 이유에 대해 구조물이 설계수준의 1.5배의 지반진동 수준을 겪게 되어도 구조물의 붕괴 가능성은 낮다고 보았기 때문이다. 이것에 대해서 여러 학자들도 동일한 결론을 얻었다고 한다.

토목 구조물을 대표하는 도로교 표준시방서의 가속도 계수는 다음과 같이 변천되었다. 1992년 및 1996년 도로교 표준시방서의 가속도계수는 건축의 지역계수와 상이하다. 지진구역 1은 건축보다 작고 지진구역 2는 건축보다 크다. 1992년 도로교 표준시방서의 내진설계기준은 국내의 연구결과(유철수, 오병환, 강영진)와 건축물의 구조기준 등에 관한 규칙(1988), 고속철도 구조물 설계 표준시방서(1991)를 참조하여 작성되었다고 한다.

<table>
<tr><th colspan="2"></th><th>1992, 1996년
도로교 표준시방서</th><th colspan="2">2000년
도로교 설계기준</th></tr>
<tr><td rowspan="3">지진구역 I</td><td rowspan="3">해당지역</td><td>가속도 계수(A) : 0.07</td><td colspan="2">지진구역계수 : 0.11</td></tr>
<tr><td rowspan="2">강원도, 전라남도, 제주도</td><td>시</td><td>서울특별시, 인천광역시, 대전광역시, 부산광역시, 대구광역시, 울산광역시, 광주광역시</td></tr>
<tr><td>도</td><td>경기도, 강원도 남부, 충청북도, 충청남도, 경상북도, 경상남도, 전라북도, 전라남도 북동부</td></tr>
<tr><td rowspan="2">지진구역 II</td><td rowspan="2">해당지역</td><td>가속도 계수(A) : 0.14</td><td colspan="2">지진구역계수 : 0.07</td></tr>
<tr><td>기타 지역</td><td colspan="2">강원도 북부, 전라남도 남서부, 제주도</td></tr>
</table>

2017년 내진설계공통기준이 제정되기 전에는 지진구역 I의 토목구조물(교량, 항만, 도시철도, 공동구 등)들은 붕괴방지수준(재현주기 1,000년)으로 설계하는 것이 대부분이었다. 이 경우의 유효지반가속도는 지진구역계수(0.11)×위험도계수(1.4)로 0.154 g가 된다. 반면 KBC 2016

및 건축물 내진설계기준(KDS 41 17 00 : 2019)에서는 재현주기 2,400년이면 지진구역계수(0.11)×위험도계수(2)로 지진구역계수 0.22 g에 2/3를 해야 하므로 0.147 g가 된다. 일반 건축물들은 토목구조물들보다 다소 낮은 수준으로 내진설계가 이루어진다고 할 수 있다. 그러나 발전소 구조물은 중요도가 높은 시설물로 분류하여 중요도 계수 1.5를 고려하면 0.22g가 된다. 또한 KBC 2016과 건축물 내진설계기준(KDS 41 17 00 : 2019)에서는 소방방재청에서 2013년에 고시한 지진재해도를 사용할 수도 있는 것으로 규정하고 있는데 0.22 g의 80%보다 작지 않도록 하고 있다. 이렇게 접근하면 0.176 g(0.22×0.8)에 2/3를 적용하면 일반건축물은 0.117 g, 발전시설은 0.176 g가 된다.

2017년 내진설계공통기준 이전과 이후에 대해 경암 지반(S_a, S_1)에 대해 토목시설과 KBC(일반건축, 화력발전)의 설계스펙트럼을 비교하면 다음과 같다. 응답(반응)수정계수는 사용하지 않았고(R=1) 화력발전은 0.176 g로 고려하였다.

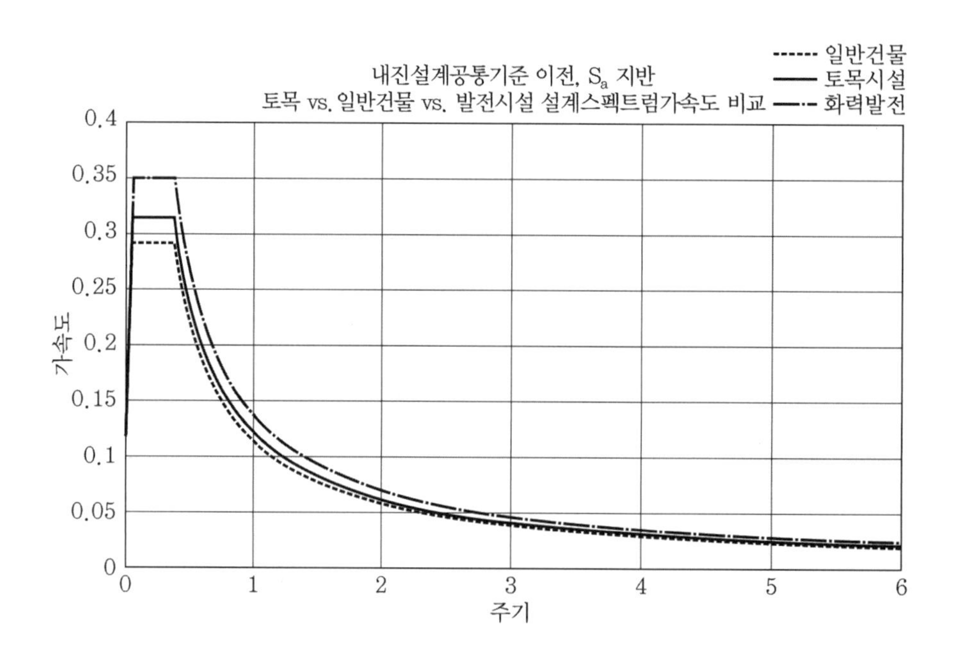

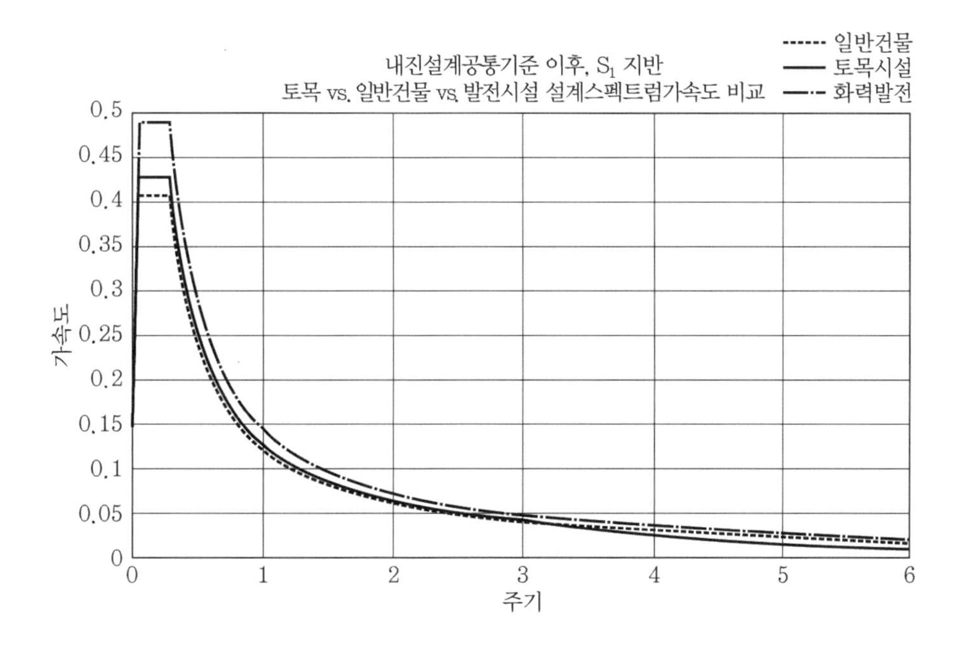

EQ 12

등가정적해석법은 무엇일까?

A

FEMA P-1050-2, RP1-2에 따르면 미국에서의 내진기준은 구조물의 붕괴(collapse)를 방지하는 것이었다. 1906년 지진과 함께 발생한 화재로 San Francisco에서는 지진에 의한 붕괴방지를 위해 경험적인 관찰에 기초하여 구조물에 설계 횡력으로 30 lb/ft^2(1.436 kN/m^2)을 사용토록 했었다고 한다. 동 시대에 일본과 이탈리아에서는 구조물의 무게에 10%를 횡하중으로 사용하였다. 1927년까지 미국에서는 가정된 횡방향 가속도에 기초하여 횡하중을 계산하는 방식을 기준에 명시하지 못했다. 이후 기초에 따라 구조물의 무게에 2~10% 정도를 횡하중으로 사용했다. 1943년 Los Angeles에서는 횡응답(lateral response)에 구조물 유연성(flexibility) 효과를 고려한 기준을 제시했고, 1948년 ASCE의 San Francisco 횡하중에 대한 위원회에서는 구조물의 고유주기(fundamental period)에 따른 계수를 이용하여 횡하중을 계산하는 방법 개발에 착수했다. 1957년 캘리포니아 구조기술자협회(structural engineers of California, SEAOC)의 지진위원회(seismology committee)는 캘리포니아와 지진에 의해 영향을 받는 다른 지역을 위해 Uniform Building Code를 변경시킬 것을 건의하면서, 개발되었던 등가정적하중법(equivalent static force procedures)의 개념을 제시하여 현재까지 사용하고 있다.

요즘은 등가횡력법(equivalent lateral force method, ELF)으로 칭한다. 현재 이 방법은 설계스펙트럼(design spectrum)과 진동주기(period of vibration)의 형태로 밑면전단력(base shear)을 계산한다. 등가횡력법(equivalent lateral force method)은 장주기구조물(long period system)과 비정형 형상[configuration irregularities, 대표적인 예로 평면 비정형 유형 중의 비틀림(torsional) 또는 수직 비정형 형태 중의 연층 또는 약층비정형(soft/weak story irregularities)]의 단주기 구조물을 제외하고는 대다수의 경우(vast majority of cases) 사용 가능한 방법이다. FEMA 451B(2007)에 소개된 ELF 방법의 특징 및 적용 한계는 다음과 같고 하중의 재하 형태는 다음 그림과 같다.

1) 등가횡력법은 근사적인 모드해석기술(approximate modal analysis technique)로 이해할 수 있다.
2) Smoothed Design Acceleration Spectrum을 사용한다. (다음 그림 참조, 단 스펙트럼은 ASCE 7-05 및 KBC 2005와 같다. 현재는 장주기 지역에 대해 T_L이 추가 되었다.)

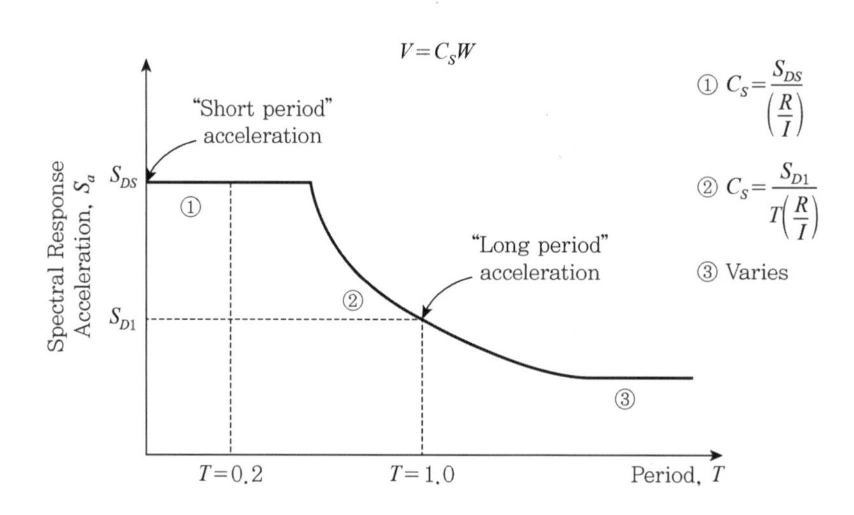

3) 단주기 구조물과 같이 전체 밑면전단력(total base shear)을 계산한다.
4) 정형 형상(regular geometry)으로 가정된 높이로 전단력을 분배한다.
5) 표준적인 절차(standard procedures)를 사용하여 부재력(member force)과 변위(displacement)를 계산한다.

6) 이 방법은 1차 모드(구조물이 자유진동을 하는 경우의 변형 형상으로 여러 가지 진동모드 중에서 진동수가 가장 작은 경우 또는 주기가 가장 긴 경우) 응답(first mode response)에 기반한다.

7) 고차모드(higher mode)가 경험적으로 포함될 수 있다.

8) 전도모멘트(overturning moment)는 과대평가될 수 있으므로, ASCE 7-16 12.13.4에서는 기초에 전도모멘트의 25% 감소를 허용하고 있다. 그러나 지상구조물[above-grade structure, 역진자형(inverted pendulum) 또는 캔틸레버기둥형식 구조물(cantilevered column type structures)]에는 허용되지 않는다.

9) ASCE 7-16 표 12.6-1 Permitted Analytical Procedures에 의하면 정형구조물로 높이 48.8 m 이하이고 $T < 3.5\,T_s$(여기서, $T_S = \dfrac{S_{D1}}{S_{DS}}$)이어야 한다.

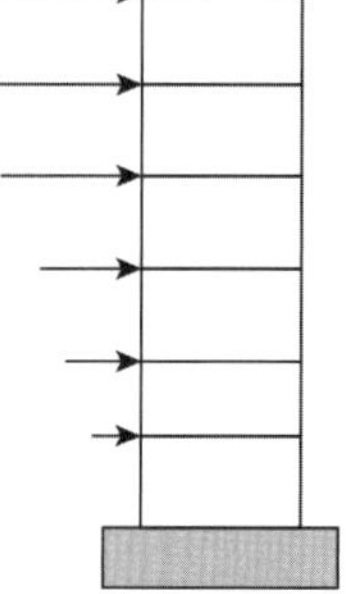

10) 인접층(adjacent story)의 강성(stiffness)이 30% 이상 차이가 없어야 한다.

11) 인접층(adjacent story)의 강도(strength)가 20% 이상 차이가 없어야 한다.

12) 인접층(adjacent story)의 질량(mass)이 50% 이상 차이가 없어야 한다.

13) 9)～12) 조건을 만족하지 못하면 응답스펙트럼해석(modal response spectrum analysis)을 해야 한다(ASCE 7-16 표 12.3-2 참조).

ELF 방법에서 추가적으로 고려해야 할 것은 다음과 같다.

1) 직교하중효과(orthogonal loading effects), ASCE 7-16 12.5 및 KDS 41 17 00 8.1.3(또는 KBC-2016 0306.8.4.)

2) 우발 비틀림(accidental torsion), ASCE 7-16 12.8.4.2 및 KDS 41 17 00 7.2.6.4

3) 비틀림(모멘트) 증폭(torsional amplification), ASCE 7-16 12.8.4.3 및 KDS 41 17 00 7.2.6.5(또는 KBC-2016 0306.5.6.4)

4) $P-\Delta$ 효과($P-$Delta effects), ASCE 7-16 12.8.7 및 KDS 41 17 00 7.2.8.2 (또는 KBC-2016 0306.5.7.2). 단, 국내 기준에는 중요도 계수가 없다.

5) 연성과 초과강도[ductility and overstrength(EQ 22 & 23 참조)]

EQ 13

최대지반가속도와 유효최대지반가속도는 어떻게 다를까?

A

Wikipedia에 따르면 최대지반가속도(peak ground acceleration, PGA)는 어떤 위치에서 지진으로 인한 진동 중에 발생한 최대 지면 가속도와 같다고 한다. PGA는 특정지진 중 가속도계(accelerogram)에 기록된 절대 최대가속도의 진폭(amplitude)과 같다. 또한 PGA는 지진공학의 중요한 변수(진도의 척도)로 설계기본 지진운동이 PGA로 표현된다고 설명한다. Seismic Design Handbook(2003) 2.3에 따르면 PGA는 지진설계스펙트럼과 가속도 시간이력을 평가하기 위해 널리 사용되어왔다고 한다. 2.6에는 좀 더 부연 설명했다. 1960년대 후반과 1970년대 초반에는 지반운동을 일반적으로 최대수평가속도로 명시했다. 대부분의 감쇠(attenuation) 관계는 현장의 최대수평가속도를 추정하기 위해 개발되었다. 구조응답과 구조물에 대한 손상 가능성이 PGA와 관계될 수 있지만, 설계를 위한 PGA의 사용은 구조응답과 손상이 유효최대지반가속도(effective peak ground acceleration, EPGA)와 유효최대속도(effective peak velocity, EPV)와 관계된다고 믿는 여러 조사자들에 의해 의심받아 왔다고 한다. 지진이 발생하면 관측소에서 측정되는 것이 PGA가 되므로 중요한 의미가 있다고 할 수 있다.

내진설계기준연구(I) P45에서는 유효지반가속도는 실제 구조물에 영향을 주는 가속도이며 실제로 구조물에 영향을 주지 않는 높은 성분은 제외하고 구한 것이라고 설명한다. 어떤 지역의 유효최대지반가속도(effective peak ground acceleration, EPGA)를 구하기 위해서는 실제의 지진시간이력의 5% 감쇠(damping)를 갖는 스펙트럼을 작성한 후 0.1~0.5초 범위의 스펙트럼의 추이를 직선으로 나타내고 이에 따른 가속도를 정규화계수(normalizing factor) 2.5로 나누면 된다. 유효지반가속도와 최대지반가속도(peak ground acceleration, PGA)의 비율은 각각의 지진특성에 따라 다르기 때문에 일정한 비율로 적용할 수 없다. 유효지반가속도는 최대지반가속도와 비교할 때 같거나 그에 비례하지만 대부분 20% 내지 40% 정도 작은 값으로 나타난다. Seismic Design Handbook(2003) 3.3.3에서는 EPA와 PGA 사이에 공식적인 관계(formal relationship)는 없지만 EPA는 대략 PGA의 2/3 정도로 본다고 설명한다. 다음 그림은 SEAOC의 Recommended Lateral Force Requirements and Commentary(1999) P161에 소개된 것으로 응답스펙트럼으로부터 유효최대가속도와 유효최대속도를 구하는 방법을 시각적으로 보여주는 것이다. 동 문헌 P272에 의하면, 다음의 그림은 ATC 3-06에 소개된 것으로 암반에서 EPA(effective peak acceleration)는 단주기(short period 즉 constant acceleration) 설계 밑면전단력(design base shear)에 지배되며, 암반에서 EPV(effective peak velocity)와 관계되는 가속도계수(acceleration coefficient)는 장주기(longer period) 밑면전단력(base shear)에 지배된다고 한다.

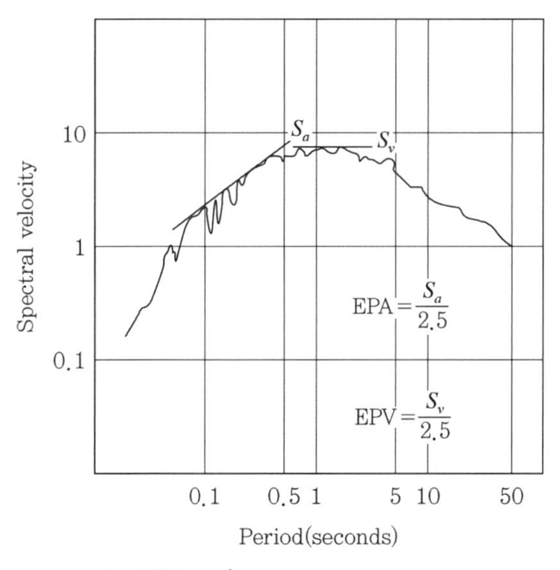

A_a = EPA in g's
A_v = EPV/30 in g's; EPV is in inches/seconds
A_v = Velocity related acceleration value

(출처 : SEAOC 1999)

ATC 3-06(1984) C1.4.D Ground Motion Parameters에서는 McGuire의 1975년 연구에 의하면 EPA는 0.1～0.5초 범위의 스펙트럼에 비례하는 반면 EPV는 대략 1초 주기의 스펙트럼에 비례한다고 한다. 또한 5% 감쇠 스펙트럼을 위한 비례상수는 두 경우에 대해 2.5의 정규화계수(standard value)로 설정할 수 있다고 한다.

EQ 14

ASCE 7-10부터 갈고리 볼트를 사용하지 못하게 한 이유는?

A

미국콘크리트학회(American Concrete Institute, ACI) 기준 ACI 318-19 2.3 용어정의 및 17.1.2에 따르면 갈고리 볼트(hooked bolt, L or J형)가 정의되어 있고 구조물에 사용할 수 있다. 국내 콘크리트구조기준(KCI-2012) 부록 II, 콘크리트구조 학회기준(KCI-2017) 및 국가건설기준 KSD 14 20 54에서도 갈고리 볼트를 허용하고 있다. 그러나 ACI 349-13 Appendix D RD-Anchorage to Concrete에 따르면 갈고리 볼트는 연성파괴모드(ductile failure mode)를 갖지 않기 때문에 원자력과 같이 안전성이 크게 요구되는 구조물에 사용을 금지하고 있다. ASCE 7 지진분과 위원회(seismic subcommittee)에 의하면 역사적으로 갈고리 형태의 볼트들은 지진이 발생했을 때 성능이 저하되었던 점을 고려하여 ASCE 7-10 15.7.5항에 관련 내용을 삭제했다고 한다. 한편, ACI 318-19 17.6.3.2.2 (b)에 따르면 J형이나 L형을 사용하는 경우에 앵커볼트의 구부러지는 길이는 앵커볼의 3배 이상, 4.5배 이하로 해야 한다. AISC Steel Design Guide 7(2012)의 9.1에도 일반적으로 갈고리 볼트는 인장력이 작을 때만 사용해야 한다고 주장한다. ACI 351.3R-18 7.4.4에는 J형이나 L형 앵커볼트의 경우 최대인장능력(maximum tensile capacity)에 도달하기 전에 펴지며(straighten out), 콘크리트기초에 뽑힘 현상(pull out)이 발생하므로 유의해야 한다고 한다. 따라서 많은 엔지니어들은 동적기기(dynamic machinery)에 사용하지 않는다고 한다. ACI 351.2R 5.2에 소개된 앵커볼트의 형태는 다음 그림과 같다.

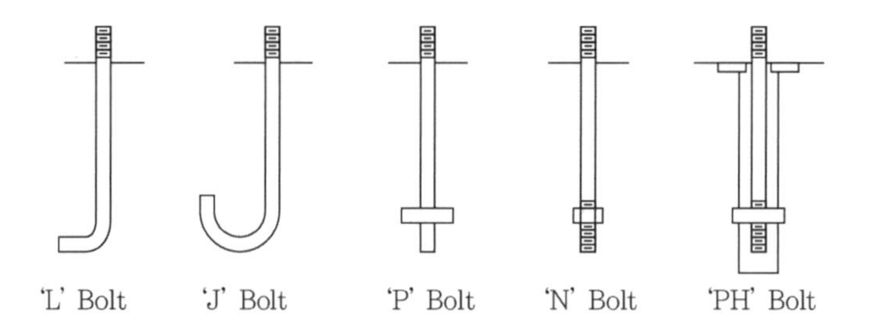

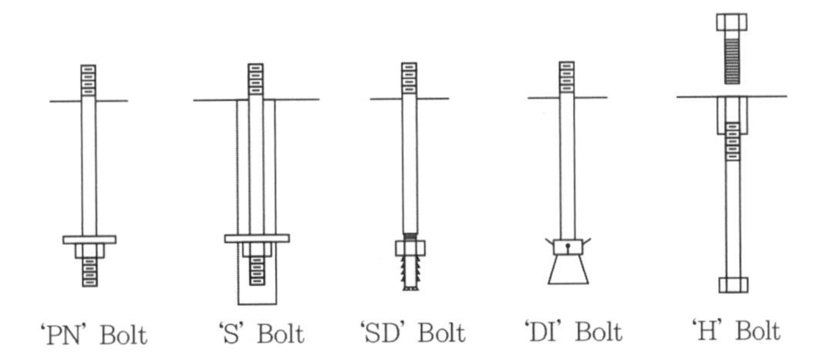

Note : Other anchor bolt types that are not shown may be available.

P : Plate or plate washer
N : Nut
PN : Plate and Nut or Plate washer and Nut
S : Sleeve
SD : Self-Drilling
DI : Drop-In or undercut
H : Hidden

EQ 15

지진재해해석과 지진위험해석의 차이점은 무엇일까?

A

지진재해해석(seismic hazard analysis)은 지진과 관련된 자연현상 즉 액상화(soil liquefaction), 단층파괴(fault rupture), 지반진동(ground shaking) 등 위험(danger)에 대한 잠재성을 고려한 것을 말한다. 이것에 해당하는 것은 결정론적 방법(deterministic procedures)과 확률론적 방법(probabilistic procedures), United State Geological Survey(USGS) Hazard Maps, NEHRP Provisions Response Spectrum, UBC Response Spectrum, 지반증폭(site amplification) 등이 있다. 일반적으로 지진재해해석은 지진의 측정형태인 진도와 규모에 의존된다. 지진위험해석(seismic risk analysis)은 지진 재해(seismic hazards)와 연관된 손실(사람, 사회, 경제)의 발생 가능성을 평가하는 것이다.

EQ 16

규모와 진도는 어떻게 다를까?

A

규모(magnitude)는 리히터가 미국 남부 캘리포니아에서 Wood-Anderson 지진계를 사용하여 지진의 깊이가 얕고 진앙지가 그리 멀지 않은(600 km 이내) 지진으로 정의했고 다음과 같은 특징이 있다.

1) 진앙지(epicenter)로부터 100 km 떨어진 Wood-Anderson 지진계에서 표시되는 최대진폭을 마이크로미터로 표시하여 상용대수를 취해 얻는다[리히터 스케일(Richter Scale)]. FEMA 451B에 의하면 1 mm 진폭(amplitude)을 갖는 파는 Richter 규모 3을 만들어 내고, 1 m 진폭을 갖는 파는 Richter 규모 6이 된다고 한다. 진앙지로부터 정확히 100 km에 계측기로 관측할 수 없으므로 보정계수가 필요하다. Richter 규모로 표시할 수 있는 것은 대략 7 정도다. Richter 규모는 서로 다른 파의 종류를 구분하지 못한다. 이러한 Richter 규모의 한계로 다른 규모 측정법이 개발되었다고 한다.
2) 지진계에 기록된 진폭을 진원의 깊이와 진앙까지의 거리 등을 고려하여 지수로 표현
3) 지진파로 방출되는 지진에너지의 절대량과 관련된 것
4) 장소에 관계없는 절대적인 개념의 지진크기
5) 지진이 발생하면 진원지의 위치와 Richter가 만든 스케일로 1~9까지 표현하며 지진에너지의 방출량이 동일할지라도 진원지가 깊은 경우의 진동기록은 얕은 경우와 상당히 달라진다.
6) 규모의 단위가 1씩 증가할 때 지진에너지는 31.6배(≒32배) 증가한다. 지진에너지와 규모와의 관계는 다음을 보면 쉽게 이해할 수 있다.

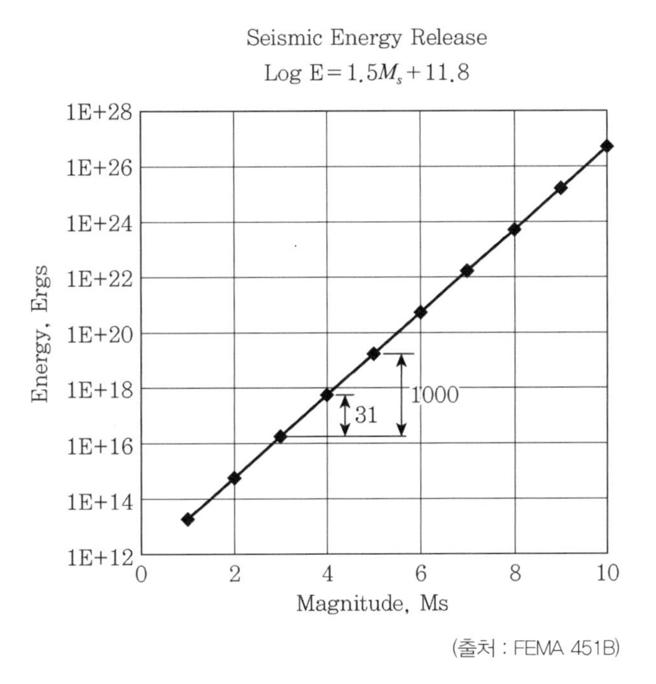

(출처 : FEMA 451B)

7) 하나의 지진에 1개의 값을 가짐

8) Guidelines for Seismic Evaluation & Design of Petrochemical Facilities(2011)의 P47에 따르면 **일반적으로 규모 5보다 작은 지진에서는 구조물에 손상이 생기지 않는다**고 설명한다.

국내에서는 기상청에서 공식적인 지진규모를 발표한다. 그러나 지질자원연구원과 규모 결정 방법이 상이하다. 규모(magnitude)는 리히터 스케일[Richter Scales or local magnitude(M_L)], surface wave magnitude(M_s, Rayleigh Wave), Body Wave Magnitude(m_b, P Wave), Moment Magnitude(M_w)로 일반적으로 분류된다. 파의 진폭이 지진의 크기에 비례하여 연속적으로 증가하지 않는 것이 이들 Magnitude Scale의 한계(limitation)이다. 다음 그림은 이들의 차이를 그림으로 쉽게 표현한 것이다.

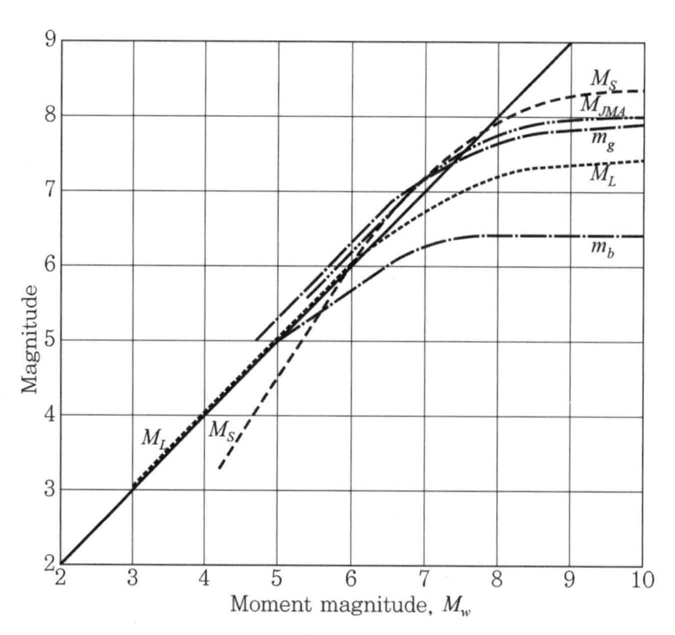

그림 3.A.1 Relation between moment magnitude and other magnitude scales. M_L(local), M_s(surface wave), m_b(short period body wave), m_g(long period body wave), and M_{JMA}(Japan Meteorological Agency).

(출처 : 참고문헌 68)

진도(intensity)는 어떤 특정한 장소에서의 지반 진동의 크기를 사람이 느끼는 감각, 주위의 물체, 구조물 및 자연계에 대한 영향으로 구분하는 것으로 지면의 진동효과로 분류한다.

1) 지진크기를 나타내는 가장 오래된 척도
2) 지면의 진동효과를 기준하므로 일반적으로 진앙 근처에서 가장 크고 진앙에서 멀어질수록 작아진다.
3) 나라마다 진도 관련 채택 내용이 상이(우리나라는 수정메르칼리 진도 1~12까지 표현)하며, 지질조건, 구조물의 재질 및 구조형식에 따라 피해 정도가 다르며, 평가자의 주관에 따라서도 차이를 나타낸다.

지진과 관련된 정부발표는 기상청에서 하므로 기상청에서 사용하고 있는 수정메르칼리 진도(modified mercalli intensity, MMI)를 소개한다. 수정메르칼리 진도계급은 1902년 이탈리아 지진학자 메르칼리(Mercalli)에 의해 만들어져 사용하다가 1931년 미국의 Harry Wood와 Frank Neumann에 의해 보완되었다. 지진의 피해에 근거를 둔 수치이며 일반적으로 진도는 로마숫자 정수로 표시한다.

규모	진도 값과 현상
1.0~2.9	Ⅰ. 특별히 좋은 상태에서 극소수의 사람을 제외하고는 전혀 느낄 수 없다.
3.0~3.9	Ⅱ. 소수의 사람들, 특히 건물의 위층에 있는 소수의 사람들만 느낀다. 섬세하게 매달린 물체가 흔들린다. Ⅲ. 실내에서 현저하게 느끼게 되는데 특히 건물의 위층에 있는 사람에게 더욱 그렇다. 그러나 많은 사람들이 그것이 지진이라고 인식하지 못한다. 정지하고 있는 차는 약간 흔들린다. 트럭이 지나가는 것과 같은 진동이 있고, 지속시간이 산출된다.
4.0~4.9	Ⅳ. 낮에는 실내에 서 있는 많은 사람들이 느낄 수 있으나, 옥외에서는 거의 느낄 수 없다. 밤에는 일부 사람들이 잠을 깬다. 그릇, 창문, 문 등이 소란하며, 벽이 갈라지는 소리를 낸다. 대형 트럭이 벽을 받는 느낌을 준다. 정지하고 있는 자동차가 뚜렷하게 움직인다(FEMA 451B : 0.015~0.02g). Ⅴ. 거의 모든 사람들이 지진동을 느낀다. 많은 사람들이 잠을 깬다. 약간의 그릇과 창문이 깨지고 어떤 곳에서는 회반죽에 금이 간다. 불안정한 물체는 넘어진다. 나무, 전신주 등 높은 물체가 심하게 흔들린다. 추시계가 멈추기도 한다(FEMA 451B : 0.03~0.04g).
5.0~5.9	Ⅵ. 모든 사람들이 느낀다. 많은 사람들이 놀라서 밖으로 뛰어나간다. 어떤 무거운 가구가 움직이기도 한다. 벽의 석회가 떨어지기도 하며, 피해를 입는 굴뚝도 일부 있다(FEMA 451B : 0.06~0.07g). Ⅶ. 모든 사람들이 밖으로 뛰어나온다. 설계 및 건축이 잘된 건물에서는 피해가 무시할 수 있는 정도이지만, 보통 건축물에서는 약간의 피해가 발생한다. 설계 및 건축이 잘못된 부실 건축물에서는 상당한 피해가 발생한다. 굴뚝이 무너지며 운전 중인 사람들도 지진동을 느낄 수 있다(FEMA 451B : 0.1~0.15g).
6.0~6.9	Ⅷ. 특별히 설계된 구조물에는 약간의 피해가 있고, 일반 건축물에서는 부분적인 붕괴와 더불어 상당한 피해가 발생하며, 부실 건축물에서는 아주 심한 피해를 준다. 창틀로부터 창문이 떨어져 나간다. 굴뚝, 공장 물품더미, 기둥, 기념비, 벽들이 무너진다. 무거운 가구가 넘어진다. 모래와 진흙이 약간 분출된다. 우물물의 변화가 있다. 차량을 운행하기가 어렵다(FEMA 451B : 0.25~0.3g). Ⅸ. 특별히 잘 설계된 구조물에도 상당한 피해를 준다. 잘 설계된 구조물의 골조가 기울어진다. 구조물에 부분적 붕괴와 함께 큰 피해를 준다. 지표면에 선명한 금 자국이 생긴다. 지하 송수관도 파괴된다(FEMA 451B : 0.5~0.55g).
7.0 이상	Ⅹ. 잘 지어진 목조 구조물이 부서지기도 하며, 대부분의 석조 건축물과 그 구조물이 기초와 함께 무너진다. 지표면이 심하게 갈라진다. 기차선로가 휘어진다. 강둑이나 경사면에서 산사태가 발생하며, 모래와 진흙이 이동한다. 물이 튀며, 둑을 넘어 흘러내린다(FEMA 451B : 0.6g 이상). Ⅺ. 남아 있는 석조 구조물은 거의 없다. 다리가 부서지고 지표면에 심한 균열이 생긴다. 지하 송수관이 완전히 파괴된다. 지표면이 침하하며, 연약 지반에서는 땅이 꺼지고 지면이 어긋난다. 기차선로가 심하게 휘어진다. Ⅻ. 전면적인 피해가 발생한다. 지표면에 파동이 보인다. 시야와 수평면이 뒤틀린다. 물체가 공중으로 튀어 나간다.

다음의 그림은 다양한 진도의 크기를 비교한 것이다. 일본 기상청은 진도 7까지만 있는 점도 특이하다. 지진재해해석(seismic hazard analysis)의 목적으로 진도를 규모로 변환하려고 할 때 동일한 지진에 대해서도 나라별로 상당히 상이한 진도로 표현하므로 특히나 유의할 필요가 있다.

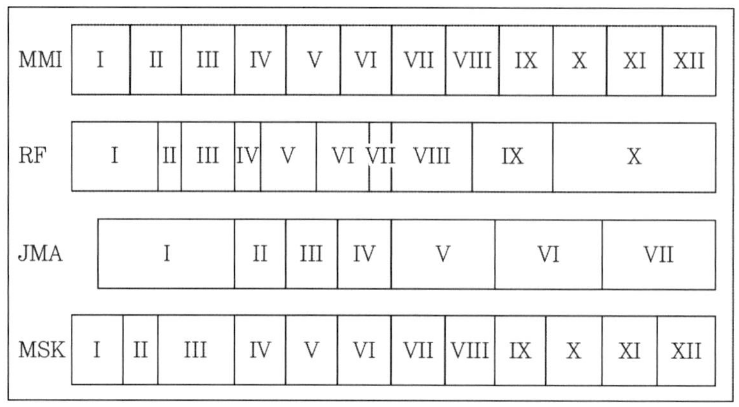

MMI = Modified Mercalli, JMA = Japan Meteorological Agency
RF = Rossi–Forel, MSK = Medvedez–Spoonheur–Karnik

(출처 : FEMA 451B)

규모와 진도의 관계는 국가와 연구자마다 다르다. 국내에서도 기관별(국토교통부, 산업자원부 등)로 사용하는 자료가 다르므로 정확히 관련지을 수 없다. FEMA 451B(2007) 자료에 의하면 규모와 진도와의 관계는 대략 다음 그림과 같다. 여기서 M_{bLg}은 Higher Order Love and Rayleigh Waves이다.

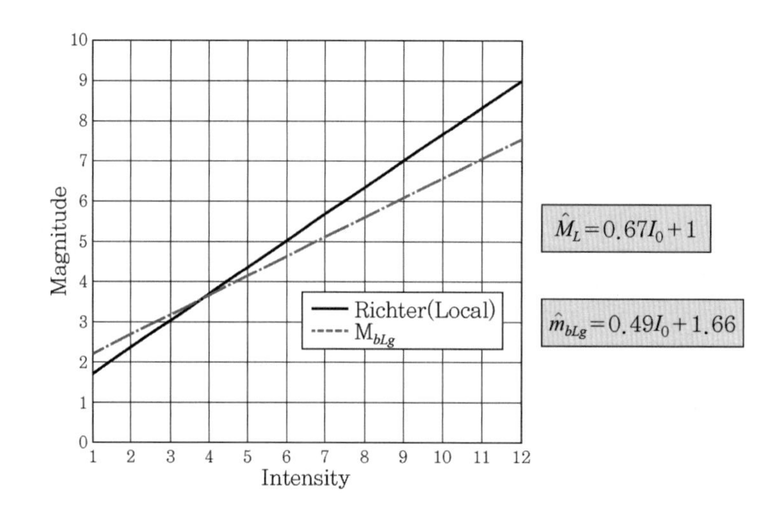

EQ 17

진원과 진앙은 어떻게 다를까?

A

도시철도의 내진설계(한국지진공학회) 1장에 의하면, 관측된 지진파로부터 지진이 발생한 장소를 한 점으로 가정하여 위치를 구하면 1개의 점이 되며 이 점을 진원(hypocenter)이라 한다. 진원은 통상 파괴가 최초로 발생한 지점이며, 진원의 위치는 진앙의 경도, 위도와 **발생 깊이(focal depth)로 나타낸다.** USGS(United States Geological Survey)에서는 지진파괴(earthquake rupture)가 시작되는 지구 내의 한 점으로 정의하고 있다.

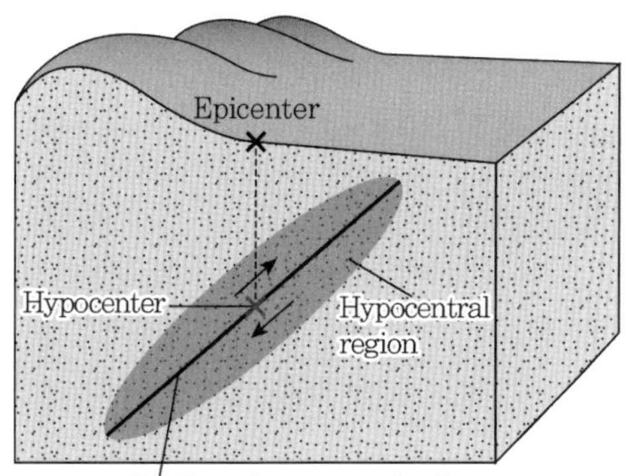

Pattern diagram showing the relation between hypocenters, epicenteres and hypocentral regions

(출처 : 참고문헌 81)

진앙(epicenter)은 진원과 지구 중심을 연결한 선이 지표와 만나는 점이다. USGS에서는 진앙을 진원지의 바로 위에 있는 지구 표면의 점으로 정의하고 있다.

진앙에 가까운 최소 3개의 관측소(station)에 지진기록이 있을 때 지하구조를 균질한 것으로 가정하여 진앙을 결정하는 기하학적인 방법으로 Oomori의 고전적 방법이 있다. 진앙 위치(d)를 결정하는 방법은 P파 속도(V_p), S파 속도(V_s), P파와 S파 도달시간 차이(Δt)로부터 진앙거리를 산출$\left(d = \dfrac{V_p \times V_s}{V_p - V_s} \times \Delta t\right)$한다. 3곳 이상의 관측소에서 진앙거리가 결정되면 관측소 위치를 원점으로 하여 진앙까지의 거리가 반지름이 되는 원을 그릴 수 있고, 이들 원이 만나는 지점이 진앙이 된다. 다음 그림을 참조한다.

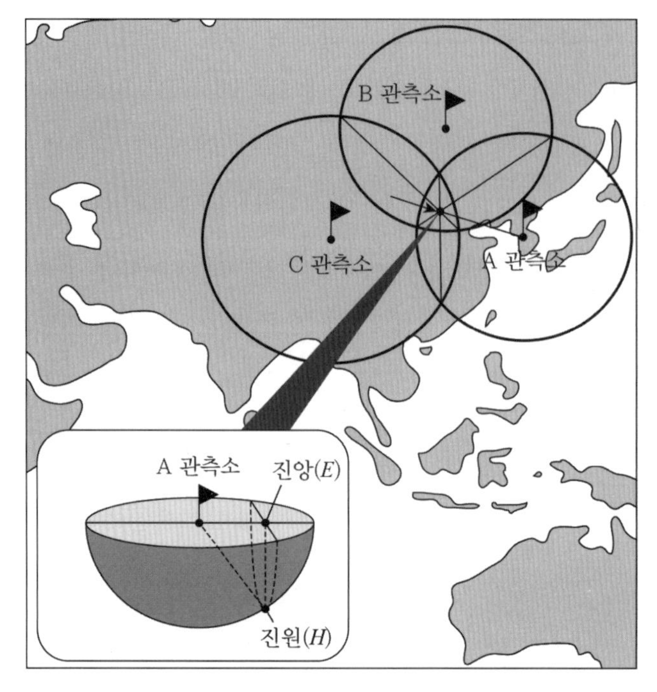

(출처 : 참고문헌 13)

그러나 이 방법은 발생시각의 초기치, 가정된 이동시간, 관련 속도모델 등에서 오류가 발생할 때는 부정확한 위치가 선정될 수도 있다. 이를 약간 개선하여 지진 발생시각과 진앙을 동시에 결정하는 Wadati Diagram 방법, 컴퓨터를 이용하여 좀 더 정확한 진원의 위치와 발생시각을 계산할 수 있다. 진원 결정의 정확도는 사용하는 방법보다 관측 자료의 양과 질에 의해 결정된다.[14, 82]

EQ 18

지진과 폭발은 어떻게 구분할까?

A

참고문헌 83에 의하면 지진은 S파(secondary wave, 파의 진행방향과 입자의 진동방향이 서로 직각이며 두 번째로 도착하는 파로, 1차 파인 P파보다 느리다. 고체(약 3~4 km/sec)만 통과하며 지반을 상하로 흔들어 1차 파보다 더 큰 진동을 야기한다.)가 지배적이며, 강한 L파(lovewave, 파의 진행방향과 입자의 진동방향이 서로 직각이며, 수평 움직임을 가지는 표면파로 진행방향에 수평으로 진동하여 파괴력이 크다. 진폭이 크며 속도가 느리다.)가 생긴다. 또한 $\frac{P\text{파}}{S\text{파}} < 1$이면, P파보다 S파의 진폭이 크다. 반면 폭발이나 핵실험 등의 인공지진의 형태는 P파[primary wave, 파의 진행방향과 입자의 진동방향이 같고 지진파 중 가장 빠르며 음파와 유사한 성격을 갖는다. 고체(약 5~8 km/sec)와 액체(약 2 km/sec)를 모두 통과한다.]가 지배적이고 L파가 생성되지 않는다. 또한 $\frac{P\text{파}}{S\text{파}} > 1$이면, P파의 진폭이 S파의 진폭에 비해 현저하게 크게 관측되며 지진보다 지표에 가까이 발생된다. 이것은 천공기술(drilling technology)이 발달하였다 하더라도 10 km 이상의 깊이를 천공하여 폭발시키는 것은 어렵기 때문이다.

자연지진 파형

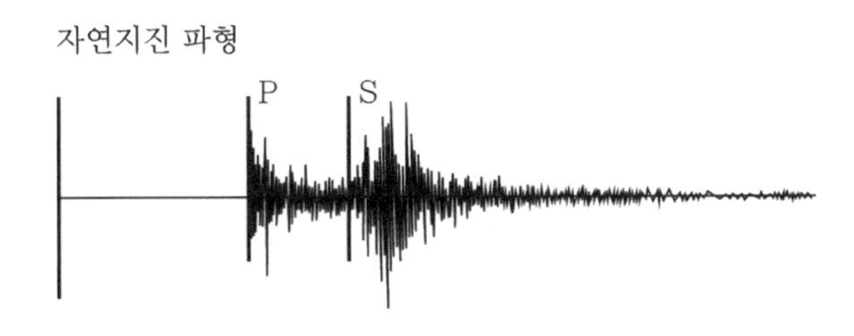

인공지진 파형

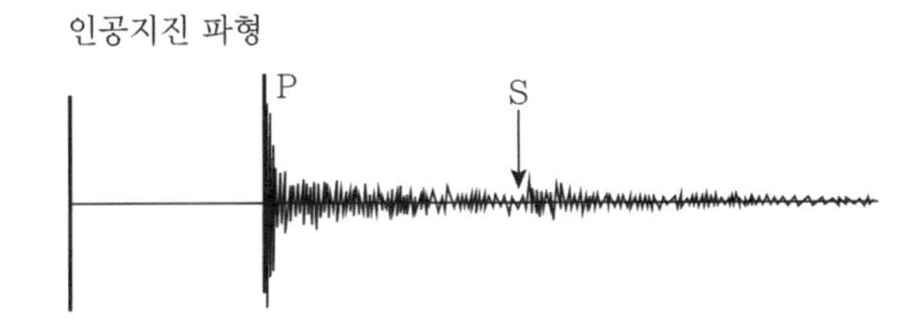

EQ 19

일반적인 구조물의 대략적인 주기는 얼마일까?

A

구조물에 대한 대략적인 주기는 다음과 같다. 이를 구조물에 대한 기본 자료로 활용하면 된다. 주기예측식인 $T_a = 0.1N$은 가장 간단하고 쉽게 구조물에 대한 주기를 예측하는 식이다. 10층 건물은 대략 1초 정도의 주기로 계산되지만, Computer 해석을 했을 때 0.2초 또는 3초 정도의 주기를 나타낸다면 해석이 잘못된 것이라 생각할 수 있다.

20층 모멘트골조(moment resisting frame)	1.9초
10층 모멘트골조(moment resisting frame)	1.1초
1층 모멘트골조(moment resisting frame)	0.15초
20층 브레이스 골조(braced frame)	1.3초
10층 브레이스 골조(braced frame)	0.8초
1층 브레이스 골조(braced frame)	0.1초
중력댐(gravity dam)	0.2초
현수교(suspension bridge)	20초

EQ 20

구조물의 감쇠는 대략 얼마나 될까?

A

감쇠(damping)는 반복응력하에서 재료(material)나 시스템(system)에서의 에너지 소산 특성을 말한다. Chopra 교수는 진폭이 지속적으로 감소되는 진동과정을 감쇠라 정의했다. 감쇠효과는 진폭을 감소시키며 고유진동수의 주기를 증가시키고 감쇠가 존재하지 않는 상태에서보다는 공진 진동수(resonant frequency)를 다소 적게 만든다. FEMA 451B(2007)에 의하면 구조물의 감쇠에는 질량(mass)과 강성(stiffness)에 무관한 구조적 또는 재료적 특성에 의한 선천적인 감쇠(inherent damping, 감쇠비 : 0.5~7%), 감쇠장치의 감쇠상수(damping constant C of device)와 질량과 강성에 의존적인 구조적 특성을 갖는 부가된 감쇠(added damping, 감쇠비 : 10~30%)로 분류할 수 있다고 한다(다음 그림 참조). 또한 감쇠는 Material Damping과 System Damping으로 구분할 수 있다.

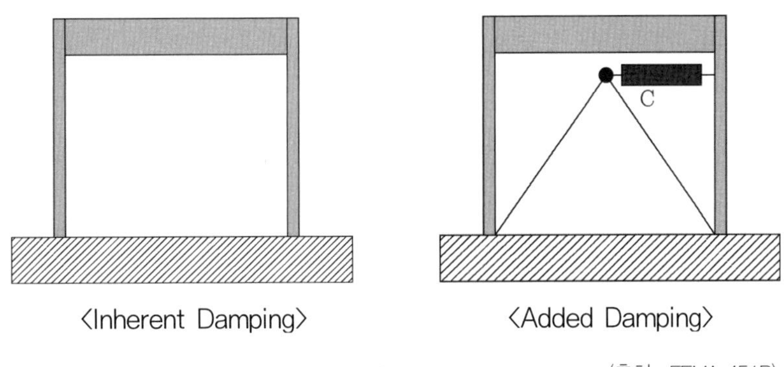

〈Inherent Damping〉 〈Added Damping〉

(출처 : FEMA 451B)

동역학에서 주로 사용하는 System Damping으로는 점성감쇠(viscous damping)가 일반적이다. 해석에서는 수학적인 편리성 때문에 등가점성감쇠를 주로 사용한다. 실제 구조물에서의 감쇠는 점성감쇠가 아닌 마찰(friction)이나 이력감쇠(hysteretic damping)로 나타난다. 왜냐하면 실제 또는 선천적인 감쇠는 재료의 마찰에 의해 발생되기 때문이다. 서로 다른 재료로 구성된 구조물의 실제적인 감쇠는 다음과 같다. 다음의 5개(용접강골조~균열 철근 콘트리트) 값은 손상이 없는 것이며 사용하중 상태(working stress values)로 고려된 값이다(출처 : FEMA 451B).

용접강골조(welded steel frame)	$\xi=0.010$
볼트강골조(bolt steel frame)	$\xi=0.020$
비균열 프리스트레스 콘크리트(uncracked prestress concrete)	$\xi=0.015$
비균열 철근콘크리트(uncracked reinforced concrete)	$\xi=0.020$
균열 철근콘크리트(cracked reinforced concrete)	$\xi=0.035$
Glued plywood shear wall	$\xi=0.100$
Nailed plywood shear wall	$\xi=0.150$
손상된 강구조(damaged steel structure)	$\xi=0.050$
손상된 콘크리트구조(damaged concrete structure)	$\xi=0.075$
감쇠장치를 가진 구조물(structure with added damping)	$\xi=0.250$

EQ 21

건물 이외의 구조물에 대한 지진하중 산출방법은?

A

KDS 41 17 00에서 정의하는 건물 이외의 구조물은 비구조요소(건축, 기계 및 전기 분야의 비구조요소)와 건물 외 구조물로 구분된다. 비구조요소는 KDS 41 17 00 18장에 따라 내진설계를 하며, 건물 외 구조물은 19장에 따라 건물구조와 구분하여 설계해야 한다. KDS 41 17 00 기준에서 상세하게 다루지 않은 부분도 있으므로 ASCE 7-16 Chapter 13장(nonstructural components), 15장(nonbuilding structures)을 참조할 필요가 있다. 이때 **건물 외 구조물에 대한 고유주기는 약산식(KBC 2016 0306.5.4. 또는 KSD 41 17 00 식 7.2-6 및 7.2-7 또는 ASCE 7-16 12.8.2.1)을 사용해서는 안 된다.**

이러한 구조물에 대한 설계 지진하중은 등가정적 하중식(KDS 41 17 00 식 18.2-1~3, 19.3-2~3 또는 ASCE 7-16 13.3-1식과 15.4-1~15.4-5)을 사용한다. 산출된 지진하중을 사용하여 구조물과 접합부를 검토한다. 기자재와 기초부의 접합방식은 앵커볼트 접합방식(선설치 앵커볼트 또는 후설치 앵커볼트)을 사용하거나 용접접합 형태로 대별된다. 용접접합을 사용하기도 하지만 앵커 접합방식이 보편적이다. 용접접합이 편리한 측면이 있지만 용접공의 능력과 자질, 숙련도에 따라 품질 변동폭이 크고 용접부 결함이 발생될 수 있는 가능성이 있다. 또한 용접접합부는 용접검사를 통해 품질을 확보해야 해야 하므로 비용이 증가되는 문제도 있으므로 적절한 접합방식을 사용해야 한다. KDS 41 17 00 18.2.1.1에 명기된 비구조요소에 대한 지진하중 계산식은 여러 번의 개정을 통해 현재의 식을 사용하게 되었다. 2000년 건축물 하중기준 해설에서는 UBC-94의 식 [$F_p = Z I_P C_p W_p$ 여기서, Z : 지진구역계수(seismic zone factor), I_P : 중요도계수, C_P : 수평력계수(horizontal force factor), W_p : 비구조요소의 중량(weight of an element or component)]과 흡사한 형태인 식 [$F_p = A I_E C_p W_p$ 여기서, A : 지진계수, I_E : 중요도계수, C_P : 수평하중계수, W_p : 비구조요소의 전체중량]으로 지진하중을 계산하도록 규정했다. 2005년 건축구조설계기준에서는 IBC 2000 기준 및 ASCE 7-98과 동일하게 다음과 같이 변경했다.

$$F_p = \frac{0.4\,a_p\,S_{DS}\,W_p}{\left(\dfrac{R_p}{I_p}\right)}\left(1 + 2\frac{z}{h}\right)$$

.... (ASCE 7-16 식 13.3-1 및 KDS 41 17 00 18.2-1)

F_p는 $F_p = 1.6\,S_{DS}\,I_p\,W_p$(ASCE 7-16 식 13.3-2 및 KDS 41 17 00 18.2-2)를 초과할 필요는 없고, F_p는 $F_p = 0.3\,S_{DS}\,I_p\,W_p$(ASCE 7-16 식 13.3-3 및 KDS 41 17 00 18.2-3) 이상이 되어야 한다.

여기서, a_p : 1.0~2.5 사이의 값을 갖는 증폭계수

F_p : 비구조요소 질량 중심에 작용하는 설계지진력

I_p : 비구조요소의 중요도계수로 1.0 또는 1.5

h : 구조물의 밑면으로부터 지붕 층까지의 평균높이

R_p : 비구조요소의 반응수정계수

S_{DS} : KDS 41 17 00의 4.2에 따라 결정한 단주기에서의 설계스펙트럼가속도

W_p : 비구조요소의 가동중량

z : 구조물의 밑면으로부터 비구조요소가 부착된 높이

$z = 0$: 구조물의 밑면 이하에 비구조요소가 부착된 경우

$z = h$: 구조물의 지붕층 이상에 비구조요소가 부착된 경우

KDS 41 17 00 식은 KBC 2016 식과 일치한다. 그러나 UBC-97은 국내 기준이나 IBC 기준의 식 과는 조금 다르게 다음과 같이 규정했다.

$$F_p = \frac{a_p\,C_a\,I_p}{R_p}\left(1 + 3\frac{h_x}{h_r}\right)W_p$$ .... (UBC-97 식 32-2)

F_p는 $F_p = 4.0\,C_a\,I_p\,W_p$(UBC-97 식 32-1)를 초과할 필요는 없고,

F_p는 $F_p = 0.7\,C_a\,I_p\,W_p$(UBC-97 식 32-3) 이상이 되어야 한다.

여기서, C_a : 지진계수(seismic coefficient)

KDS 41 17 00 또는 ASCE 7, IBC, UBC-97에 의한 식은 UBC-94보다 크게 산출된다. ASCE 7-98 이후의 기준과 IBC-2000 이후의 기준에서 채택하고 있는 식 $F_p = \frac{0.4\, a_p\, S_{DS}\, W_p}{\left(\frac{R_p}{I_p}\right)} \left(1 + 2\frac{z}{h}\right)$는 FEMA 273(1997)에서 제안했던 식을 그대로 채택했고 현재까지 변경 없이 사용하고 있다.

이 식의 a_p는 요소증폭계수로 요소의 주기(T_p)와 구조물의 주기(T)의 함수로서 요소의 동적 증폭을 나타낸다. 요소의 정확한 고유주기를 얻기 위해서는 Shake Table Test나 Pull-Back Test를 해야 하나, 대부분의 요소들에 대해서 이러한 실험을 하기 어렵다. KDS, KBC, ASCE 7 등의 기준들에서 제시한 a_p는 요소가 강(rigid)하거나 유연한(flexible) 거동을 보이는 것으로 가정하여 얻은 것이다. 요소의 고유주기가 0.06초보다 작으면 동적 증폭은 기대되지 않으며, 요소는 강한 것으로 간주한다. 고유주기가 0.06초 이상이면 유연한 것으로 구분한다. 동적증폭(dynamic amplification) 현상은 비구조요소의 주기가 지지구조물(supporting structures)에 대해 어떤 모드의 주기에 매우 근접할 때 발생하며, 이는 지반운동(ground motion)에 의존하지 않는다. 다음 그림은 구조물 주기(structural periods)와 요소 주기(component periods)의 함수로 표현된 a_p에 대해 NCEER(national center for earthquake engineering research)의 연구결과를 나타낸 것이다.

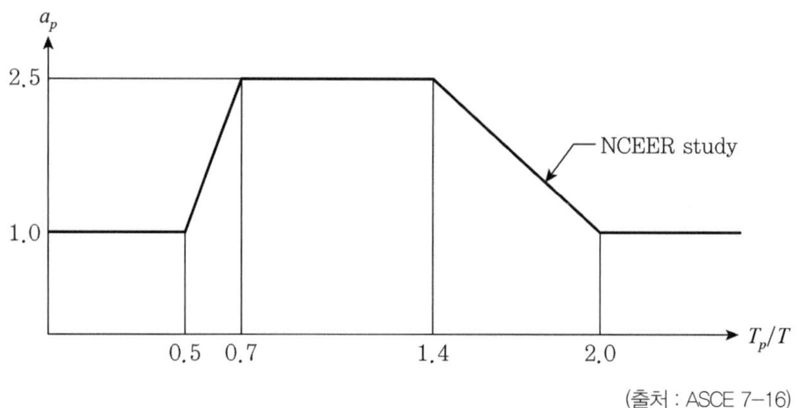

(출처 : ASCE 7-16)

지반가속도($0.4\,S_{DS}$)는 지반효과를 포함하여 구조물 자체를 위한 설계입력 값으로 사용되는 가속도와 동일하게 사용하려는 의도이며, $\left(1+2\dfrac{z}{h}\right)$에서 h와 z가 같다면 지진하중은 3배까지 증가된다. 이렇게 3배로 한 이유에 대해 ASCE 7-16 C13.3.1에서는 지붕에서의 가속도는 대규모 캘리포니아 지진(large california earthquakes)에 응답하였던 작거나 중간 정도 높이(short and moderate height, 일반적으로 12층 이내의 높이로 1층을 14 ft 정도로 보았을 때 약 51 m 이내의 건물)의 구조물들에 대한 지진가속도 계측 값을 기반으로 지반가속도의 3배로 하였다고 한다. 고층건물(대략 13층 이상 건물 : 높이 약 55 m 이상)의 경우는 높이에 따른 증폭이 고차모드의 효과 때문에 상당한 변동이 생길 수 있다. 이런 경우는 층응답스펙트럼(floor response spectrum)을 구해 사용해야 할 것이다. 수평하중을 구하는 상기 식들의 관계는 다음과 같이 도식화할 수 있다.

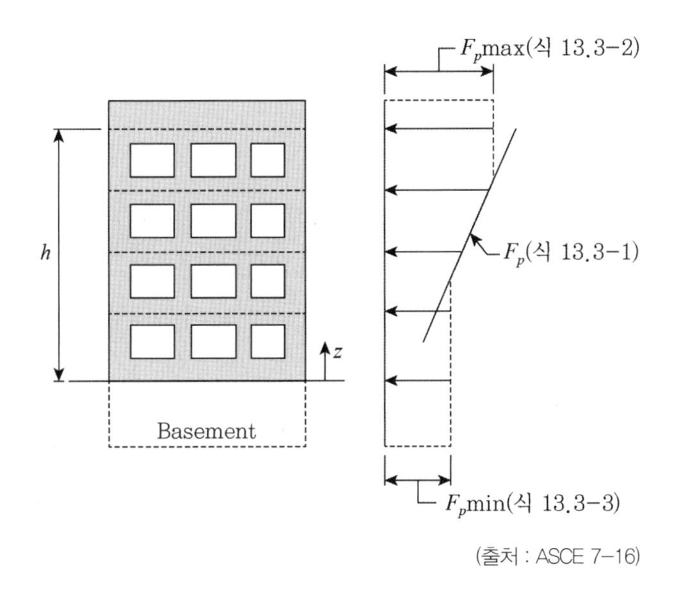

(출처 : ASCE 7-16)

ASCE 7-16은 R_p에 대해 1～12까지의 값으로 요소반응수정계수(component response modification factor)로 정의했다. 단, ASCE 7-16의 13.4.1에는 접합부에 발생하는 힘을 계산하는 경우 R_p는 6보다 작아야 한다. Recommended Lateral Force Requirements and Commentary (SEAOC, 1999) C107.2에 의하면 요소반응수정계수 R_p는 요소 구조물(component' structure)

과 접합재(attachments : 앵커볼트, 용접접합부, clamps, clips, cables, fasteners 등)의 에너지 흡수 능력(energy absorption capacity)을 나타내며, 연구와 자료축적이 부족하여 판단에 의해 결정된 것이라 설명한다. 취성파괴모드 또는 좌굴에 의한 파괴모드가 기대되는(brittle or buckling failure mode expected) 경우는 $R_p = 1.5$, 적절한 상세와 연성재료인(moderately ductile materials and detailing) 경우는 $R_p = 3.0$, 높은 연성재료이며 상세를 가진(highly ductile materials and detailing) 경우 $R_p = 4.0$과 같이 일반적인 값을 소개했다. 얕은 확장앵커볼트(shallow expansion anchor, shallow anchor는 직경 대 길이비가 8 이하인 앵커를 말한다.)와 얕은 케미컬 앵커볼트(shallow chemical anchor)는 반복시험(cyclic testing)의 부족과 낮은 성능(poor performance)으로 인해 작은 R_p를 사용해야 한다고 부언했다.

FEMA P-1051(16)의 18.1.7 Component Response Modification Factor에서는 R_p는 구조요소와 접합재의 에너지 흡수 능력을 나타내며, 적절한 연구결과의 부재로 인해 다음의 기준을 참고하여 판단한 값이라고 설명했다.

$R_p = 1.0$ or $R_p = 1.5$: 취성파괴모드 또는 좌굴에 의한 파괴모드가 기대되는 경우(brittle or buckling failure mode is expected)

$R_p = 2.5$: 어떤 최소 수준의 에너지 소산능력(some minimal level of energy dissipation capacity)

$R_p = 3.5$: 연성재료와 상세(ductile materials and detailing)

$R_p = 4.5$: ASME B31을 충족하지 못하고 기계적 커플링(mechanical coupling)이거나 Threaded Joint를 가진 파이프나 튜브

$R_p = 6.0$: ASME B31을 충족하고 기계적 커플링(mechanical coupling)이거나 Threaded Joint를 가진 파이프나 튜브 또는 높은 연성 기기

$R_p = 9.0$ or $R_p = 12$: 납땜(brazing)이나 맞대기용접(butt welding)을 가진 높은 연성 파이프 또는 튜브, 접합재 설계를 목적으로 하는 경우는 $R_p = 6.0$으로 제한된다.

ASCE 7-16 표 13.6-1에 소개된 기계나 전기와 관련된 설계정수를 소개하면 다음과 같다.

표 13.6-1 Seismic Coefficients for Mechanical and Electrical Components

Components	a_p^a	R_p^b	Ω_0^c
MECHANICAL AND ELECTRICAL COMPONENTS			
Air-side HVACR, fans, air handlers, air conditioning units, cabinet heaters, air distribution boxes, and other mechanical components constructed of sheet metal framing	2.5	6	2
Wet-side HVACR, boilers, furnaces, atmospheric tanks and bins, chillers, water heaters, heat exchangers, evaporators, air separators, manufacturing or process equipment, and other mechanical components constructed of high-deformability materials	1	2.5	2
Air coolers (fin fans), air-cooled heat exchangers, condensing units, dry coolers, remote radiators and other mechanical components elevated on integral structural steel or sheet metal supports	2.5	3	1.5
Engines, turbines, pumps, compressors, and pressure vessels not supported on skirts and not within the scope of Chapter 15	1	2.5	2
Skirt-supported pressure vessels not within the scope of Chapter 15	2.5	2.5	2
Elevator and escalator components	1	2.5	2
Generators, batteries, inverters, motors, transformers, and other electrical components constructed of high-deformability materials	1	2.5	2
Motor control centers, panel boards, switch gear, instrumentation cabinets, and other components constructed of sheet metal framing	2.5	6	2
Communication equipment, computers, instrumentation, and controls	1	2.5	2
Roof-mounted stacks, cooling and electrical towers laterally braced below their center of mass	2.5	3	2
Roof-mounted stacks, cooling and electrical towers laterally braced above their center of mass	1	2.5	2
Lighting fixtures	1	1.5	2
Other mechanical or electrical components	1	1.5	2
VIBRATION-ISOLATED COMPONENTS AND SYSTEMS[b]			
Components and systems isolated using neoprene elements and neoprene isolated floors with built-in or separate elastomeric snubbing devices or resilient perimeter stops	2.5	2.5	2
Spring-isolated components and systems and vibration-isolated floors closely restrained using built-in or separate elastomeric snubbing devices or resilient perimeter stops	2.5	2	2
Internally isolated components and systems	2.5	2	2
Suspended vibration-isolated equipment including in-line duct devices and suspended internally isolated components	2.5	2.5	2

표 13.6-1 Seismic Coefficients for Mechanical and Electrical Components(계속)

Components	a_p^a	R_p^b	Ω_0^c
DISTRIBUTION SYSTEMS			
Piping in accordance with ASME B31 (2001, 2002, 2008, and 2010), including in-line components with joints made by welding or brazing	2.5	12	2
Piping in accordance with ASME B31, including in-line components, constructed of high- or limited-deformability materials, with joints made by threading, bonding, compression couplings, or grooved couplings	2.5	6	2
Piping and tubing not in accordance with ASME B31, including in-line components, constructed of high-deformability materials, with joints made by welding or brazing	2.5	9	2
Piping and tubing not in accordance with ASME B31, including in-line components, constructed of high- or limited-deformability materials, with joints made by threading, bonding, compression couplings, or grooved couplings	2.5	4.5	2
Piping and tubing constructed of low-deformability materials, such as cast iron, glass, and nonductile plastics	2.5	3	2
Ductwork, including in-line components, constructed of high-deformability materials, with joints made by welding or brazing	2.5	9	2
Ductwork, including in-line components, constructed of high-or limited-deformability materials with joints made by means other than welding or brazing	2.5	6	2
Ductwork, including in-line components, constructed of low-deformability materials, such as cast iron, glass, and nonductile plastics	2.5	3	2
Electrical conduit and cable trays	2.5	6	2
Bus ducts	1	2.5	2
Plumbing	1	2.5	2
Pneumatic tube transport systems	2.5	6	2

a. A lower value for a_p is permitted where justified by detailed dynamic analyses. The value for a_p shall not be less than 1. The value of a_p equal to 1 is for rigid components and rigidly attached components. The value of a_p equal to 2.5 is for flexible components and flexibly attached components.

b. Components mounted on vibration isolators shall have a bumper restraint or snubber in each horizontal direction. The design force shall be taken as 2 F_p if the nominal clearance (air gap) between the equipment support frame and restraint is greater than 0.25 in. (6 mm). If the nominal clearance specified on the construction documents is not greater than 0.25 in. (6 mm), the design force is permitted to be taken as F_p.

c. Overstrength as required for anchorage to concrete and masonry. See Section 12.4.3 for seismic load effects including overstrength.

KDS 41 17 00 건축물 내진설계기준(2019)에 규정된 기계 및 전기 비구조요소의 설계계수는 다음과 같다.

기계 및 전기 비구조요소	증폭계수 a_p	반응수정 계수 R_p	초과강도 계수 Ω_0
기계 및 전기 비구조요소			
건기측 HVACR, 팬, 공조기, 냉난방장치, 캐비닛히터, 공기분배기 및 판금(sheet metal)으로 구성된 기타 기계 구성 요소	2.5	6	2
습기측 HVACR, 보일러, 용광로, 공기탱크 및 통, 칠러, 온열기, 열교환기, 증발기, 공기분리기, 제조장비, 고변형성 재료로 구성된 기계부품	1	2.5	2
에어 쿨러(핀 팬), 공냉식 열교환기, 응축기, 건식쿨러, 원격 라디에이터 및 일체형 구조강 또는 판금 지지대로 지지되는 기계부품	2.5	3	1.5
스커트지지로 지지되지 않고 19장에 포함되지 않은 엔진, 터빈, 펌프, 압축기 및 압력 용기	1	2.5	2
19장에 포함되지 않으면서 스커트지지로 지지되는 압력용기	2.5	2.5	2
엘리베이터 및 에스컬레이터 구성품	1	2.5	2
발전기, 배터리, 인버터, 모터, 변압기 및 고변형재료로 구성된 전기부품	1	2.5	2
모터 컨트롤 센터, 패널 보드, 스위치 기어, 계기 캐비닛 및 금속 박판 골조로 만들어진 유사한 비구조요소	2.5	6	2
통신 장비, 컴퓨터, 계측기 및 제어 장치	1	2.5	2
질량 중심 아래에서 횡지지된 냉각 및 전기타워, 지붕에 설치된 굴뚝	2.5	3	2
질량 중심 위에서 횡지지된 냉각 및 전기타워, 지붕에 설치된 굴뚝	1	2.5	2
조명기구	1	1.5	2
기타 기계 또는 전기 구성 요소	1	1.5	2
진동격리된 부품 및 시스템			
탄성중합체 완충장치 또는 탄성주변정지장치를 가진 네오프렌 요소 및 네오프렌 격리층으로 격리된 요소 및 시스템	2.5	2.5	2
탄성중합체 완충장치 또는 탄성주변정지장치를 가진 스프링 격리 장치 및 진동격리 바닥으로 격리된 요소 및 시스템	2.5	2	2
내부적으로 격리된 요소 및 시스템	2.5	2	2
매달림 형태의 진동방지장치를 가진 덕트 및 요소	2.5	2.5	2
배관 시스템			
관련전문기준에 따른 파이프로 용접 또는 납땜을 사용한 접합부를 가진 경우	2.5	12	2
관련전문기준에 따른 파이프로 대변형이 가능한 재료 혹은 변형이 제한된 재료로 이루어져 있으면서 나사, 본드, 압축커플링, 그루브 커플링의 접합부를 가진 경우	2.5	6	2
관련전문기준을 따르지 않는 파이프 및 튜브로 대변형이 가능한 재료로 이루어져 있으면서 용접 또는 납땜을 사용한 접합부를 가진 경우	2.5	9	2
관련전문기준을 따르지 않는 파이프 및 튜브로 대변형이 가능한 재료 혹은 변형이 제한된 재료로 이루어져 있으면서 나사, 본드, 압축커플링, 그루브 커플링의 접합부를 가진 경우	2.5	4.5	2
주철, 유리 및 비연성 플라스틱과 같이 변형이 적은 재료로 제작된 파이프 및 튜브	2.5	3	2

기계 및 전기 비구조요소	증폭계수 a_p	반응수정 계수 R_p	초과강도 계수 Ω_0
대변형이 가능한 재료로 이루어져 있으면서 용접 또는 납땜 접합부를 가진 덕트	2.5	9	2
대변형이 가능한 재료 혹은 변형이 제한된 재료로 이루어져 있으면서 용접 또는 납땜이 아닌 형식의 접합부를 가진 덕트	2.5	6	2
주철, 유리 및 비연성 플라스틱 등의 변형이 적은 재료로 제작된 덕트	2.5	3	2
전기 전선 및 케이블 트레이	2.5	6	2
버스 덕트	1	2.5	2
급배수 배관(Plumbing)	1	2.5	2
공압 튜브 수송 시스템	2.5	6	2

a. 강체요소와 단단히 부착된 요소의 경우 a_p =1이며, 유연한 요소와 유연하게 부착된 요소의 경우 a_p =2.5이다. 상세한 동적해석에 의해 증명되는 경우 표에 규정된 값보다 더 낮은 a_p를 사용할 수 있다. a_p의 값은 1보다 작아서는 안 된다.
b. 방진 장치에 장착된 부품은 각 수평 방향으로 범퍼구속 또는 완충장치가 있어야 한다. 설계하중은 공칭유격이 6 mm보다 큰 경우 $2F_p$로 하고 시공도면에 명시된 공칭유격이 6 mm 이하일 경우 F_p로 할 수 있다.
c. 초과강도계수는 콘크리트 및 조적조에 비연성앵커가 사용되었을 경우 적용한다.

비구조요소에 대한 지진하중 계산식은 국내 기준 사이에도 조금씩 상이하다. 건축전기설비 내진설계 시공지침서(2014)에서는 $F_p = 0.6S_{DS}\left(1+2\frac{z}{h}\right)W_p$로 제시했고, 소방시설의 내진설계 화재안전기준(2019)에서는 버팀대에 작용하는 수평력은 $F_p = 0.5\,W_p$로 계산하도록 했다. 이 기준들에는 반응(응답)수정계수에 대한 언급이 없다.

건물 외 구조물은 두 가지로 구분된다. 건물과 유사한 비건물 구조물과 건물과 유사하지 않은 비건물 구조물로 분류된다(이들의 분류는 EQ 24를 참조).

건물 외 구조물의 설계지진력은 건물과 같이 $V = C_S\,W$로 산출한다. 단, $C_S = 0.044\,S_{DS}\,I_E \geq 0.03$ 이상으로 해야 한다. 반응(응답)수정계수는 KDS 41 17 00의 표 19.3-1을 사용해야 한다. 구조물의 고유주기를 구할 때는 다음의 식으로 계산해야 한다.

$$T = 2\pi\sqrt{\frac{\sum_{i=1}^{n}\omega_i\delta_i^2}{g\sum_{i=1}^{n}f_i\delta_i}}$$

여기서, f_i : 구조역학의 원리에 따라 가정된 횡력 분포

g : 중력가속도

δ_i : f_i를 적용하여 구한 탄성 변형

w_i : f_i에 대응하는 유효중량

상기 식은 실무에서 적용하기에는 다소 어렵고 번잡한 면이 있다. 건물 외 구조물에 대해 ASCE Guidelines for Seismic Evaluation and Design of Petrochemical Facilities(2011)의 Appendix 4.A에 소개된 고유주기를 계산하는 방법을 소개한다.

A. One Mass, Bending Type Structure

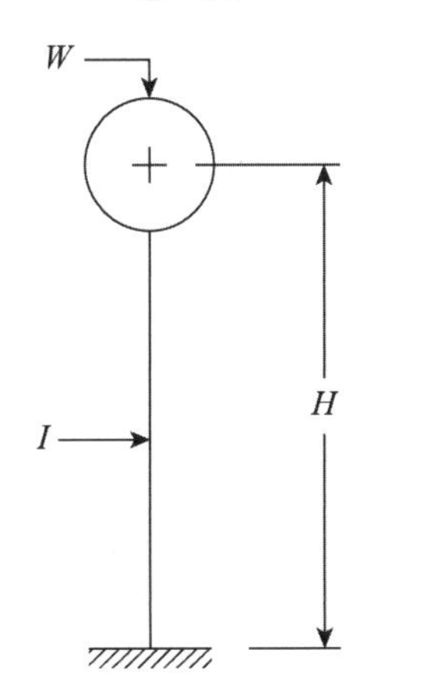

$$T = 3.63\sqrt{\frac{WH^3}{EIg}}$$

Where : W=Weight of Mass
H=Height of Cantilever
E=Modulus of Elasticity
I=Moment of Inertia

B. One Mass, Rigid Frame Type Structure

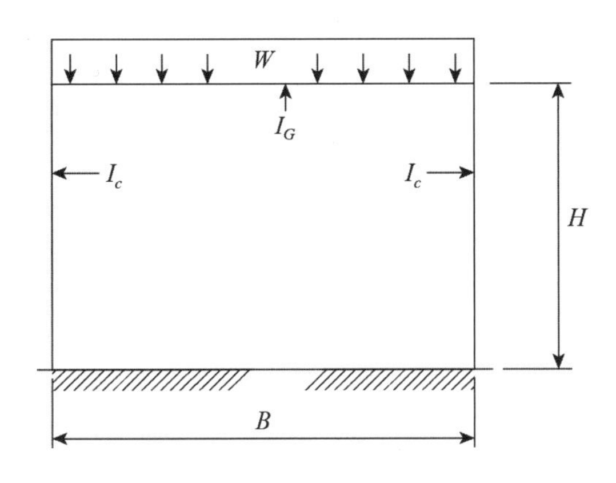

$$T = 1.814\sqrt{\frac{\alpha WH^3}{EI_cg}}$$

For columns hinged at base

$$\alpha = \frac{2K+1}{K}$$

For columns fixed at base

$$\alpha = \frac{3K+2}{6K+1}$$

$$K = \left(\frac{I_G}{I_c}\right)\left(\frac{H}{B}\right)$$

C. Two Mass Structure

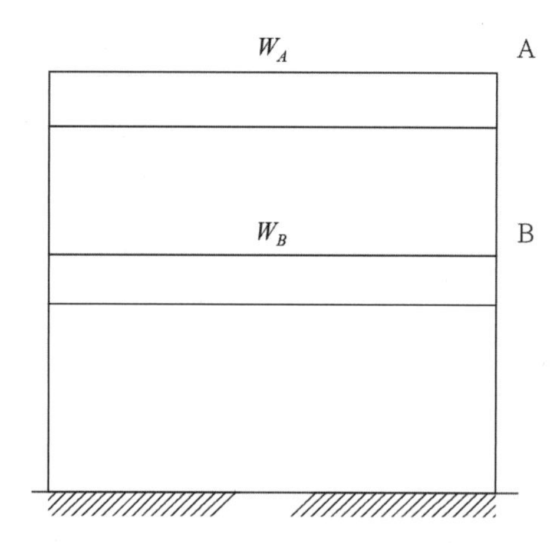

$$T = 2\pi\sqrt{\frac{W_A C_{aa} + W_B C_{bb} + \sqrt{(W_A C_{aa} - W_B C_{bb})^2 + 4 W_A W_B C_{ab}{}^2}}{2g}}$$

where : C_{aa} =Deflection at A Due to Unit Lateral Load at A

C_{bb} =Deflection at B Due to Unit Lateral Load at B

C_{ab} =Deflection at B Due to Unit Lateral Load at A

$W_A W_b$ =Summation of Vertical Loads at Level A or B

D. Bending Type Structures, Uniform Weight Distribution and Constant Section

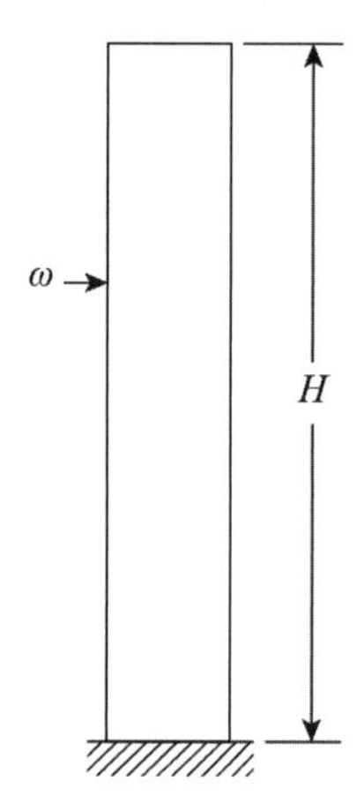

$$T = 1.79\sqrt{\frac{\omega H^4}{EIg}}$$

where : ω =Weight Per Unit Height

E. Uniform Vertical Cylindrical Steel Vessel

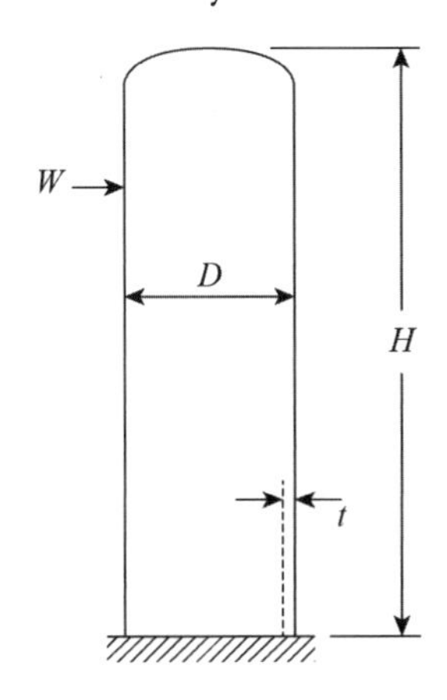

$$T=\frac{7.78}{10^6}\left(\frac{H}{D}\right)^2\sqrt{\frac{12WD}{t}}$$

where : T=Period(sec)

W=Weight(lb/ft)

H=Height(ft)

D=Diameter(ft)

t=Shell Thickness(inch)

F. Non-uniform Vertical Cylindrical Vessel

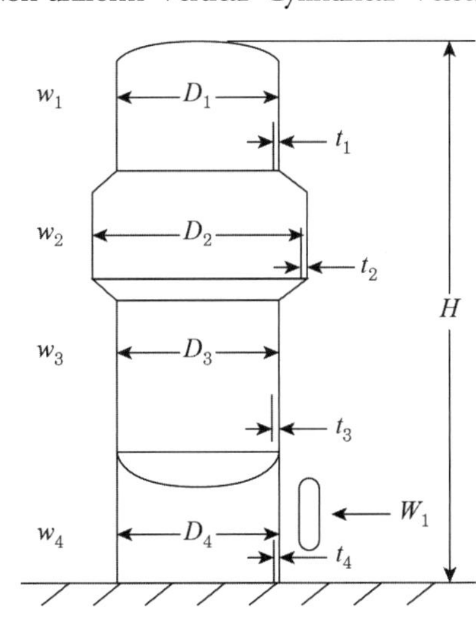

$$T=\left(\frac{H}{100}\right)^2\cdot\sqrt{\frac{\Sigma w\cdot\Delta\alpha+\frac{1}{H}\cdot\Sigma W\cdot\beta}{\Sigma E\cdot D^3\cdot t\cdot\Delta\gamma}}$$

Where :

T=period(sec)

H=overall height(ft)

w=distributed weight(lbs/ft) of each section

W=Weight(lb) of each Concentrated Mass

D=diameter(ft) of each section

t=shell thickness(inch) of each section

E=modulus of elasticity(millions of psi)

α, β, and γ are coefficients for a given level depending on h_x/H ratio of the height of the level above grade to the overall height. $\Delta\alpha$ and $\Delta\gamma$ are the difference in the values of α and γ, from the top to the bottom of each section of uniform weight, diameter and thickness. β is determined and for each concentrated mass. Values of α, β, and γ are tabulated on the following table.

〈Coefficients for Determining Period of Vibration of Free-Standing Cylindrical Shells with Non-Uniform Cross Section and Mass Distribution〉

h_x/H	α	β	γ	h_x/H	α	β	γ
1.00	2.103	8.347	1.000000	0.50	0.1094	0.9863	0.95573
0.99	2.021	8.121	1.000000	0.49	0.0998	0.9210	0.95143
0.98	1.941	7.898	1.000000	0.48	0.0909	0.8584	0.94683
0.97	1.863	7.678	1.000000	0.47	0.0826	0.7987	0.94189
0.96	1.787	7.461	1.000000	0.46	0.0749	0.7418	0.93661
0.95	1.714	7.248	0.999999	0.45	0.0578	0.6876	0.93097
0.94	1.642	7.037	0.999998	0.44	0.0612	0.6361	0.92495
0.93	1.573	6.830	0.999997	0.43	0.0551	0.5372	0.91854
0.92	1.506	6.626	0.999994	0.42	0.0494	0.5409	0.91173
0.91	1.440	6.425	0.999989	0.41	0.0442	0.4971	0.90443
0.90	1.377	6.227	0.999982	0.40	0.0395	0.4557	0.89679
0.89	1.316	6.032	0.999971	0.39	0.0351	0.4167	0.88864
0.88	1.256	5.840	0.999956	0.38	0.0311	0.3801	0.88001
0.87	1.199	5.652	0.999934	0.37	0.0275	0.3456	0.87033
0.86	1.143	5.467	0.999905	0.36	0.0242	0.3134	0.86123
0.85	1.090	5.285	0.999867	0.35	0.0212	0.2833	0.85105
0.84	1.038	5.106	0.999817	0.34	0.0185	0.2552	0.84032
0.83	0.938	4.930	0.999754	0.33	0.0161	0.2291	0.82901
0.82	0.939	4.758	0.999674	0.32	0.0140	0.2050	0.81710
0.81	0.892	4.589	0.999576	0.31	0.0120	0.1826	0.80459
0.80	0.847	4.424	0.999455	0.30	0.010293	0.16200	0.7914
0.79	0.804	4.261	0.999309	0.29	0.008769	0.14308	0.7776
0.78	0.762	4.102	0.999133	0.28	0.007426	0.12576	0.7632
0.77	0.722	3.946	0.998923	0.27	0.006249	0.10997	0.7480
0.76	0.683	3.794	0.998676	0.26	0.005222	0.09564	0.7321
0.75	0.646	3.645	0.998385	0.25	0.004332	0.08267	0.7155
0.74	0.610	3.499	0.998047	0.24	0.003564	0.07101	0.6981
0.73	0.576	3.356	0.997656	0.23	0.002907	0.06056	0.6800
0.72	0.543	3.217	0.997205	0.22	0.002349	0.05126	0.6610
0.71	0.512	3.081	0.996689	0.21	0.001878	0.04303	0.6413
0.70	0.481	2.949	0.996101	0.20	0.001485	0.03579	0.6207
0.69	0.453	2.820	0.995434	0.19	0.001159	0.02948	0.5902
0.68	0.425	2.694	0.994681	0.18	0.000893	0.02400	0.5769
0.67	0.399	2.571	0.993834	0.17	0.000677	0.01931	0.5536
0.66	0.374	2.452	0.992885	0.16	0.000504	0.01531	0.5295

<Coefficients for Determining Period of Vibration of Free-Standing Cylindrical Shells with Non-Uniform Cross Section and Mass Distribution>(계속)

h_x/H	α	β	γ	h_x/H	α	β	γ
0.65	0.3497	2.3365	0.99183	0.15	0.000368	0.01196	0.5044
0.64	0.3269	2.2240	0.99065	0.14	0.000263	0.00917	0.4783
0.63	0.3052	2.1148	0.98934	0.13	0.000183	0.00689	0.4512
0.62	0.2846	2.0089	0.98739	0.12	0.000124	0.00506	0.4231
0.61	0.2650	1.9062	0.98630	0.11	0.000081	0.00361	0.3940
0.60	0.2464	1.8068	0.98455	0.10	0.000051	0.00249	0.3639
0.59	0.2288	1.7107	0.98262	0.09	0.000030	0.00165	0.3327
0.58	0.2122	1.6177	0.98052	0.08	0.000017	0.00104	0.3003
0.57	0.1965	1.5279	0.97823	0.07	0.000009	0.00062	0.2669
0.56	0.1816	1.4413	0.97573	0.06	0.000004	0.00034	0.2323
0.55	0.1676	1.3579	0.97301	0.05	0.000002	0.00016	0.1965
0.54	0.1545	1.2775	0.97007	0.04	0.000001	0.00007	0.1597
0.53	0.1412	1.2002	0.96683	0.03	0.000000	0.00002	0.1216
0.52	0.1305	1.1259	0.96344	0.02	0.000000	0.00000	0.0823
0.51	0.1196	1.0547	0.95973	0.01	0.000000	0.00000	0.0418

G. Generalized One-Mass Structures

$$T = 2\pi\left(\frac{y}{g}\right)^{0.5}$$

where :

y = static deflection of mass resulting from a lateral load applied at the mass equal to its own weight.

g = acceleraton due to gravity.

다음은 KDS 41 17 00(19) 19장에 있는 건물과 유사하거나 유사하지 않은 구조물에 대한 설계계수이다. 국내 기준에는 설계요구조건이 없다.

〈건물과 유사한 건물 외 구조물의 설계계수〉

지진력저항 시스템	설계계수			시스템의 제한과 높이(m) 제한		
	반응수정계수 R	시스템초과강도계수 Ω_0	변위증폭계수 C_d	내진설계 범주 A 또는 B	내진설계 범주 C	내진설계 범주 D
1. 골조 시스템						
a. 철골 특수중심가새골조	6	2	5	–	–	–
b. 철골 보통중심가새골조	3.25	2	3.25	–	–	–
2. 모멘트저항골조 시스템						
a. 철골 특수모멘트골조	8	3	5.5	–	–	–
b. 철근콘크리트 특수모멘트골조	8	3	5.5	–	–	–
c. 철골 중간모멘트골조	4.5	3	4	–	–	–
d. 철근콘크리트 중간모멘트골조	5	3	4.5	–	–	–
e. 철골 보통모멘트골조	3.5	3	3	–	–	–
f. 철근콘크리트 보통모멘트골조	3	3	2.5	–	–	32
3. 철제 적재 선반	4	2	3.5	–	–	–
4. 철제 형강 캔틸레버 적재 선반						
a. 보통모멘트골조	2.5	3	3	–	–	–
b. 보통가새골조	3	3	3	–	–	–
5. 철제 박판 캔틸레버 적재 선반						
a. 보통모멘트골조	3	3	3	–	–	–
b. 보통가새골조	3	3	3	–	–	–

〈건물과 유사하지 않은 건물 외 구조물의 설계계수〉

지진력저항 시스템	설계계수			시스템의 제한과 높이(m) 제한		
	반응수정계수 R	시스템초과강도계수 Ω_0	변위증폭계수 C_d	내진설계 범주 A 또는 B	내진설계 범주 C	내진설계 범주 D
1. 고가탱크, 저장용기, 저장 상자 또는 깔대기형 상자[1)]						
a. 대칭형 가새지주에 지지된 경우	3	2	2.5	–	–	50
b. 비가새지주 또는 비대칭 가새지주에 지지된 경우	3	2	2.5	–	–	30
2. 안장형 받침대에 지지된 용접접합의 철골조						
수평저장용기	3	2	2.5	–	–	–
3. 지면에 지지된 하부가 평평한 탱크 및 저장용기						

〈건물과 유사하지 않은 건물 외 구조물의 설계계수〉(계속)

지진력저항 시스템	설계계수			시스템의 제한과 높이(m) 제한		
	반응수정 계수 R	시스템초과 강도계수 Ω_0	변위증폭 계수 C_d	내진설계 범주 A 또는 B	내진설계 범주 C	내진설계 범주 D
a. 철골조 또는 섬유보강 플라스틱조						
기계적 앵커로 고정된 경우	3	2	2.5	–	–	–
자체고정식일 경우	2.5	2	2	–	–	–
b. 철근콘크리트조 또는 프리스트레스 콘크리트조						
미끄럼방지 밑면일 경우	2	2	2	–	–	–
고정되지 않은 유연한 밑면일 경우	1.5	1.5	1.5	–	–	–
c. 기타	1.5	1.5	1.5	–	–	–
고정된 유연한 밑면일 경우	3.25	2	2	–	–	–
4. 기초까지 연속된 벽체를 사용한 현장타설 콘크리트 사일로, 연도, 굴뚝	3	1.75	3	–	–	–
5. 보강조적조 구조물	2	2.5	1.75	–	50	불가
6. 비보강조적조 구조물	1.25	2	1.5	–	불가	불가
7. 굴뚝 및 연도						
a. 콘크리트조	2	1.5	2	–	–	–
b. 철골조	2	2	2	–	–	–
8. 표에서 언급되지 않은, 분포된 질량을 갖는 철골조 및 철근콘크리트조 단일 기둥 또는 스커트 지지 캔틸레버 구조물(연도, 굴뚝, 사일로, 스커트 지지 수직 저장용기를 포함)						
a. 용접 철골	2	2	2	–	–	–
b. 특수상세를 가진 용접 철골	3	2	2	–	–	–
c. 프리스트레스 또는 철근콘크리트	2	2	2	–	–	–
d. 특수상세를 가진 프리스트레스 또는 철근콘크리트	3	2	2	–	–	–
9. 트러스형 탑(자립형 또는 버팀줄형), 버팀줄지지 연도 및 굴뚝	3	2	2.5	–	–	–
10. 냉각탑						
a. 콘크리트조 또는 철골조	3.5	17.5	3	–	–	–
b. 목구조 골조	3.5	3	3	–	–	–
11. 통신용 탑						
a. 트러스 : 철골	3	1.5	3	–	–	–
b. 장대 : 철골	1.5	1.5	1.5	–	–	–
목구조	1.5	1.5	1.5	–	–	–

<건물과 유사하지 않은 건물 외 구조물의 설계계수>(계속)

지진력저항 시스템	설계계수			시스템의 제한과 높이(m) 제한		
	반응수정 계수 R	시스템초과 강도계수 Ω_0	변위증폭 계수 C_d	내진설계 범주 A 또는 B	내진설계 범주 C	내진설계 범주 D
콘크리트	1.5	1.5	1.5	–	–	–
c. 골조 : 철골	3	1.5	1.5	–	–	–
목구조	1.5	1.5	1.5	–	–	–
콘크리트	2	1.5	1.5	–	–	–
12. 육상풍력발전기의 철골 지지구조물	1.5	1.5	1.5	–	–	–
13. 놀이시설 구조물과 기념물	2	2	2	–	–	–
14. 역추형 구조물 (고가탱크 및 저장용기는 제외)[2]	2	2	2	–	–	–
15. 지면지지 캔틸레버 벽체 또는 울타리	1.25	2	2.5	–	–	–
16. 간판, 표지판, 광고판	3.0	1.75	3	–	–	–
17. 위에 포함되지 않은 자립형 구조물, 탱크 또는 저장용기	1.25	2	2.5	–	–	15

1) 비정형성(평면 및 수직 비정형성)을 갖는 타워
2) 조명탑과 집중조명기 등을 포함

설계계수 중 비구조요소나 건물 외 구조물의 접합부 설계에서 반응(응답)수정계수를 사용해야 하는지에 대해 살펴본다.

ACI 371R-16 Guide for Analysis, Design, and Construction of Elevated Concrete and Composite Steel-Concrete Water Storage Tanks 4.4.5.1 Load Effects (h)에는 인발력(uplift loads)이 요구되는 앵커의 접합부(anchorage attachment)에 대해 강재 탱크(steel tank)와 콘크리트 지지물(concrete support) 사이의 앵커는 탄성거동으로 가정된 지진력에 대해 검토해야 한다(반응수정계수 R=1로 나눈 설계지진력)고 설명했다. 이러한 요구사항은 지진이 발생될 때 접합부가 파괴되지 않도록 하는 것이라고 한다. 탄성거동(R=1)을 하도록 설계하는 것은 보수적인 결과를 초래하지만 구조물의 특성을 고려하여 ACI 위원회에서 결정한 것으로 해석된다.

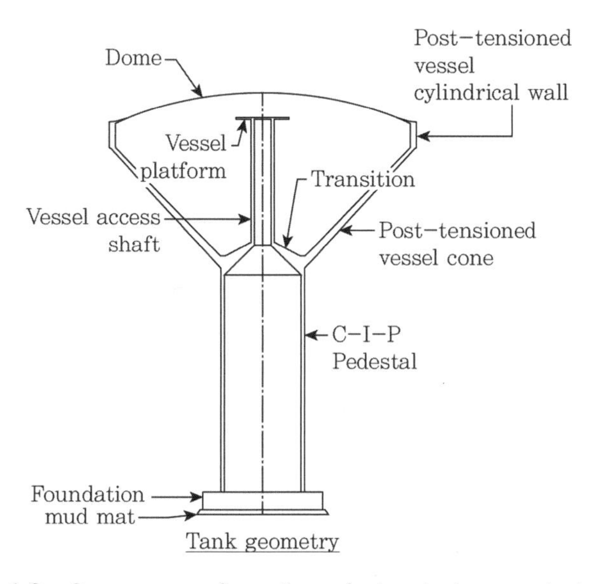

그림 1.2a Common configuration of elevated concrete tanks.

(출처 : ACI 371R−16)

한편, R=1은 ASCE 7에서 제시하는 최소 R값(R=1.25)보다 작으므로 논란의 여지가 있다. 또한 콘크리트 연돌 구조물의 경우 ASCE 7-16 표 15.4-2에는 R=2로 규정하고 있으나, ACI 307-08 Concrete Chimney R4.3에서는 R=1.5다. ACI 307-08에서는 Seismic Detailing 요구조건을 따르지 못할 경우는 R=1.5를 적용해야 한다고 부언했다. 설계자는 결국 보수적인 선택을 해야 할 것으로 생각된다.

화력발전소 구조물에서 가장 중요한 구조물 중 하나인 터빈발전기기초(turbine generators foundation)의 설계를 다루고 있는 ASCE No.136(2018)의 8.3에서는 기계정착을 위한 설계(machine anchorage design)는 ASCE 7의 13장(seismic design requirements for nonstructural components)에 따라야 한다는 견해를 피력했다. 발전기에 대한 기준이 별도로 없으므로 ASCE 7을 준용하고 있다. 원자력 발전소 터빈건물의 정착부도 완전한 탄성설계는 하지 않는다. ASCE 7-16 표 15.4-1, 2에 소개된 건물과 유사한 건물 외 구조물과 건물과 유사하지 않은 구조물에 관련된 설계정수를 소개하면 다음과 같다. **다음의 도표의 값을 사용할 때, 간과해서는 안 되는 것은 설계요건(detailing requirement)을 반드시 충족해야 한다는 것이다.**

표 15.4-1 Seismic Coefficients for Nonbuilding Structures Similar to Buildings

Nonbuilding Structure Type	Detailing Requirements	R	Ω_0	C_d	Structural System and Structural Height, h_n, Limits (ft)[a]				
					Seismic Design Category				
					B	C	D[b]	E[b]	F[c]
Steel storage racks	Sec. 15.5.3.1	4	2	3.5	NL	NL	NL	NL	NL
Steel cantilever storage racks hot-rolled steel									
- Ordinary moment frame (cross-aisle)	15.5.3.2 and AISC 360	3	3	3	NL	NL	NP	NP	NP
- Ordinary moment frame (cross-aisle)[d]	15.5.3.2 and AISC 341	2.5	2	2.5	NL	NL	NL	NL	NL
- Ordinary braced frame (cross-aisle)	15.5.3.2 and AISC 360	3	3	3	NL	NL	NP	NP	NP
- Ordinary braced frame (cross-aisle)[d]	15.5.3.2 and AISC 341	3.25	2	3.25	NL	NL	NL	NL	NL
Steel cantilever storage racks cold-formed steel[e]									
- Ordinary moment frame (cross-aisle)	15.5.3.2 and AISI S100	3	3	3	NL	NL	NP	NP	NP
- Ordinary moment frame (cross-aisle)		1	1	1	NL	NL	NL	NL	NL
- Ordinary braced frame (cross-aisle)		3	3	3	NL	NL	NP	NP	NP
Building frame systems									
- Steel special concentrically braced frames	AISC 341	6	2	5	NL	NL	160	160	100
- Steel ordinary concentrically braced frame		3.25	2	3.25	NL	NL	35[f]	35[f]	NP[f]
With permitted height increase		2.5	2	2.5	NL	NL	160	160	100
With unlimited height	AISC 360	1.5	1	1.5	NL	NL	NL	NL	NL
Moment-resisting frame systems									
- Steel special moment frames	AISC 341	8	3	5.5	NL	NL	NL	NL	NL
- Special reinforced concrete moment frames[g]	ACI 318, including Chapter 18	8	3	5.5	NL	NL	NL	NL	NL
- Steel intermediate moment frames	AISC 341	4.5	3	4	NL	NL	35[h, i]	NP[h, i]	NP[h, i]

표 15.4-1 Seismic Coefficients for Nonbuilding Structures Similar to Buildings(계속)

Nonbuilding Structure Type	Detailing Requirements	R	Ω_0	C_d	Structural System and Structural Height, h_n, Limits (ft)[a]				
					Seismic Design Category				
					B	C	D[b]	E[b]	F[c]
With permitted height increase	AISC 341	2.5	2	2.5	NL	NL	160	160	100
With unlimited height		1.5	1	1.5	NL	NL	NL	NL	NL
– Intermediate reinforced concrete moment frames	ACI 318, including Chapter 18	5	3	4.5	NL	NL	NP	NP	NP
With permitted height increase		3	2	2.5	NL	NL	50	50	50
With unlimited height		0.8	1	1	NL	NL	NL	NL	NL
– Steel ordinary moment frames	AISC 341	3.5	3	3	NL	NL	NP[h, i]	NP[h, i]	NP[h, i]
With permitted height increase		2.5	2	2.5	NL	NL	100	100	NP[h,i]
With unlimited height	AISC 360	1	1	1	NL	NL	NL	NL	NL
– Ordinary reinforced concrete moment frames	ACI 318, excluding Chapter 18	3	3	2.5	NL	NP	NP	NP	NP
With permitted height increase		0.8	1	1	NL	NL	50	50	50

a : NL = no limit and NP = not permitted.
b : See Section 12.2.5.4 for a description of seismic force-resisting systems limited to structures with a structural height, h_n, of 240 ft (73.2 m) or less.
c : See Section 12.2.5.4 for seismic force-resisting systems limited to structures with a structural height, h_n, of 160 ft (48.8 m) or less.
d : The column-to-base connection shall be designed to the lesser of M_n of the column or the factored moment at the base of the column for the seismic load case using the overstrength factor.
e : Cold-formed sections that meet the requirements of AISC 341, Table D1.1, are permitted to be designed in accordance with AISC 341.
f : Steel ordinary braced frames are permitted in pipe racks up to 65 ft (20 m).
g : In Section 2.3 of ACI 318, the definition of "special moment frame" includes precast and cast-in-place construction.
h : Steel ordinary moment frames and intermediate moment frames are permitted in pipe racks up to 65 ft (20 m) where the moment joints of field connections are constructed of bolted end plates.
i : Steel ordinary moment frames and intermediate moment frames are permitted in pipe racks up to 35 ft (11 m).

표 15.4-2 Seismic Coefficients for Nonbuilding Structures Not Similar to Buildings

Nonbuilding Structure Type	Detailing Requirements[c]				Structural System and Structural Height, h_n, Limits (ft)[a, b]				
					Seismic Design Category				
		R	Ω_0	C_d	B	C	D	E	F
Elevated tanks, vessels, bins, or hoppers									
– On symmetrically braced legs (not similar to buildings)	Sec. 15.7.10	3	2[d]	2.5	NL	NL	160	100	100
– On unbraced legs or asymmetrically braced legs (not similar to buildings)	Sec. 15.7.10	2	2[d]	2.5	NL	NL	100	60	60
Horizontal, saddle-supported welded steel vessels	Sec. 15.7.14	3	2[d]	2.5	NL	NL	NL	NL	NL
Flat-bottom ground-supported tanks	Sec. 15.7								
– Steel or fiber-reinforced plastic									
Mechanically anchored		3	2[d]	2.5	NL	NL	NL	NL	NL
Self-anchored		2.5	2[d]	2	NL	NL	NL	NL	NL
– Reinforced or prestressed concrete									
Reinforced nonsliding base		2	2[d]	2	NL	NL	NL	NL	NL
Anchored flexible base		3.25	2[d]	2	NL	NL	NL	NL	NL
Unanchored and unconstrained flexible base		1.5	1.5[d]	1.5	NL	NL	NL	NL	NL
– All other		1.5	1.5[d]	1.5	NL	NL	NL	NL	NL
Cast-in-place concrete silos that have walls continuous to the foundation	Sec. 15.6.2	3	1.75	3	NL	NL	NL	NL	NL
All other reinforced masonry structures not similar to buildings detailed as intermediate reinforced masonry shear walls	Sec. 14.4.1[e]	3	2	2.5	NL	NL	50	50	50

표 15.4-2 Seismic Coefficients for Nonbuilding Structures Not Similar to Buildings(계속)

Nonbuilding Structure Type	Detailing Requirements[c]				Structural System and Structural Height, h_n, Limits (ft)[a, b]				
					Seismic Design Category				
		R	Ω_0	C_d	B	C	D	E	F
All other reinforced masonry structures not similar to buildings detailed as ordinary reinforced masonry shear walls	Sec. 14.4.1	2	2.5	1.75	NL	160	NP	NP	NP
All other nonreinforced masonry structures not similar to buildings		1.25	2	1.5	NL	NP	NP	NP	NP
Concrete chimneys and stacks	Sec. 15.6.2 and ACI 307	2	1.5	2	NL	NL	NL	NL	NL
Steel chimneys and stacks	Sec. 15.6.2 and ASME STS-1	2	2	2	NL	NL	NL	NL	NL
All steel and reinforced concrete distributed mass cantilever structures not otherwise covered herein, including stacks, chimneys, silos, skirt-supported vertical vessels ; single-pedestal or skirt-supported	Sec. 15.6.2								
– Welded steel	Sec. 15.7.10	2	2^d	2	NL	NL	NL	NL	NL
– Welded steel with special detailing[f]	Secs. 15.7.10 and 15.7.10.5 a and b	3	2^d	2	NL	NL	NL	NL	NL
– Prestressed or reinforced concrete	Sec. 15.7.10	2	2^d	2	NL	NL	NL	NL	NL
– Prestressed or reinforced concrete with special detailing	Secs. 15.7.10 and ACI 318, Chapter 18, Secs. 18.2 and 18.10	3	2^d	2	NL	NL	NL	NL	NL
Trussed towers (freestanding or guyed), guyed stacks, and chimneys	Sec. 15.6.2	3	2	2.5	NL	NL	NL	NL	NL

표 15.4-2 Seismic Coefficients for Nonbuilding Structures Not Similar to Buildings(계속)

Nonbuilding Structure Type	Detailing Requirements[c]				Structural System and Structural Height, h_n, Limits (ft)[a, b]				
					Seismic Design Category				
		R	Ω_0	C_d	B	C	D	E	F
Steel tubular support structures for onshore wind turbine generator systems	Sec. 15.6.7	1.5	1.5	1.5	NL	NL	NL	NL	NL
Cooling towers									
- Concrete or steel		3.5	1.75	3	NL	NL	NL	NL	NL
- Wood frames		3.5	3	3	NL	NL	NL	50	50
Telecommunication towers	Sec. 15.6.6								
- Truss: Steel		3	1.5	3	NL	NL	NL	NL	NL
- Pole: Steel		1.5	1.5	1.5	NL	NL	NL	NL	NL
Wood		1.5	1.5	1.5	NL	NL	NL	NL	NL
Concrete		1.5	1.5	1.5	NL	NL	NL	NL	NL
- Frame: Steel		3	1.5	1.5	NL	NL	NL	NL	NL
Wood		1.5	1.5	1.5	NL	NL	NL	NL	NL
Concrete		2	1.5	1.5	NL	NL	NL	NL	NL
Amusement structures and monuments	Sec. 15.6.3	2	2	2	NL	NL	NL	NL	NL
Inverted pendulum type structures (except elevated tanks, vessels, bins, and hoppers)	Sec. 12.2.5.3	2	2	2	NL	NL	NL	NL	NL
Ground-supported cantilever walls or fences	Sec. 15.6.8	1.25	2	2.5	NL	NL	NL	NL	NL
Signs and billboards		3	1.75	3	NL	NL	NL	NL	NL
All other self-supporting structures, tanks, or vessels not covered above or by reference standards that are not similar to buildings		1.25	2	2.5	NL	NL	50	50	50

a : NL = no limit and NP = not permitted.
b : For the purpose of height limit determination, the height of the structure shall be taken as the height to the top of the structural frame making up the primary seismic force-resisting system.
c : If a section is not indicated in the detailing requirements column, no specific detailing requirements apply.
d : See Section 15.7.3.a for the application of the overstrength factors, Ω_0, for tanks and vessels.
e : Detailed with an essentially complete vertical load-carrying frame.
f : Sections 15.7.10.5.a and 15.7.10.5.b shall be applied for any risk category.

접합부의 앵커설계는 발생될 설계지진하중을 계산한 후 앵커에 발생하는 힘(인장력, 전단력 등)을 산출하여 콘크리트구조기준에 따라야 한다. 콘크리트앵커 설계방법은 1976년 ACI 349 Appendix B Steel Embedments에서 최초로 제시했다. 이후 여러 연구자들이 설계방법에 대한 연구를 진행하였고, AISC Design Guide 1 Column Base Plate(1990)가 발행되었다. 당시의 설계방법은 앵커가 인장을 받게 되면 콘크리트는 Corn 파괴(45도 파괴형태)가 발생되는 것으로 가정하였다. 1995년 ACI Structural Journal에 'Concrete Capacity Design(CCD, 콘크리트 파괴형태가 원추형이나 파괴각도가 35도임) Approach for Fastening to Concrete'란 주제로 기술기사가 기고되었다. 유럽에서 시행되어오던 방식을 미국의 콘크리트학회(ACI)에 소개했다. 미국콘크리트학회(ACI)에서는 2001년 ACI 349 Appendix B에 CCD 방법을 채택하여 앵커 설계방법을 전면 개정하였고, 2002년 ACI 318에 본문은 아니지만 Appendix D에 CCD 방법을 최초로 추가하였다. 현재는 미국의 모든 설계기준에서 이 방식을 사용하고 있고 KCI 기준도 이와 일치한다.

EQ 22

응답(반응)수정계수란 무엇일까?

A

국내에서 응답(반응)수정계수(response modification factor, R계수)에 대한 정의는 토목 분야와 건축 분야가 거의 유사하나, **적용방법은 토목 분야와 건축 분야가 다르다.** 먼저 응답(반응)수정계수를 처음 소개했던 ATC-3-06(1984)의 도입 의도부터 살펴본다. 응답(반응)수정계수는 다양한 형태의 프레임(frame) 구조형식에 대하여 과거의 지진성능 관찰을 통해 얻어진 경험에 기초한 계수라고 한다. 이것은 감소계수(reduction factor)라고도 하며, 비탄성응답을 겪을 때 감쇠(damping)와 구조물 고유의 인성(inherent toughness)을 고려한 것이라고 설명했다. ATC 3-06(1984) 2nd Edition에 소개했던 계수는 다음과 같다.

표 3-B Response Modification Coefficients[1]

Type of structural system	Vertical seismic resisting system	Coefficients	
		R^7	$C_d{}^8$
Bearing wall sysyem : A structural system with bearing walls providing support for all, or major portions of the vertical loads. Seismic force resistance is provided by shear walls or braced frames.	Light framed walls with shear panels	6.5	4
	Shear walls		
	– Reinforced concrete	4.5	4
	– Reinforced masonry	3.5	3
	Braced frames	4	3.5
	Unreinforced and partially reinforced masonry shear walls[6]	1.25	1.25
Building frame system : A structural system with an essentially complete Space Frame providing support for vertical loads. Seismic force resistance is provided by shear walls or braced frames.	Light framed walls with shear panels	7	4.5
	Shear walls		
	– Reinforced concrete	5.5	5
	– Reinforced masonry	4.5	4
	Braced frames	5	4.5
	Unreinforced and partially reinforced masonry shear walls[6]	1.5	1.5
Moment resisting frame system : A structural system with an essentially complete Space Frame providing support for vertical loads. Seismic force resistance is provided by ordinary or special moment frames capable of resisting the total prescribed forces.	Special moment frames		
	– Steel[3]	8	5.5
	– Reinforced concrete[4]	7	6
	Ordinary moment frames		
	– Steel[2]	4.5	4
	– Reinforced concrete[5]	2	2
Dual system : A structural system with an essentially complete Space Frame providing support for vertical loads. A Special Moment Frame shall be provided which shall be capable of resisting at least 25 percent of the prescribed seismic forces. The total seismic force resistance is provided by the combination of the Special Moment Frame and shear walls or braced frames in proportion to their relative rigidities.	Shear walls		
	– Reinforced concrete	8	6.5
	– Reinforced masonry	6.5	5.5
	Wood sheathed shear panels	8	5
	Braced frames	6	5

표 3-B Response Modification Coefficients[1](계속)

Type of Structural System	Vertical Seismic Resisting System	Coefficients	
		R[7]	C_d[8]
INVERTED PENDULUM STRUCTURES. Structures where the framing resisting the total prescribed seismic forces acts essentially as isolated cantilevers and provides support for vertical load.	Special moment frames		
	– Structural steel[3]	2.5	2.5
	– Reinforced concrete[4]	2.5	2.5
	Ordinary Moment Frames Structural steel[2]	1.25	1.25

1 : These values are based on best judgement and data available at time of writing and need to be reviewed periodically.
2 : As defined in Sec. 10.4.1.
3 : As defined in Sec. 10.6.
4 : As defined in Sec. 11.7.
5 : As defined in Sec. 11.4.1.
6 : Unreinforced masonry is not permitted for portions of buildings assigned to Category B. Unreinforced or partially reinforced masonry is not permitted for buildings assigned to Categories C and D ; see Chapter 12.
7 : Coefficient for use in Formula 4-2, 4-3 and 5-3.
8 : Coefficient for use in Formula 4-9.

주석 1에는 이 값들(R)은 집필시점에 이용할 수 있는 자료와 최선의 판단에 기반한 것으로 주기적으로 검토할 필요가 있다고 설명했다. R값의 시초는 충분한 과학적 근거를 바탕으로 작성된 것은 아니라고 볼 수 있다. 현재 기준의 R값도 완벽하지 못하다.

ATC-19(1995) Structural Response Modification Factors 1장에서는 응답(반응)수정계수의 개념은 양호한 내진상세(well-detailed)를 가진 프레임 시스템(framing system)은 붕괴(collapse) 없이 (ductile behavior, 연성거동) 큰 비탄성변형을 유지할 수 있고 그들의 설계강도(또는 reserve strength, 보유강도)를 넘는 횡력(lateral strength)이 발휘된다는 전제(premise)를 기반으로 제안된 것이라 서술했다. ATC-19(1995) 3. Use of Response Modification Factors 편의 표 3.3에는 유럽(1988, eurocode), 일본(1981, building code), 멕시코(1987 Mexico city building code), 미국의 R값에 대해 다음과 같이 소개했다. ATC-19 3.2.4 Summary에 따르면 미국의 1991년 NEHRP에서 제시한 R계수가 유럽이나 멕시코보다 크며, 이것은 유럽이나 멕시코 기준에서는 Reserve Strength(보유강도 : 설계강도와 최대강도의 차이)를 고려하지 않고 연성(ductility)만 고려하기 때문이라고 설명했다. 반면 미국의 1991년 NEHRP Provision에서는 R에 부여된 값은 보유강도(reverse strength)와 연성(ductility)을 설명하려는 의도라고 기술하였다.

표 3.3 Response Modification Factor Comparison for Rock Sites

Structural System	Period	Europe[a]	Japan[b]	Maxico[c]	United States
RC Structural Wall	T=0.1 sec.	2.0	2.5	2.5	5.5
	T=1.0 sec.	3.5	2.5	4.0	5.5
RC Moment Frame	T=0.1 sec.	2.3	3.3	2.5	8.0
	T=1.0 sec.	5.0	3.3	4.0	8.0
Steel Moment Frame	T=0.1 sec.	2.5	4.0	2.5	8.0
	T=1.0 sec.	6.0	4.0	4.0	8.0

a : T_1 equal to 0.2 second, η equal to 1.0, β_o equal to 2.5.
b : Inverse of D_s.
c : T_A equal to 0.2 second.

SEAOC가 기고한 기사(2008)에서는 지진 이후 과거 빌딩거동의 관찰과 경험에 비춰보면 구조물은 기본적인 인명보호 성능목표가 유지되는 동안 탄성적 지진력으로 평가된 것을 이용하여 경제적으로 설계할 수 있다는 것을 보여준다고 한다. 이러한 설계철학은 구조적으로 비탄성 거동과 손상이 기대될 수 있다는 것을 암시한다. 설계 지진력의 감소는 응답(반응)수정계수인 R를 사용해서 달성할 수 있다. R계수의 의도는 대부분의 빌딩설계는 선형탄성해석만이 필요하게 되며, 이는 구조설계과정을 단순화시키기 위한 것이라고 한다. 다음 그림은 내진설계에서 사용되는 계수들에 대한 것으로 하중과 변위의 관계를 보여주고 있다. 그림에서 V_e는 탄성설계밑면전단력, V_y는 강도수준에서 항복상태의 밑면전단력, V_s는 설계밑면전단력을 의미하고 $V_s = \dfrac{V_e}{R}$의 관계를 갖는다.

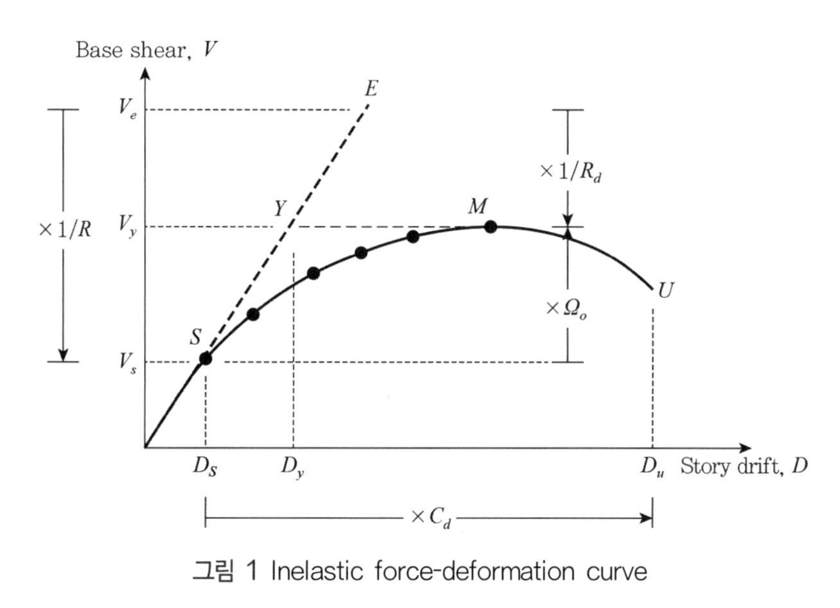

그림 1 Inelastic force-deformation curve

(출처 : 참고문헌 80)

응답(반응)수정계수(R)는 지진하중에 관한 기준을 최초로 담았던 건축물의 구조기준 등에 관한 규칙개정령(1988)에서는 다음과 같이 규정했다. 이것은 내진설계지침서 작성에 관한 연구(1987) 내용을 반영한 것이다.

<table>
<tr><th colspan="3">구조방식</th><th>반응수정계수(R)</th></tr>
<tr><td rowspan="2">내력벽방식</td><td colspan="2">전단벽이 모든 수직하중과 모든 횡력을 부담하는 경우</td><td>3.0</td></tr>
<tr><td colspan="2">모든 수직하중과 모든 횡력을 받는 전단벽의 양단부를 기둥과 같은 배근법으로 보강한 경우</td><td>3.5</td></tr>
<tr><td rowspan="2">모멘트
연성골조방식</td><td colspan="2">철골구조</td><td>6.0</td></tr>
<tr><td colspan="2">철근콘크리트구조</td><td>4.5</td></tr>
<tr><td rowspan="3">이중골조방식</td><td rowspan="2">지진력의 25% 이상을 부담할 수 있는 모멘트연성골조가 전단벽 또는 가새골조와 조합되어 수직하중 및 횡력을 건축물 수직요소의 강성비에 따라 부담하는 경우</td><td>철골구조</td><td>6.0</td></tr>
<tr><td>철근콘크리트구조</td><td>5.0</td></tr>
<tr><td colspan="2">모멘트골조와는 독립적으로 전단벽 또는 가새골조가 모든 횡력을 부담하는 경우</td><td>4.0</td></tr>
<tr><td colspan="3">기타의 골조방식</td><td>3.5</td></tr>
<tr><td colspan="3">고가 수조동</td><td>2.0</td></tr>
</table>

이후 2000년에 건축물 하중기준이 제정되었다. 건축물 하중기준 및 해설(2000) 6.2.6에서는 반응수정계수를 다음과 같이 정의했다. 반응수정계수는 구조물이 심한 항복상태에 도달하여도 부가적인 저항능력이 있음을 고려하여 경험적으로 개발하였다. 이 계수는 밑면전단력의 크기를 감소시키는 것으로 구조 시스템이 초기항복을 넘어 극한 하중과 변위에 도달하기에 충분한 큰 변형상태에서의 구조물의 연성과 감쇠 능력을 반영하는 계수로 설명한다. 이에 대한 정의로 '정해진 설계내력에 대한 구조물 전체가 특정한 지진에 대하여 선형 탄성적으로 거동한다고 가정할 때 발생하는 힘의 비'라 했다. 이것이 가능한 것은 특정한 지진에 대한 구조물의 탄성 요구강도를 R계수로 감소시킬 수 있는 것은 전체 구조물이 비선형거동과 감쇠효과로 인하여 에너지 흡수와 에너지 소산능력을 가지기 때문이다. 2000년 건축물 하중기준 6.2.6에 제시된 반응수정계수는 다음과 같다. 1988년 기준에 비해 세분화되었다.

구조방식	수직, 지진저항 시스템		반응수정계수(R)
내력벽방식 : 수직하중과 횡력을 전단벽이 부담하는 구조방식	철근콘크리트 전단벽		3.0
모멘트 골조방식 : 수직하중과 횡력을 보와 기둥으로 구성된 라멘골조가 저항하는 구조방식	연성모멘트골조	철근콘크리트	5.0
		철골	6.0
	보통모멘트골조	철근콘크리트	3.5
		철골	4.5
이중골조방식 : 횡력의 25% 이상을 부담하는 연성모멘트골조가 전단벽이나 가새골조와 조합되어 있는 구조방식	철근콘크리트 전단벽과 철골 연성 모멘트 골조		6.0
	철근콘크리트 전단벽과 철근콘크리트 연성모멘트 골조		5.5
	철골 가새골조와 연성모멘트골조		4.5
건물골조방식 : 수직하중은 입체골조가 저항하고 지진하중은 전단벽이나 가새골조가 저항하는 구조방식	철근콘크리트 전단벽		4.0
	가새골조		3.5
연직캔틸레버 구조방식 : (고가수조, 관제탑, 전망대, 사일로, 굴뚝, 철탑 등)			1.5
기타 구조방식			3.0

KBC 2005 기준은 IBC-2000기준을 참조하여 작성하였다. KBC 2005 내진설계기준의 주요 개정내용(강구조학회지, 2005)에 따르면 '반응수정계수는 기본적으로 구조물이 전적으로 선형탄성 반응을 할 경우, 주어진 지진동에서 달성하게 되는 밑면전단력의 설계 밑면전단력에

대한 비'다. 이것은 ATC-3-06의 식 $V_s = \frac{V_e}{R}$ 개념을 이용하여 설명한 것이다. 즉 $R = \frac{V_e}{V_s}$,

V_e는 탄성설계밑면전단력, V_s는 설계밑면전단력이다. 다음 표는 KBC-2005 표 0306.6.1에 규정된 지진력저항 시스템에 대한 설계계수다.

표 0306.6.1 지진력저항 시스템에 대한 설계계수

기본 지진력저항 시스템[1]	설계계수		
	반응 수정 계수 R	시스템 초과강도계수 Ω_0	변위증폭 계수 C_d
1. 내력벽 시스템			
1-a. 철근콘크리트 전단벽	4.5	2.5	4
1-b. 철근보강 조적 전단벽	2.5	2.5	1.5
1-c. 무보강 조적 전단벽	1.5	2.5	1.5
2. 건물 골조 시스템			
2-a. 철골 편심가새골조(모멘트 저항 접합)	8	2	4
2-b. 철골 편심가새골조(비모멘트 저항 접합)	7	2	4
2-c. 철골 중심가새골조	5	2	4.5
2-d. 철골 강판전단벽	6.5	2.5	5.5
2-e. 철근콘크리트 전단벽	5	2.5	4.5
2-f. 철근보강 조적 전단벽[2]	3	2.5	2
2-g. 무보강 조적 전단벽[2]	1.5	2.5	1.5
3. 모멘트-저항 골조 시스템			
3-a. 철골 모멘트골조	6	3	3.5
3-b. 철근콘크리트 중간 모멘트골조	5	3	4.5
3-c. 철근콘크리트 보통 모멘트골조	3	3	2.5
4. 중간 모멘트골조를 가진 이중골조 시스템			
4-a. 철골 가새골조	5	2.5	4.5
4-b. 철근콘크리트 전단벽	5.5	2.5	4.5
4-c. 철골 강판전단벽	6.5	2.5	5
4-d 철근보강 조적 전단벽[1]	3	3	2.5
5. 역추형 시스템			
5-a. 캔틸레버 기둥 시스템	2.5	2	2.5
5-b. 철골 모멘트골조	1.25	2	2.5
6. 기타 구조			
6-a. 기타 구조	3	2	2.5

1) 시스템별 상세는 각 재료별 설계기준 및 또는 신뢰성 있는 연구기관에서 실시한 실험, 해석 등의 입증자료를 따른다.
2) 내진설계범주 C, D에 대하여 조적구조는 허용되지 않는다.

다음 표는 KBC-2009 표 0306.6.1에 규정된 지진력저항 시스템에 대한 설계계수이며, 종전과 다르게 내진설계범주와 시스템의 제한과 높이 제한이 추가되었다.

표 0306.6.1 지진력저항 시스템에 대한 설계계수

기본 지진력저항 시스템[1]	설계계수			시스템의 제한과 높이(m) 제한		
	반응수정 계수 R	시스템 초과강도 계수 Ω_0	변위증폭계수 C_d	내진설계 범주 A 또는 B	내진설계 범주 C	내진설계 범주 D
1. 내력벽 시스템						
1-a. 철근콘크리트 특수전단벽	5	2.5	5	-	-	-
1-b. 철근콘크리트 보통전단벽	4	2.5	4	-	-	60
1-c. 철근보강 조적 전단벽	2.5	2.5	1.5	-	60	불가
1-d. 무보강 조적 전단벽	1.5	2.5	1.5	-	불가	불가
2. 건물골조 시스템						
2-a. 철골 편심가새골조(링크 타단 모멘트 저항 접합)	8	2	4	-	-	-
2-b. 철골 편심가새골조(링크 타단 비모멘트 저항접합)	7	2	4	-	-	-
2-c. 철골 특수중심가새골조	6	2	5	-	-	-
2-d. 철골 보통중심가새골조	3.25	2	3.25	-	-	-
2-e. 합성 편심가새골조	8	2	4	-	-	-
2-f. 합성 특수중심가새골조	5	2	4.5	-	-	-
2-g. 합성 보통중심가새골조	3	2	3	-	-	-
2-h. 합성 강판전단벽	6.5	2.5	5.5	-	-	-
2-i. 합성 특수전단벽	6	2.5	5	-	-	-
2-j. 합성 보통전단벽	5	2.5	4.5	-	-	60
2-k. 철골 특수강판전단벽	7	2	6	-	-	-
2-l. 철골 좌굴방지가새골조(모멘트 저항 접합)	8	2.5	5	-	-	-
2-m. 철골 좌굴방지가새골조(비모멘트 저항 접합)	7	2	5.5	-	-	-
2-n. 철근콘크리트 특수전단벽	6	2.5	5	-	-	-
2-o. 철근콘크리트 보통전단벽	5	2.5	4.5	-	-	60
2-p. 철근보강 조적 전단벽	3	2.5	2	-	60	불가
2-q. 무보강 조적 전단벽	1.5	2.5	1.5	-	불가	불가
3. 모멘트-저항골조 시스템						

표 0306.6.1 지진력저항 시스템에 대한 설계계수(계속)

기본 지진력저항 시스템[1]	설계계수			시스템의 제한과 높이(m) 제한		
	반응수정 계수 R	시스템 초과강도 계수 Ω_0	변위증폭계수 C_d	내진설계 범주 A 또는 B	내진설계 범주 C	내진설계 범주 D
3-a. 철골 특수모멘트골조	8	3	5.5	–	–	–
3-b. 철골 중간모멘트골조	4.5	3	4	–	–	–
3-c. 철골 보통모멘트골조	3.5	3	3	–	–	–
3-d. 합성 특수모멘트골조	8	3	5.5	–	–	–
3-e. 합성 중간모멘트골조	5	3	4.5	–	–	–
3-f. 합성 보통모멘트골조	3	3	2.5	–	–	–
3-g. 합성 반강접모멘트골조	6	3	5.5	–	–	–
3-h. 철근콘크리트 특수모멘트 골조	8	3	5.5	–	–	–
3-i. 철근콘크리트 중간모멘트골조	5	3	4.5	–	–	–
3-j. 철근콘크리트 보통모멘트골조	3	3	2.5	–	–	불가
4. 특수모멘트골조를 가진 이중골조 시스템						
4-a. 철골 편심가새골조	8	2.5	4	–	–	–
4-b. 철골 특수중심가새골조	7	2.5	5.5	–	–	–
4-c. 합성 편심가새골조	8	2.5	4	–	–	–
4-d. 합성 특수중심가새골조	6	2.5	5	–	–	–
4-e. 합성 강판전단벽	7.5	2.5	6	–	–	–
4-f. 합성 특수전단벽	7	2.5	6	–	–	–
4-g. 합성 보통전단벽	6	2.5	5	–	–	–
4-h. 철골 좌굴방지가새골조	8	2.5	5	–	–	–
4-i. 철골 특수강판전단벽	8	2.5	6.5	–	–	–
4-j. 철근콘크리트 특수전단벽	7	2.5	5.5	–	–	–
4-k. 철근콘크리트 보통전단벽	6	2.5	5	–	–	–
5. 중간 모멘트골조를 가진 이중골조 시스템						
5-a. 철골 특수중심가새골조	6	2.5	5	–	–	–
5-b. 철근콘크리트 특수전단벽	6.5	2.5	5	–	–	–
5-c. 철근콘크리트 보통전단벽	5.5	2.5	4.5	–	–	60
5-d. 합성 특수중심가새골조	5.5	2.5	4.5	–	–	–
5-e. 합성 보통중심가새골조	3.5	2.5	3	–	–	–
5-f. 합성 보통전단벽	5	3	4.5	–	–	60
5-g. 철근보강 조적 전단벽	3	3	2.5	–	60	불가
6. 역추형 시스템						
6-a. 캔틸레버 기둥 시스템	2.5	2.0	2.5	–	–	10

표 0306.6.1 지진력저항 시스템에 대한 설계계수(계속)

기본 지진력저항 시스템[1]	설계계수			시스템의 제한과 높이(m) 제한		
	반응수정 계수 R	시스템 초과강도 계수 Ω_0	변위증폭계수 C_d	내진설계 범주 A 또는 B	내진설계 범주 C	내진설계 범주 D
6-b. 철골 특수모멘트골조	2.5	2.0	2.5	-	-	-
6-c. 철골 보통모멘트골조	1.25	2.0	2.5	-	-	불가
6-d. 철근콘크리트 특수모멘트 골조	2.5	2.0	1.25	-	-	-
7. 철근콘크리트 보통모멘트골조	4.5	2.25	4	-	-	60
8. 강구조설계기준의 일반규정만을 만족하는 철골구조 시스템	3	3	3	-	-	60

1) 시스템별 상세는 각 재료별 설계기준 및 또는 신뢰성 있는 연구기관에서 실시한 실험, 해석 등의 입증자료를 따른다.

건축구조기준(KBC-2016) 0306.6 지진력저항 시스템 해설에 따르면 반응수정계수는 '구조물의 비탄성변형능력과 초과강도를 고려하여 지진하중을 감소시키는 역할을 하는 계수'라 했다. 다음 표는 KBC-2016 표 0306.6.1 지진력저항 시스템에 대한 설계계수다. 이것은 ASCE 7-05 표 12.2-1과 흡사하다.

표 0306.6.1 지진력저항 시스템에 대한 설계계수

기본 지진력저항 시스템[1]	설계계수			시스템의 제한과 높이(m) 제한		
	반응수정 계수 R	시스템 초과강도 계수 Ω_0	변위증폭 계수 C_d	내진설계 범주 A 또는 B	내진설계 범주 C	내진설계 범주 D
1. 내력벽 시스템						
1-a. 철근콘크리트 특수전단벽	5	2.5	5	-	-	-
1-b. 철근콘크리트 보통전단벽	4	2.5	4	-	-	60
1-c. 철근보강 조적 전단벽	2.5	2.5	1.5	-	60	불가
1-d. 무보강 조적 전단벽	1.5	2.5	1.5	-	불가	불가
2. 건물골조 시스템						
2-a. 철골 편심가새골조 (링크 타단 모멘트 저항 접합)	8	2	4	-	-	-
2-b. 철골 편심가새골조 (링크 타단 비모멘트 저항접합)	7	2	4	-	-	-
2-c. 철골 특수중심가새골조	6	2	5	-	-	-
2-d. 철골 보통중심가새골조	3.25	2	3.25	-	-	-

표 0306.6.1 지진력저항 시스템에 대한 설계계수(계속)

기본 지진력저항 시스템[1]	설계계수			시스템의 제한과 높이(m) 제한		
	반응수정 계수 R	시스템 초과강도 계수 Ω_0	변위증폭 계수 C_d	내진설계 범주 A 또는 B	내진설계 범주 C	내진설계 범주 D
2-e. 합성 편심가새골조	8	2	4	-	-	-
2-f. 합성 특수중심가새골조	5	2	4.5	-	-	-
2-g. 합성 보통중심가새골조	3	2	3	-	-	-
2-h. 합성 강판전단벽	6.5	2.5	5.5	-	-	-
2-i. 합성 특수전단벽	6	2.5	5	-	-	-
2-j. 합성 보통전단벽	5	2.5	4.5	-	-	60
2-k. 철골 특수강판전단벽	7	2	6	-	-	-
2-l. 철골 좌굴방지가새골조 (모멘트 저항 접합)	8	2.5	5	-	-	-
2-m. 철골 좌굴방지가새골조 (비모멘트 저항 접합)	7	2	5.5	-	-	-
2-n. 철근콘크리트 특수전단벽	6	2.5	5	-	-	-
2-o. 철근콘크리트 보통전단벽	5	2.5	4.5	-	-	60
2-p. 철근보강 조적 전단벽	3	2.5	2	-	60	불가
2-q. 무보강 조적 전단벽	1.5	2.5	1.5	-	불가	불가
3. 모멘트-저항골조 시스템						
3-a. 철골 특수모멘트골조	8	3	5.5	-	-	-
3-b. 철골 중간모멘트골조	4.5	3	4	-	-	-
3-c. 철골 보통모멘트골조	3.5	3	3	-	-	-
3-d. 합성 특수모멘트골조	8	3	5.5	-	-	-
3-e. 합성 중간모멘트골조	5	3	4.5	-	-	-
3-f. 합성 보통모멘트골조	3	3	2.5	-	-	-
3-g. 합성 반강접모멘트골조	6	3	5.5	-	-	-
3-h. 철근콘크리트 특수모멘트골조	8	3	5.5	-	-	-
3-i. 철근콘크리트 중간모멘트골조	5	3	4.5	-	-	-
3-j. 철근콘크리트 보통모멘트골조	3	3	2.5	-	-	불가
4. 특수모멘트골조를 가진 이중골조 시스템						
4-a. 철골 편심가새골조	8	2.5	4	-	-	-
4-b. 철골 특수중심가새골조	7	2.5	5.5	-	-	-
4-c. 합성 편심가새골조	8	2.5	4	-	-	-
4-d. 합성 특수중심가새골조	6	2.5	5	-	-	-
4-e. 합성 강판전단벽	7.5	2.5	6	-	-	-
4-f. 합성 특수전단벽	7	2.5	6	-	-	-
4-g. 합성 보통전단벽	6	2.5	5	-	-	-

표 0306.6.1 지진력저항 시스템에 대한 설계계수(계속)

기본 지진력저항 시스템[1]	설계계수			시스템의 제한과 높이(m) 제한		
	반응수정 계수 R	시스템 초과강도 계수 Ω_0	변위증폭 계수 C_d	내진설계 범주 A 또는 B	내진설계 범주 C	내진설계 범주 D
4-h. 철골 좌굴방지가새골조	8	2.5	5	-	-	-
4-i. 철골 특수강판전단벽	8	2.5	6.5	-	-	-
4-j. 철근콘크리트 특수전단벽	7	2.5	5.5	-	-	-
4-k. 철근콘크리트 보통전단벽	6	2.5	5	-	-	-
5. 중간 모멘트골조를 가진 이중골조 시스템						
5-a. 철골 특수중심가새골조	6	2.5	5	-	-	-
5-b. 철근콘크리트 특수전단벽	6.5	2.5	5	-	-	-
5-c. 철근콘크리트 보통전단벽	5.5	2.5	4.5	-	-	60
5-d. 합성 특수중심가새골조	5.5	2.5	4.5	-	-	-
5-e. 합성 보통중심가새골조	3.5	2.5	3	-	-	-
5-f. 합성 보통전단벽	5	3	4.5	-	-	60
5-g. 철근보강 조적 전단벽	3	3	2.5	-	60	불가
6. 역추형 시스템						
6-a. 캔틸레버 기둥 시스템	2.5	2.0	2.5	-	-	10
6-b. 철골 특수모멘트골조	2.5	2.0	2.5	-	-	-
6-c. 철골 보통모멘트골조	1.25	2.0	2.5	-	-	불가
6-d. 철근콘크리트특수모멘트골조	2.5	2.0	1.25	-	-	-
7. 철근콘크리트 보통 전단벽-골조 상호작용 시스템	4.5	2.25	4	-	-	60
8. 강구조기준의 일반규정만을 만족하는 철골구조 시스템	3	3	3	-	-	60
9. 콘크리트기준의 일반규정만을 만족하는 철근콘크리트구조 시스템[2]	3	3	3	-	-	30

1) 시스템별 상세는 각 재료별 설계기준 및 또는 신뢰성 있는 연구기관에서 실시한 실험, 해석 등의 입증자료를 따른다.
2) 철근콘크리트설계기준의 일반규정이란 5장에서 0520절을 제외한 나머지 규정을 의미한다.

건축물 내진설계기준 및 해설(2019) 표 6.2-1에서는 다음과 같이 개정하였다. 개정된 부분을 음영과 글자를 진하게 표시했다.

〈지진력저항 시스템에 대한 설계계수〉

기본 지진력저항 시스템[1]	설계계수			시스템의 제한과 높이(m) 제한		
	반응수정 계수 R	시스템 초과강도 계수 Ω_0	변위증폭 계수 C_d	내진설계 범주 A 또는 B	내진설계 범주 C	내진설계 범주 D
1. 내력벽 시스템						
1-a. 철근콘크리트 특수전단벽	5	2.5	5	-	-	-
1-b. 철근콘크리트 보통전단벽	4	2.5	4	-	-	60
1-c. 철근보강 조적 전단벽	2.5	2.5	1.5	-	60	불가
1-d. 무보강 조적 전단벽	1.5	2.5	1.5	-	불가	불가
1-e. 구조용 목재패널을 덧댄 경골목 구조 전단벽	**6**	**3**	**4**	**-**	**20**	**20**
1-f. 구조용 목재패널 또는 강판시트를 덧댄 경량철골조 전단벽	**6**	**3**	**4**	**-**	**20**	**20**
2. 건물골조 시스템						
2-a. 철골 편심가새골조 (링크 타단 모멘트 저항 접합)	8	2	4	-	-	-
2-b. 철골 편심가새골조 (링크 타단 비모멘트 저항접합)	7	2	4	-	-	-
2-c. 철골 특수중심가새골조	6	2	5	-	-	-
2-d. 철골 보통중심가새골조	3.25	2	3.25	-	-	-
2-e. 합성 편심가새골조	8	2	4	-	-	-
2-f. 합성 특수중심가새골조	5	2	4.5	-	-	-
2-g. 합성 보통중심가새골조	3	2	3	-	-	-
2-h. 합성 강판전단벽	6.5	2.5	5.5	-	-	-
2-i. 합성 특수전단벽	6	2.5	5	-	-	-
2-j. 합성 보통전단벽	5	2.5	4.5	-	-	60
2-k. 철골 특수강판전단벽	7	2	6	-	-	-
2-l. 철골 좌굴방지가새골조 (모멘트 저항 접합)	8	2.5	5	-	-	-
2-m. 철골 좌굴방지가새골조 (비모멘트 저항 접합)	7	2	5.5	-	-	-
2-n. 철근콘크리트 특수전단벽	6	2.5	5	-	-	-
2-o. 철근콘크리트 보통전단벽	5	2.5	4.5	-	-	60
2-p. 철근보강 조적 전단벽	3	2.5	2	-	60	불가
2-q. 무보강 조적 전단벽	1.5	2.5	1.5	-	불가	불가
2-r. 구조용 목조패널을 덧댄 경골목 구조 전단벽	**6.5**	**2.5**	**4.5**	**-**	**20**	**20**
2-s. 구조용 목재패널 또는 강판시트를 덧댄 경량철골조 전단벽	**6.5**	**2.5**	**4.5**	**-**	**20**	**20**

〈지진력저항 시스템에 대한 설계계수〉(계속)

기본 지진력저항 시스템[1]	설계계수			시스템의 제한과 높이(m) 제한		
	반응수정 계수 R	시스템 초과강도 계수 Ω_0	변위증폭 계수 C_d	내진설계 범주 A 또는 B	내진설계 범주 C	내진설계 범주 D
3. 모멘트-저항골조 시스템						
3-a. 철골 특수모멘트골조	8	3	5.5	-	-	-
3-b. 철골 중간모멘트골조	4.5	3	4	-	-	-
3-c. 철골 보통모멘트골조	3.5	3	3	-	-	-
3-d. 합성 특수모멘트골조	8	3	5.5	-	-	-
3-e. 합성 중간모멘트골조	5	3	4.5	-	-	-
3-f. 합성 보통모멘트골조	3	3	2.5	-	-	-
3-g. 합성 반강접모멘트골조	6	3	5.5	-	-	-
3-h. 철근콘크리트 특수모멘트골조	8	3	5.5	-	-	-
3-i. 철근콘크리트 중간모멘트골조	5	3	4.5	-	-	-
3-j. 철근콘크리트 보통모멘트골조	3	3	2.5	-	-	30
4. 특수모멘트골조를 가진 이중골조 시스템						
4-a. 철골 편심가새골조	8	2.5	4	-	-	-
4-b. 철골 특수중심가새골조	7	2.5	5.5	-	-	-
4-c. 합성 편심가새골조	8	2.5	4	-	-	-
4-d. 합성 특수중심가새골조	6	2.5	5	-	-	-
4-e. 합성 강판전단벽	7.5	2.5	6	-	-	-
4-f. 합성 특수전단벽	7	2.5	6	-	-	-
4-g. 합성 보통전단벽	6	2.5	5	-	-	-
4-h. 철골 좌굴방지가새골조	8	2.5	5	-	-	-
4-i. 철골 특수강판전단벽	8	2.5	6.5	-	-	-
4-j. 철근콘크리트 특수전단벽	7	2.5	5.5	-	-	-
4-k. 철근콘크리트 보통전단벽	6	2.5	5	-	-	-
5. 중간모멘트골조를 가진 이중골조 시스템						
5-a. 철골 특수중심가새골조	6	2.5	5	-	-	-
5-b. 철근콘크리트 특수전단벽	6.5	2.5	5	-	-	-
5-c. 철근콘크리트 보통전단벽	5.5	2.5	4.5	-	-	60
5-d. 합성 특수중심가새골조	5.5	2.5	4.5	-	-	-
5-e. 합성 보통중심가새골조	3.5	2.5	3	-	-	-
5-f. 합성 보통전단벽	5	3	4.5	-	-	60
5-g. 철근보강 조적 전단벽	3	3	2.5	-	60	불가
6. 역추형 시스템						
6-a. 캔틸레버 기둥 시스템	2.5	2.0	2.5	-	-	10

〈지진력저항 시스템에 대한 설계계수〉(계속)

기본 지진력저항 시스템[1]	설계계수			시스템의 제한과 높이(m) 제한		
	반응수정 계수 R	시스템 초과강도 계수 Ω_0	변위증폭 계수 C_d	내진설계 범주 A 또는 B	내진설계 범주 C	내진설계 범주 D
6-b. 철골 특수모멘트골조	2.5	2.0	2.5	-	-	-
6-c. 철골 보통모멘트골조	1.25	2.0	2.5	-	-	불가
6-d. 철근콘크리트 특수모멘트골조	2.5	2.0	1.25	-	-	-
7. 철근콘크리트 보통 전단벽-골조 상호작용 시스템	4.5	2.5	4	-	-	60
8. 6의 역추형 시스템에 속하지 않으면서 강구조기준의 일반규정만을 만족하는 철골구조 시스템	3	3	3	-	-	60
9. 6의 역추형 시스템에 속하지 않으면서 철근콘크리트구조기준의 일반규정만을 만족하는 철근콘크리트구조 시스템	3	3	3	-	-	30
10. 지하외벽으로 둘러싸인 지하구조 시스템	**3**	**3**	**2.5**			

1) 시스템별 상세는 각 재료별 설계기준 및 또는 신뢰성 있는 연구기관에서 실시한 실험, 해석 등의 입증자료를 따른다.

제18회 기술강습회 건축물의 내진설계(한국지진공학회)에 따르면 반응수정계수(R)는 연성도계수(R_U)×초과강도계수(R_Ω)로 정의할 수 있다고 했다. 구조물의 지진응답은 소성거동이나 마찰 등에 의한 감쇠효과에 의하여 크게 저감되는 경향이 있고, 더욱 경제적인 구조물의 내진설계를 위하여 일정한 범위 내에서 소성거동을 허용하고 있다고 기술했다. 진동주기가 매우 짧은 경우에는 비탄성거동에 의한 응답저감 효과가 없거나 매우 적지만, 진동주기가 0.6초를 초과하는 경우에는 연성비의 크기에 반비례해서 구조물의 응답이 감소한다. 그러므로 구조물이 비탄성 거동을 할 수 있는 최대능력, 즉 연성능력(ductility capacity)이 큰 구조물인 경우에는 감소된 응답을 예상할 수 있으므로 설계용 지진하중을 저감시킬 수 있다. 그러나 내진설계기준에서는 구조물의 진동주기에 무관하게 반응수정계수는 구조 시스템의 초과강도계수와 연성능력을 고려하여 경험적으로 결정되는 것이 일반적이라고 한다.

한편, ATC-19(1995)의 2장과 5장에서는 반응수정계수의 문제점들을 다음과 같이 제기했다.

1) 현대의 미국 내진기준에서 사용하는 R값을 위한 수학적 기본은 없다.

2) 빌딩의 높이, 평면형상과 구조 배치를 고려하지 않고 모든 구조유형의 빌딩에 단일 R값의 적용은 정당화될 수 없다.

3) 프레임 시스템(framing systems)을 위해 부과된 R값이 지진에 대해 바람직한 성능(desired performance)을 발휘할 수 없을 것이다. 일관된 손상수준(level of damage)을 확보하기 위해서 R값은 건물의 고유주기와 기초가 세워지는 지반조건(soil type)에 의존적이어야 한다.

4) 부분적으로 반응수정계수는 구조계의 연성(ductility)을 설명하기 위한 의도이다. 일정한 연성비(constant ductility ratio)는 요구탄성스펙트럼(elastic spectral demands)을 밑면전단력으로 나타나는 요구설계(비탄성, inelastic)스펙트럼(design spectral demands)을 균일하게 감소시킬 수 없으므로 R은 주기에 지배(period-dependent)되어야 한다.

5) 다른 지진구역에서 설계된 빌딩의 설계강도를 초과하는 보유강도(reserve strength)는 충분히 다양할 것이다. 보유강도는 R의 주요한 요소다. 따라서 R값은 지진구역(seismic zone) 또는 지진하중에 대한 중력하중(gravity load)의 어떤 비에 좌우되어야 한다.

6) 미국의 지침(guideline)이나 설계기준(seismic code)에 기술된 설계반응수정계수를 사용하는 내진설계는 모든 내진 구조계에 균일한 수준(uniform level)의 위험(risk)을 나타내지 못할 것이다.

반응수정계수와 관련된 국내 학술지에 발표된 자료들은 참고문헌 26~29를 참조한다. 다만 R계수에 대한 정의나 설명이 ATC-3-06(1984)의 원문 내용과 상이하다.

토목 분야의 대표적인 구조물은 교량이므로 ATC-19에 소개된 내용을 먼저 살펴본다.

1982년 ATC-6은 교량 분야의 기술자들에 의해 개발되었다고 한다. 여기서 R계수는 요구탄성스펙트럼(elastic spectral demands)을 강도설계수준(strength design level)으로 감소시키는 것으로 소개했다. ATC-6 보고서는 연결부와 구조요소에 각각 다른 R값을 추천하였다. R값은 구조요소에 소성힌지를 조성하고 연결부에 비탄성거동을 배제하기 위해, 접합부에 더 작은 값을 사용했다고 한다. 교량설계를 위한 ATC-6 방법은 전체 빌딩에 대해 1개의 R값을 사용하는 ATC-3 설계 방법과 상이하다. 다음은 ATC-19의 표 3.4에 소개된 내용이다.

표 3.4 Bridge Response Modification Factors

Frame type	Caltrans Z	ATC-6R	ATC-32[a]	
			Ordinary Bridges	Important Bridges
Single-column bent	6	3	≤4	≤3
Multiple-column bent			≤4	≤3

a : Proposed, not yet adopted

다음은 국내 교량에 대한 내진설계기준의 참고가 되고 있는 AASHTO 기준을 살펴본다. 다음 표는 미국의 1997 Interim Revisions to the Standard Specifications for Highway Bridges(AASHTO) Division I-A Seismic Design 3.7에 제시된 것이다.

표 3.7 Response Modification Factor(R)

Substructure[1]	R	Connections[3]	R
Wall-type pier[2]	2	Superstructure to abutment	0.8
Reinforced concrete pile bents		Expansion joints within a span of the superstructure	0.8
a. Vertical piles only	3	Columns, piers, or pile bents to cap beam or superstructure[4]	1.0
b. One or more batter piles	2	Columns or piers to foundations[4]	1.0
Single columns	3		
Steel or composite steel and concrete pile bents			
a. Vertical piles only	5		
b. One or more batter piles	3		
Multiple column bent	5		

1 : The R-Factor is to be used for both orthogonal axes of the substructure.
2 : A wall-type pier may be designed as a column in the weak direction of the pier provided all the provisions for column in Article 6.6 or 7.6, as appropriate, are followed. The R-Factor for a single column may then be used.
3 : Connections are those mechanical devices which transfer shear and axial forces from one structural component to another. They generally do not include moment connections and thus comprise bearings and shear keys. The R Factors in this Table are applied to the elastic forces in the restrained directions only.
4 : For bridges classified as SPC(Seismic Performance Category) C or D, it is recommended that the connections be designed for the maximum forces capable of being developed by plastic hinging of the column or column bent as specified in Article 7.2.5. These forces will often be significantly less than those obtained using an R-Factor of 1.

국내의 토목 분야에서 응답수정계수(response modification factor)는 최초의 내진설계기준인 1992년 도로교표준시방서 V장 내진설계 편에 소개되었다. 교량의 응답수정계수는 ASSHTO와 일치한다. 응답수정계수는 '탄성해석으로 구한 각 요소의 내력으로부터 실제의 설계지진력을 산정하기 위한 계수'로 정의했다. 1992년 도로교표준시방서 표 3.4.1의 응답수정계수는 다음과 같다.

<table>
<tr><th>하부구조</th><th>R</th><th>연결부분</th><th>R</th></tr>
<tr><td>벽식교각</td><td>2</td><td>상부구조와 교대</td><td>0.8</td></tr>
<tr><td>철근콘크리트 말뚝 가구 (bent)
1. 수직말뚝만 사용한 경우
2. 한 개 이상의 경사말뚝을 사용한 경우</td><td>
3
2</td><td>상부구조의 한 지간내의 신축이음</td><td>0.8</td></tr>
<tr><td>단주</td><td>3</td><td>기둥, 교각 또는 말뚝 가구와 캡빔(cap beam) 또는 상부구조</td><td>1.0</td></tr>
<tr><td>강재 또는 합성강재와 콘크리트 말뚝 가구
1. 수직말뚝만 사용한 경우
2. 한 개 이상의 경사말뚝을 사용한 경우</td><td>
5
3</td><td rowspan="2">기둥 또는 교각과 기초</td><td rowspan="2">1.0</td></tr>
<tr><td>다주 가구</td><td>5</td></tr>
</table>

이에 대한 해설 내용을 소개하면 다음과 같다.

R은 탄성해석으로 얻은 설계지진력을 수정하는 데 사용된다. R값은 설계지진력에 의해 기둥은 항복하나 연결부위 및 기초부분은 극히 적은 손상을 입는다는 가정으로부터 얻어진다. 기둥, 교각 또는 말뚝가구(pile bent)에 대한 R계수는 다양한 지지조건에 의한 여용력(redundancy) 및 연성(ductility)을 고려함으로써 구할 수 있다. 벽식 교각은 강도가 큰 방향에 대하여 가장 작은 연성능력과 여용력을 갖는 것으로 판정하여 R값을 2로 정하였다. 잘 설계된 기둥으로 된 다주가구(multiple column bent)는 가장 큰 연성능력과 여용력을 갖는 것으로 판정하여 가장 큰 R값인 5로 정하였다. 단주(single column)의 연성능력은 다주 가구 기둥의 연성능력과 비슷하지만 여용력이 없기 때문에 R값을 3으로 하였다. 말뚝가구(pile bents) 기초는 지진 거동에 관한 자료가 거의 없기 때문에 R값은 기타 세 가지 하부구조와 비교하여 결정하였다. 경사 파일을 포함한 말뚝가구는 연성능력이 감소되므로, 이러한 시스템에 대하

여는 감소된 R값을 적용하였다. 연결부분에 해당하는 R값이 1.0 및 0.8인 것은 연결부분의 경우는 설계탄성력과 같은 힘에 대해서 그리고 교대의 경우는 설계탄성력보다 큰 힘에 대해서 설계하여야 한다는 것을 의미한다. 이것은 교량이 비탄성적 거동을 할 때 발생하는 힘의 재분배의 영향을 부분적으로 고려하기 위한 것이다. 또한 지진이 발생할 때 중요한 연결부는 완전한 강도를 유지할 수 있게 하기 위한 것이다. 연결부를 이와 같은 하중에 대하여 설계함으로써 더 적은 공사비용의 증가로 더욱 큰 안전성을 확보할 수 있게 된다.

1996년 도로교표준시방서 V편 내진설계편 3.4에서는 응답수정계수에 대한 내용을 다음과 같이 추가하였다.

1) 내진1등급교의 각 부재와 연결부분에 대한 설계지진력은 탄성지진력을 적절한 응답수정계수로 나눈 값으로 한다. **다만 하부구조의 경우 축방향력과 전단력은 응답수정계수로 나누지 않는다.**
2) 각 요소에 대한 응답수정계수는 표 3.4.1에 표시된 값으로 한다.
3) 응답수정계수 R은 하부구조의 양 직교축방향에 대해 모두 적용한다.
4) 벽식 교각의 약축방향은 기둥규정을 적용하여 설계할 수 있다. 이때 응답수정계수 R은 단주의 값을 적용할 수 있다.

응답수정계수 표 3.4.1 및 1996년 응답수정계수의 해설 내용은 상기의 1992년 도로교표준시방서와 일치한다.

2000년 도로교설계기준 6.3.4에서는 응답수정계수에 관련된 사항 중 일부 문구를 다음과 같이 개정하였다(개정사항은 밑줄로 표시).

1) 내진설계를 위해 추가로 규정한 설계요건을 모두 충족시키는 경우, 교량의 각 부재와 연결부분에 대한 설계지진력은 표 6.3.7의 응답수정계수로 나눈 값으로 한다. 다만 하부구조의 경우 축방향력과 전단력은 응답수정계수로 나누지 않는다.
2) 내진설계를 위해 추가로 규정한 설계요건을 충족시키지 못하는 경우, 하부구조와 연결부분에 대한 응답수정계수는 각각 1.0과 0.8을 넘지 못한다.

3) 응답수정계수 R은 하부구조의 양 직교축방향에 대해 모두 적용한다.

4) 벽식교각의 약축방향은 기둥규정을 적용하여 설계할 수 있다. 이때 응답수정계수 R은 단일 기둥의 값을 적용할 수 있다.

제10회 기술강습회 철근콘크리트 교각의 내진설계(한국지진공학회) 6장에서는 R계수에 대해 다음과 같이 설명했다. 응답수정계수는 철근콘크리트기둥의 내진설계 시 정적 또는 동적 구조해석의 방법으로 선형탄성해석을 사용하는 경우에 적용하는 계수다. 즉 재료 및 단면성질에 의하여 비선형거동을 보이는 철근콘크리트기둥에 대하여 선형탄성해석을 수행함으로써 발생하는 차이를 수정하기 위한 계수이므로 재료비선형해석을 이용하는 경우에는 적용되지 않는 계수이다. 재료비선형해석(또는 소성해석)을 수행하지 않는 경우 도로교설계기준에 따른 해석결과는 탄성지진력으로서 휨모멘트의 경우 $M_{elastic}$을 의미한다. 탄성설계인 경우에는 다음 그림 (a)와 같이 설계지진모멘트 M_{design}으로 $M_{elastic}$을 사용한다. 소성설계인 경우 다음 그림 (b)와 같이 $M_{elastic}$을 수정하여 설계지진모멘트 M_{design}을 결정할 때 사용하는 것이 응답수정계수 R이며 $M_{design} = \dfrac{M_{elastic}}{R}$와 같이 적용한다고 부언했다.

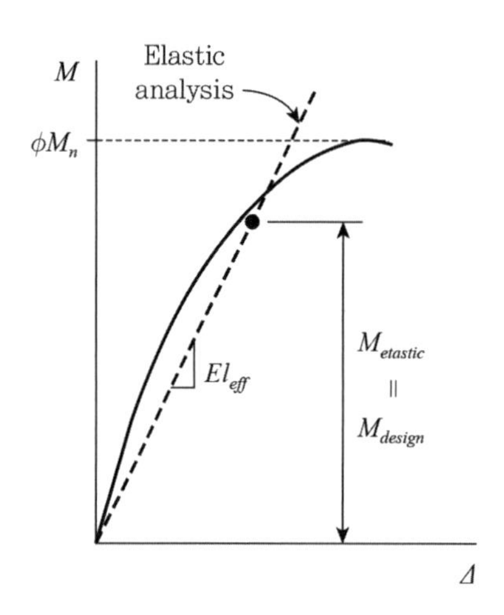

(a) 탄성모멘트 및 설계지진모멘트

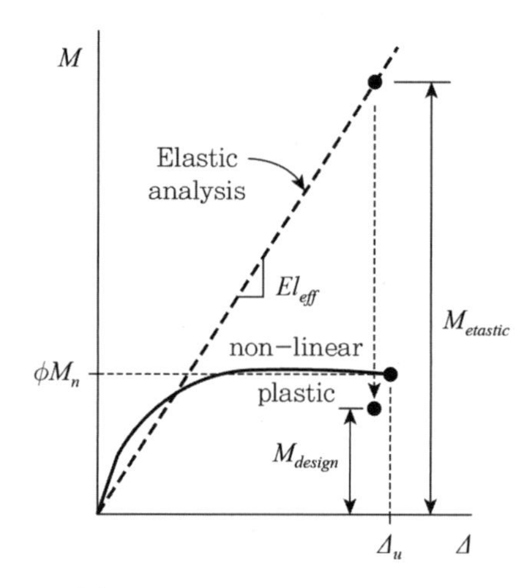

(b) 소성모멘트 및 설계지진모멘트

(출처 : 참고문헌 15)

소성설계를 수행하는 경우 설계 휨모멘트를 결정하기 위해서는 응답수정계수를 적용하지만 전단력이나 축력에는 응답수정계수를 적용하지 않는다. 이것은 철근콘크리트 교각에 소성힌지가 발생하여 충분한 변위가 발생한 이후에 파괴되는 소성거동을 보일 때까지 전단파괴가 발생하지 않도록 보장하기 위한 것이라고 설명했다.

2000년, 2005년, 2010년 도로교설계기준에 제시된 응답수정계수는 다음 표(도로교설계기준 표 6.3.7)와 같다.

<table>
<tr><th>하부구조</th><th>R</th><th>연결부분[1]</th><th>R</th></tr>
<tr><td>벽식교각</td><td>2</td><td>상부구조와 교대</td><td>0.8</td></tr>
<tr><td>철근콘크리트 말뚝 가구 (bent)
1. 수직말뚝만 사용한 경우
2. 한 개 이상의 경사말뚝을 사용한 경우</td><td>
3
2</td><td>상부구조의 한 지간 내의 신축이음</td><td>0.8</td></tr>
<tr><td>단주[2]</td><td>3</td><td>기둥, 교각 또는 말뚝 가구와 캡빔(cap beam) 또는 상부구조</td><td>1.0</td></tr>
<tr><td>강재 또는 합성강재와 콘크리트 말뚝 가구
1. 수직말뚝만 사용한 경우
2. 한 개 이상의 경사말뚝을 사용한 경우</td><td>
5
3</td><td rowspan="2">기둥 또는 교각과 기초</td><td rowspan="2">1.0</td></tr>
<tr><td>다주 가구</td><td>5</td></tr>
</table>

주 : (1) 연결부분은 부재간에 전단력과 압축력을 전달하는 기구를 의미하며, 교량받침과 전단키가 이에 해당된다. 이 때, 응답수정계수는 구속된 방향으로 작용하는 탄성지진력에 대하여 적용된다.
(2) 2005년 및 2010년 도로교설계기준에서는 단일 기둥으로 표기

지진 시 소성거동을 목표로 하여 설계하는 경우에는 1.0보다 큰 응답수정계수를 적용하고, 지진 시 구조물의 거동을 탄성영역 내에서 머물게 설계를 한다면 응답수정계수는 1.0이 된다.[16] 단주에 대해 응답수정계수 3.0을 사용하는 것은 캔틸레버의 정정구조물인 장주기 교각에 설계기준 이상의 심부구속철근이 충분히 배근된 경우 3.0 이상의 변위연성계수가 확보된다는 뜻이다.[15] 교량의 내진과 면진의 실무(한국지진공학회) 2장에서는 단주의 경우 소성힌지의 발생이 교각의 하단부 한 곳에 발생하기 때문에 소성힌지가 여러 곳에서 발생하는 다주형식의 교각에 비해 상대적으로 연성도를 확보하기가 어렵다. 따라서 다주에 비하여 작은 R값을 적용한다고 설명했다. 외관상 다주가구라 하더라도 교축방향의 지진하중에 대해서는 캔틸

레버 보로 거동한다면 단일기둥에 적용하는 3.0을 적용하는 것이 타당하다는 의견도 피력했다. 응답수정계수의 적용 방법에 대한 그림은 아래를 참조한다(R=3이 단주, R=5가 다주다).

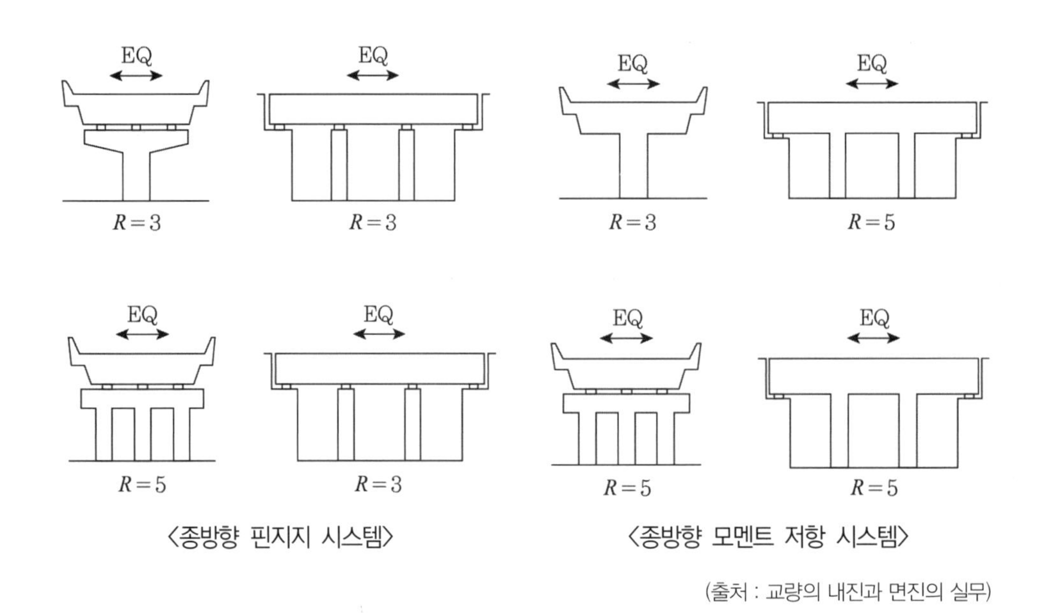

〈종방향 핀지지 시스템〉 〈종방향 모멘트 저항 시스템〉

(출처 : 교량의 내진과 면진의 실무)

또한 **R값을 휨모멘트에만 적용하는 이유에 대해서도 지진하중이 작용하는 경우, 부재가 소성 변형을 일으키고 균열이 발생하면 전단력에 저항할 수 있는 능력이 저하되므로 R은 전단력에 대해 적용하지 않는다고 한다.**

이러한 개념은 토목 분야의 다른 설계기준인 철도교설계기준, 공동구설계기준, 항만 및 어항 설계기준, 도시철도내진설계기준에서도 동일하게 휨모멘트에만 응답수정계수를 적용하도록 했다. 응답수정계수는 연성도와 밀접한 관계가 있다. 연성도(ductility ratio)는 크게 세 가지로 분류된다.

1) 변위연성도(부재레벨에서 정의) : 극한변위/항복변위
2) 곡률연성도(단면에서 정의) : 극한곡률/항복곡률
3) 에너지연성도(변위연성도에서 고려할 수 없는 반복하중의 영향을 고려) : 극한 시 흡수에너지/항복 시 흡수에너지

콘크리트 구조물 부재의 연성도에 영향을 미치는 요인은 많으나 대표적인 것은 축방향 철근량, 횡방향 보강철근량(전단보강 철근, 횡방향 구속철근, 띠철근), 작용축력, 강재의 배치방법(구조상세 : 주철근 단락, 중간띠철근, 다단배근, 후크, 겹침이음 상세 따위), 단면의 형상과 치수, 역학적 성질과 같은 것들을 예로 들 수 있다. 이러한 영향인자에 의한 부재의 연성도 변화를 고려한 개선 방법에 대해서 교량의 내진과 면진의 실무에 소개한 내용은 다음과 같다.

<table>
<tr><th></th><th colspan="2">방법</th><th>장점과 단점</th></tr>
<tr><td rowspan="6">휨 연성의 개선 :
횡철근 보강이
가장 효과적</td><td colspan="2">인장측 철근량 감소</td><td>• 연성 증가
• 단면내하력이 감소되어 단면의 재설계 필요</td></tr>
<tr><td colspan="2">콘크리트 강도 상향</td><td>• 연성 증가
• 콘크리트 자체의 취성파괴성이 증가하므로 연성개선 효과가 적음</td></tr>
<tr><td rowspan="2">단면의 휨
압축측을
철근으로 보강</td><td>압축철근량 증가</td><td>• 연성 증가
• 압축철근의 좌굴방지 대책이 필요
• 역방향 휨모멘트 시의 강재량이 크게 됨</td></tr>
<tr><td>휨 압축부를
횡구속
콘크리트로 함</td><td>• 큰 연성을 손쉽게 확보할 수 있음
• 대변형 반복하중에 대한 열화가 크게 개선됨
• 단면 내하력은 거의 같거나 조금 증가함
• 단면의 크기는 변하지 않아 라멘 응력은 불변
• 횡구속상태를 만들기 위한 보강철근이 필요. 단, 양은 많지 않고 보강구간도 작음</td></tr>
<tr><td colspan="2">나선철근 기둥 적용</td><td>• 단면 내하력은 거의 같거나 조금 증가함
• 큰 연성을 쉽게 확보할 수 있음
• 대변형 반복하중에 대한 열화가 크게 개선
• 전단보강 강재로서도 유효하게 작용됨
• 배근이 복잡해짐</td></tr>
<tr><td colspan="3" style="display:none"></td></tr>
<tr><td rowspan="4">전단저항의
증가</td><td rowspan="2">전단보강근과
띠철근량 증가</td><td>나선철근 및
띠철근량 증가</td><td>• 배근이 복잡해짐. 그러나 전단저항 및 횡구속 효과는 증가</td></tr>
<tr><td>중간 띠철근을
추가함</td><td>• 배근이 매우 복잡해짐. 그러나 전단저항 및 횡구속효과는 증가</td></tr>
<tr><td colspan="2">콘크리트 강도 상향</td><td>• 강도증가에 비해 전단저항 증가 비율이 작음</td></tr>
<tr><td colspan="2">축력을 도입함</td><td>• 콘크리트 전단저항은 증가하지만 휨 연성은 감소</td></tr>
</table>

소요 연성도는 설계 지진력을 산정할 때 도입된 응답수정계수와 연계되어야 하며 이들 관계는 구조물의 주기와도 관계된다. 이러한 관계에 대해 여러 연구자들이 다양한 경험식들을 제안하고 있고, 이를 간단히 정리하면 다음 표와 같다.

Newmark	$R=1,\ T \le 0.003\,s$ $R=\sqrt{2\mu-1},\ 0.12\,s \le T \le 0.5\,s$ $R=\mu,\ T \ge 1\,s$
Miranda & Bertero	$R_\mu = \frac{\mu-1}{\Phi}+1$ $\Phi = 1+\frac{1}{12T-\mu T}-\frac{2}{5T}e-2(\ln(T)-0.2)^2$
Nassar & Krawinkler	$R_\mu = [c(\mu-1)+1]^{\frac{1}{c}}$ $c=fn(T)$
Eurocode 8	$T< T_o = 1.5\,T_c,\ \mu_d = (q-1)\frac{T_o}{T}+1$ $T \ge T_o,\ \mu_d = q$
New Zealand	Nonlinear Spectrum
ATC/MCEER	$T<1.25\,T_s,\ \lambda_{DR} = \left(1-\frac{1}{R}\right)\frac{1.25\,T_s}{T}+\frac{1}{R}$ $T \ge 1.25\,T_s,\ \lambda_{DR}=1.0$

응답수정계수와 연성도의 가장 간단한 관계는 등가에너지방법(equal energy method)과 등가변위방법(equal displacement method)으로 분류할 수 있다. 등가에너지방법은 선형으로 거동하는 탄성구조물과 비선형으로 거동하는 구조물에 지진이 발생 때 흡수하는 에너지가 같다는 개념으로 진동주기가 작은 단주기 구조물에 잘 맞는다. 등가변위방법은 선형거동 구조물과 비선형거동 구조물에 지진이 발생할 때 최대응답변위의 크기가 같다는 개념으로 비교적 장주기 특성 구조물에 잘 맞는다. Newmark & Hall은 이를 그림으로 다음과 같이 표현했고, 구조물의 진동주기가 0.12~0.5초에서는 등가에너지 개념을 적용하고 진동주기가 1초 이상의 경우에는 등가변위 개념을 적용했다.

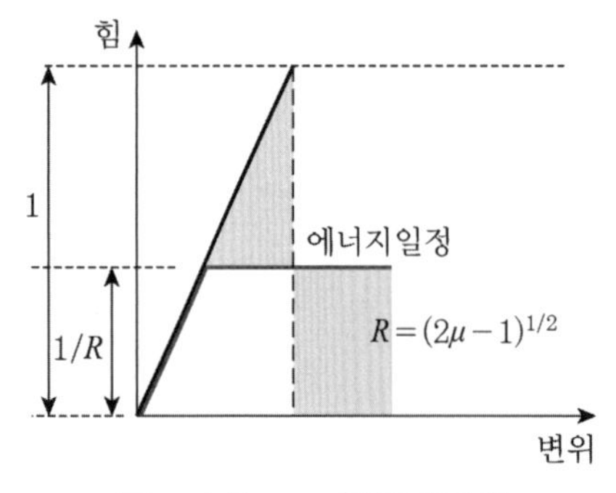

<Equal Energy(단주기구조)>

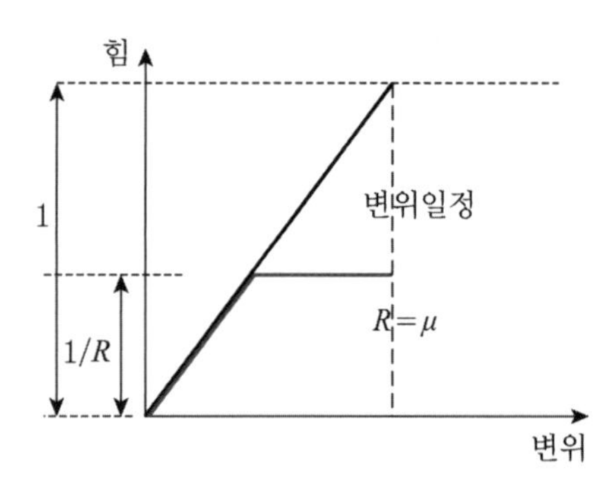

<Equal Displacement(장주기구조)>

2010년 도로교설계기준 6.4.7.2와 2006년 도로교설계기준 한계상태설계법 8.6.7.2에서는 기초의 설계 지진력을 계산할 때는 표 6.3.7의 응답수정계수 R값의 1/2로 나눈 값을 사용하게 규정했다. 또한 6.8.3.1에서는 최대단면치수에 대한 순높이의 비가 2.5 미만의 교각은 짧은 기둥으로 간주하여 벽식교각에 대한 응답수정계수인 2.0을 사용하도록 했다. 콘크리트구조기준(KCI-2012) 1장과 ACI 318에서는 주각(pedestal)은 압축부재로 단면의 평균 최소 치수에 대한 높이의 비율이 3 이하로 규정하고 있는 것과 다소 상이하다.

응답(반응)수정계수를 사용할 때 가장 중요한 점은 R값을 사용할 때 그에 상응하는 상세를 반드시 수반해야 한다는 것이다. 구조형식에 따라 R값을 사용하되 그에 부합하는 상세를 적용하지 않으면 안 된다. 따라서 교각의 경우 소성힌지구역의 상세를 위해 2010 도로교설계기준 6.8.3.3~6.8.3.5까지의 규정을 반드시 적용해야 하고 그렇지 않은 경우는 부록 '철근콘크리트 기둥의 연성도 내진설계'에 따를 수 있다.

FIMA 451B(2007)의 Topic 9에서는 R에 대해 다음과 같이 설명한다. R은 연성(ductility), 초과강도(overstrength), 여유도(redundancy), 감쇠(damping), 과거 거동(past behavior)을 설명하는 것으로 ASCE 7에서는 최소 1.0에서 최대 8까지 값을 가진다.

ASCE No.136(2018)의 8.3은 화력발전소에서 가장 중요한 기초중 하나인 터빈발전기기초(turbine generators foundation)의 설계에 대한 내용을 담고 있다. 이에 따르면 미국의 주요 엔지니어링 회사에서도 발전기 기초 설계자들이 내진상세요건(design requirement)을 적용하지 않으려고 작은 R 값(1, 1.25, 2)을 사용하고 있는 것으로 조사되었다고 한다. 또한 내진상세 요구가 필요한 R 값을 선택하더라도 다른 설계요인이 지배하는 거대한 기초요소에는 상세가 불필요할 수도 있다는 의견을 피력했다. 결론적으로 위원회에서는 ASCE 7의 15장 표 15.4-1 OMF(ordinary reinforced concrete moment frame)로 간주하여 내진상세요건을 만족하지 않아도 되는 $R=0.8$을 사용하거나, IMF(intermediate moment frame)로 간주하여 내진상세를 적용해야 하는 $R=3$을 추천했다. 미국의 CODE에서도 명확하게 규정하지 않은 사항들은 설계자들이 각기 다른 판단을 한다는 것을 알 수 있다.

한 가지 염두해야 할 사항이 있다. 토목 분야의 내진설계기준에서는 휨에 대해서만 R을 사용하며, 콘크리트(또는 건축 분야) 구조물에서는 R을 휨, 전단 등에 적용하지 않는다고 알고 있는 경우가 많다. 그러나 국내 기준에는 없지만(KCI-2017 22장 콘크리트용 앵커편을 제외) ACI 318-11부터는 내진상세와 앵커설계 편에 초과강도계수(Ω_o overstrength factor, 지진 저항 시스템의 초과강도를 설명하기 위한 확대계수)를 도입하여 최대 지진하중 산출시 $\Omega_o \times E$를 사용토록 규정했다. 한편, 캘리포니아 구조기술자협회(SEAOC)가 2008년 Structure Magazine에 기고한 글에서는 초과강도계수는 역량설계(capacity design)를 위해 힘-제어 부재(force-controlled member)에 나타나는 내부 힘을 평가할 목적으로 설계지진하중에 곱한다고 설명한다. ACI 318-14와 ACI 318-19 18.3.3 보통모멘트골조(ordinary moment frames, OMF) 기둥 부재의 최대전단하중은 $\Omega_o \times E$, 18.4.2.3 중간모멘트골조(intermediate moment frames, IMF) 보의 경우 최대전단하중은 E의 2배를 사용하고, 18.4.3.1 기둥의 최대전단하중은 $\Omega_o \times E$로 산출해야 한다. 이러한 규정은 지진이 발생하는 동안 기둥과 보의 전단파괴 위험을 감소시키기 위한 것이다. 다만, 초과강도계수(Ω_o)는 축력, 휨, 비틀림 설계에는 요구되지 않는다. 따라서 콘크리트 구조물에도 전단에 대해 안전하게 설계해야 한다는 개념으로 이해할 수 있다.

한편, 응답수정계수를 적용할 때 또 한 가지 모호한 점이 있다. 지진해석은 크게 기능수행수준과 붕괴방지수준으로 구분할 수 있다. 내진설계기준 연구 II(97)에 따르면 붕괴방지수준은 재현기간 500년 이상의 경우에 해당된다. 붕괴방지수준의 경우 탄성지진력을 응답수정계수로 나누어 설계지진력을 사용하도록 국내의 모든 기준에서 규정했다. 그러나 기능수행수준의 경우에도 응답수정계수를 사용할 수 있는지에 대해서는 국내 기준은 물론 ASCE에서도 언급이 없다. 다만 도시철도내진설계기준(2018) 제27조 ②에서 기능수행수준(재현기간 최대 200년)의 내진성능을 갖도록 설계하는 경우에는 탄성해석을 수행하며, 응답수정계수(R)는 적용하지 않아야 한다고 규정했다. 공동구(2018) 4.4.5 (3) ③도 기능수행수준의 경우 R을 고려할 필요가 없다는 규정이 있다. 내진설계기준 공통적용사항에서 규정하고 있는 기능수행, 즉시복구, 장기복구/인명보호의 수준으로 설계하는 경우 응답(반응)수정계수의 사용 여부, 붕괴방지수준에 비해 얼마나 작은 값을 사용해야 하는지, 즉 성능수준별로 어떤 값을 사용해야 하는지에 대해 명확한 기준이 작성되어야 성능설계를 적절하게 수행할 수 있을 것이다. 다음 표는 내진설계기준 공통적용사항의 표 4 시설물의 내진등급별 내진성능수준이다.

설계지진 재현주기(년)	내진성능수준			
	기능수행	즉시복구	장기복구/인명보호	붕괴방지
50	내진 II등급			
100	내진 I등급	내진 II등급		
200	내진특등급	내진 I등급	내진 II등급	
500		내진특등급	내진 I등급	내진 II등급
1000			내진특등급	내진 I등급
2400				내진특등급
4800				내진특등급

정리하면 상기 표에서 재현주기가 몇 년일 때 응답(반응)수정계수를 사용해야 하는지, 또는 사용하지 말아야 하는지를 기준에서 제시해야 한다. 미국의 UBC 97에도 지진에 대한 설계재현주기는 475년(500년)이지만 응답(반응)수정계수를 사용하고 있으므로 이 정도 빈도의 지진은 R을 사용하고 그 이하는 사용하지 말아야 할까? 도시철도 내진설계기준(2018)과 공동구(2018)에서는 기능수행수준과 붕괴방지에 대해서만 설계하며, 기능수행수준에서는 탄성해석을 수행하고 응답(반응)수정계수를 적용하지 않도록 규정했다. 그럼 즉시복구 수준으로 설계하려면 어떻게 해야 할까? 또한 장기복구/인명보호와 붕괴방지는 동일한 응답(반응)수정계수를 사용해야 할까? 만일 동일한 R을 사용한다면 지진가속도가 큰 것이 설계를 지배할 것인데, 성능목표에 따른 내진설계를 어떻게 구현할 수 있을까? 아울러 변위에 대한 규정도 상기 네 가지 성능수준에 대해 제시해야 할 것으로 생각된다.

미국 기준(ASCE, FEMA)과 국내 기준에는 응답(반응)수정계수를 수직방향에 대해 사용해야 하는지에 대한 규정은 없는 것으로 안다. 그러나 유럽 기준인 BS EN 1998-1: 2004, 3.2.2.5에서는 수직방향에 대해 반응수정계수와 유사한 거동계수(q, behavior factor)로 1.5를 사용한다.

EQ 23

구조물의 비탄성거동이란 무엇일까?

A

지진공학(earthquake engineering)에서는 비탄성응답(inelastic response)을 기대할 수 있다. 구조물의 생존가능성은 강도 또는 강성의 과도한 손상 없이 비탄성변형이 반복되는 것을 견디는 능력에 의존된다. 구조물의 비탄성거동(inelastic behavior of structure)은 재료로부터 시작하여 단면(cross section), 임계지역(critical region), 전체 구조물(structure)로 진전된다. 이와 관련하여 FEMA 451B(2007)에서 설명한 내용을 소개한다. 우선 재료적인 측면으로부터 이상적인 비탄성 거동에 대해 살펴본다. 다음 그림은 강재 시편에 대해 인장시험에 따른 응력변형률 곡선을 나타낸 것이다. 변형률의 형태에서 연성공급(ductility supply)은 변위연성도(μ_ϵ) 즉 극한변형률(maximum strain, ϵ_u)/항복변형률(yield strain, ϵ_y)로 정의한다. 연성공급은 지진에 의해 요구되는 연성보다 커야 한다.

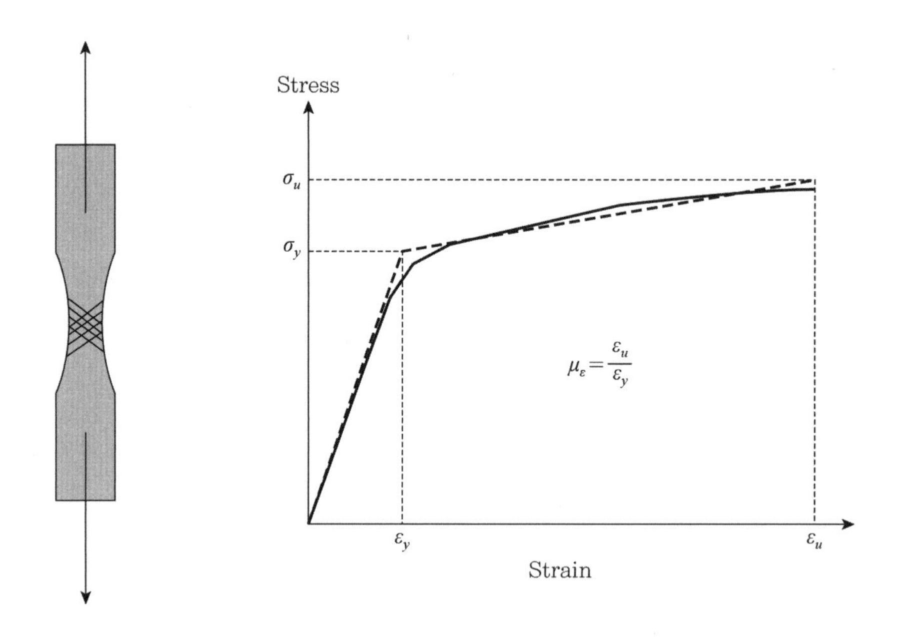

저탄소강(lower strength steel)이 반복하중을 받는 경우 응력변형률 곡선은 다음과 같다.

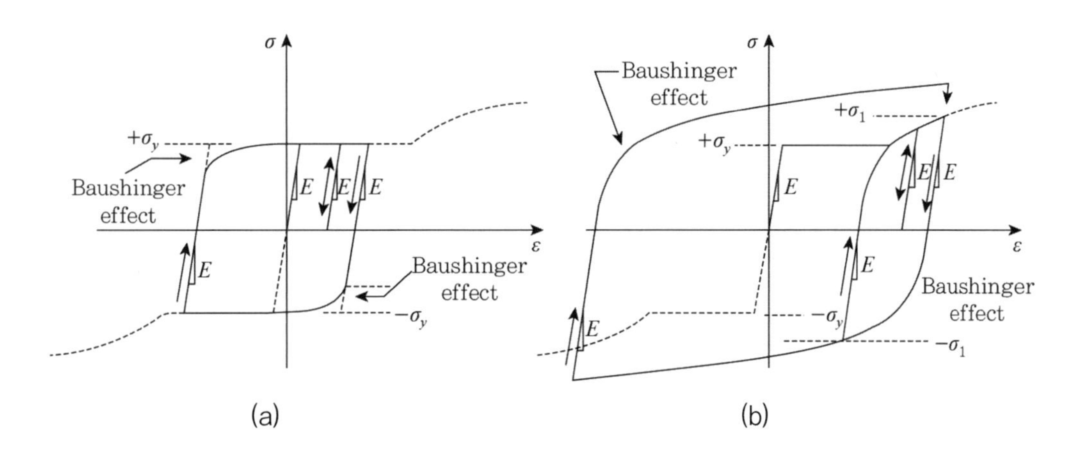

(a)는 항복마루(yield plateau) 이내가 유지되는 상태에서 변형률을 보여주며, (b)는 큰 변형률을 받은 상태가 된다. 제하강성(unloading stiffness)은 초기강성(initial stiffness)과 같다. 그러나 바우징어효과(Bauschinger effect, 재료의 탄성한계를 초과한 인장력을 가한 후에 압축력을 가하면 인장에 대한 탄성한계보다 낮은 응력상태에서 재료가 항복하게 되는 현상)에 의해 역하중(reverse loading)이 작용할 때 이상적인 직선의 형태를 보이지 않고 부드러운 곡선의 형태를 보인다. 이러한 곡선으로부터 강재는 비탄성거동을 나타낸다는 것을 알 수 있다. 콘크리트를 위한 응력변형률곡선은 횡구속 여부에 따라 상당한 거동의 차이를 보인다. 다음 그림은 횡구속과 구속되지 않은 기둥의 응력변형률 곡선을 비교한 것이다.

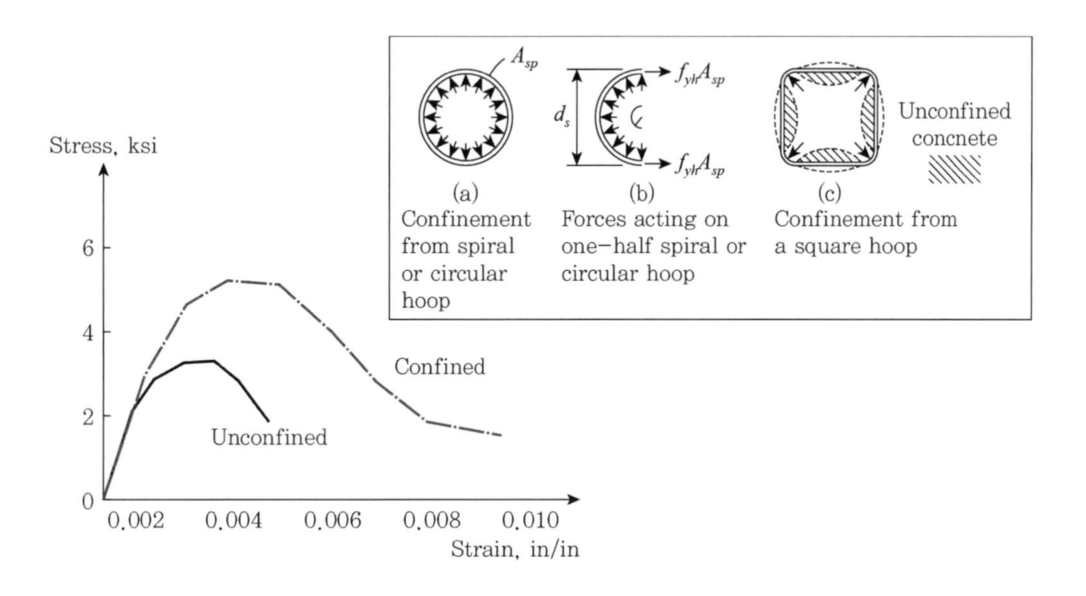

횡구속된 철근을 배근한 부재는 강도와 변형 능력이 상당히 증가한다. 내진공학에서 변형 능력의 증가는 매우 중요한 요소다. 횡구속 방법은 다음 그림과 같이 여러 가지가 있다. 가장 효과적인 방법은 원형후프(circular hoop) 또는 나선철근(spiral reinforcement)을 사용하는 것이다. 띠철근을 갖는 사각기둥과 Crossties가 없는 기둥은 횡구속 효과가 거의 없다. 추가적인 Crossties는 구속효과에 상당한 도움을 준다. 철근의 배근간격이 좁을수록 구속효과는 더 좋아진다.

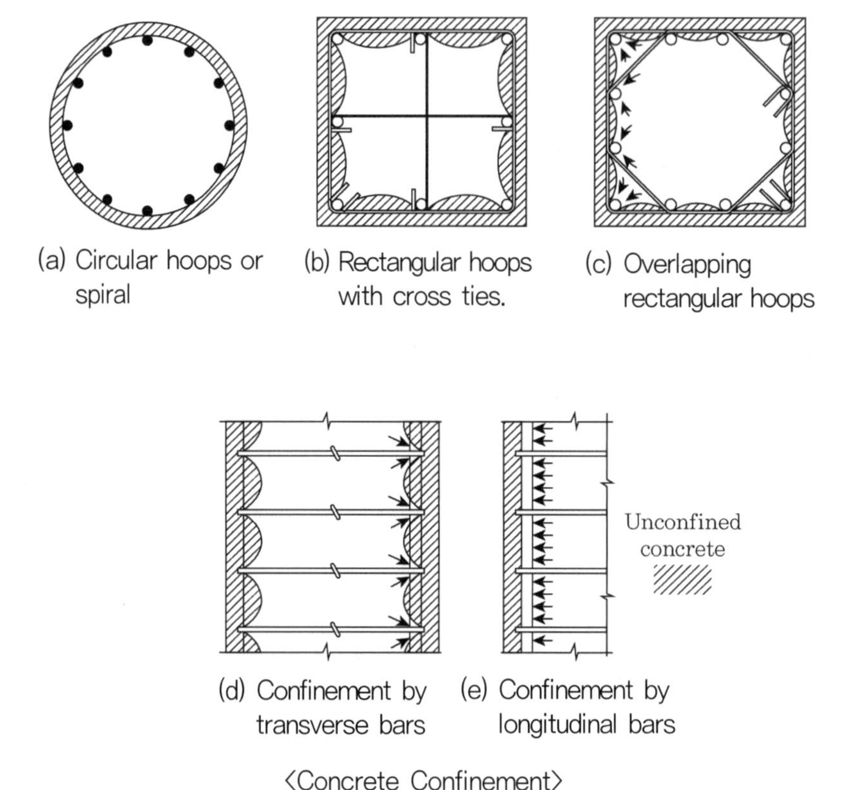

<Concrete Confinement>

횡구속이 없는(unconfined) 기둥에 반복하중이 작용할 때 상당한 강성과 강도 손실이 발생할 수 있다. 이러한 거동은 강진지역에서는 수용할 수 없는 것이다. 반면 추가적인 Crossties를 배근한 기둥은 반복하중하에서 다소 강성의 손실은 있지만, 강도는 유지되므로 지진에 대해 이상적인 거동을 보이는 상태라 할 수 있다.

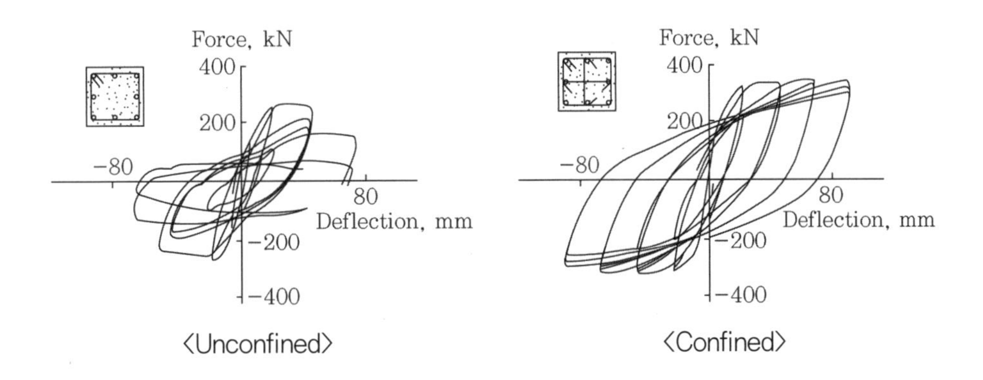

다음은 단면에서의 비탄성거동을 살펴본다. 이상적인 단면에서의 비탄성거동에 대해 강구조 부재를 대상으로 보면 다음 그림과 같다. 단면의 연성과 관련된 것은 곡률연성도(μ_ϕ), 즉 극한곡률(ϕ_u)/항복곡률(ϕ_y)로 설명할 수 있다. 지진에서 요구되는 연성(ductility)보다 구조물이 갖는 연성이 커야 한다.

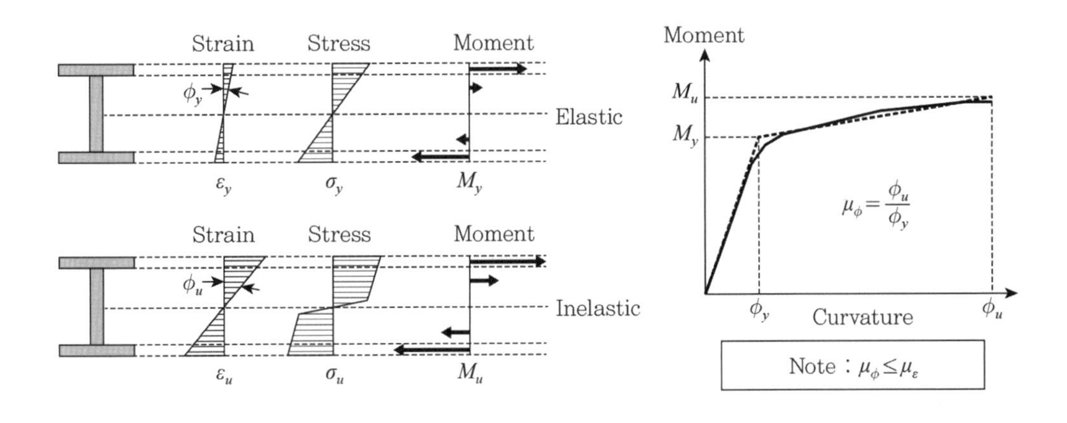

아래 좌측 그림은 단면으로부터 임계지역(critical region)으로 전이 과정을 보여준다. 이 요소의 단면은 상당한 비탄성거동이 발생할 것으로 예상하는 지역이다. 임계지역(critical region)은 보에서의 휨 소성힌지(flexural plastic hinging)와 일치한다. 부재의 단부회전이 항복모멘트에 도달할 때, 힌지지역의 항복회전을 볼 수 있다. 만약 필요하다면 힌지지역의 길이는 대략 보 단면의 깊이와 같다고 가정할 수 있다. 추가적인 단부회전(end rotation)과 극한모멘트(ultimate moments)가 부재의 단부에서 발생될 때, 비탄성곡률(inelastic curvature)은 힌지지역

에서 발생하고 힌지길이에 걸쳐서 이러한 곡률의 합(integration of these curvatures)은 힌지에 비탄성회전(inelastic rotation)을 제공한다.

회전곡률의 공급은 우측 아래의 곡선으로부터 결정된다. 이러한 곡선은 생성하기 어렵고, 정적비탄성해석(static nonlinear analysis)이 요구된다. 다음 우측 그림의 막대선을 갖는 θ는 요소의 끝부분에 작용된 회전이고 막대선이 없는 θ는 소성 힌지 회전각(plastic hinge rotation)이다.

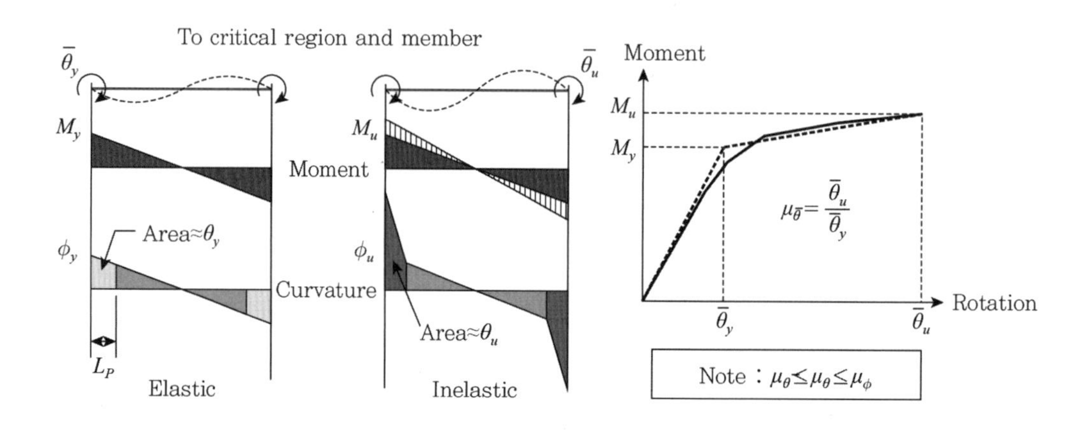

다음 단계는 구조물(structure)이다. 전체 응답은 힘과 변위의 형태로 다음 그림과 같다. 이 곡선은 때때로 역량공급곡선(capacity curve) 또는 푸시오버곡선(pushover curve)이라 불린다.

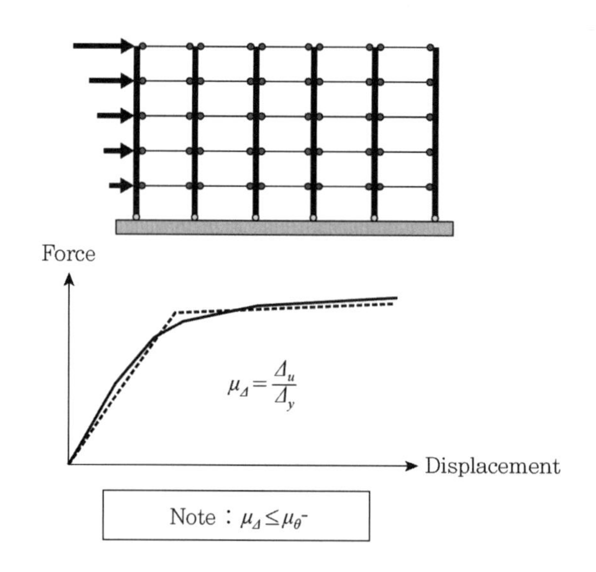

앞에서 살펴본 재료와 관련된 연성과 에너지 소산능력(ductility and energy dissipation capacity)에 대해 다음과 같이 정리할 수 있다.

1) 구조물은 상당한 강도의 손실이 없이 여러 번의 비탄성변형을 유지할 수 있어야 한다.
2) 약간의 강성(stiffness)의 손실은 피할 수 없지만, 과도한 강성손실(stiffness loss)은 붕괴(collapse)로 이어질 수 있다.
3) 과도한 변형 없이 에너지 소산능력이 좋을수록 구조물의 거동은 더욱더 좋아진다.
4) 내진설계(seismic-resistant design)의 기술(art)은 상세(details)에 있다.
5) 양호한 상세(good detailing)를 가진 구조물은 탄성응답(elastic response)을 위해 요구되는 것보다 상당히 낮은 수준의 힘(force level)으로 설계할 수 있다. 즉 연성이 좋아지므로 큰 R을 사용할 수 있다고 이해할 수 있다. 지진공학(earthquake engineering)에서 강도(strength)는 필수적인(essential) 것이나 중요하지 않은 것(unimportant)이다. 반면 내진설계에서 가장 중요한 요소는 좋은 상세다. 철탑과 같이 자중이 미소한 구조물을 제외하고는 일반적으로 풍하중에 비해 지진하중이 크다. 특히 탄성응답이 요구되는 경우(R=1)는 지진하중이 설계를 지배하며 상당한 고비용이 소요된다.

다음과 같은 조건으로 가정하여 풍하중과 지진하중을 비교해본다. 구조물은 모멘트저항골조(moment resisting frame)다. 가로 120 ft, 세로 90 ft, 높이 62.5 ft 구조물을 대상으로 100 mph fastest, 노풍도 C(velocity pressure(q_s)=25.6 psf, guest factor(C_e)=1.25, pressure factor(C_q)=1.3, load factor=1.3), S_{D1}이 0.48 g, 자중(W) 5,400 kips, 주기(T) 1초, 중요도 계수(I)=1, R=1로 가정하여 지진하중과 풍하중을 ASCE 7에 따라 계산해보면 다음과 같다. 풍하중

$$V_{W120}=62.5\times120\times25.6\times1.25\times1.3\times1.3/1000=406 \text{ kips},$$

$$V_{W90}=62.5\times90\times25.6\times1.25\times1.3\times1.3/1,000=304 \text{ kips}$$

탄성지진하중은 $C_S=0.48/[1*(1/1)]=0.48$, $V_{EQ}=0.48\times5,400=2,592$ kips다. 결론적으로 지진하중은 풍하중의 약 6배에서 9배 정도가 된다. 탄성응답상태가 요구된다면 지진하중에 대한 설계는 풍하중에 대한 설계에 비해 고비용이 소요된다. 그렇다면 이렇게 큰 지진하중을 어떻게

다루어야 할까? 지반으로부터 구조물을 분리하는 면진장치(base isolate)를 이용하거나 제진장치(passive energy dissipation)를 사용하여 감쇠를 증가시키거나, 제한된 비탄성응답(controlled inelastic response)을 허용하는 방법이 있다. 제진장치와 면진장치를 사용하는 것이 제한된 비탄성응답에 기반한 전통적인 설계방법에 비해 고비용이 소요된다. 따라서 역사적으로 기준들은 비탄성응답과정(inelastic response procedure)을 사용해왔다. 비탄성 응답은 구조적 손상(structural damage) 즉 항복(yielding)을 발생시킨다. 우리는 안전한 설계를 위해 손상(damage)을 제어해야 한다. 변위연성도(극한변위 또는 최대변위/항복변위)는 일반적으로 상당히 큰 값이다. 이와 같은 상당한 연성(ductility)을 구조물이 확보하지 않으면 붕괴(collapse)가 발생할 것이다. 비탄성변형으로 발생하는 큰 변형은 구조물에 상당한 구조적 손상과 비구조적인 손상(structural and nonstructural damage)을 일으킨다. 이러한 손상은 적합한 상세와 구조적 변형(structural deformations or drift)을 제한하여 적절히 제어되어야 한다. 따라서 적절한 상세(adequate detailing)가 반드시 필요하다. 적절한 상세는 비탄성변형(inelastic deformation)의 반복 사이클(numerous cycles)을 겪을 수 있는 능력이 있으며, 상당한 강도손실(appreciable loss of strength)이 발생하지 않는다. IBC, NEHRP(FEMA 450), ASCE 7들은 힘 기반설계개념(force based design concept)과 관계가 있다.

등가변위의 개념(equal displacement concept)에서는 다음과 같이 이상화된다. 설계목적을 위해서 비탄성변위는 정적응답 동안에 발생한 변위와 같다고 가정한다. 또한 비탄성응답에서 요구되는 힘의 수준은 탄성응답에서 요구되는 하중 수준보다 현저히 작다. 등가변위의 개념에서는 특별한 지반운동을 받는 강성(stiffness)과 강도(strength)를 갖는 비탄성 시스템의 변위는 대략 동일 시스템의 탄성적인 응답의 변위와 일치한다. 시스템의 변위는 시스템의 항복강도에 독립적이다. 등가변위의 개념에서는 응답(반응)수정계수(R)로 탄성력을 나누는 것을 기반으로 한다. 이것은 지진공학(earthquake engineering)에서 가장 중요한 개념 중 하나이다. 응답(반응)수정계수(R)는 기대되는 연성공급(anticipated ductility supply), 초과강도(overstrength), 감쇠(damping), 유사한 시스템의 과거 성능(past performance of similar systems), 여용력(redundancy)을 설명하는 계수다.

초과강도의 개념은 토목 관련 기준에서는 표현되지 않거나 없는 개념이었다. KCI-2017 22장 콘크리트용 앵커 편에 처음으로 초과강도계수가 규정되었다. 그러나 ASCE 7에는 건물설계에 초과강도계수를 사용한다. 다음 그림들은 비탄성정적해석(pushover analysis)을 보여준다. 구조물은 최초 완전 소성힌지가 생성될 때까지 기본적으로 탄성 상태로 머물게 된다. 첫 의미심장한 항복(first significant yield)은 시스템의 설계강도(design strength)로 일컬어지는 하중수준에서 발생한다. 첫 의미심장한 항복은 구조물의 임계지역(critical region)에 완전한 소성을 일으키는 힘의 수준을 말한다. 구조물의 설계강도는 첫 의미심장한 항복에서의 저항과 같다. 만일 힌지 지역이 적절한 연성(adequate ductility)을 가진다면 강도(strength) 손실 없이 증가한 소성힌지(plastic hinge)를 유지할 수 있다. 동시에 구조물에 다른 잠재적인 힌지지역(potential hinging regions)은 그들이 항복하기 시작할 때까지 추가적인 모멘트를 받게 될 것이다. 하중을 더욱 증가시키면 <단계 2>와 같이 추가적인 힌지가 형성된다. 처음에 형성된 힌지는 비탄성회전이 지속되지만, 그것의 회전능력(rotational capacity)에 도달하지는 않는다.

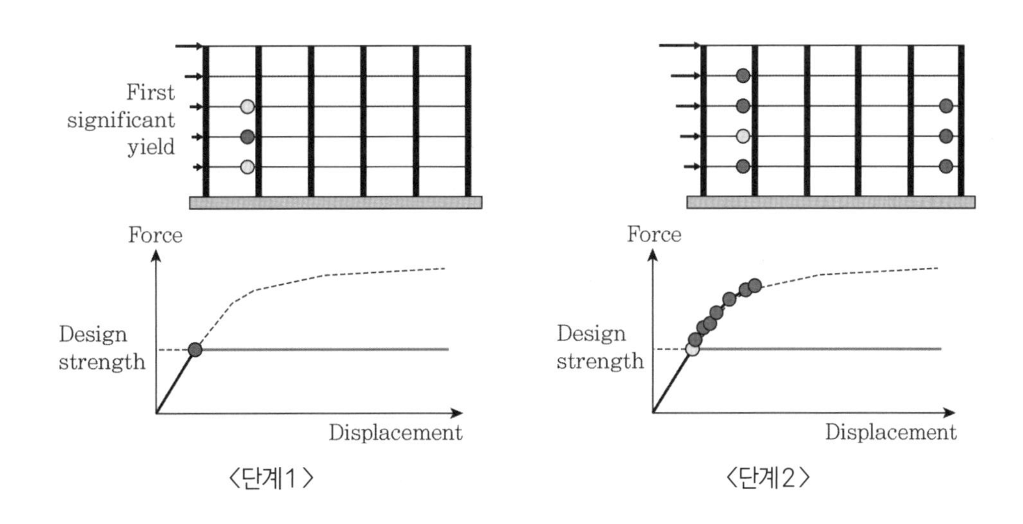

〈단계1〉 〈단계2〉

하중을 더욱더 증가시키면 <단계 3>과 같이 추가적인 힌지가 형성된다. 그러나 처음에 형성된 힌지는 그들의 회전능력에 거의 가까이 가게 되며 강도(strength)를 잃기 시작할 것이다. 그리하여 푸시오버곡선(pushover curve)은 평탄해지기(flatten out) 시작한다. <단계 4>와 같이 구조물은 마침내 강도와 변형 능력(strength and deformation capacity)에 도달하게 된다. 설계강도를 넘는 추가적인 강도를 초과강도(overstrength)라고 한다. 대부분의 구조물들은 상당한 초과강도가 나타난다. 시스템의 전체강도(total strength)는 실효강도(apparent strength)로 일컬어진다.

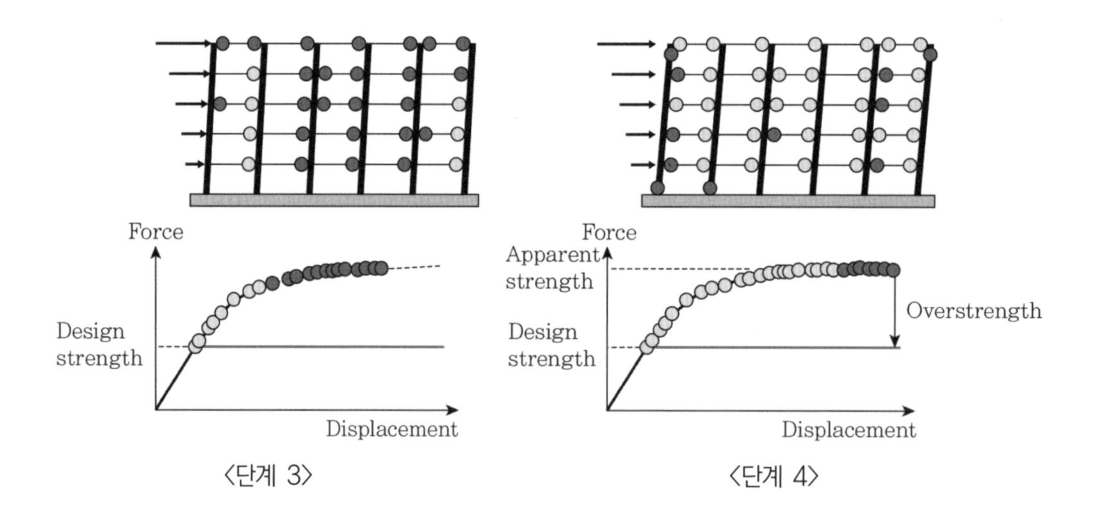

〈단계 3〉 〈단계 4〉

초과강도는 임계지역에서의 연속적인 항복(sequential yielding of critical regions), 실제와 규정된 항복(actual yield vs specified yield) 사이의 재료 초과강도(material overstrength), 변형률경화(strain hardening), 능력감소계수(capacity reduction factors, ϕ), 부재선택(member selection) 따위를 고려한 것이다. 실제의 구조물은 일반적으로 설계한 것보다 강하다. 구조물의 실제 강도는 보통 설계 강도의 2~3배 정도가 된다.

초과강도계수(overstrength factor, Ω)는 $\Omega = \dfrac{Apparent\,Strength}{Design\,Strength}$ 로 정의된다(다음 그림 참조).

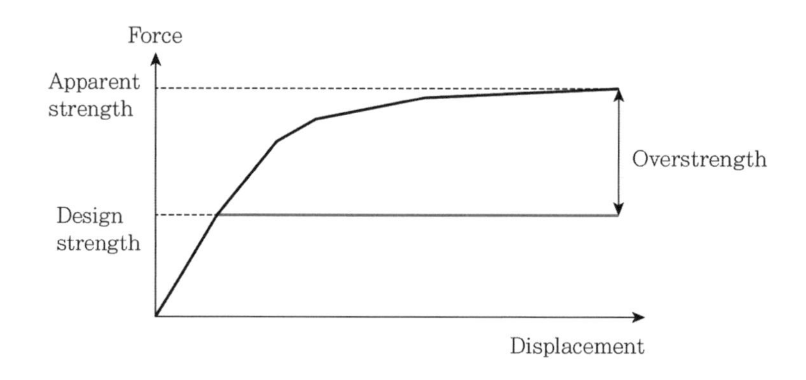

이것은 ASCE 7(or KDS 41 17 00)의 Ω_0와 유사하다. **ASCE 7의 Ω_0는 실제 초과강도의 상한값(upper bound estimate)**이다.

Ω_0 계수가 포함된 하중조합으로 설계해야 하는 한 가지 예를 들면 다음과 같다.

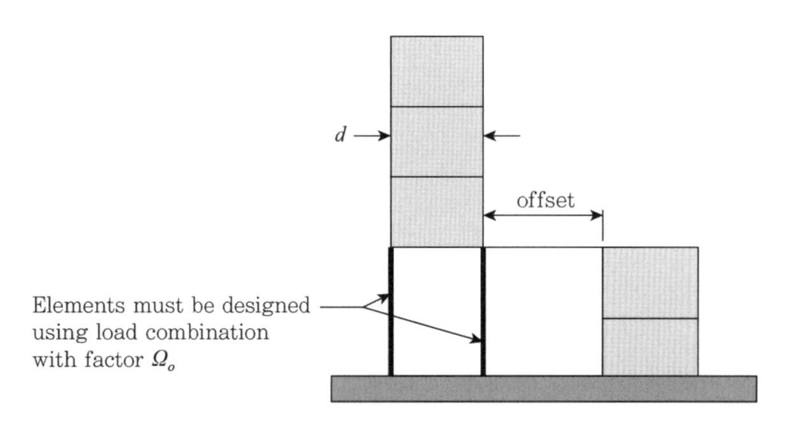

일정한 초기강성(given initial stiffness)을 갖는 시스템을 위한 요구변위(displacement demand)는 항복강도(yield strength)에 독립적이다. 일정한 최소연성(given minimum ductility)을 갖는 시스템에서 요구최대필요강도(maximum required strength demand)는 요구탄성강도(elastic strength demand)를 연성공급(ductility supply)으로 나눈 것과 같다. 이것은 설계강도(design strength)가 아닌 실효강도(apparent strength)와 관계된다. 따라서 실효강도(apparent strength)는 요구탄성강도(elastic strength demand)/연성공급(ductility supply)이 된다. 이 연성공급을 연성감소계수(ductility reduction factor)라고 한다. 연성감소계수는 초과강도계수와 관계되며, 응답(반응)수정계수와도 관련이 있다. 연성감소계수(R_d)는 $R_d = \dfrac{Elastic\ strength\ demand}{Apprarent\ strength}$로 정의된다.

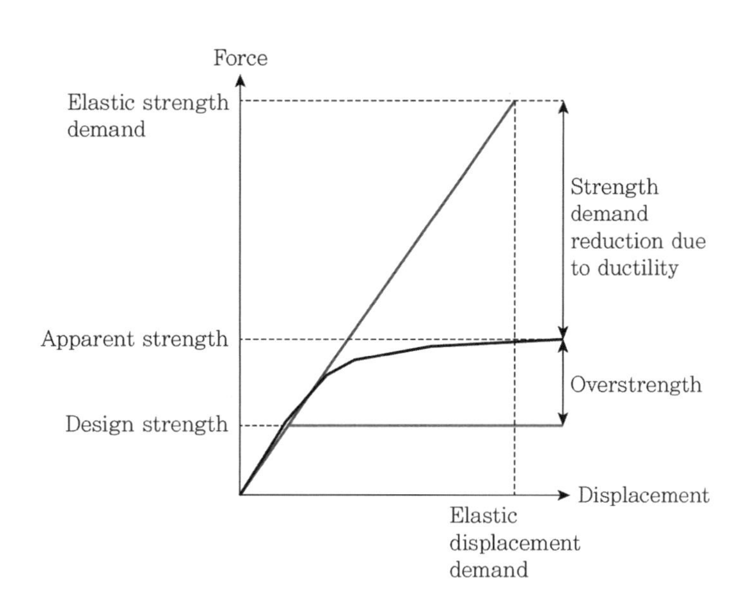

따라서 응답(반응)수정계수 R은 $R = \dfrac{Elastic\ strength\ demand}{Design\ strength} = R_d \times \Omega$이 된다. ASCE 7의 R은 요구기대 탄성강도(expected elastic strength demand)를 요구설계수준강도(design level strength demand)로 감소시킨다. 등가변위식(등가변위이론, equal displacement theory)에 기초하면 요구비탄성변위(inelastic displacement demand)는 요구탄성변위(elastic displacement demand)와 같다. 그러나 설계목적으로 감소된 설계강도(reduced design strength)는 부재력(member force)을 결정하기 위해 사용된다. 해석영역(analysis domain)은 감소된 힘을 가지고 해석한 것과 같은 선형탄성 시스템(linear elastic system)의 응답이다. 이런 해석에 의해 예측된 변위는 너무 작게 된다. 따라서 변위증폭계수(C_d)를 사용하여 이를 보상한다(다음 그림 참조). 감소된 하중에 대한 탄성해석으로 예측된 작은 변위는 계수 C_d를 계산된 설계 변위에 곱하여 수정한다.

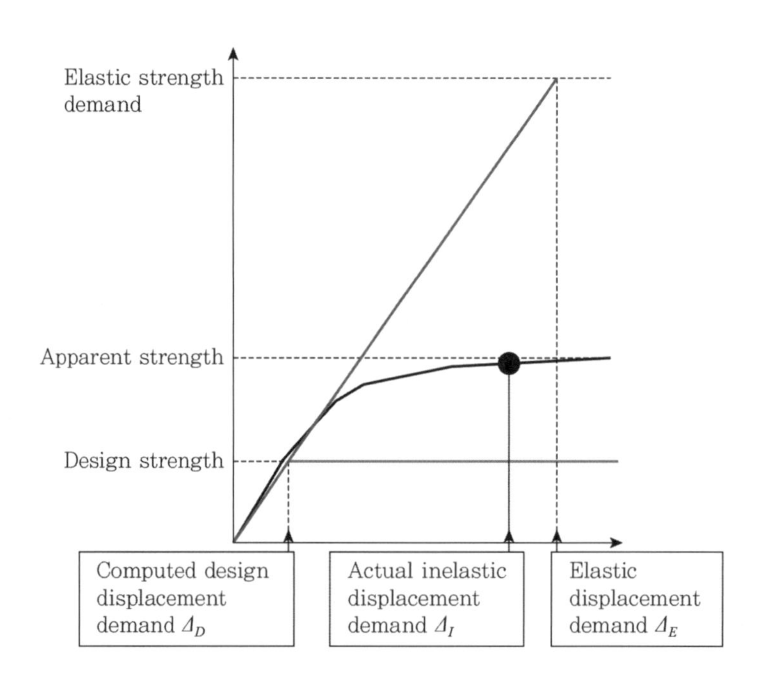

변위증폭계수(C_d)는 응답(반응)수정계수(R)보다 일반적으로 작으며, 이는 R에는 순수한 연성(pure ductility) 이외의 요소들을 포함하고 있기 때문이다.

ASCE 7에 소개된 Ω_0 계수는 최대기대초과강도(maximum expected overstrength)이며, 연성요구

(Ductility Demands, R_d)는 최솟값이라는 사실은 매우 중요하다. **R이 Ω와 같거나 작은 구조계는 본질적으로 탄성거동(essentially elastic)이 기대된다는 것을 의미한다.** 특별한 상세(not detailed)가 요구되지 않는 시스템은 내진설계범주 A~C까지 사용할 수 있다.

<Design Factor for Steel Structures ASCE 7-16>

	R	Ω_0	R_d	C_d
Special Moment Frame	8	3	2.67	5.5
Intermediate Moment Frame	4.5	3	1.50	4.0
Ordinary Moment Frame	3.5	3	1.17	3.0
Eccentric Braced Frame	8	2	4.00	4.0
Eccentric Braced Frame (Pinned)	7	2	3.50	4.0
Not Detail	3	3	1.00	3.0

R_d is ductility demand only if Ω_0 is achieved

다음 표는 콘크리트 구조물에 대한 설계계수 중 일부를 나타낸 것이다. 1보다 작은 R_d 값을 갖는 구조계(예, 무근 또는 조적구조물 등)는 ASCE 7에서 분류하고 있는 내진설계범주(seismic design category) A, B에 대해서만 사용할 수 있다.

<Design Factor for Reinforced Concrete Structures ASCE 7-16>

	R	Ω_0	R_d	C_d
Special Moment Frame	8	3	2.67	5.5
Intermediate Moment Frame	5	3	1.67	4.5
Ordinary Moment Frame	3	3	1.00	2.5
Special Reinforced Shear Wall	5	2.5	2.00	5.0
Ordinary Reinforced Shear Wall	4	2.5	1.60	4.0
Detail Plain Concrete Wall	2	2.5	0.80	2.0
Ordinary Plain Concrete Wall	1.5	2.5	0.60	1.5

R_d is ductility demand only if Ω_0 is achieved

등가변위(equal displacement) 개념은 저주기(low periods)의 시스템에서는 잘 맞지 않는다. 이러한 주된 이유는 **저주기 시스템(low period system)에서는 상당한 잔류 변형(significant residual deformations)을 나타내기 때문이다.** 따라서 저주기에서는 등가에너지 개념(equal energy concept)을 사용해야 한다. 다음 그림을 참조하여 등가에너지 개념을 살펴보자.

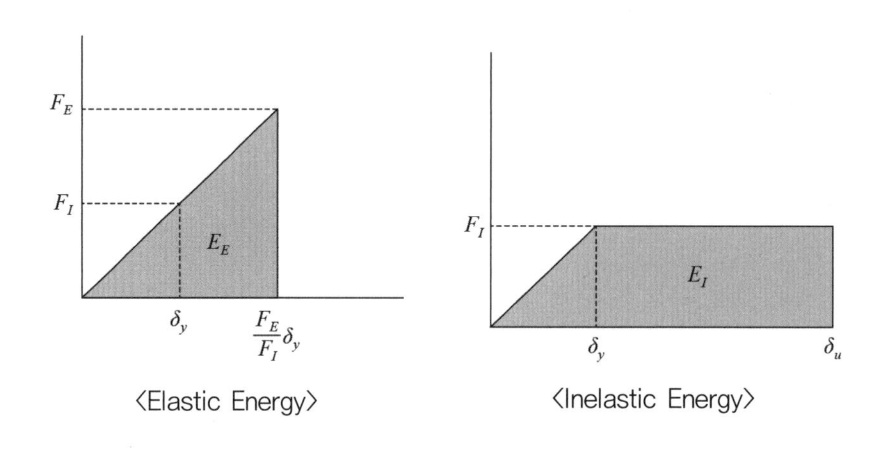

〈Elastic Energy〉 〈Inelastic Energy〉

F_I에서 δ_y이므로 F_E에서는 $\dfrac{F_E}{F_I}\delta_y$가 된다.

탄성에너지(E_E)는 $E_E = 0.5 \times F_E \times \left(\dfrac{F_E}{F_I}\delta_y\right) = 0.5 \times \delta_y \times \left(\dfrac{F_E^2}{F_I}\right)$가 된다.

비탄성에너지(E_I)는 $E_I = F_I \times \delta_u - 0.5 \times F_I \times \delta_y = F_I \times \delta_y (\mu - 0.5)$가 된다.

$E_E = E_I$로부터 $\dfrac{F_E}{F_I} = \sqrt{2\mu - 1}$가 된다.

탄성력(elastic force)으로부터 설계력(design force)으로 감소는 위에서 보였다. 예를 들어 연성(ductility, μ)이 5인 시스템에서 탄성(elastic)과 비탄성의 역량비(inelastic force demand)는 3이다. 그러나 등가변위에서는 탄성(elastic)과 비탄성력 역량비(inelastic force demand)는 5가 된다. 다음 그림은 단주기 구조물에 대한 Newmark-Hall Spectrum에 대해 비탄성 설계응답스펙트럼으로 변화시킨 것이다. 단주기 지역은 등가에너지 지배 구간으로 $\sqrt{2\mu - 1}$로 나누고, 고주기 지역은 등가변위 지배구간으로 연성(ductility, μ)으로 나눈다. 영주기(zero period)에서는 수정(modification)이 필요 없는데 이것은 여기에서의 스펙트럼가속도(spectral acceleration)는 최대 지반가속도(peak ground acceleration)와 같기 때문이다.

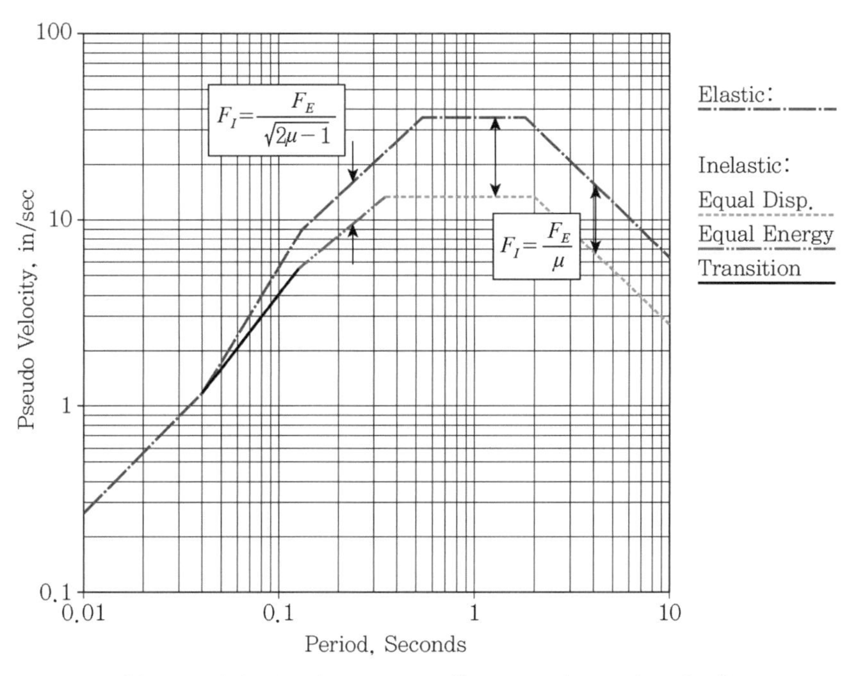

〈Newmark Inelastic spectrum(for psuedoacceleration)〉

비탄성 변위 스펙트럼(inelastic displacement spectrum)을 얻기 위해서는 모든 주기에 μ를 곱해야 한다. 변위를 계산하기 위해 Newmark & Hall은 주기 전 구간에 연성(ductility, μ) 계수를 곱했다.

매우 낮은 저주기에서 ASCE 7 스펙트럼은 지반가속도(ground acceleration)를 감소시키지 않았다. 이것은 부분적으로 매우 낮은 주기에서 등가변위의 가정에서 생기는 오류(error)에 대한 부분적인 보상(compensate)이다. ASCE 7에서는 사실상 모든 주기의 범위에서 연성(R-Factor)으로 가속도 스펙트럼을 나누었다. 그러나 이러한 접근은 다소 보수적인 측면이 있다. 왜냐하면 기준은 매우 짧은 주기지역에서는 최대지반가속도를 감소시키는 것을 허용하지 않았기 때문이다. 이는 영주기 가속도에서는 C_s 값(또는 밑면전단력 V)을 감소시키지 않는다는 것을 의미한다. (다음 그림 참조)

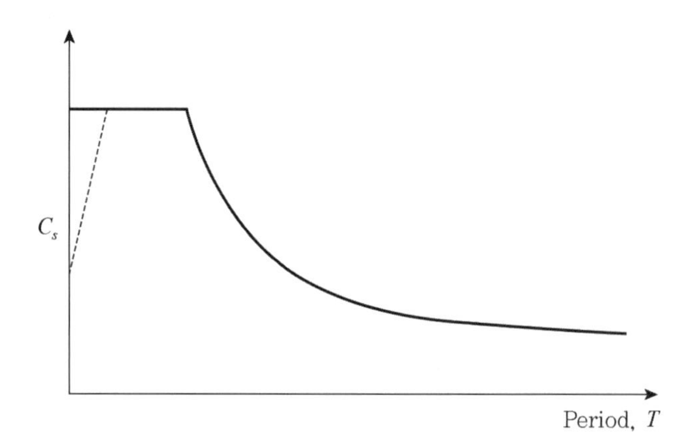

위의 그림은 2005년 ASCE 7을 기반으로 작성한 것이다. Significant Changes to the Seismic Load Provisions ASCE 7-10(2011)에서는 다음 그림과 같이 설명했다.

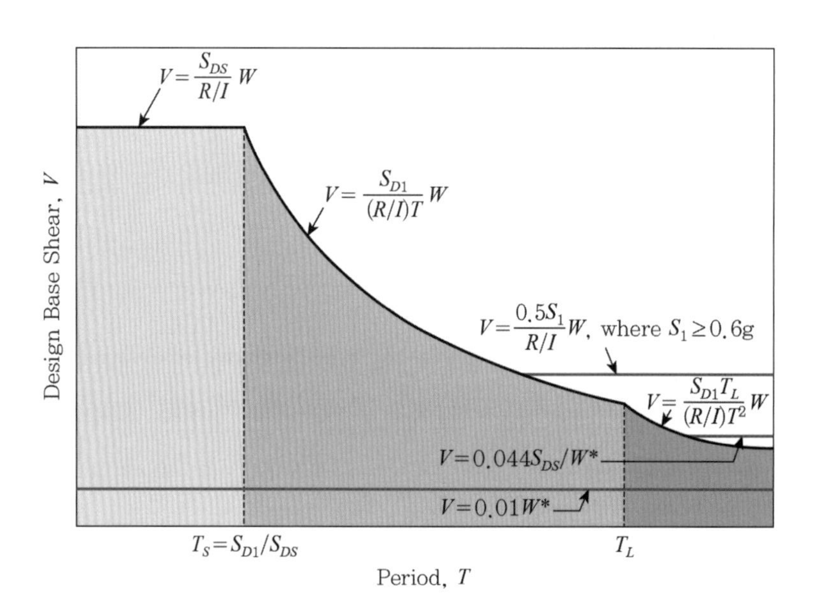

EQ 24

비구조요소와 건물 외 구조물은 어떻게 구분해야 할까?

A

KBC 2016에서는 비구조요소와 건물 외 구조물에 대해 상세하게 구분하여 정의하지 않았다. 물론 KDS 41 17 00와 ASCE 7-16은 KBC 2016보다 상세하지만 명쾌하게 구분하는 것이 쉽지 않다. 전통적으로 비구조요소들은 건물에서 건축, 기계, 전기 요소들을 칭하는 것이었다. 건물 외 구조물은 지진하중 효과에 저항하고 자중을 전달할 수 있는 자립형태(self-supporting)의 구조물을 말하며 건물과 유사한 형태(similar to building)와 건물과 유사하지 않은 형태(not similar to building)로 구분할 수 있다. 건물 외 구조물에 대한 내진설계 규정은 UBC-1988에 처음으로 소개되었다. 비구조요소와 건물 외 구조물 사이를 구분하는 몇 가지 방법이 있다. 첫 번째는 크기이다. 기계와 전기요소들로 대표되는 비구조요소는 일반적으로 건물 내로 넣을 수 있는 충분히 작은 높이인 3 m 이내가 많다. 두 번째는 공장제작 또는 현장제작으로 구분한다. 비구조요소들 중에 Ceilings, Partition Wall, Exterior Curtain Wall, Exterior Siding, Cable Trays, Piping Systems, Duckwork, Elevators 등과 같이 현장에서 조립하는 것도 있지만 일반적으로 공장에서 제작한다. 건물 외 구조물들 중에 트럭이나 배로 운송할 수 있는 Hoppers나 Bins 등과 같은 구조물은 공장 제작하지만 대부분의 건물 외 구조물은 현장에서 제작한다. 비구조요소와 건물 외 구조물의 중요한 차이점은 설계와 시공부분이다. 비구조요소는 건축, 기계, 전기 장치들을 지지할 목적으로 건설된다. 건물 외 구조물의 주요한 기능은 구조적 안정성이다. 이들 구조물은 중력하중과 횡하중을 지지해야 하고 지진하중에 대해 유의하여 설계해야 한다. 설계는 KDS 41 17 00의 18장과 19장 및 ASCE 7의 13장과 15장 모두를 적용하여 검토해보고 가장 보수적인 결과를 사용하는 것이 바람직할 것 같다. 비구조요소의 설계식에서는 요소의 주기가 간접적으로 영향을 미친다고 할 수 있지만 건물 외 구조물은 구조물의 주기에 직접적으로 영향을 받는다. 비구조요소의 구조물 주기는 요소의 증폭계수(amplification factor)인 a_p에 영향을 받는다. 이들의 대략적인 구분방법은 Bachman과 Dowty(2008)의 기사를 참고하면 매우 유익하며 ASCE 7에 따라 설계하는 경우 일반적인 분류 기준은 다음 그림과 같다.

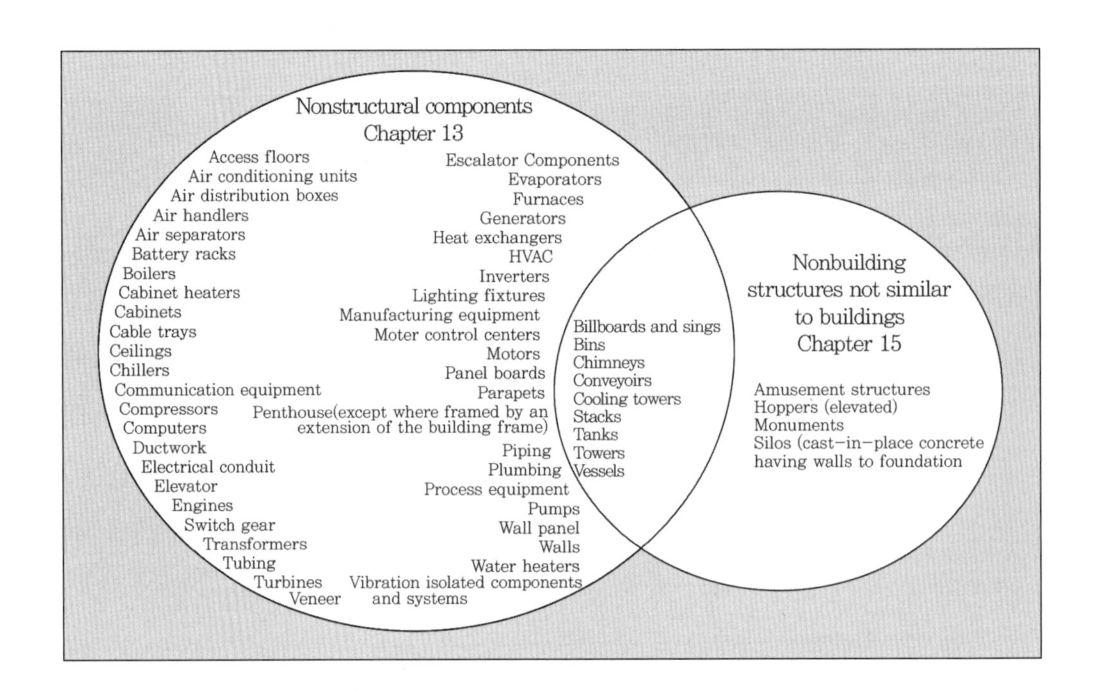

Bachman과 Dowty(2008)가 제안한 대략적인 구분방법을 간략하게 아래에 소개한다.

Cooling Tower는 운전할 때 무게가 8.9 kN 정도이고, 공장제작하여 트럭으로 운송하는 경우 비구조요소로 구분할 것을 제안했다. Billboards and Signs, Bins 등은 구조물에 부착되어 있는 경우는 비구조요소로 취급하고, 만일 구조물을 조립하여 만들거나 캔틸레버 형식(freestanding), 지반지지형태(ground-supported)인 경우 건물 외 구조물로 분류한다. 연돌(chimneys or stacks)은 구조물에 부착되어 있는 경우는 비구조요소로 구분하고 캔틸레버 형식(freestanding)이거나 지반에 지선으로 지지된 형식(guyed-supported)은 건물 외 구조물로 설계한다. Tank는 직경이 1.5 m 이내이고 공장제작하는 소규모는 비구조요소로 설계할 수 있다. Vessel은 높이가 3 m 이하면 비구조요소로 취급할 수 있다. 비구조요소와 건물 외 구조물에 대해서는 설계계수와 설계방법이 다르므로 이러한 구조물들에 대해 적절히 구분하는 것이 필요하다. 발전소 구조물을 대상으로 하는 경우, 비구조요소와 건물 외 구조물은 대략 다음과 같이 분류할 수 있다.

비구조요소(nonstructural components), ASCE 7-16 Chapter 13 참조

Transformer, Panels, Switchgear, Conduit, Piping, Duct, Elevator, Air Condition Equipment

건물 외 구조물(nonbuilding structures), ASCE 7-16 Chapter 15 참조

Stack or Chimney, Pipe Rack, Self-Support Silos, Cooling Tower, Large Fans, Large Pumps, Tank & Vessels, Conveyor, Towers

EQ 25

약진, 중진, 강진을 어떻게 분류할 수 있을까?

A

ACI 318-19 표 R5.2.2에 따르면 UBC 91, 94, 97 및 ASCE 7, IBC 기준들의 지진에 대한 상관관계는 다음과 같다.

<table>
<tr><th rowspan="2">UBC-91, 94, 97</th><th>Seismic Zone</th><th>1</th><th>2A</th><th>2B</th><th>3</th><th>4</th></tr>
<tr><th>Z</th><th>0.075</th><th>0.15</th><th>0.20</th><th>0.30</th><th>0.40</th></tr>
<tr><td>IBC-2000, 2003, 2006. 2009, 2012
ASCE 7-98, 7-02, 7-05, 7-10, 7-16
ACI 318-08~318-19</td><td>Seismic Design Category (SDC)</td><td>A, B</td><td colspan="2">C</td><td colspan="2">D, E, F</td></tr>
<tr><td>ACI 318-05와 이전 ACI</td><td>Earthquake Risk Level</td><td>Low</td><td colspan="2">Moderate/ Intermediate</td><td colspan="2">High</td></tr>
<tr><td>ASCE 7-93, 7-95
BOCA NBC 1993~1999
SBC 1994~1999</td><td>Seismic Performance Category (SPC)</td><td>A, B</td><td colspan="2">C</td><td colspan="2">D, E</td></tr>
</table>

지진재해(seismic hazard)는 지진의 발생빈도(frequency of occurrence of the earthquake)와 지진이 발생할 때 지반의 흔들림 정도(the intensity of ground shaking)에 좌우된다. UBC 1997 Volume 2 Appendix Chapter 16에 따르면 한국의 서울은 Zone 0, 김해, 광주, 부산은 Zone 1로 분류했다. 이러한 기준을 참고하고 발생했던 지진의 역사적 기록 등을 기반으로 우리나라는 중·약진 지역으로 분류하였다고 추측된다. 건축구조기준해설(2016) 0306.3.3 설계스펙트럼가속도 해설(P197) 및 건축물 내진설계기준 및 해설 4.2.3 지반증폭계수 해설(P34~P35)에 따르면 '우리나라의 경우에는 큰 규모의 지진이 자주 발생되지 않는 중·약진 지역이고 ~'로 기술했다. 또한 KCI-2012 및 KCI-2017 21.2.1 해설에서도 '우리나라는 강진으로 분류되지는

않으나 ~'로 서술했기에 중·약진 지역(SDC, C)으로 분류하는 것이 타당할 것이다. 상기 표의 내진설계범주에 적합한 설계요구조건을 반드시 충족해야 한다.

EQ 26

철근콘크리트 부재의 내진설계를 위해 분류하는 보통, 중간, 특수모멘트골조를 어떻게 구분 적용할까?

A

ACI 318-05 표 R1.1.8.3, ACI 318-19 표 R5.2.2와 18.2.1.2~18.2.1.6, 표 R18.2 및 KCI-2012(2017) 21.2.1 (2)에 따르면 보통(ordinary), 중간(intermediate), 특수모멘트골조(special moment frame)의 구분방법과 설계요구조건은 다음 표와 같다.

<table>
<tr><th rowspan="2">기준 또는 표준</th><th colspan="5">콘크리트 골조형태</th><th rowspan="2">비고</th></tr>
<tr><th>보통모멘트
(ordinary)</th><th colspan="2">중간모멘트
(intermediate)</th><th colspan="2">특수모멘트
(special)</th></tr>
<tr><td>ACI 318-19</td><td>SDC B~F : 1~17,
19~26
SDC B : 18.2.2</td><td colspan="2">18.2.2~18. 2.3,
18.4~5,
18.12~13</td><td colspan="2">18.2.2~18.2.8
18.6~18.8
18.12~18.14</td><td>요구 Chapter</td></tr>
<tr><td>ACI 318-05</td><td>1장~18장
22장</td><td colspan="2">21장</td><td colspan="2">21.2~21.8
21.3~21.10</td><td>요구 Chapter</td></tr>
<tr><td>KCI 2017</td><td>1장~17장
19장, 21.2</td><td colspan="2">21장</td><td colspan="2">21.2,
21.5~21.10</td><td>요구 Chapter</td></tr>
<tr><td>KCI 2012</td><td>1장~17장
19장</td><td colspan="2">21장</td><td colspan="2">21.2~21.8</td><td>요구 Chapter</td></tr>
<tr><td>KBC 2016</td><td>0501~0519</td><td colspan="2">0520</td><td colspan="2">0520</td><td></td></tr>
<tr><td>내진 성능과
설계구분</td><td>Low</td><td colspan="2">Moderate/
Intermediate</td><td colspan="2">High</td><td>Earthquake Risk
Level</td></tr>
<tr><td rowspan="2">UBC-91, 94, 97</td><td>1</td><td>2A</td><td>2B</td><td>3</td><td>4</td><td>Seismic Zone</td></tr>
<tr><td>0.075</td><td>0.15</td><td>0.20</td><td>0.30</td><td>0.40</td><td>Z</td></tr>
<tr><td>IBC-2000, 2003
ASCE 7-98, 7-02</td><td>A, B</td><td colspan="2">C</td><td colspan="2">D, E, F</td><td>Seismic Design
Category (SDC)</td></tr>
<tr><td>ASCE 7-93, 7-95
BOCA NBC
1993~1999
SBC 1994~1999</td><td>A, B</td><td colspan="2">C</td><td colspan="2">D, E</td><td>Seismic
Performance
Category(SPC)</td></tr>
</table>

EQ 27

UBC-97의 지진계수(C_a, C_v)와 IBC-2000의 지반계수(F_a, F_v)와의 관계는?

A

UBC-IBC Structural(1997-2000) Comparison & Cross Reference의 1613-1623 Seismic Design Requirements-Overview에 의하면 관련 기준 변화에 대해 다음과 같이 설명했다.

1997년 UBC로부터 2000년 IBC로의 가장 큰 변화는 Z(지진구역계수, seismic zone factor) 대신에 단주기에서의 5% 감쇠 설계응답스펙트럼가속도 S_{DS}와 1초 주기에서의 5% 감쇠 설계응답스펙트럼가속도(five-percent-damped design spectral response accelerations) S_{D1}을 설계 지반운동 상수(design ground motion parameters)로 사용한다는 것이다. 1997년 UBC의 Z는 연암(soft rock) 또는 S_B 지반에 UBC의 설계지진과 관련된 지진구역 내에서 기대되는 유효최대지반가속도[effective peak ground acceleration, 좀 더 정확하게는 유효최대가속도(effective peak acceleration) 또는 유효최대속도 관련 가속도(effective peak velocity-related acceleration) 중에서 큰 값]이었다. UBC-IBC Structural(1997-2000) Comparison & Cross Reference에 따르면 IBC-2000의 가속도와 관계(acceleration-related)되는 Soil Factor인 F_a, 속도와 관계(velocity-related)되는 Soil Factor인 F_v와 UBC 97의 지진구역계수 및 지진계수와는 $F_a = \dfrac{C_a}{Z}$, $F_v = \dfrac{C_v}{Z}$ 정도의 관계가 있다고 한다.

다음 표는 UBC 97에 제시된 C_a, C_v와 IBC 2000의 F_a, F_v 그리고 계산에 의한 값$\left(F_a = \dfrac{C_a}{Z}, F_v = \dfrac{C_v}{Z}\right)$을 비교한 것이다.

<Seismic Coefficient C_a>

Soil Profile Type	Seismic Zone Factor, Z				
	Z=0.075	Z=0.15	Z=0.2	Z=0.3	Z=0.4
S_A	0.06	0.12	0.16	0.24	0.32Na
S_B	0.08	0.15	0.20	0.30	0.40Na
S_C	0.09	0.18	0.24	0.33	0.40Na
S_D	0.12	0.22	0.28	0.36	0.44Na
S_E	0.19	0.30	0.34	0.36	0.36Na
S_F	See Footnote 1				

[1] Site-specific geo-technical investigation and dynamic site response analysis shall be performed to determine seismic coefficients for Soil Profile Type S_F.

<Values of Site Coefficient F_a as a Function of Site Class and Mapped Spectral Response Acceleration at Short Periods(S_s)[a]>

Site Class	Mapped Spectral Response Acceleration at Short Periods					
	S_s≤0.25	S_s=0.50	S_s=0.75	S_s=1.00	S_s≥1.25	비고
A	0.8	0.8	0.8	0.8	0.8	IBC
	0.8	0.8	0.8	0.8	0.8	계산값
B	1.0	1.0	1.0	1.0	1.0	IBC
	1.07	1.0	1.0	1.0	1.0	계산값
C	1.2	1.2	1.1	1.0	1.0	IBC
	1.2	1.2	**1.2**	**1.1**	1.0	계산값
D	1.6	1.4	1.2	1.1	1.0	IBC
	1.6	**1.47**	**1.4**	**1.2**	**1.1**	계산값
E	2.5	1.7	1.2	0.9	Note b	IBC
	2.53	**2.0**	**1.7**	**1.2**	**0.9**	계산값
F	Note b	Note b	Note b	Note b	Note b	IBC

a. Use straight line interpolation for intermediate values of mapped spectral acceleration at short period, S_s.

b. Site-specific geo-technical investigation and dynamic site response analysis shall be performed to determine appropriate values.

<Seismic Coefficient C_v>

Soil Profile Type	Seismic Zone Factor, Z				
	Z=0.075	Z=0.15	Z=0.2	Z=0.3	Z=0.4
S_A	0.06	0.12	0.16	0.24	0.32Na
S_B	0.08	0.15	0.20	0.30	0.40Na
S_C	0.13	0.25	0.32	0.45	0.56Na
S_D	0.18	0.32	0.40	0.54	0.64Na
S_E	0.26	0.50	0.64	0.84	0.96Na
S_F	See Footnote 1				

[1] Site-specific geo-technical investigation and dynamic site response analysis shall be performed to determine seismic coefficients for Soil Profile Type S_F.

<Values of Site Coefficient F_v as a Function of Site Class and Mapped Spectral Response Acceleration at 1 Second Periods(S_1)[a]>

Site Class	Mapped Spectral Response Acceleration at Short Periods					
	$S_1 \le 0.1$	S_1=0.2	S_1=0.3	S_1=0.4	$S_1 \ge 0.5$	비고
A	0.8	0.8	0.8	0.8	0.8	IBC
	0.8	0.8	0.8	0.8	0.8	계산값
B	1.0	1.0	1.0	1.0	1.0	IBC
	1.07	1.0	1.0	1.0	1.0	계산값
C	1.7	1.6	1.5	1.4	1.3	IBC
	1.73	**1.67**	**1.6**	**1.5**	**1.4**	계산값
D	2.4	2.0	1.8	1.6	1.5	IBC
	2.4	**2.13**	**2.0**	**1.8**	**1.6**	계산값
E	3.5	3.2	2.8	2.4	Note b	IBC
	3.47	**3.33**	**3.2**	**2.8**	**2.4**	계산값
F	Note b	Note b	Note b	Note b	Note b	IBC

a. Use straight line interpolation for intermediate values of mapped spectral acceleration at 1-second period, S_1.
b. Site-specific geo-technical investigation and dynamic site response analysis shall be performed to determine appropriate values.

EQ 28

지진에 대비하기 위한 구조물 간 이격 거리는?

A

건축물 내진설계기준 및 해설(2019) 8.2.4에서는 내진설계범주 D로 분류되는 구조물은 이웃한 구조물과 일정한 거리를 유지해야 하는 것으로 규정했다. 동일한 부지에서 인접한 두 건축물은 최소한 다음의 δ_{MT} 이상 격리시켜야 한다(ASCE 7-16 12.12.3 식 12.12-2).

$$\delta_{MT} = \sqrt{(\delta_{M1})^2 + (\delta_{M2})^2}$$

여기서 δ_{M1}와 δ_{M2}는 각 건축물의 횡변위다. 이를 이해하기 쉽게 그림으로 표현하면 다음과 같다.

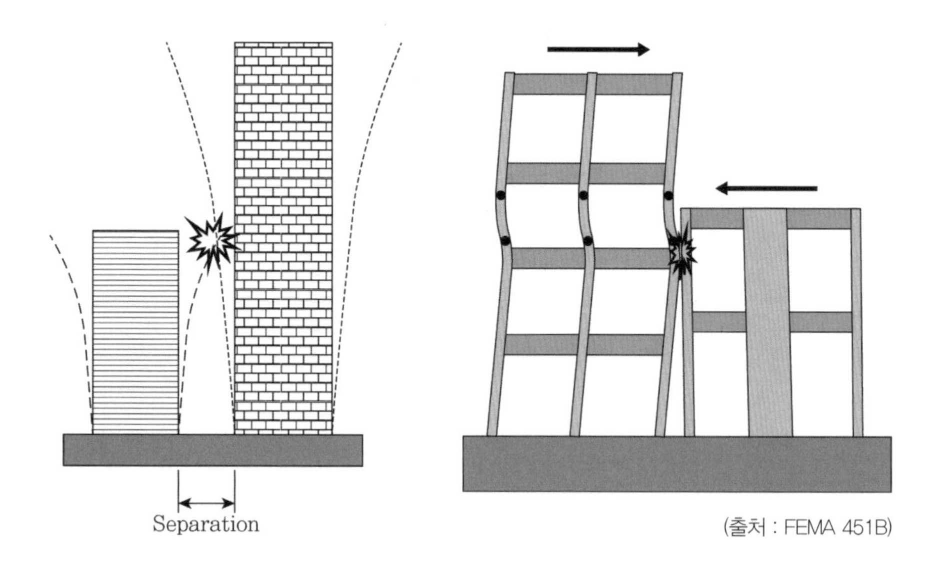

(출처 : FEMA 451B)

FEMA 451B(2007)의 Topic 9에 따르면 구조물 간 최대 이격 거리(structural separation)는 대략 인접한 낮은 쪽 구조물 높이의 4%로 제안했다. 낮은 쪽 구조물의 높이가 10 m이고, 인접한 높은 쪽 구조물의 높이가 25 m라면 약 0.4 m 이격해야 한다. 미국의 10층(10 stories) 빌딩의 경우는 약 5 ft 정도 폭이라고 한다.

EQ 29

기계와 전기 기자재에 대해 내진설계를 해야 할까?

A

KSD 41 17 00 건축물내진설계기준 2.4 (4)에서는 '기계/전기 비구조요소의 경우 20장(기능수행 고려사항)에 따라 장치의 작동 여부를 추가로 검토하여야 한다'고 규정했다. 이것은 장치에 대해 설계지진하중이 작용할 때 안전성을 확인하고 작동 여부를 검토하라는 것인데 보통의 설비(장치)들에 대해서는 하지 않는 것이 일반적이며, 특히 중·약진 지대인 국내에 이러한 규정은 타당하지 않은 것 같다. 이렇게 생각하는 근거는 다음과 같다.

건축물의 내진설계기준의 모태라 할 수 있는 ASCE 7-16 C13.6.2 Mechanical Components and C13.6.3 Electrical Components에서는 대부분의 기계와 전기 설비들은 본질적으로 단단하여(inherently rugged) 구조물에 적절하게 접합되어 있는 경우 과거 지진에서 좋은 성능을 보였다고 한다. 이러한 이유는 **일반적으로 설비를 설계할 때 기계의 운전 또는 운송하중(operational and transportational loads)이 지진으로 발생하는 하중보다 더 크기 때문이라고 한다.** 따라서 이러한 설비들은 설비의 정착부나 부착물(equipment anchorage & attachments)에 설계 주안점을 두어야 한다. 그러나 특정 내진 시스템(designated seismic system) 즉 지진발생 후 기능을 유지해야 하거나 가연성 재료나 위험한 재료(flammable or hazardous materials)를 포함하는 경우는 설비 자체에 대한 내진설계를 하거나 ASCE 7-16의 13.2.2 조건에 따라 지진하중에 대해 인증되어야 한다.

ASCE 7-16의 13.2.2 Special Certification Requirements for Designated Seismic Systems의 내용은 다음과 같다.

내진설계범주(seismic design category)가 C~F로 결정된 특정 내진 시스템(designated seismic system)에 대해 다음과 같이 인증서가 제공되어야 한다.

1) 설계지진 지반운동 이후에도 작동될 수 있어야 하는 능동적인 기계와 전기설비(active mechanical & electrical equipment)는 제조사에 의해 작동성 또는 구동성이 인증되어야 한다. 내진 검증된 유사한 요소와 비교하여 본질적으로 견고함이 증명되지 않는다면 13.2.5의 진동대 시험(shake table test)이나 13.2.6에서 승인하는 경험 자료에 기초하여 인증되어야

한다. 이 요건이 만족되고 있음을 증명하는 증거자료는 등록된 설계전문가(registered design professional)로부터 검토와 승낙(review & acceptance)을 거친 후, 관계기관의 승인을 얻은 후 제출되어야 한다.

2) 위험한 물질을 포함하고 있고, 중요도 계수(I_P)가 1.5인 요소에 대해 제조사는 (1) 해석, (2) 13.2.5의 진동대 시험 또는 (3) 13.2.6에 따른 경험 자료를 이용하여 설계지진지반운동 후에도 물질이 유출되지 않음을 보증해야 한다. 이 요건을 만족하고 있음을 증명하는 증거자료는 등록된 설계전문가(registered design professional)에 의한 검토와 승낙을 거친 후, 관계기관의 승인을 얻은 후 제출되어야 한다.

3) 해석을 통한 요소의 인증은 비활성 요소들(nonactive components)로 제한되어야 하며, 요구지진(seismic demand)은 요소의 응답(반응)수정계수/요소의 중요도계수(R_P/I_P)로 1을 적용한 지진력을 기반으로 해야 한다.

02

철근콘크리트

Reinforced Concrete

02
철근콘크리트
Reinforced Concrete

RQ 01

콘크리트 T형보의 개략적인 치수는 어떻게 정할까?

A

Nilson의 Design of Concrete Structures(2010) 12.5 Idealization of The Structure b. Moments of Inertia에 따르면 콘크리트 T형보의 플랜지는 대략 복부 폭의 4~6배 정도이며, 플랜지 두께는 T형보 전체 깊이의 0.2~0.4배 정도로 제안했다.

RQ 02

인장력이 커서 앵커볼트로 인장력을 부담할 수 없을 때 보강철근과 관련된 규정은?

A

앵커볼트는 주로 인장하중을 지지하기 위해 필요한 것이다. KCI(국가건설기준 포함)와 ACI 318(ACI-349 포함)에서는 취성적인 콘크리트파괴(concrete breakout) 강도가 인장력보다 작으면 보강철근(supplementary reinforcement)을 사용해서 인장력을 분담하도록 규정하고 있다. 이 보강철근을 통상 Hairpins(anchor reinforcement)이라 칭한다. 국내 기준(KCI-2012) 부록 II.4.2(9)와 ACI 318-14 R17.14.2.9에서는 Eligehausen의 연구를 참조하여 최대 D16(미국 철근 기호 : No. 5 Bar)까지를 대상으로 하였다고 설명하고 있으므로 Hairpin은 D16보다 클 필요는 없지만 큰 직경의 철근을 사용하기도 한다. 기둥의 주철근 또는 인장보강철근이 일정한 거리 이내($0.5h_{ef}$)에 있을 경우 인장력을 이 철근이 부담할 수 있다고 본다. ACI 318-19 R17.5.2.1에서는 다음 그림과 같이 $0.5h_{ef}$로 규정하고 있고 KCI-2012(2017)도 같다.

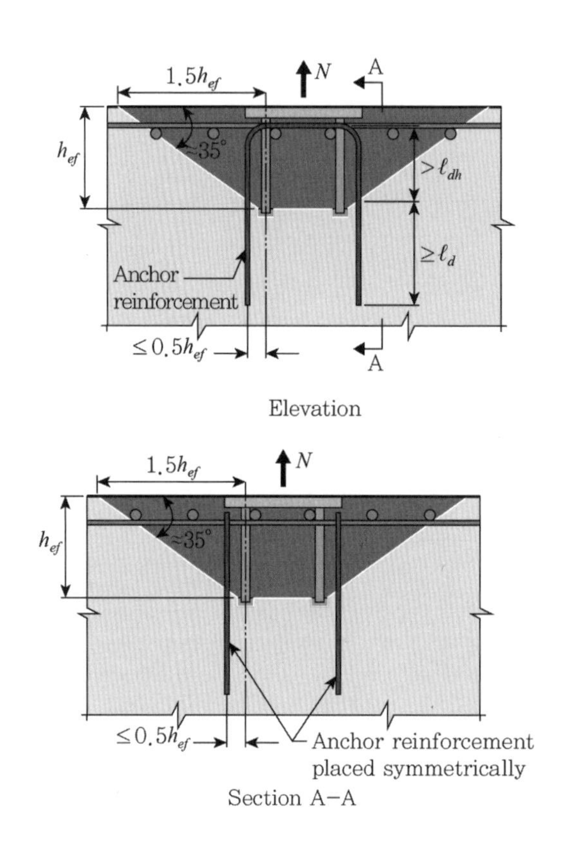

ACI 349-85와 ACI 349-97에서는 다음 그림과 같이 $h_{ef}/3$로 규정했다. 이것은 Cannon이 1981년 Concrete International에 발표했던 Guide to the Design of Anchor Bolts and Other Steel Embedments의 내용을 그대로 반영한 것이다. 또한 ASCE Wind Loads and Anchor Bolt Design for Petrochemical Facilities(1997)와 PIP STE05121(2006)에서도 이 거리는 같다. 그러나 ACI 349-13에서는 ACI 318-19와 동일하게 $0.5h_{ef}$로 변경했다.

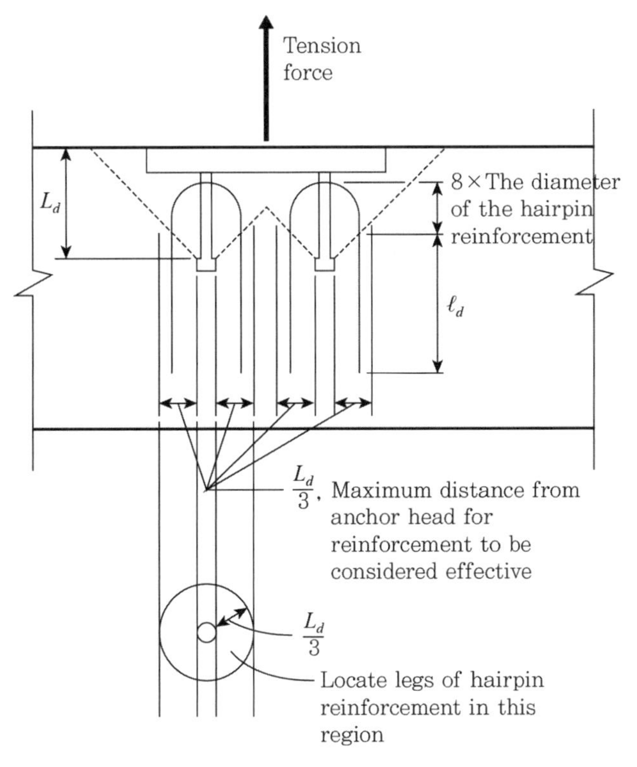

(출처 : Cannon, 1981)

이 철근은 전단력이 작용하는 경우 유용한 철근이 아니라 인장력이 작용하는 경우에 파괴 또는 균열에 저항할 수 있는 철근이다. 따라서 다음 그림과 같이 Shear Lug or Shear Key가 있는 콘크리트 주변에 전단력의 저항성을 높일 목적으로 수직철근(Hairpins 형태)을 배근하는 것은 타당하지 않다.

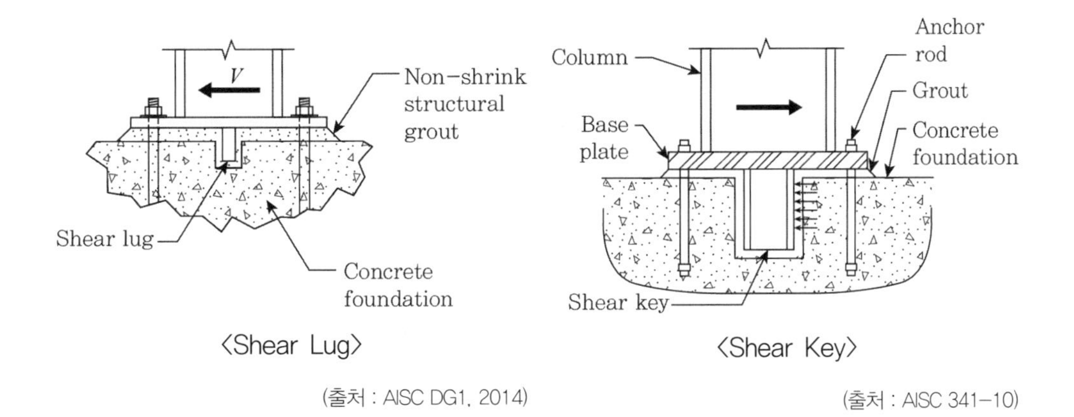

〈Shear Lug〉 〈Shear Key〉

(출처 : AISC DG1, 2014) (출처 : AISC 341-10)

ASCE Anchorage Design for Petrochemical Facilities(2013)에서는 다음 그림을 예로 들고 있다. 만일 $h_{ef}/3$의 규정을 따른다면 한 가지 주의해야 할 부분이 있다. ACI 318에서는 $0.5h_{ef}$가 철근의 중심에서부터 앵커의 중심까지의 거리다. 그러나 $h_{ef}/3$의 규정은 **철근의 중심에서부터 앵커볼트의 중심까지가 아니라 앵커볼트 Head부 연단까지의 거리라는 것**이다. 아울러 노트도 유심히 살펴볼 필요가 있다.

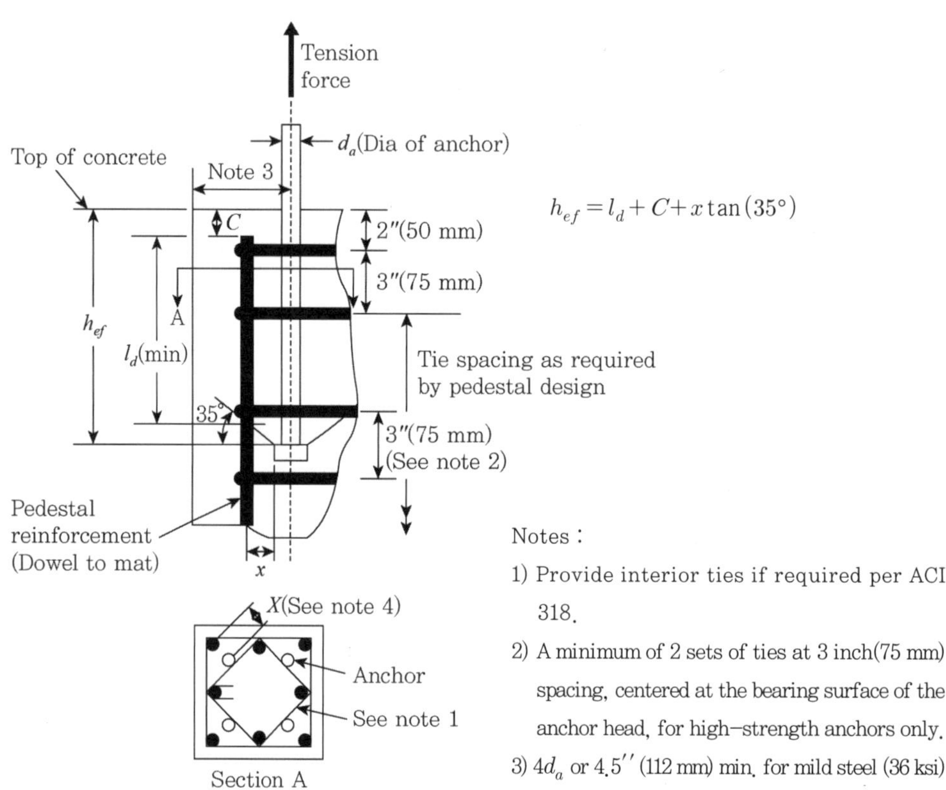

Notes :

1) Provide interior ties if required per ACI 318.
2) A minimum of 2 sets of ties at 3 inch(75 mm) spacing, centered at the bearing surface of the anchor head, for high-strength anchors only.
3) $4d_a$ or 4.5′′ (112 mm) min. for mild steel (36 ksi) anchors
   $6d_a$ or 4.5′′ (112 mm) min. for high- strength anchors
4) See section 3.5.3.1.1 for various recommendations on the maximum distance between anchor and anchor reinforcement

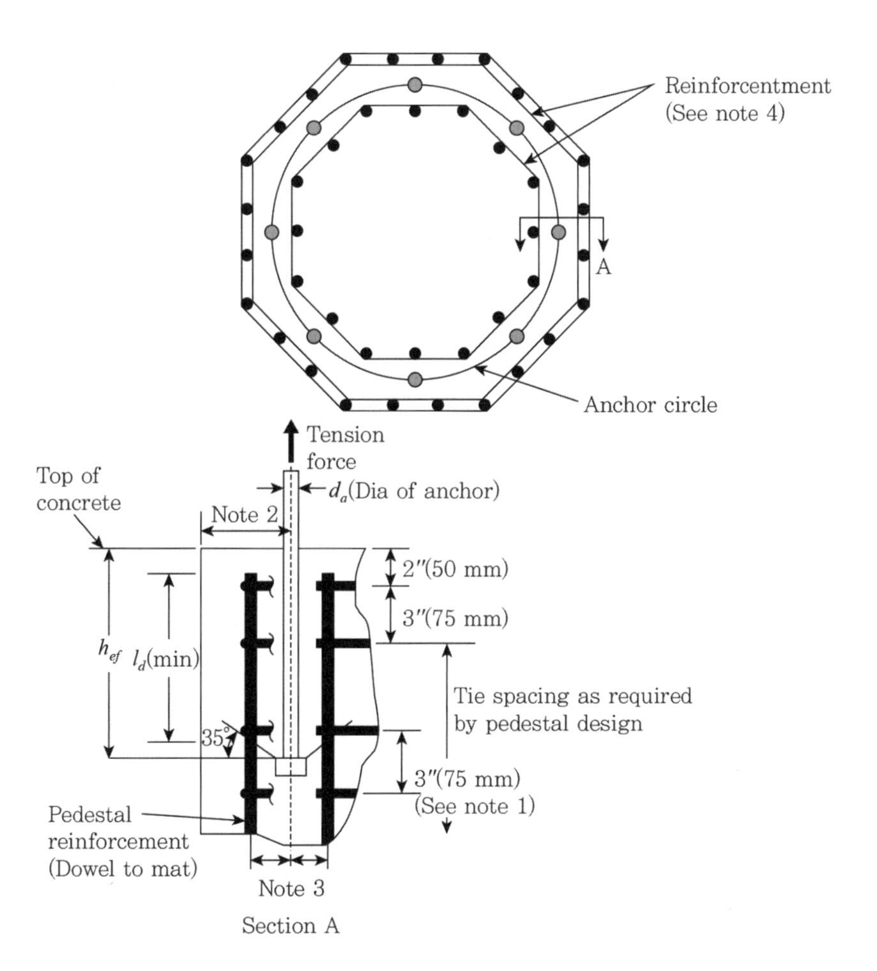

Notes :

1) Provide a minimum of 2 sets of ties at 3 inch(75 mm) spacing, centered at the bearing surface of the anchor head, for high-strength anchors only
2) $4d_a$ or 4.5′′ (112 mm) min. for mild steel (36 ksi) anchors
   $6d_a$ or 4.5′′ (112 mm) min. for high- strength anchors
3) See section 3.5.3.1.1 for various recommendations on the maximum distance between anchor and anchor reinforcement.
4) Dowels and ties on the inside of the anchor circle are only required If dowels and ties on the outside of the anchor circle are not sufficient for reinforcing the concrete for anchor loads.

한편 CCD 방법을 최초로 제안했던 유럽의 기준들을 살펴보자. Design of Fastenings in Concrete(1997)에서는 다음 그림과 같았다. 보강철근(Hanger Reinforcement)까지의 거리는 h_{ef}다.

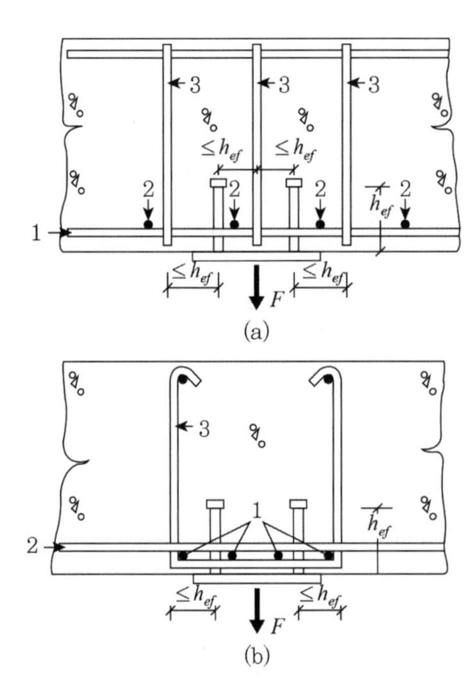

DD CEN/TS 1992-4-2(2009)의 6.2.2에서는 다음 그림과 같이 인장하중에 대한 철근보강에 대한 예를 보여준다. 보강철근까지의 거리는 $0.75h_{ef}$다.

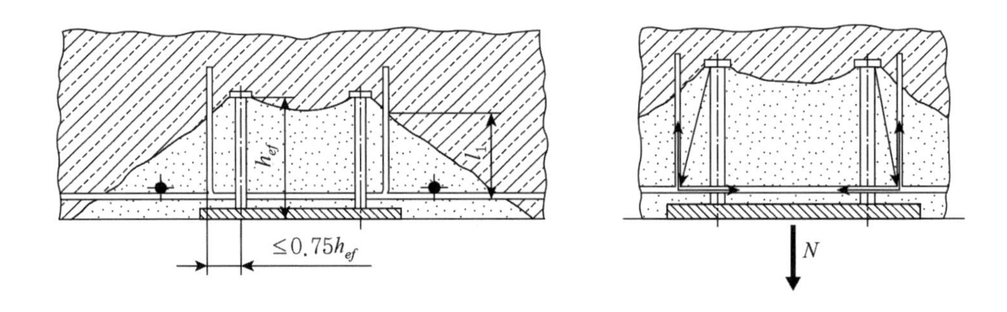

CEB-FIP 58(2011) 19.2.1에서는 ACI와 동일하게 다음 그림과 같이 $0.5h_{ef}$로 제안했다.

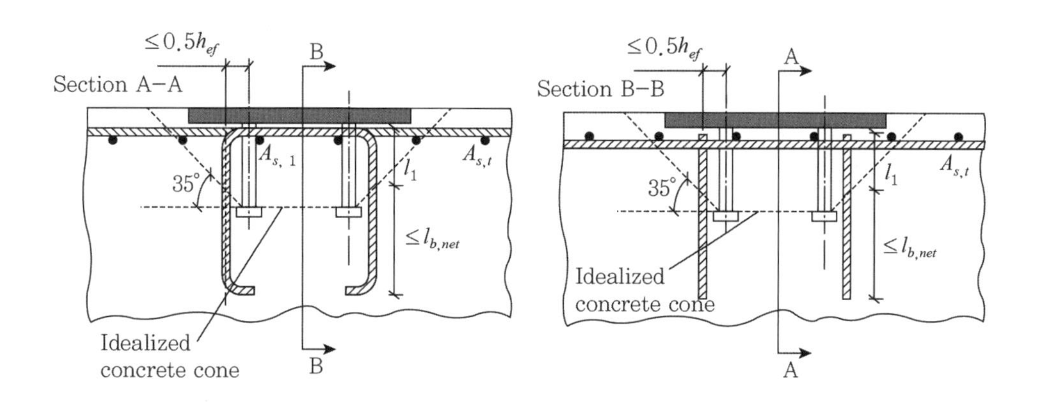

설계를 하는 실무자의 입장에서는 $h_{ef}/3$ 나 $0.5h_{ef}$ 중 불리한 결과가 나오는 경우로 설계할 수도 있다. 그러나 현재 앵커와 관련된 기준들은 $0.5h_{ef}$로 대부분 규정하고 있으므로 이를 적용하는 것이 타당할 것 같다. **또 한 가지 중요한 사항은 기둥의 주(수직)철근 또는 Hairpins은 횡력(전단력)으로 인한 균열에 저항하지 못한다**는 것이다. 횡력 또는 전단력에 저항하는 철근은 횡방향 구속 철근이다. 이것은 인발력(인장하중) 또는 전단력에 대해 철근보강을 나타내는 ACI 318-19 그림 R17.5.2.1a와 그림 R17.5.2.1b(i) 및 그림 R17.5.2.1b(ii)를 유심히 보면 이해할 수 있다(다음 그림 참조).

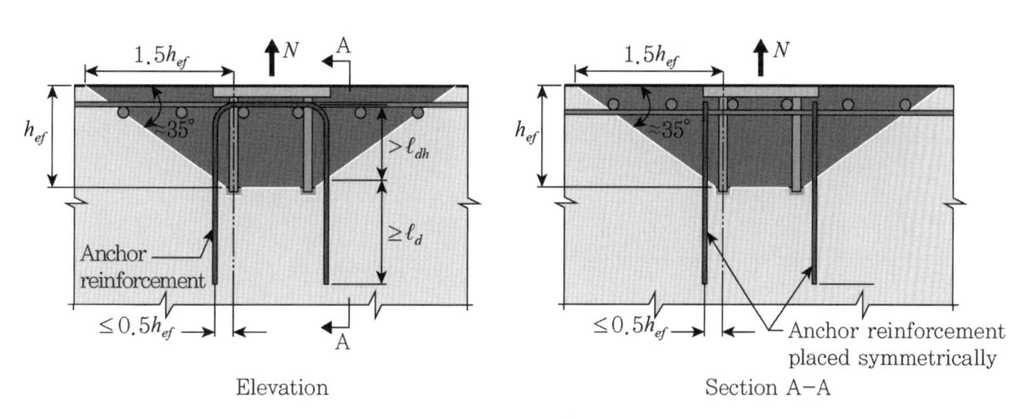

그림 R17.5.2.1.a Anchor reinforcement for tension

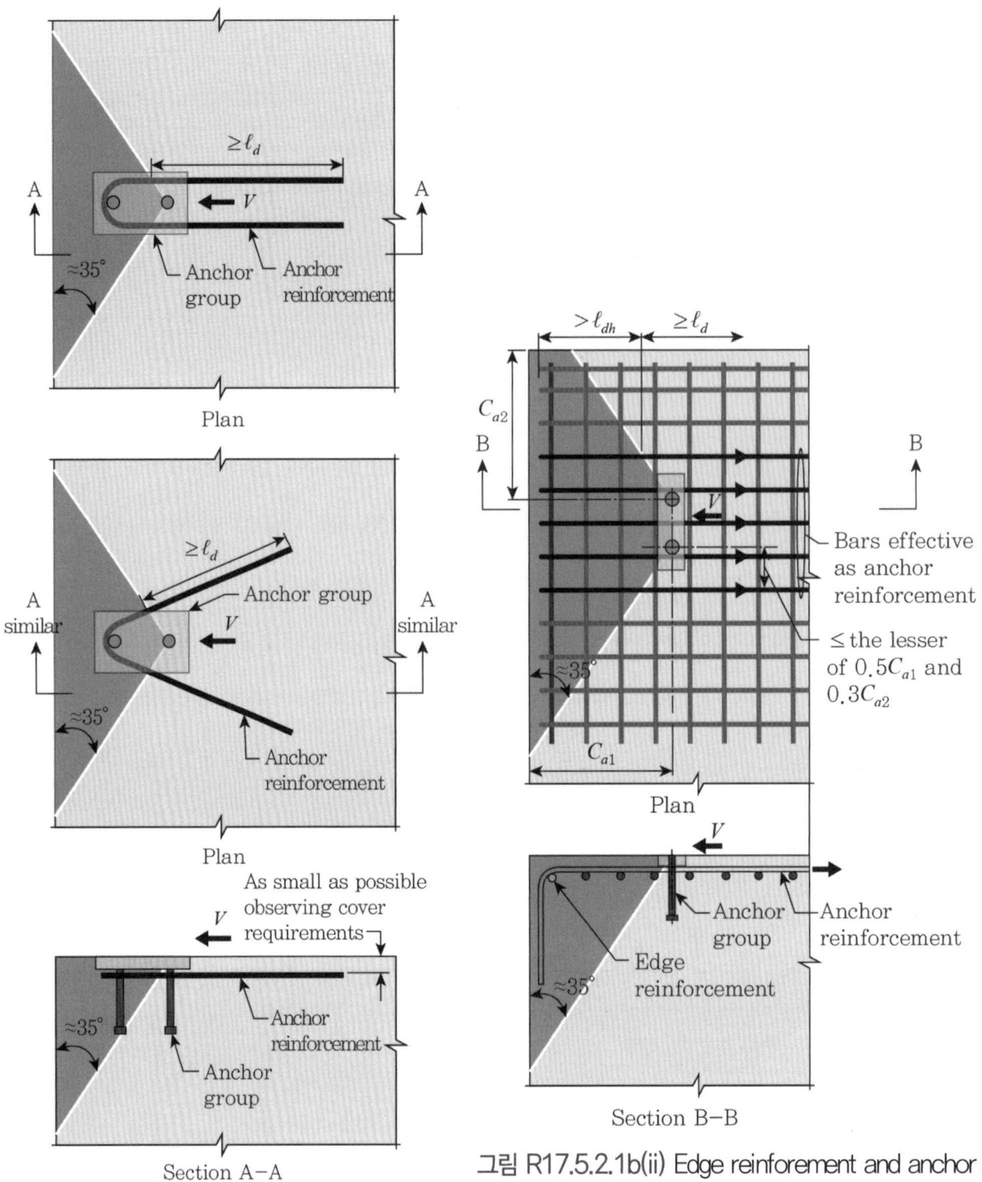

그림 R17.5.2.1b(i) Hair anchor reinforcement for shear

그림 R17.5.2.1b(ii) Edge reinforement and anchor reinforcement for shear

RQ 03

앵커볼트의 최소 묻힘길이는?

A

앵커볼트의 최소 묻힘길이는 AISC Design Guide 1(1990)의 Minimum Bolt Length and Edge Distance에 따르면 볼트의 강도별로 최소 묻힘길이를 다음 표와 같이 추천하였다. 이것은 인장을 받는 앵커의 설계에 이용하도록 제시한 것으로, Design of Headed Anchor Bolts(1983)에서 제시한 내용을 ACI 349가 채택하였다고 설명했다. 그러나 필자는 1985년 및 1997년 ACI 349에서 확인하지 못했다.

Bolt Type, Material	Minimum Embedded Length	Minimum Embedded Edge Distance
A307, A36	12d	5d＞4 in
A325, A449	17d	7d＞4 in
A687[1)]	19d	7d＞4 in

Where d is the nominal diameter of the bolt or rod.
참고 : ACI에서는 Anchor Bolt로 AISC에서는 Anchor Rod로 칭한다.
주 [1)] : A687은 Design of Headed Anchor Bolts(1983)에서 발췌

AISC Design Guide 1은 이후 2006년 개정되어 2판이 출간되었다. 이때 2002년 ACI-318에서 채택한 CCD(concrete capacity design) 방법을 반영하였다. 3.2.2편에서 앵커볼트의 최소길이(minimum length)는 재질에 관계없이 17d로 했다. Design Guide 1은 이후 2010년, 2012년, 2014년에 각각 소폭 개정을 하였다. 2014년 기준에서는 앵커볼트 최소길이 규정을 삭제했다. ASCE Anchorage Design for Petrochemical Facilities(2013) 3.2.2에는 슬리브(sleeve)를 사용하지 않는 앵커의 경우 콘크리트의 묻힘길이(embedment in concrete)로 12d를 제시했다. PIP STE05121(2006)과 PIP STE05121(2018)도 같다. ACI 318-19 17.10.5.3의 (a) (iii)에서는 해석에 의해 결정되는 경우를 제외하고 앵커는 최소 8d 이상의 연장길이를 갖는 연성강재요소(ductile steel element)를 통해 인장하중을 전달시켜야 하는 것으로 규정했다. 해설에서는 앵커 슬리브(sleeve)의 연장길이(stretch length, 다음 그림 참조)는 구조물의 횡변위능력(lateral displacement capacity)에 영향을 미치므로 설계기준 지진력(design-basis earthquake) 확보와 관계된 변위(displacement)가 충분하도록 길이를 확보해야 한다고 설명한다. 관찰된 지진 거동에 따르면 앵커직경의 8배 이상의 길이가 확보된 것이 만족할 만한 구조적 성능 결과(good structural performance)를 나타낸다고 한다. 이 규정은 ACI 318-11(D.3.3.4.3 (a) 3항)부터 추가되었다.

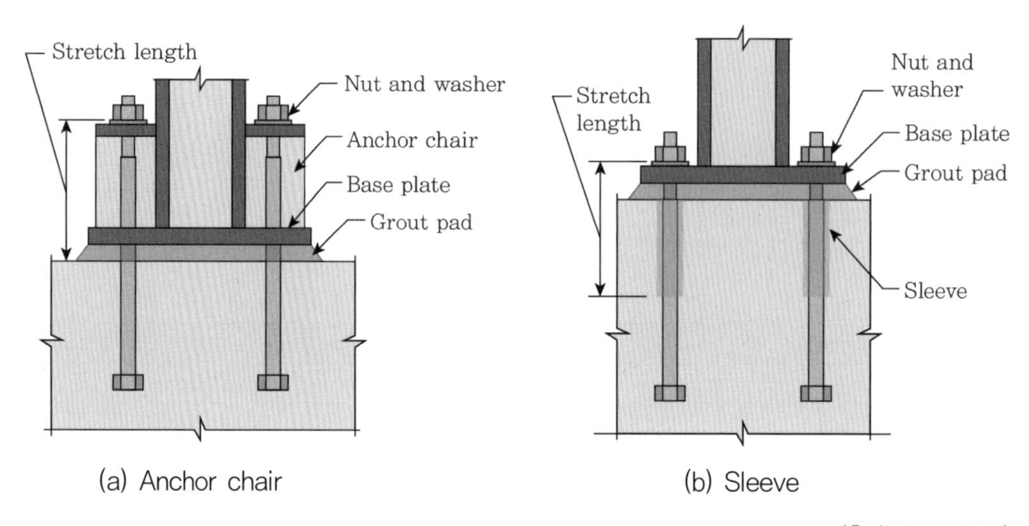

(a) Anchor chair (b) Sleeve

(출처 : ACI 318-19)

ASCE/SEI 48-11의 Appendix IV Headed Anchor Bolts에서는 앵커볼의 묻힘길이(embedment length of anchor bolt)로 25d를 제한했는데 이는 철근의 정착길이 정도와 비슷한 것이라고 부언했다. 수평력과 모멘트가 크게 발생되는 전신주(pole) 구조물이나 가로등, 신호등 기초에는 이 정도의 길이를 적용하면 될 것이다.

국내 기준에는 앵커 관련 서적 중에서는 최소 묻힘길이 규정이 없다. ACI 318-19 17.10.5.3에 8d 규정이 있지만, 이것은 Shallow Anchor(RQ 06 참조) 관련 규정으로 보아야 할 것이다. ACI 318-02~ACI 318-08까지 D.4.2.2에는 직경 50 mm(2 inch) 이하, 인장묻힘길이 635 mm 이하에만 콘크리트의 파괴강도(breakout strength)에 관한 요구사항을 ACI 318에 따라 검토하도록 했다. 또한 ACI 349-13 D.4.2.2에서도 이와 같다. 반면, ACI 318-11 D.4.2.2부터는 직경을 100 mm로 변경하였고 길이 제한을 삭제했다. 아울러 부착식 앵커(adhesive anchors)에 대해 처음으로 길이 규정(4d~20d)을 추가했고 이후 ACI 318-19 17.3.3에도 동일하다. 한편 ACI

349-13 D.8.5에서는 Expansion or Undercut Post-installed Anchor의 경우 유효묻힘깊이(h_{ef})는 부재두께의 2/3를 넘지 않아야 하고 부재두께에서 100 mm를 뺀 길이보다 크지 않도록 규정했다. 필자가 알고 있는 앵커볼트 최소길이 규정에 대한 국내 기준은 강관구조 설계기준 및 해설이다. 이 문헌 5.4.2 노출주각 (가) 1)에서는 '정착금물 방법(plate or plate washer, nut, plate and nut or plate washer and nut, EQ 14 그림 참조)을 사용할 경우 원주형상의 파괴를 방지하기 위하여 앵커볼트의 정착길이를 20d(d는 앵커볼트 직경) 이상 확보하는 것이 좋다'는 내용이 있다. 후크 형식의 볼트도 20d 정도를 제안하고 있는데 필자의 생각은 조금 다르다. 후크형태를 사용하는 것은 (정착)길이를 축소하려는 목적이 크다. 도해 토목건축 가설구조물의 해설에 따르면 일반적으로 직선형태의 앵커길이를 후크 형태로 바꾸면 2/3까지 길이를 감소시킬 수 있다고 한다. 이것에 대해 콘크리트구조기준의 인장이형철근 정착길이와 표준갈고리를 갖는 인장이형철근의 정착길이 비교를 통해서 확인해본다. (정밀)정착길이 계산식(KCI-2012 식 8.2.2)의 계수가 0.9이고 표준갈고리를 갖는 계산식(KCI-2012 식 8.2.4)의 경우 계수가 0.24이므로 동일 조건이라 가정하면 26.67%(0.24/0.9) 정도 길이를 감소할 수 있다. (간편)정착길이 계산식(KCI-2012 식 8.2.1)의 계수는 0.6이므로 40%(0.6/0.9) 길이가 감소한다. 앵커볼트는 원형철근에 가깝다. 콘크리트표준시방서(1985)에 따르면 원형철근은 이형철근에 비해 부착력이 절반 정도로 감소한다고 본다. 따라서 직선앵커를 후크형으로 변경하는 경우 길이를 2/3 정도 감소시켜도 무방할 것이다.

RQ 04

앵커볼트에 슬리브는 언제 사용해야 할까?

A

일반적으로 앵커볼트에는 슬리브(sleeve)를 사용하지 않는다. PIP STE05121(2006)의 4.2에 따르면 슬리브를 사용해야 하는 경우는 앵커볼트를 콘크리트에 설치한 후에 볼트의 작은 움직임(small movement)이 필요할 때라고 한다. 가장 일반적인 예는 다음과 같다.

1) 앵커볼트의 정확한 조정(precise alignment)은 기둥 또는 기기를 설치하는 동안 필요하다. 이런 상황에서 슬리브는 설치(installation)가 완료된 후에 불필요한 물질의 유입 또는 부식 방지를 위하여 그라우트로 채워져야 한다.[114]
2) 고압 배관 앵커, 진동기기 등에 의해 발생하는[112] 교번 하중(load reverse)이 작용하는 동안 연속적인 인장응력하에서 볼트를 유지하기 위해서는 프리텐션(pretension) 해야 한다.

슬리브는 부분장 슬리브(partial sleeve)와 전장 슬리브(full-length sleeve)로 구분된다. 부분장 슬리브는 프리텐션뿐만 아니라 조정(alignment)이 필요한 경우에 사용한다. ASCE Anchorage Design for Petrochemical Facilities(2013) 3.2.3.1편에는 부분장 슬리브는 기기를 설치하는 동안 기기 구멍을 가진 앵커의 조정을 위하여 통상 25 mm보다 작은 직경을 위해 사용된다고 한다. 직경이 25 mm보다 큰 앵커볼트는 조정이 쉽지 않으므로 Template를 추천한다. 전장 슬리브는 텐션(tension)이 필요하거나 큰 조정이 필요한 경우에 사용한다. 슬리브와 앵커볼트 사이는 설치 후 그라우트 또는 탄성중합체 재료(elastomeric material)로 채워야 한다.

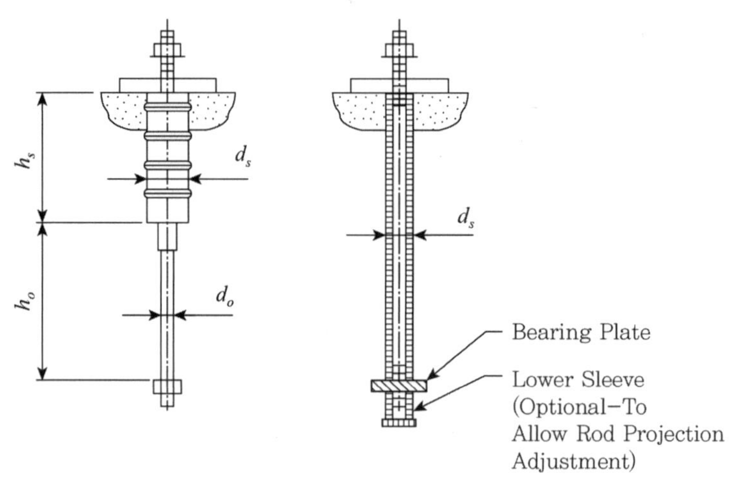

〈Partial Sleeve〉 〈Full-Length Sleeve〉

(출처 : ASCE, 2013)

다음은 ASCE Anchorage Design for Petrochemical Facilities(2013) 표 3.1에 부분장 슬리브(partial sleeve)를 위해 제안된 치수다.

Anchor Diameter in. (mm)	Recommended Sleeve Size	
	Diameter, in. (mm)	Length, in. (mm)
1/2 (13)	2 (51)	5 (127)
5/8 (16)		7 (178)
3/4 (19)		
7/8 (22)		
1 (25)	3 (76)	10 (254)

API 686(1996)의 2.10.6에서는 슬리브의 내경은 최소한 앵커볼트 직경의 2배 이상으로 해야 하며, 슬리브의 길이는 150 mm 이상, 슬리브가 있는 앵커볼트의 경우 최소연단거리는 150 mm 이상 또는 앵커볼트직경의 4배 중 큰 값 이상으로 할 것을 추천했다. 다음 그림들은 API 686(1996)에서 제시한 앵커볼트 상세도다. 첫 번째 그림은 그라우트를 기초 끝단(edge) 쪽으로 타설하지 않는 것이고 두 번째 그림은 끝단 쪽으로 타설할 때다.

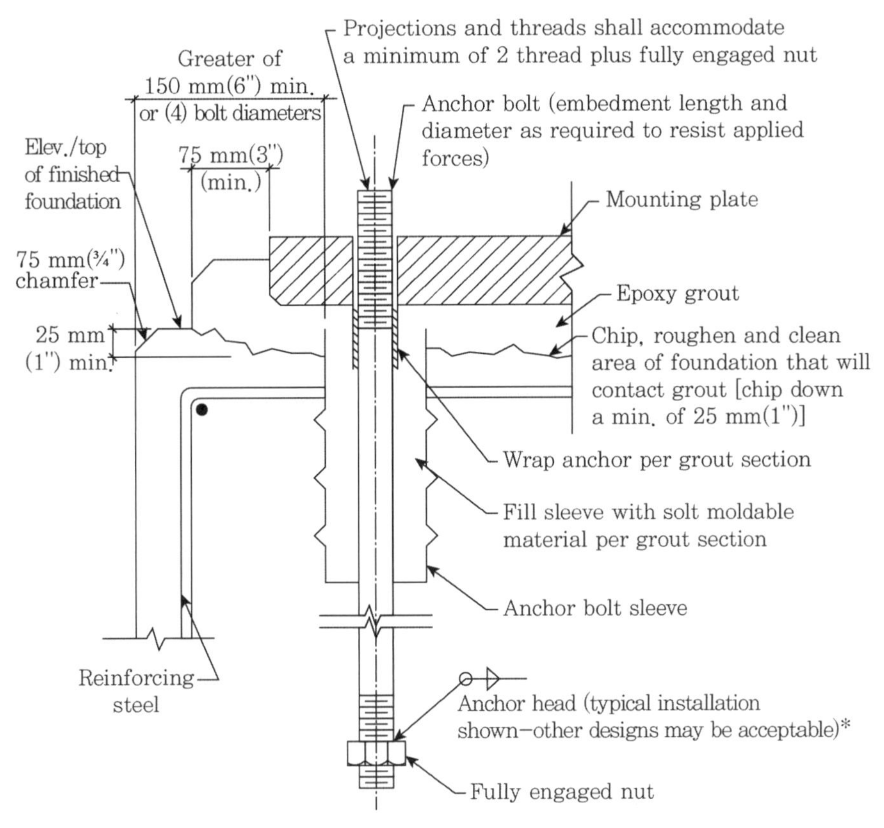

(출처 : API 686 Figure A-3)

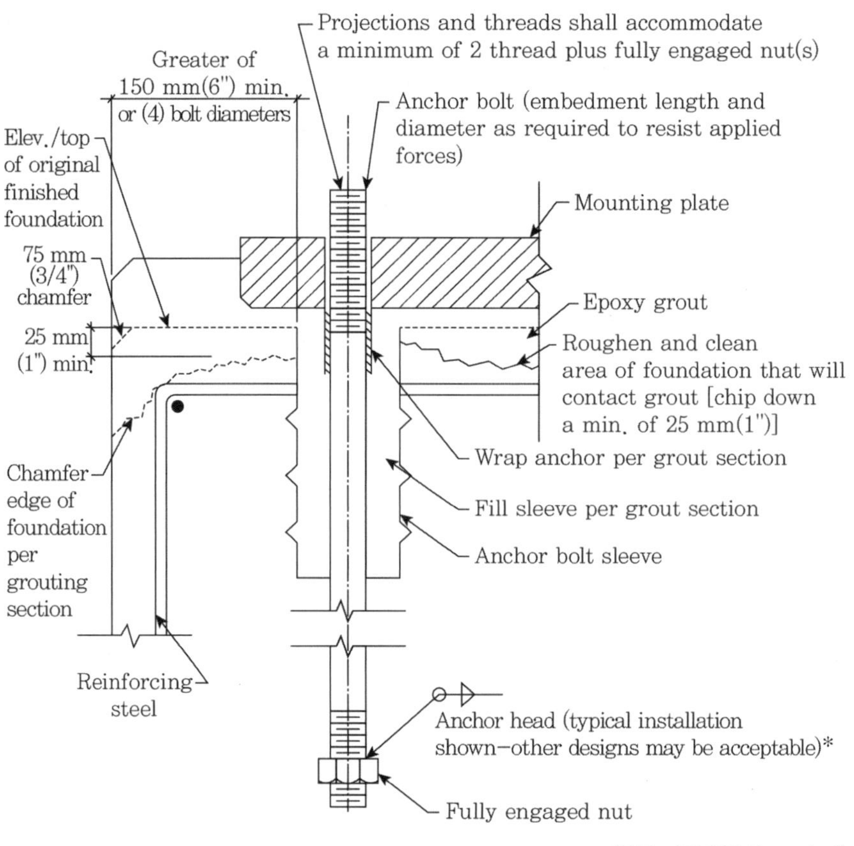

(출처 : API 686 Figure A-4)

RQ 05

앵커볼트로 F1554 Gr.55를 사용할 때 주의사항은?

A

ASTM F1554 볼트는 Gr.36, Gr.55, Gr.105로 구분한다. Gr.36의 경우 항복강도가 36 ksi(248 MPa)로 사용범위가 가장 넓다. 화학성분도 ASTM A36과 매우 유사하다. AISC Design Guide 21(2006)의 4.5.1과 4.5.2에 따르면 Gr.55는 항복강도가 55 ksi(379 MPa)로 용접이 허용되는 것도 있고, 안 되는 것도 있다. Gr.105는 항복강도가 105 ksi(724 MPa)로 용접도 불가하고 후크형태도 허용되지 않는다. Gr.55 재질의 경우 앵커볼트에 용접작업을 해야 한다면(다음 그림 참조) ASTM F1554 Supplementary Requirement S1을 만족하는 경우만 가능하다. 따라서 F1554 Gr.55를 사용하는 경우에는 이와 같은 사항을 충족하는 조건으로 주문해야 한다. PIP STE05121(18) 표 4에서는 직경 50 mm 이상인 Gr.55 앵커의 경우 연성이 없으므로 연성(ductility)이 요구되는 곳에서는 사용하지 못하도록 제한했다.

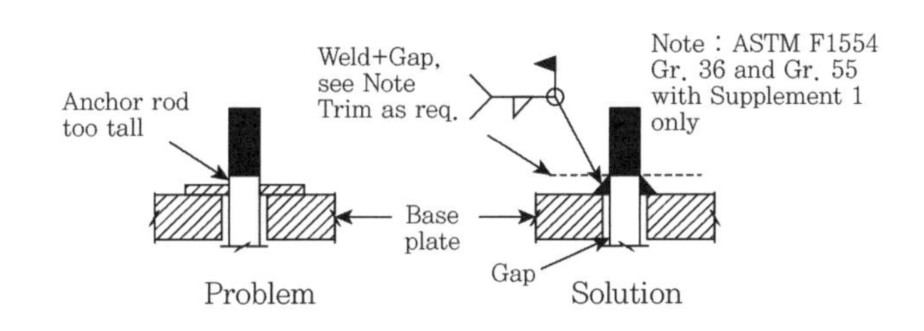

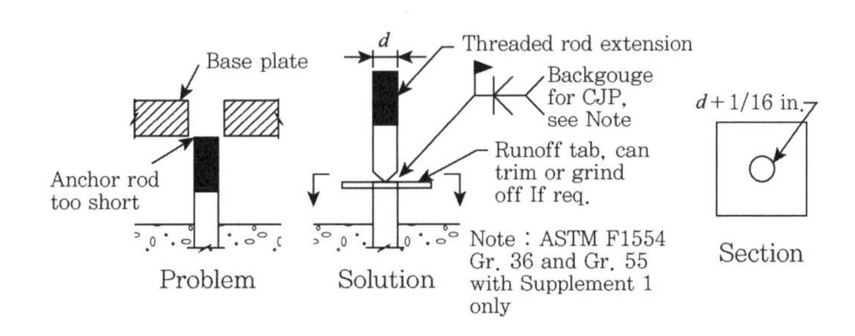

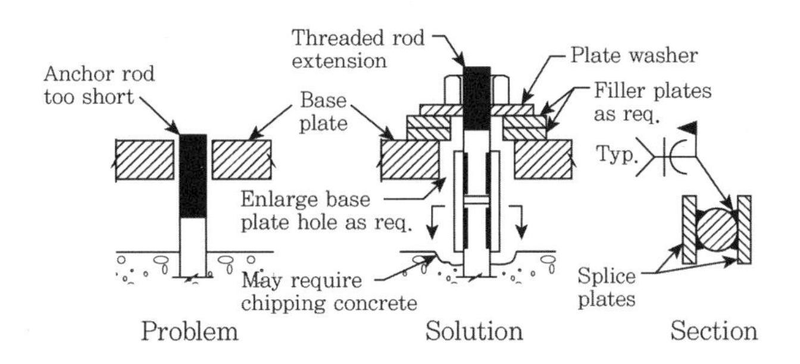

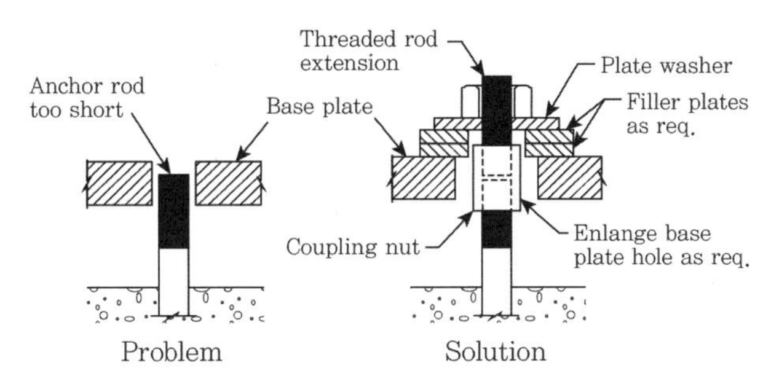

(출처 : Addressing Anchor, 2016)

S1. Weldable Grade 55 Bars and Anchor Bolts의 내용은 용접성을 좋게 하기 위한 규정으로 ASTM F1554(2017)에서 규정하고 있는 내용 중 중요사항 2가지만 간단하게 살펴본다. 첫 번째는 화학성분에 대한 제한조건으로 강재는 다음의 조건을 만족해야 한다.

	Heat Analysis	Product Analysis
탄소(Carbon, max, %)	0.3	0.33
망간(Manganese, max, %)	1.35	1.41
인(Phosphorus, max, %)	0.04	0.048
황(Sulfur, max, %)	0.05	0.058
규소(Silicon, max, %)	0.5	0.55

두 번째는 합금강(alloy) 또는 저합금강(low-alloy steel)의 경우, 다음의 식으로 계산한 탄소당량 (CE, carbon equivalent : 첨가원소가 용접성에 미치는 영향을 검토하는 방법으로 강재 중에 포함된 합금성분이 강의 경화에 미치는 영향을 등가탄소량으로 바꾸어 표시한 것)이 0.45%를 넘어서는 안 된다.

$$CE = C(\%) + \frac{M_n}{6} + \frac{C_u}{40} + \frac{N_i}{20} + \frac{C_r}{10} - \frac{M_o}{50} - \frac{V}{10}$$

탄소강(carbon steel)의 경우는 다음의 식으로 계산한 탄소당량(CE)이 0.4%를 넘어서는 안 된다.

$$CE = C(\%) + \frac{M_n}{4}$$

고강도 볼트를 사용하는 경우 또 한 가지 주의사항이 있다. 볼트의 강도와 동등하거나 이상인 너트와 와셔를 사용해야 한다는 것이다. ASTM F1554 6.7에 의하면 Gr.36, Gr.55는 A563 Grade A Nut를, Gr.105는 A563 Grade DH Nut를 추천하고 있다. 그러나 미국의 어떤 주(state) 기준에서는 Gr.55에 대해 ASTM A563 10B, 10S(ASTM A563-04까지는 Gr. D로 표기)로 규정한 곳도 있다. F1554의 6.8에 따르면 특별한 언급이 없는 한 와셔(washer)는 ASTM F436을 사용해야 한다.

RQ 06

얕은 앵커란 무엇일까?

A

UBC-97 1632.2와 IBC-2003 1602.1에 따르면 얕은 앵커(shallow anchor)란 매입길이(embedment length) 대 볼트직경의 비가 8보다 작은 앵커를 말한다. 매입깊이가 대체로 얕은 경우인 Shallow Expansion Anchor나 Shallow Chemical 앵커는 반복하중시험 자료가 부족하고 낮은 성능 때문에 정착부를 설계할 때 응답(반응)수정계수를 작게($R_p = 1.0$ or $R_p = 1.5$) 사용해야 한다.

RQ 07

선설치 앵커볼트 설치를 위한 베이스 플레이트 구멍의 크기는 얼마로 해야 할까?

A

선설치 앵커는 후설치 앵커와 다르게 시공과 설치 오차 등을 고려하여 베이스 플레이트(base plate) 구멍을 적정하게 할 필요가 있다. 먼저 미국의 각종 기준들을 살펴보자. AISC Design Guide 1(2014)의 표 2.3과 PIP STE05121(2006) 4.3, AISC 360-16 표 C-J9.1, NCHRP 469(2002) Appendix A 표 2.2의 내용 중 앵커볼트(anchor bolt or anchor rod)를 위한 베이스 플레이트 구멍과 관련된 내용에 대해 다음 표와 같이 정리하였다.

앵커볼트 직경(in.)	Base Plate Hole		
	PIP & AISC LRFD 3ed	AISC 360-16 & NCHRP 469	AISC DG1 2nd
1/2(M12)	13/16 in.(21 mm)	1-1/16 in.(27 mm)	-
5/8(M16)	15/16 in.(24 mm)	1-3/16 in.(30 mm)	-
3/4(M20)	1-1/16 in.(27 mm)	1-5/16 in(34 mm)	1-5/16 in.(34 mm)
7/8(M22)	1-3/16 in.(30 mm)	1-9/16 in.(40 mm)	1-9/16 in.(40 mm)
1(M24)	1-1/2 in.(38 mm)	1-13/16 in.(46 mm)	1-13/16 in.(46 mm)

앵커볼트 직경(in.)	Base Plate Hole		
	PIP & AISC LRFD 3ed	AISC 360-16 & NCHRP 469	AISC DG1 2nd
1-1/4(M30)	1-3/4 in.(45 mm)	2-1/16 in.(52 mm)	2-1/16 in.(52 mm)
1-1/2(M36)	2 in.(51 mm)	2-5/16 in.(59 mm)	2-5/16 in.(59 mm)
1-3/4(M42)	2-1/4 in.(57 mm)	2-3/4 in.(70 mm)	2-3/4 in.(70 mm)
2(M48)	2-3/4 in.(70 mm)	db+1-1/4 in.(Anchor Dia.+32 mm)	3-1/4 in.(83 mm)
2-1/4(M56)	3 in.(76 mm)	-	-
2-1/2(M64)	3-1/2 in.(89 mm)	-	3-3/4 in.(95 mm)
2-3/4(M72)	3-3/4 in.(96 mm)	-	-
3(M80)	4 in.(102 mm)	-	-

ASCE/SEI 48-11(2012) C6.2 Bolted and Pinned Connections 편에는 베이스 플레이트 구멍은 볼트직경보다 10~13 mm 정도 크게 제안했다. Steel Designers' Handbook(2006) 8.4.1에 의하면 AS 4100(Australian Steel Structures Standard 14.3.5.2)에서는 베이스 플레이트 구멍을 볼트직경보다 6 mm 크게 한다고 한다. 또한 SCI P358(2014)의 2.2에도 Holding Down Bolts(anchor bolts)의 경우 볼트 직경보다 6 mm 크게 구멍크기를 추천했다. 국내 기준에서는 강관구조설계기준 및 해설(1998) 5.4.2 노출주각 (다)에는 '일반적으로 베이스 플레이트 있어서 앵커볼트 구멍은 5 mm 정도 여유를 허용한다'는 내용이 있다.

한전기술(주)에서는 앵커볼트의 직경이 25 mm 미만은 직경 +5 mm이고 25 mm 이상은 직경 +8 mm로 한다.

콘크리트 표면 위에 베이스 플레이트가 있는 구조는 전단을 전달하는 지배적인 메카니즘은 앵커의 지압력(bearing)이다. 시공성을 고려하여 제시한 큰 볼트구멍 때문에 플레이트에서 앵커로 지압력이 어떻게 전달되는지, 얼마나 많은 앵커가 실제로 하중을 전달하는지에 대한 의문이 생긴다. 일부 엔지니어들은 전체 앵커의 1/2만 전단하중을 전달하는 것으로 가정하고, 반면에 다른 설계자들은 전단력을 전달할 수 있는 볼트는 최대 2개로 고려하기도 한다. 때로는 전단력을 전달시키기 위해 와셔를 베이스 플레이트에 용접해야 하는 경우(다음 그림 참조)도 발생할 수 있다. 따라서 선설치 앵커볼트 구멍은 시공성과 설치오차 따위를 고려하여 무조건 크게 할 수 없다.

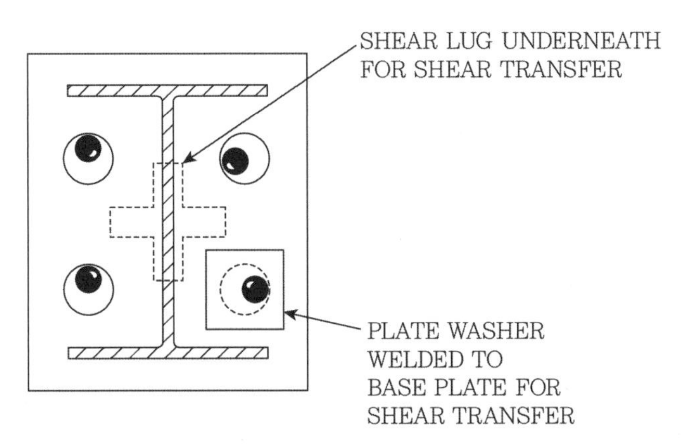

그림 4.2 Base plate with oversize anchor bolt holes

(출처 : ACI 351. 2R-10)

필자는 유럽의 기준과 같이 앵커볼트 직경 +6 mm를 추천하는데 유럽의 기준에 공감하기도 하지만 ASCE Anchorage Design for Petrochemical Facilities(2013) 3.6.1절의 2에서도 시공오차를 고려하더라도 가급적 베이스 플레이트의 구멍은 작게 만들어야 하고 6 mm 정도의 활동(slippage)을 허용한다는 내용이 있기 때문이다.

RQ 08

베이스 플레이트 하부에 사용하는 그라우트 관련 규정은?

A

AISC Design Guide 1(2014)의 2.10에 따르면 그라우트(grout)의 강도는 기초 콘크리트 설계기준강도의 최소 2배 이상을 사용해야 한다. 이 정도의 강도는 최대 강재 지압력(maximum steel bearing pressure)을 기초 콘크리트에 전달하기에 적당하다고 한다. 기둥이나 페데스탈에 전단력이 크게 발생하여 Shear Lug(SQ 11 참조)를 사용하는 경우는 강재인 Shear Lug와 콘크리트 사이의 간격은 25 mm(1 inch) 이상을 확보하는 것이 좋으며 큰 플레이트(plate)를 사용하거나 형강을 사용하는 경우는 38 mm(1.5 inch)~50 mm(2 inch) 정도의 틈새를 둔다.

그라우트 구멍(grout hole)은 일반적인 베이스 플레이트(base plate)에서는 필요하지 않다. 그러나 609.6 mm(24 inch) 이상의 경우는 구멍(hole)이 필요하며 통상적으로 직경 50~76 mm (2 inch~3 inch) 정도를 사용한다. 유럽 문헌인 SCI P398(2013)의 5.5 Bedding Space for Grouting과 SCI P358(2014)의 7.2 Clearance under the Baseplate에서는 플레이트의 크기가 700 mm×700 mm 이상에서는 직경 50 mm 구멍이 필요하다고 한다. ACI 318-19의 R17.11.1.2에서는 Shear Lug가 있는 베이스 플레이트에는 Shear Lug 주변에 적당한 콘크리트 또는 그라우트 압밀침하(concrete or grout consolidation)와 수평 플레이트(horizontal plate) 아래에 밀착하여 공기가 갇히지 않도록(to avoid trapping air immediately) 구멍이 필요하다고 설명한다. 한 개의 Shear Lug인 경우 장방향의 중심 근방에 최소 한 개의 조사용 구멍(inspection hole)을 두어야 한다. 십자형의 Shear Lug의 경우는 4개의 Inspection Hole을 추천한다. 관련 그림은 다음을 참조한다.

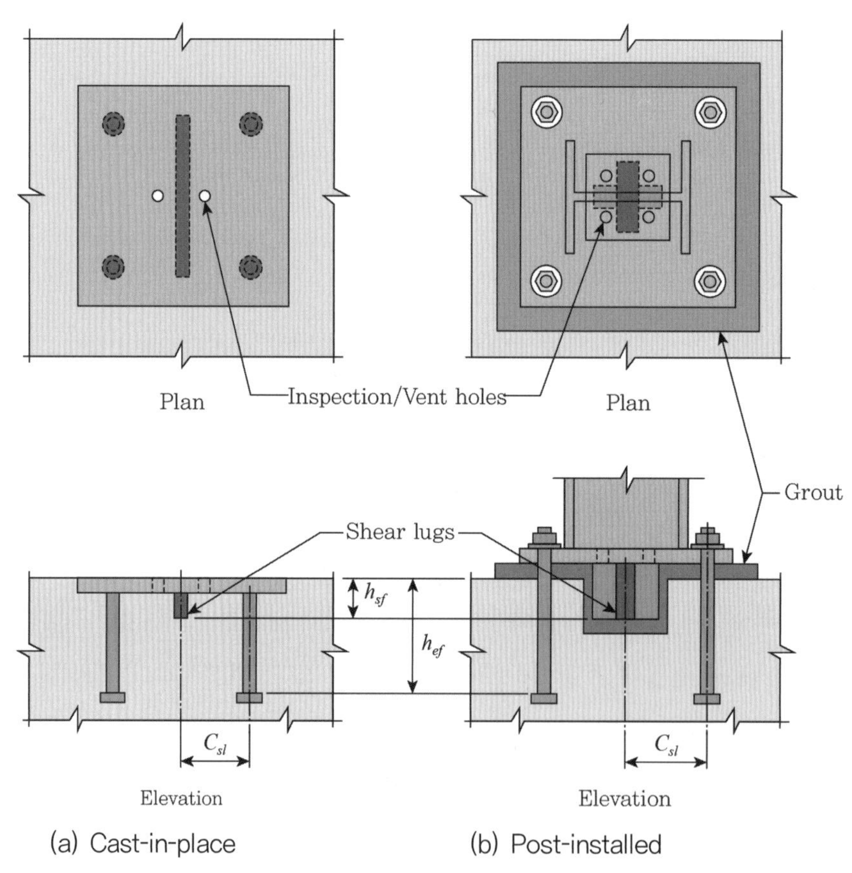

그림 R17.11.1.1a Examples of attachments with shear lugs

콘크리트표준시방서(2016) 제27장 콘크리트용 앵커 3.2와 콘크리트 앵커 설계법 및 예제집 2판(2018) 4.3.2, KCS 14 2011(16)의 1.3.2에는 그라우트의 강도는 접합되는 콘크리트 강도의 2배 이상인 무수축 재료를 선택하여야 하며, 그라우트 두께는 40~50 mm로 할 것을 제안했다.

RQ 09

기기 기초의 하부에 사용하는 그라우트 관련 규정은?

A

기계나 기기의 하부와 기초 사이의 그라우트는 기계(machine)나 기기(equipment base)의 조정과 수평을 영구히 유지시키고 기초로 하중을 전달시키는 역할을 한다. 그러므로 체적의 변화가 없는 무수축 그라우트(nonshrink grout)를 사용한다. ACI 351.1R-12에는 그라우트를 시멘트 그라우트(cementitious grout)와 에폭시 그라우트(epoxy grouts)로 크게 구분한다. ACI 351.1R-12의 3.2.5에 따르면 에폭시 그라우트는 1950년 후반 이후로 기계(machine)나 기기(equipment)의 하부에 사용하였고 고강도이며 부착 특성이 있다고 한다. 또한 진동하중과 충격에 저항성이 우수하고 많은 화학제품에 내항성이 좋다고 한다. 3.3.2에는 정하중을 받는 경우는 시멘트 그라우트가 낮은 크리프 계수(creep factor)를 갖기 때문에 에폭시 그라우트보다 일반적으로 좋은 성능을 발휘한다고 기술하고 있다. 3.3.3에 의하면 에폭시 그라우트는 덜 단단하기(rigid) 때문에 동적 시스템(dynamic system)에서는 시멘트 그라우트에 비해 성능이 뛰어나다고 한다. ACI 351.2R-10, 6.6.1에는 에폭시 그라우트는 폴리머 그라우트(polymer grout)의 일종으로 분류했다. ACI 351.1R-12, 3.3.1과 ACI 351.3R-18, 7.6에 의하면 에폭시 그라우트는 55℃보다 낮은 온도에서 사용해야 하며, 시멘트 그라우트는 200℃를 넘는 경우도 사용할 수 있다고 한다. ACI 351.3R-18, 7.6에 따르면 에폭시 그라우트는 66℃를 넘으면 상당한 크리프(creep)가 발생하며 정적변형(static deformation)이 증가하므로 주의해야 한다고 부언했다.

ACI 351.1R-12, 6.4.2에 따르면 에폭시 그라우트는 추운 날씨 동안에 동상 피해가 발생하지 않도록 양생하는 동안 따뜻한 온도를 유지해야 한다. 최소 1일 동안 대략 20℃ 정도를 유지해야 하고 추가로 최소 1일 동안 동상(freezing)으로부터 보호해야 한다. 기초나 기기를 둘러싼 주위의 온도는 최소 2일 동안 32°C 이하가 되도록 조치해야 한다. ACI 351.1R-12, 6.4.1에 의하면 시멘트 그라우트는 최소 3일 동안 10°C 이상의 온도가 유지되어야 하고 추가로 최소 3일 동안 동상(freezing)으로부터 보호해야 한다. 기초나 기기를 둘러싼 주위의 온도는 최소 3일 동안 38°C 이하가 되도록 조치해야 한다.

ACI 351.3R-18, 7.6에서는 시멘트 그라우트는 8,000 psi(56 MPa) 정도의 압축강도를 갖기도 하지만 휨강도와 인장강도가 낮아 동적 특성이 있는 회전기계류(rotating machine) 예를 들어 Fans, Motors, Electric Generators, Turbine Generators에서는 사용이 제한된다고 한다. 그러나 시멘트 그라우트는 일반적으로 온도에 의한 크리프(creep)가 적고, 타설하기 쉬우며, 비용이 저렴하기 때문에 에폭시 그라우트에 비해 선호된다고 한다. API 686(1996) 5장 2.4에서는 특별한 규정 없는 한 모든 기계(machinery)는 에폭시 그라우트(epoxy grouts)를 사용해야 한다는 의견을 피력했다.

그라우트의 압축강도 관련 규정은 다음과 같다.

ACI 351.1R-12, 4.2.4 Strength에 따르면 28일에서 시멘트 그라우트의 압축강도는 5,000~8,000 psi(35~55 MPa)가 일반적이라고 한다. ACI 351.1R-12, 5.3에 따르면 대부분의 에폭시 그라우트의 압축강도는 최소 8,000 psi(55 MPa) 이상 발현된다고 한다. PIP STS03600(2002) 5.1.3에는 시멘트 그라우트의 압축강도는 기초의 압축강도보다 작아서는 안 된다고 한다. PIP STS03601(2001) 5.1.1.1에는 에폭시 그라우트의 최소압축강도는 7일에서 12,000 psi (80 MPa)로 제시했다.

ASCE No. 136(2018) 9.4.3에서는 시멘트 그라우트의 경우 15,000 psi(103 MPa) 이상으로 해야 하며, Flowable Nonshrink Cementitious가 발전기 기초에 가장 많이 사용된다고 한다.

그라우트의 두께 관련 규정은 다음과 같다.

ACI 351.1R-12의 6.1.5.1에는 중력에 의해 타설되는 시멘트 그라우트의 경우 최소 25 mm, 최대 100 mm까지 가능하다. 6.1.5.2에는 일반적인 에폭시 그라우트는 50 mm 정도, 최대 두께로 100 mm로 제안했다. ACI 351.3R-11 4.4.3에서는 그라우트의 일반적인 두께(50~100 mm) 이상으로 하는 경우는 크리프로 인한 변형(deformation due to creep)과 탄성수축(elastic shorting)이 증가하므로 주의해야 한다고 설명한다. 드물게 기기기초 하부에 100 mm 이상의 그라우트를 사용하기도 하는데 균열이 발생할 가능성이 매우 크므로, 가는 철근을 배근하거나 와이어 매쉬(wire mesh)를 사용하는 것이 균열방지를 위해 좋다.

ACI 349-13 RD6.1.3에서는 그라우트 패드의 높이는 50 mm를 넘지 않도록 제한했다. 따라서 안전성과 관련된 구조물(예, 원자력발전소)은 이에 따라야 할 것이다.

API 686(1996) 5장 2.2.5에서는 그라우트 두께로 최소 1 inch(25 mm)를 두도록 하고 있고, Design of Pinned Column Base Plates(2002)의 7. Base Plate and Anchor Bolts Detailing에서도 25 mm다. SCI P398(2013)의 5.4 Bedding Space for Grouting에서는 실제로는 이보다 더 크지만 그라우트 두께를 20~40 mm가 일반적이라고 한다. 반면 SCI P358(2014)의 7.2 Clearance under the Baseplate에서는 그라우트는 25~50 mm가 일반적이라 했다.

RQ 10

기초 페데스탈 돌출고는 얼마로 해야 할까?

A

Steel Detailers' Manual(2002)에 의하면 옥외 기초의 경우 상부 강재 구조물의 부식방지를 위해 지반면에서 최소 200~300 mm 이상 높게 콘크리트 페데스탈(pedestal)을 설계할 것을 추천했다(다음 그림 참조).

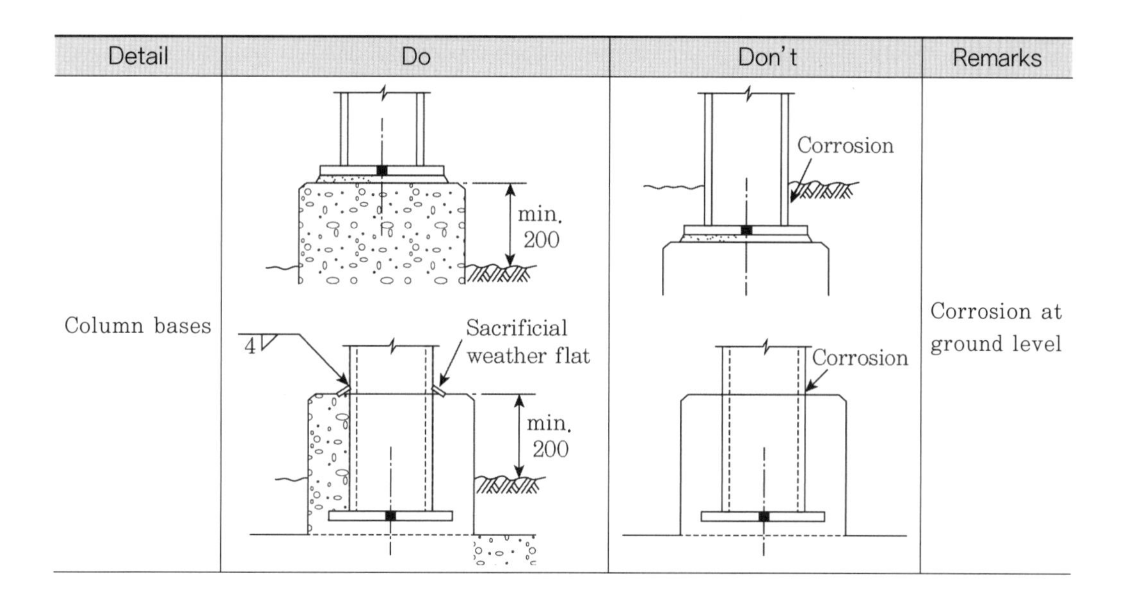

Detail	Do	Don't	Remarks
Column bases			Corrosion at ground level

API 686(1996) Appendix A의 그림 A-1에서도 빗물 등의 물로 인한 기기 피해를 방지하기 위해 지반면에서 최소 100 mm를 높이도록 제안했다(다음 그림 참조).

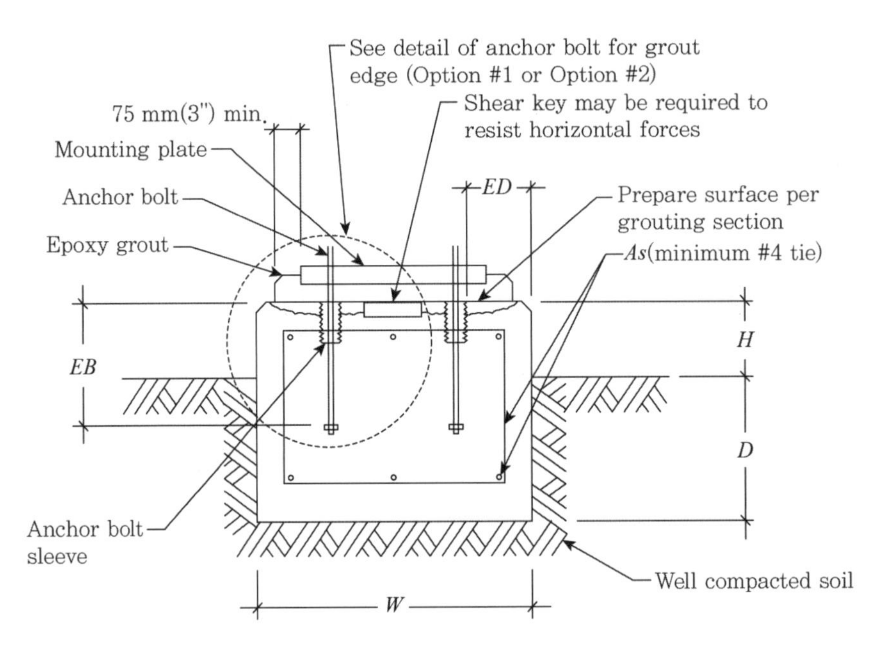

Section Through Foundation

W	Width	Refer to foundation design section of specification
EB	Anchor Embedment	Shall be as required to resist anchor bolt forces
D	Depth Below Grade	Shall be adequate to prevent frost heave
H	Depth Above Grade	Shall be adequate to prevent damage to equipmemt from water due to runoff(100 mm(4″)minimum)
A_S	Area of Reinforcing	Refer to the minimum area of steel requirements of the reinforcing section of foundation design
ED	Anchor Bolt Sleeve Edge Distance	Shall be adequate to develop requird force on anchor bolt, a minmum of 150 mm(6″) or (4) bolt diameters (whichever is greater), or as recommended by anchor bolt manufacturer.

(출처 : API 686)

ACI Detailing Manual-2004의 Drawing H-8D Cantilevered Retaining Wall Details에서는 옹벽구조물의 경우 지반에서 최소 300 mm 이상 높게 할 것을 추천했다. 또한 가공송전선용 철탑기초 설계기준(DS-1110)에서도 페데스탈 돌출고를 산지 또는 일반지역에서는 300 mm, 논 지역은 400 mm 이상을 요구한다.

필자는 옥외기초의 경우 300 mm 정도가 적당할 것으로 생각하며, 옥내는 100 mm 이내 또는 200 mm 이상을 추천한다.

RQ 11

포장콘크리트로 사용하는 콘크리트 휨강도와 압축강도 사이의 관계는?

A

ACI 330R-08, 3.5에 의하면 포장콘크리트의 배합은 적당한 내구성(durability)과 타설이 용이하도록 적절한 작업성(workability)과 포장 마무리 장비(finishing equipment)의 사용을 고려하여 설계에서 요구하는 휨강도(flexural strength)가 발휘되도록 설계해야 한다고 설명한다. 콘크리트 포장에 작용된 하중은 슬래브에 압축응력(compressive stress)과 휨 응력(flexural stress)을 일으킨다. 그러나 휨 응력이 더욱 지배적(critical)이다. 왜냐하면 큰 하중(heavy load)은 콘크리트에 상당한 정도의 휨 응력을 발생시키는 반면 압축응력의 영향은 적기 때문이다. 따라서 휨강도(flexural strength) 또는 파괴계수(modulus of rupture)가 포장두께를 결정하는 데 사용된다. ACI 330R-08, 3.5에서는 콘크리트 압축강도(compressive strength)와 휨강도(flexural strength) 사이의 관계를 다음과 같이 제시했다.

부드러운 결(smooth-textured)을 가진 둥근 골재(round-shaped)를 사용한 콘크리트:

$$휨강도 = 0.7\sqrt{f_{ck}}\ (MPa),\quad 8\sqrt{f_c'}\ (U.S, unit)$$

거칠고(rough-textured) 모난(angular-shaped, crushed) 골재를 사용한 콘크리트:

$$휨강도 = 0.8\sqrt{f_{ck}}\ (MPa),\quad 10\sqrt{f_c'}\ (U.S, unit)$$

Concrete Floors on Ground(PCA, 2008) 4장에서는 Wood(1992)의 시험결과를 기반으로(그림 참조) 다음 식을 제안했다.

$$휨강도 = 0.74\sqrt{f_{ck}}\ (MPa),\quad 9\sqrt{f_c'}\ (U.S, unit)$$

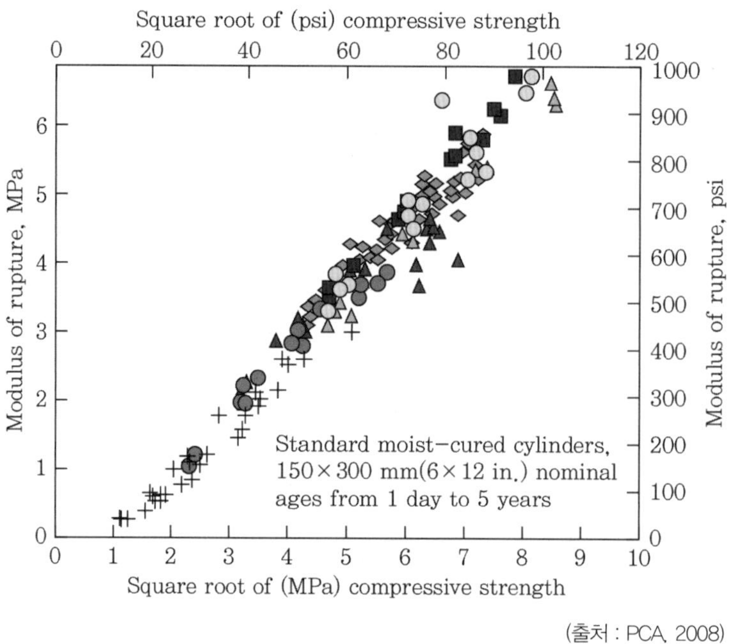

(출처 : PCA, 2008)

상기 식(PCA, 2008, 표 4-9 참조)을 이용하여 환산하면 다음 표와 같다.

Compressive Strength(MPa)	Flexural Strength(MPa)
28	3.9
31	4.1
34	4.3
38	4.6
41	4.7
45	5.0
48	5.1

국내의 대표적인 포장 관련 기준인 도로설계요령 제10편 포장(2009)의 4.3.3과 시멘트 콘크리트 포장 생산 및 시공 지침(2009) 3.4.2에서는 포장콘크리트의 최소 휨강도로 4.5 MPa 이상을 요구한다.

RQ 12

페데스탈 최상단부에 횡방향 철근을 배근해야 하는 이유와 기준은?

A

ACI 351.2R-10, 4.2에 따르면 페데스탈의 상부는 온도팽창(thermal expansion) 또는 페데스탈의 연단지압(edge bearing on the pedestal)으로 인한 균열에 저항하도록 횡철근으로 보강해야 한다고 설명한다. 이와 관련된 KCI-2012(2017) 5.5.2 (3) ⑥과 ACI 318-19, 10.7.6.1.5 규정 및 해설에서는 페데스탈 상단(천단)부의 균열은 온도, 구속된 건조수축, 시공 중 우발적인 충격과 유사한 효과들로 인한 예기치 못한 힘에 의해 발생한다고 한다. 횡방향 구속은 볼트 부근에 균열이 발생한 경우에 앵커볼트로부터 기둥 또는 지주로 힘의 전달을 개선시키므로 횡철근을 기둥이나 주각(pedestal) 최상단으로부터 125 mm 이내에 적어도 2개 이상의 D13 철근이나 3개 이상 D10 철근을 배근해야 한다.

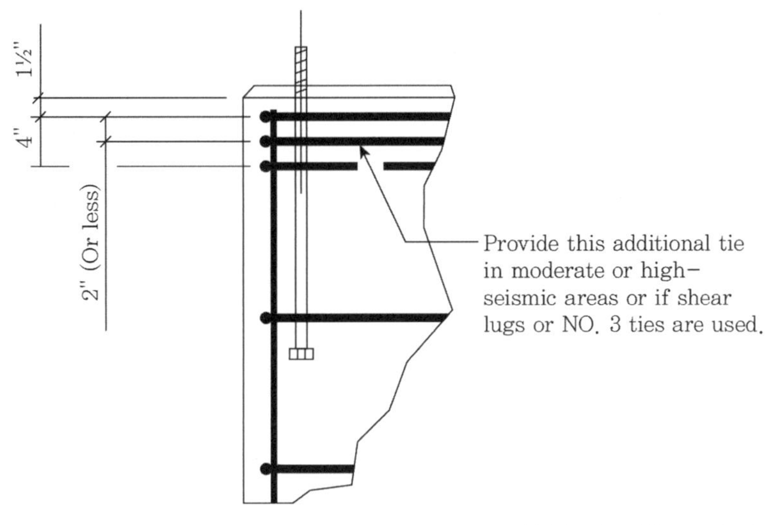

(출처 : PIP STE05121, 2006)

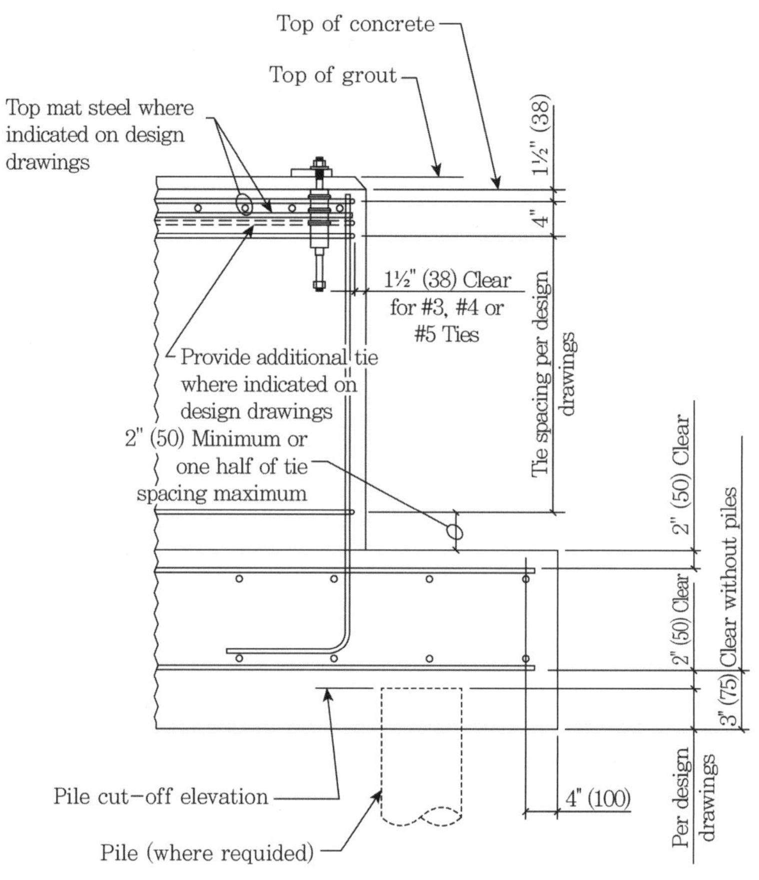

(출처 : PIP STI03310, 2005)

RQ 13

콘크리트 구조물의 배수를 위한 경사는 얼마로 해야 할까?

A

물고임에 대한 특별한 대책을 수립하지 않는 이상 콘크리트 구조물에는 배수를 위한 경사를 두어야 한다. ACI 302.1R-15의 6.4.1에 따르면 물고임을 최소화하기 위한 실질적인 배수(positive drainage) 경사로 2%(20 mm/m)를 추천했다. 이 정도의 경사는 외부 슬래브(exterior slab)나 필요한 경우 내부 슬래브(interior slab)에 적용해야 한다. 최대 경사는 2%를 넘지 않도록 권고했다. ACI 302.1R-04와 ACI 302.1R-96의 11.10에서는 외부슬래브의 경우 2% 경사가 적당하고, 내부슬래브는 0.5% 이상이 적절하지만 1%가 더 바람직하다고 설명했다. ACI 330R-08의 3.10.3에 따르면 물웅덩이 방지를 위해 최소 포장경사는 1%를 적용해야 하며, 가능하다면 2%가 추천된다고 한다. 길이가 길어지거나 면적이 넓은 경우에는 물고임 방지를 위해 2%의 경사를 두기가 쉽지 않다. 그러나 ASCE 7-16의 8.4와 AISC Design Guide 7(2012)의 4.5, IBC-2003의 1608.3.5와 1611.2에서도 물고임 방지를 위한 지붕의 경사는 2%다. 건축구조기준(KBC-2016) 0702.3.7 또는 KDS 41 31 00(19) 1.5.2.7 물고임 설계에서도 동일하게 2% 경사를 확보할 것을 요구한다. 도로설계기준(2016) 3.2.9 횡단경사에서는 차로는 노면의 종류에 따라 표준횡단경사를 다음 표와 같이 제시했다.

노면의 종류	횡단경사(%)
아스팔트 및 시멘트 콘크리트 포장도로	1.5 이상 2.0 이하
간이포장 도로	2.0 이상 4.0 이하
비포장 도로	3.0 이상 6.0 이하
보도 또는 자전거 도로	2.0 이하

도로설계요령 제6편 배수시설 6.4 (2) 경사에서는 배수로 및 배수거(암거, 배수관)의 최소 경사는 0.5%(부득이한 경우 0.2%)를 원칙으로 할 것을 추천했다. 공동구설계기준(2016) 3.1.1 (P 18)와 KDS 11 44 00(18) 4.1.1 (P 8)에는 특수부를 제외한 공동구의 종단경사는 배수를 고려하여 0.2% 이상을 요구한다. 공동구설계기준(2016) 3.1.2 (4)와 KDS 11 44 00(18) 4.1.1 (2) ④에서는 통로 내부에 배수로 설치를 위해 콘크리트 등을 타설하는 경우 1% 이상의 배수 경사면을 만들도록 했다. 도로의 구조시설에 관한 규칙 및 해설(2013) 8-2-9 구조물 배수 편에서는 교량·고가 차도의 배수관 경사를 원칙적으로 3%로 규정했다.

RQ 14

철근콘크리트 보의 관통부는 어디에 두어야 할까?

A

철근콘크리트 보에 관통부(또는 개구부)는 일반적으로 두지 않는 것이 좋으나 관(conduits), 덕트(ducts), 파이프(pipes) 따위가 보, 거더 등을 관통해야 하는 경우 관통부가 필요하다. ACI 314R-16 그림 6.8.2.2에서는 다음과 같이 관통부에 대한 위치와 크기를 제시했다. 보나 거더를 수직으로 관통해야 하는 경우, 관의 직경은 보(또는 거더) 폭의 1/3보다 작아야 한다. 이때 구조전문가의 승인 없이 철근을 절단해서는 안 되고, 관통부 주위는 응력감소와 균열저감을 위해 보강철근을 배근해야 한다.

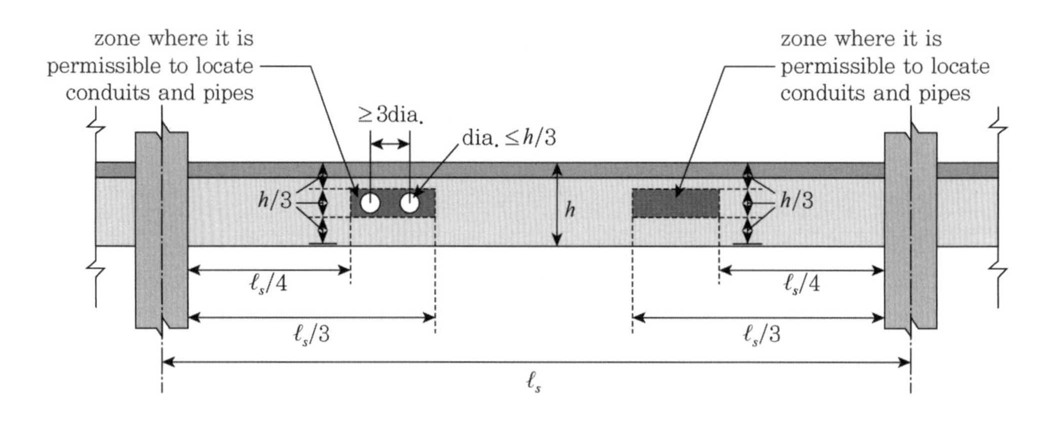

관통부(개구부)가 상기 제안보다 커지는 경우 개구부 지역은 교란영역이 되므로 스트럿-타이 모델(Strut-Tie Model)을 이용하여 해석하고 철근을 배근해야 한다.

ACI 314R-16이 출간되기 전까지 필자가 참고했던 자료는 Concrete Beams with Opening Analysis and Design(1999)이었다. 이 문헌의 1.2에서는 작은 개구부(small opening)란 Somes and Corley(1974)가 분류한 보의 복부 깊이의 0.25배 이하의 내용을 소개하고 있으나, 저자들은 2.1에서 작은 개구부 크기를 Beam 전체 깊이의 40%보다 작은 것으로 정의했다. 참고문헌 45에서는 개구부의 위치를 다음 그림과 같이 제시했다.

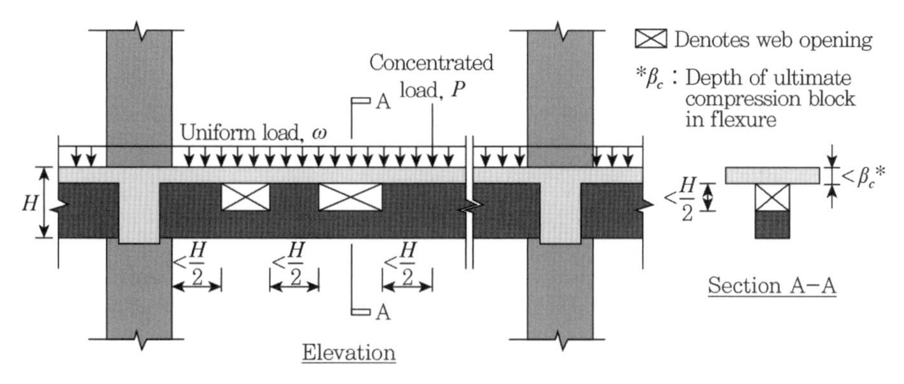

(출처 : 참고문헌 45)

철근콘크리트 배근상세(2009)의 제1편 부재 배근 2.8에서는 다음 그림과 같이 보를 관통하는 슬리브의 바람직한 위치를 제안했다.

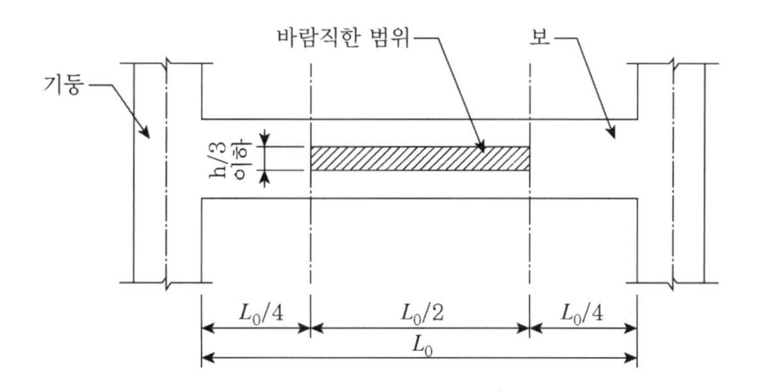

철근콘크리트 배근상세(2009) 제1편 부재 배근 2.8에서는 다음 그림과 같이 보를 관통하는 슬리브 주변 철근보강 상세를 제안했다. 다만 다음과 같은 전제조건이 있다.

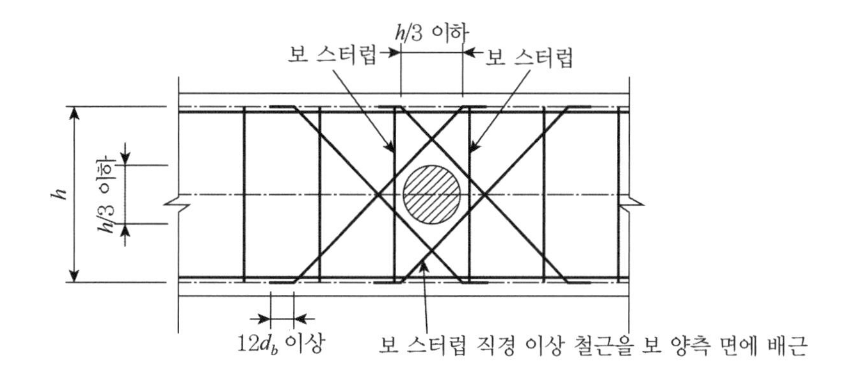

전제 조건 1) 보 관통슬리브 최대직경은 $h/3$ 이하, 2) 슬리브 중심 간격은 슬리브 직경 또는 폭의 3배 이상 격리, 3) 슬리브 최대 직경이 $h/10$ 이하인 경우 보강하지 않아도 된다. 4) 상기 조건은 책임구조기술자와 협의한 후에 적용 가능하다.

RQ 15

합리적인 피복두께 적용은 어떻게 해야 할까?

A

콘크리트 구조물에 최소 피복두께(cover thickness, 콘크리트 표면과 그에 가장 가까이 배치된 철근 표면 사이의 콘크리트 두께)를 규정한 이유는 3가지다. 첫 번째는 구조 내력을 발휘하기 위해서다. 철근과 콘크리트가 일체가 되어 구조적 성능을 발휘하려면 잘 부착되어야 하는데 두께가 얇으면 콘크리트에 균열이 생겨 부착파괴를 초래할 수 있다. 따라서 최소 피복두께를 확보해야 한다. 두 번째는 내화를 위해 필요하다. 철근은 고온이 될수록 강도와 항복점이 저하하므로 철근이 고온이 되는 것을 막아야 한다. 따라서 소정의 피복두께를 확보해야 한다. 마지막으로 내구성 증대를 위해 필요하다. 콘크리트의 중성화 또는 염해에 의해 철근이 부식할 수 있으므로 유해한 환경에 대응하는 적절한 피복두께 확보가 필요하다.

철근콘크리트의 피복두께 규정은 엔지니어들이 대부분 알고 있다. 이에 대해 더욱 확실하고 이해하기 쉽게 그림으로 표현한 ACI 314R-16, 표 5.4.1 내용을 소개한다.

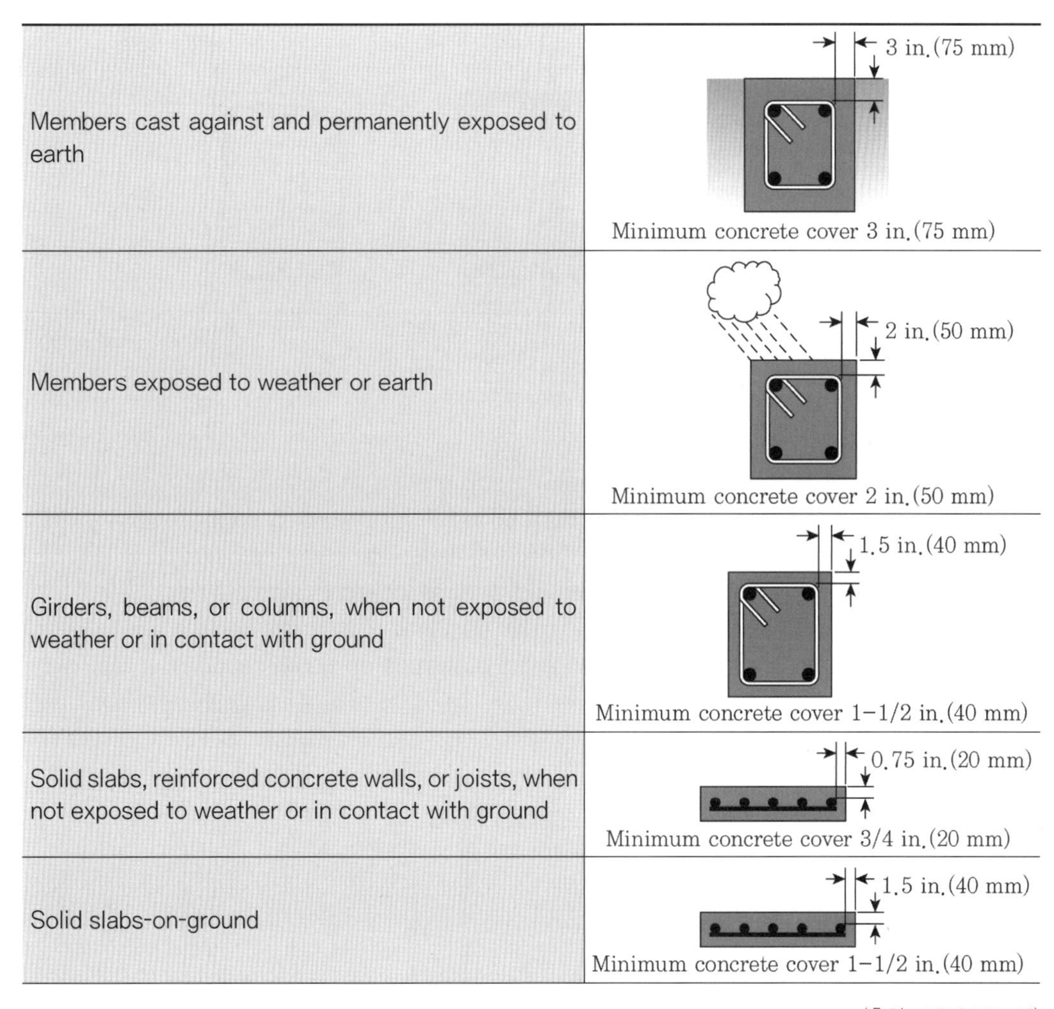

Members cast against and permanently exposed to earth	3 in.(75 mm) Minimum concrete cover 3 in.(75 mm)
Members exposed to weather or earth	2 in.(50 mm) Minimum concrete cover 2 in.(50 mm)
Girders, beams, or columns, when not exposed to weather or in contact with ground	1.5 in.(40 mm) Minimum concrete cover 1-1/2 in.(40 mm)
Solid slabs, reinforced concrete walls, or joists, when not exposed to weather or in contact with ground	0.75 in.(20 mm) Minimum concrete cover 3/4 in.(20 mm)
Solid slabs-on-ground	1.5 in.(40 mm) Minimum concrete cover 1-1/2 in.(40 mm)

(출처 : ACI 314R-16)

다음 그림들은 Concrete International(참고문헌 53 및 55)에서 소개한 피복과 관련한 내용이다. 당연한 것 같지만 간과할 수도 있는 것을 시각적으로 잘 보여주고 있다.

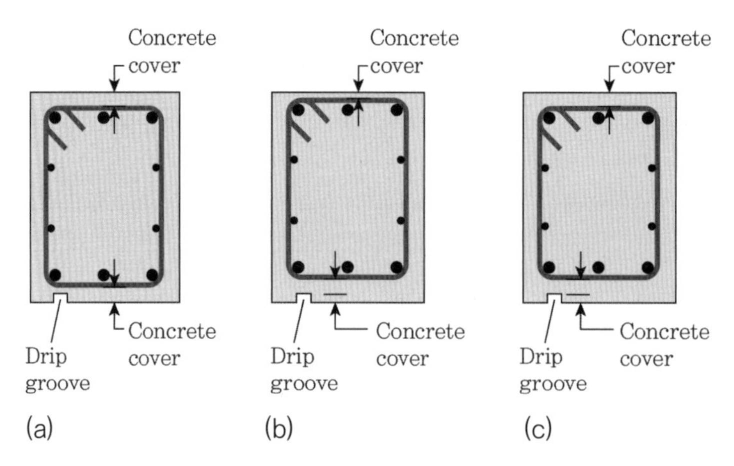

그림 3 Beam sections showing drip groove at bottom soffit : (a) inadequate cover at drip; (b) shifting reinforcing cage to maintain adequate cover at drip will cause top cover problems; and (c) to maintain adequate cover at all locations, stirrup sizes may need to be changed. The designer must consider the effects of shifting or changing the stirrups on beam capacity

(출처 : 참고문헌 53)

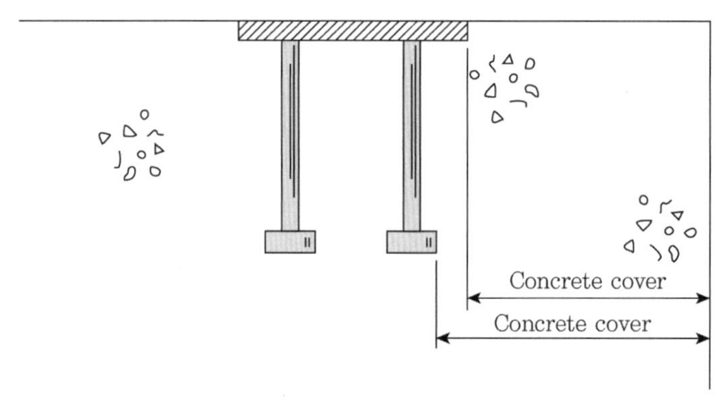

(출처 : 참고문헌 55)

ACI 318과 KCI-2012의 피복두께 규정은 다소 상이했다. KCI-2017에서는 종전 80 mm 피복규정을 ACI 318-19와 동일하게 75 mm로 변경했고, D29 이상 철근에 적용했던 60 mm 규정을 삭제했다. KCI-2017(5.4 항)의 규정은 일본 기준을 참조한 '수중에 타설하는 콘크리트 피복 100 mm'를 제외하고는 ACI 318-19(20.5.1.3 항)와 같다. 다만 ACI 318-19에서는 깊은 기초부재(deep foundation members)를 위한 피복두께를 표 20.5.1.3.4에 새롭게 추가했다.

표 20.5.1.3.4 Specified concrete cover for deep foundation members

Concrete exposure	Deep foundation member type	Reinforcement	Specified cover, in.
Cast against and permanently in contact with ground, not enclosed by steel pipe, tube permanent casing, or stable rock socket	Cast-in-place	All	3
Enclosed by steel pipe, tube, permanent casing, or stable rock socket	Cast-in-place	All	1.5
Permanently in contact with ground	Precast-nonprestressed	All	1.5
	Precast-prestressed		
Exposed to seawater	Precast-nonprestressed	All	2.5
	Precast-prestressed		2

KCI-2017 해설 5.4.1에 따르면 '흙에 접하여 콘크리트를 친 후 영구히 흙에 묻혀 있는 콘크리트'란 버림 콘크리트나 거푸집 없이 흙에 직접 타설되어 영구히 흙에 묻히는 경우라 설명했다. 그러나 ACI 318-19 R20.5.1.1항에서는 '흙에 접하거나 기상에 노출된 조건'이란 단지 온도변화만이 아닌 습기변화에 직접적으로 노출되는 상태를 말한다. ACI의 최소피복두께 75 mm(3 in)는 1920년 ACI에 처음으로 규정되었다. 이러한 규정은 부분적으로는 부식 문제이지만 주요한 이유는 시공성과 관계있다. MacGregor 교수는 굴착면의 작은 불규칙성과 흙에 의한 콘크리트 바닥면에 오염 등을 고려하여 75 mm 피복두께가 필요하다고 주장했다.

Concrete Q&A Epoxy-Coated Reinforcement and Cover Depth Against Ground(2018)에 소개한 피복에 대한 실제적인 관심사(issue)는 다음과 같다.

1) 굴착면은 요철을 가지므로 거푸집을 사용하는 것과 같이 매끈한 면이 만들어지지 않는다. 이러한 요철은 25~50 mm 정도로, 굴착면의 요철을 평균적으로 고려했을 때 75 mm 정도의 피복은 적당하다고 볼 수 있다. 콘크리트를 타설하기 전 일정기간 동안 굴착된 상태로 두게 되면 비나 사람들의 통행으로 굴착면이 훼손되거나 침식될 수 있고 굴착면은 더욱 울퉁불퉁해져서 피복두께에 영향을 미친다. 따라서 적절한 피복두께를 확보할 필요가 있다.

2) 타설되는 당시에 굴착면이 압밀되거나 느슨해지는 정도에 따라 어떤 흙은 측면이나 바닥콘크리트와 섞일 수도 있다. 이런 콘크리트는 적당한 위치에 타설되지 않을 수도 있고, 내구성이 저하될 수도 있다. 콘크리트와 접하여 오염을 방지할 수 있는 유효 피복두께는 실제로 38~50 mm 정도다. 75 mm 피복두께는 이러한 것을 허용할 수 있다.

3) 만일 굴착면이 비나 눈이 녹아 연약해진다면 고임재(bar support)는 콘크리트가 타설되는 동안 저면으로 가라앉을 수 있다. 이렇게 되면 75 mm 피복두께는 감소한다. MacGregor 교수의 주장과 같이 기초 굴착면 바닥은 철근배치를 위해 고른 바닥면 유지와 호우(rainstorm)가 지난 후에도 바닥면이 평탄하도록 버림 콘크리트(lean concrete seal coat, mud slab)를 사용하게 된다. 어떤 계약자들은 잡석으로 이러한 것을 방지하도록 요구하기도 한다. 참고로 이 기사에서는 에폭시 도막 철근이라도 피복두께를 감소시킬 수는 없고 기준에서 제시하는 두께를 유지해야 한다고 제언했다.

일본 콘크리트 표준시방서(평성 8년, 1996년) 9.2에서는 다음 표와 같이 기본 피복두께를 규정했다. 기본 피복두께에 콘크리트 설계기준강도에 따른 보정계수를 곱하여 피복두께를 결정한다.

$f_{ck} \leq 18$ MPa : 보정계수 1.2

18 MPa $< f_{ck} <$ 34 MPa : 보정계수 1.0

34 MPa $\leq f_{ck}$: 보정계수 0.8

(단위 : mm)

부재 / 환경조건	슬래브	보	기둥
일반 환경	25	30	35
부식성환경	40	50	60
특수한 부식성 환경	50	60	70

일본 콘크리트 표준시방서(1996) 9.2 (3)에서는 구조물의 중요 부재에 대해 콘크리트를 지중에 직접 타설하는 경우에는 75 mm 이상, 9.2 (4)에서는 수중에 시공하는 철근콘크리트의 경우는 100 mm 이상을 요구한다.

한편, 두꺼운 피복두께와 관련하여 참고할 만한 내용을 소개한다. 미국의 일부 엔지니어들은 ACI기준에서 제시한 75 mm 피복두께보다 크게 100 mm(4 inch) 혹은 120 mm(5 inch)를 추천하기도 한다고 말한다. 그러나 Adam Neville 교수는 이렇게 큰 피복두께는 수축균열(shrinkage crack)을 발생시키거나 하중에 의한 휨 균열(flexural crack)이 진전될 수 있으므로 잘못된 것이라는 견해를 피력했다. 이와 같이 큰 피복을 적용해야 할 때는 와이어 매쉬(wire mesh)를 사용하는 것이 균열 저감에 효과가 있을 것이다.

RQ 16

콘크리트 치핑은 얼마나 해야 할까?

A

ACI 116R-00에서는 철근콘크리트의 치핑(chipping)이란 정(chiseling)을 이용해 경화된 콘크리트 표면을 처리하는 것으로 정의했다. 콘크리트구조기준(KCI-2012, 2017) 7.7.3 접촉면의 처리 및 ACI 318-19 표 22.9.4.2에서 요철크기를 대략 6 mm 정도 되도록 거칠게 해야 한다는 내용을 치핑기준으로 사용하는 엔지니어들도 있다. 한편 API 686(1996) 그림 A-3과 A-4에서는 다음 그림과 같이 콘크리트 치핑을 최소 25 mm로 제시했다. 치핑 관련 그림은 A-3과 A-4가 동일하므로 A-3만 소개한다.

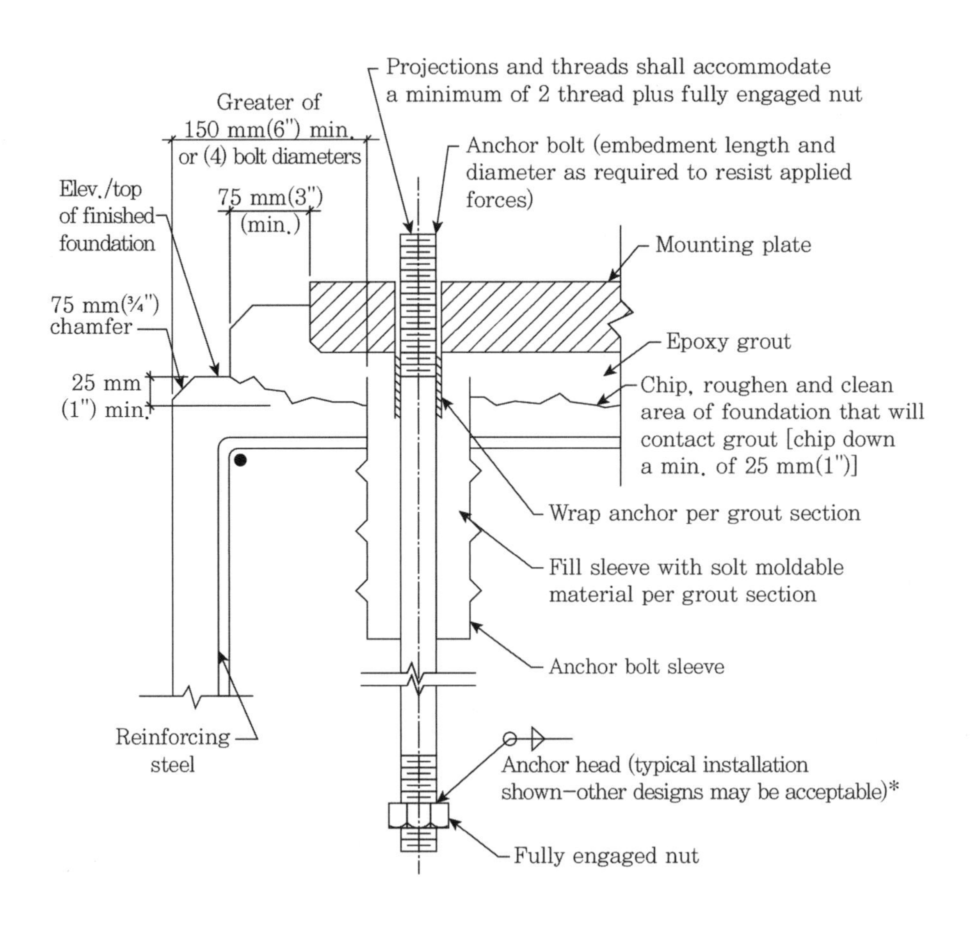

콘크리트의 최상단부는 레이턴스 등으로 인해 부착력이 감소하므로 이를 제거하여 그라우트와 콘크리트 사이의 부착력을 증가시키기 위해 치핑을 한다. 그러나 치핑하는 동안 콘크리트 구조물에 미소균열(micro cracks)이 발생하지 않도록 주의해야 한다.

한편, 콘크리트가 열화하여 철근이 노출되어 부식된 경우 또는 콘크리트의 부착력이 저하된 경우에는 철근 아래의 콘크리트를 제거해야 한다. ICRI 310.1R-08, 7.1에서는 철근 하부로 콘크리트 제거 깊이는 최소(minimum clearance) 19 mm 또는 보수재료(repair material)의 골재 크기(coarse aggregate)+6 mm 중 큰 값 이상을 요구한다.

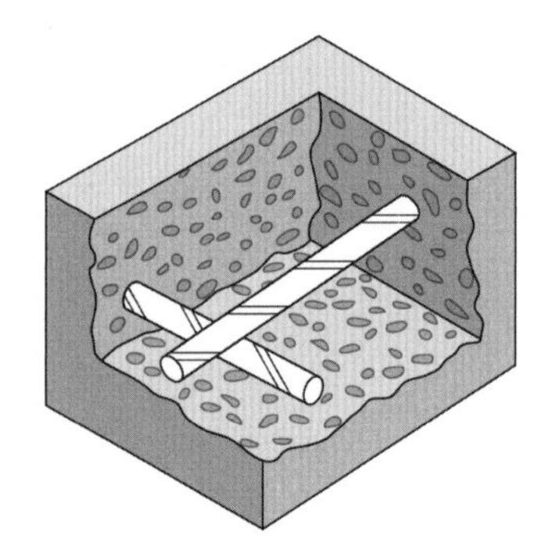
(출처 : ICRI 310.1R-08)

ACI 546R-14, 3.2.3.2에서는 해머 중량 67 N 정도의 치핑 해머를 사용하여 손상부위만을 최소한으로 제거할 것을 추천한다.

한편, GDOT(Georgia department of transportation) 교량구조 유지 보수 매뉴얼(참고문헌 163) 2장에서는 교량의 콘크리트 상판이 열화하여 부서진(spall) 경우는 철근 하부로 1.5 inch(38 mm)까지 콘크리트를 제거하고 보수하도록 권고한다(다음 그림 참조).

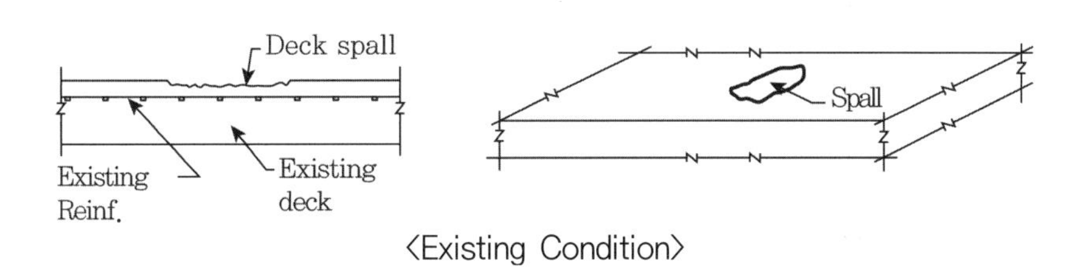

〈Existing Condition〉

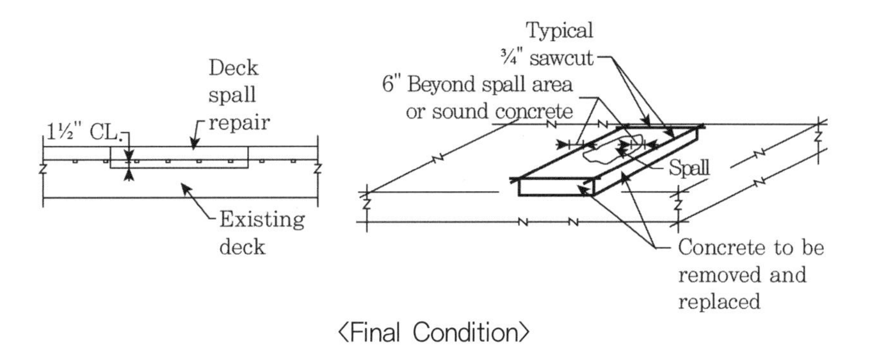

〈Final Condition〉

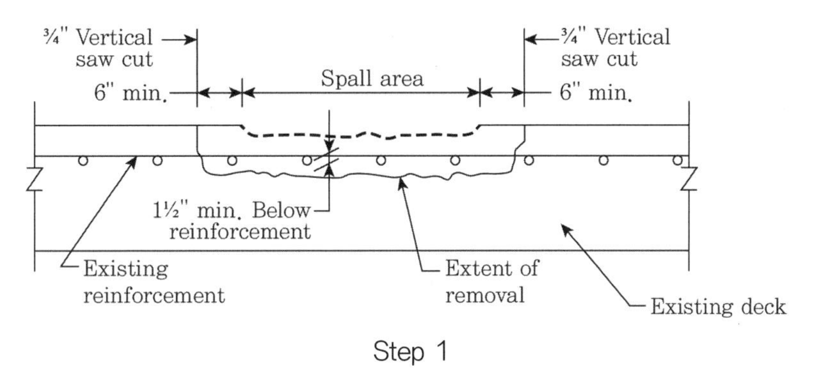

Step 1

1. Define limits of removal that will encompass the spall area plus a minimum of 6″ on all sides, increase area of removal as needed to ensure only sound concrete remains.
2. Saw-cut the deck $^3/_4$″ deep vertically along determined limits of removal. all saw-cuts shall be rectangle shape. Extend saw cut approximately 1″ beyond cut line intersection.
3. Using a 30 lb chipping hammer, remove all concrete within limits of removal down to a minimum depth of $1^1/_2$″ below top mat of reinforcing steel.
4. Clean any corroded reinforcing by sandblasting.
5. Use compressed to air remove dust and loose concrete debris.

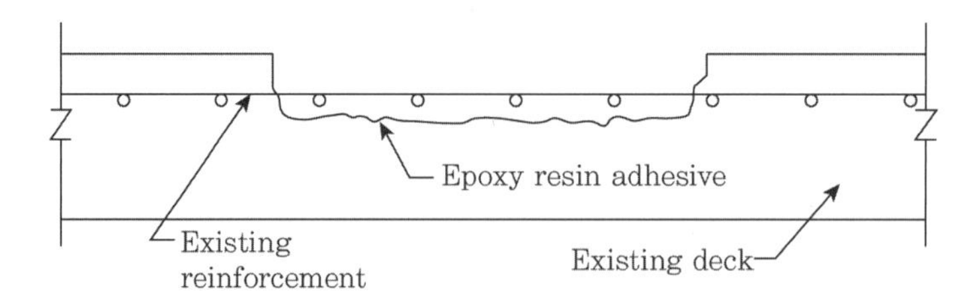

Step 2

1. For Use of Rapid Set Concrete Apply Type II Epoxy Resin Adhesive to Concrete Surface. For Use of Rapid Setting Patching Material Follow Manufacturers for requirements of Epoxy Resin.

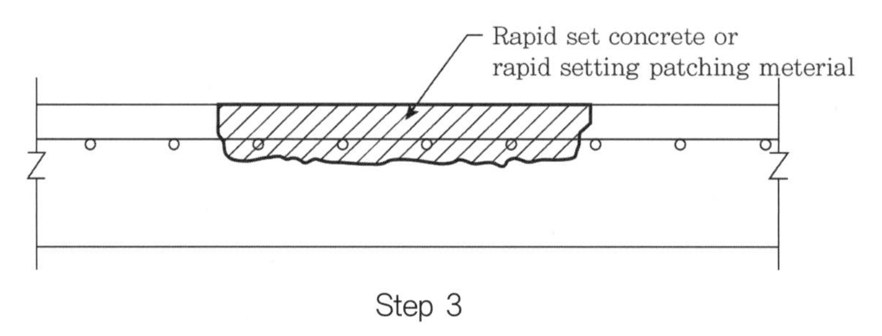

Step 3

1. For Rapid Set Concrete Fill Damaged Area While Epoxy is Still Tacky. For Rapid Set Material Follow Manufacturers Direction.
2. Finish Flush to Existing Deck, Broom finish Concrete Surface.
3. Allow to fully Cure Following Manufacturer's Recommendations.

RQ 17

콘크리트 구조물의 구조해석에서 무시할 수 있는 개구부 크기는 얼마일까?

A

Standard Method of Detailing Structural Concrete(2006) 6.2.2 Trimming Holes in a Slab (v)에 따르면 일반적으로 150 mm보다 작은 개구부(opening)의 경우 구조적으로 무시할 수 있다고 한다. 이 책에는 철근상세에 대한 내용을 담고 있는데, 매우 유익하다.

RQ 18

고임철근을 전단철근으로 사용할 수 있을까?

A

FEMA P-751(2012)의 5.1.4.2에서는 전단철근을 배근해야 한다면 다음 그림과 같은 형태의 고임철근(standee bar, 우마철근)을 전단철근 목적으로 사용할 수 있다는 의견을 피력했다. 따라서 가능하다고 본다.

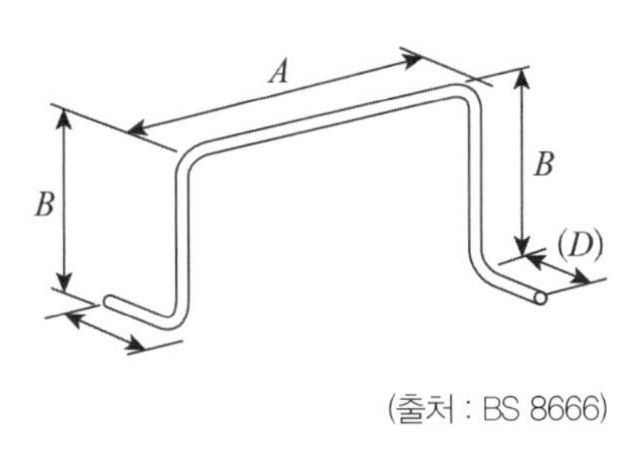

(출처 : BS 8666)

RQ 19

고임철근에 대한 규정은?

A

Standee는 Chair Bar라고도 하며 한글로는 고임철근, 현장에서는 우마철근으로 불리기도 한다. 고임철근은 일반적으로 설계도면에 표현하지 않는다. 그러나 두꺼운 Mat기초나 슬래브인 경우 현장에서는 반드시 필요한 철근이다. ACI-CRSI 315위원회가 Concrete International에 기고한 기사 Using Standee(2010)의 내용을 간추려 소개한다.

Standee로 사용되는 형태는 다음 그림과 같고 ACI Detailing Manua-2004의 그림 8 Bend Type 26을 가장 일반적으로 사용한다고 한다.

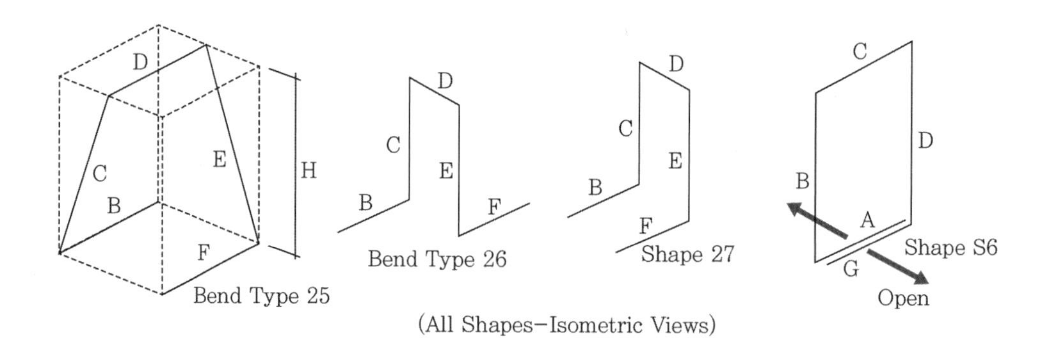

Standee의 직경은 경험치(rule-of-thumb)에 의거 지지가 필요한 철근보다 1단계 작은 직경의 철근을 Standee로 사용하며, Standee 전체 폭(width)과 Standee 마루부의 폭(flat dimension)은 다음과 같이 제시했다.

Bar Size	Finished bend diameter, D[2]	Flat dimension, F	Width, W[1]
No.3(No.10)	1.5 in.(40 mm)	2 in.	4 in.(100 mm)
No.4(No.13)	2 in.(50 mm)	2 in.	5 in.(125 mm)
No.5(No.16)	2.5 in.(65 mm)	2 in.	6 in.(150 mm)
No.6(No.19)	4.5 in.(115 mm)	2 in.	8 in.(200 mm)
No.7(No.22)	5.25 in.(135 mm)	3 in.(75 mm)	10 in.(250 mm)
No.8(No.25)	6 in.(155 mm)	4 in.	12 in.(305 mm)
No.9(No.29)	9.5 in.(240 mm)	4 in.	16 in.(410 mm)
No.10(No.32)	10.75 in.(275 mm)	4 in.	18 in.(460 mm)
No.11(No.36)	12 in.(300 mm)	6 in.	21 in.(530 mm)

1 : Based approximately on the following formula: $W = 2d_b + D + F$
2 : Finished bend diameters based on minimum diameters for ties, plus spring back

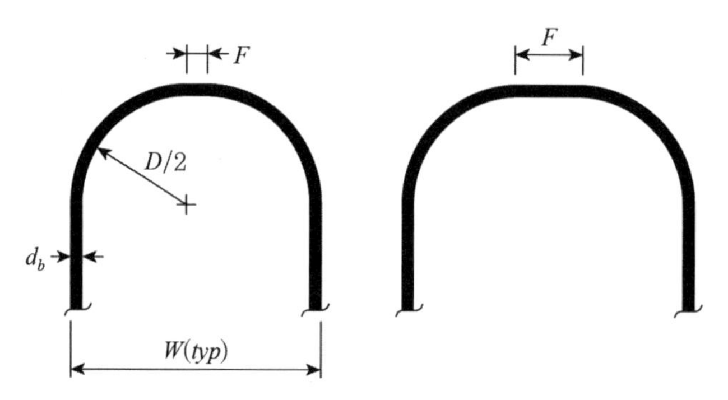

(a) Flat length F too narrow (b) Sufficiently wide flat length F

Standee 높이가 0.9 m를 넘는 경우 각 방향에 중간높이 정도에 수평철근(horizontal tie-bars)이 필요하며, 더 큰 직경의 철근이 필요할 수도 있지만, 통상적으로 D16 정도를 사용한다고 한다. 다음 그림은 이들의 관계를 보여준다.

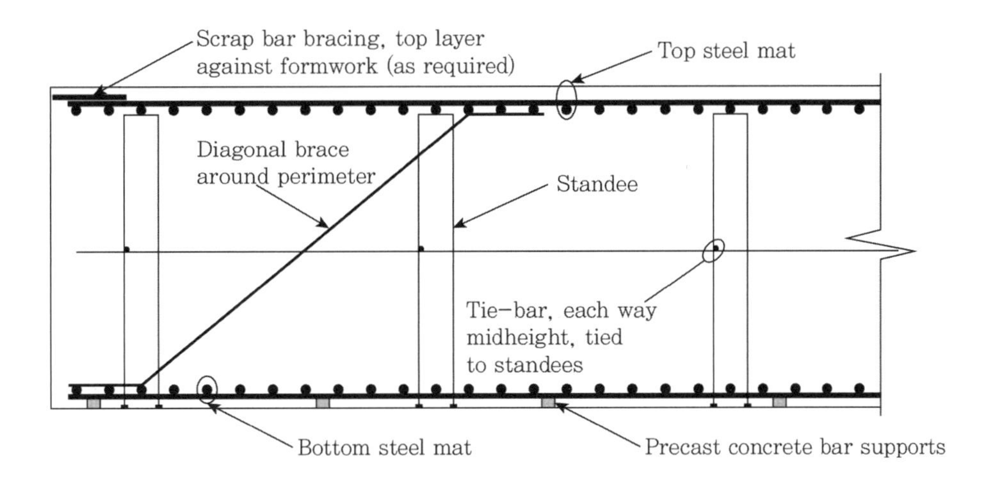

ACI Detailing Manual-2004의 Chapter 3, Bar Supports 편의 9.Beams and Girders에는 Chair Bar에 대해 3 ft(914 mm)~4 ft(1,219 mm) 정도의 간격을 추천했다. CRSI Manual of Standard Practice(2003) 3.7.1에도 Support Bar의 평균적인 간격은 각 방향으로 최대 4 ft(1,200 mm)를 넘지 않도록 권고했다.

철근 고임재와 간격재의 종류, 수량, 배치와 관련된 국내 문헌은 콘크리트표준시방서(2016) 표 3.1(다음 표 참조)에 있고 고속도로공사 전문시방서(2012)에는 6-5 철근공 3.2.2에 있는데 내용은 같다.

건축공사표준시방서(2015)도 다음 표와 유사하나 다른 점은 고임재 종류에 플라스틱이 포함되어 있고, '슬래브'에서는 간격을 상하부 철근 각각 가로 세로 1.3 m로 규정한 것이다.

부위	종류	수량 또는 배치간격
기초	강재, 콘크리트	8개/4 m^2 20개/16 m^2
지중보	강재, 콘크리트	간격은 1.5 m 단부는 1.5 m 이내
벽 지하외벽	강재, 콘크리트	상단보 밑에서 0.5 m 중단은 상단에서 1.5 m 이내 횡간격은 1.5 m 단부는 1.5 m 이내
기둥	강재, 콘크리트	상단은 보밑 0.5 m 이내 중단은 주각과 상단의 중간 기둥 폭 방향은 1 m 미만 2개, 1 m 이상은 3개
보	강재, 콘크리트	간격은 1.5 m 단부는 1.5 m 이내
슬래브	강재, 콘크리트	간격은 상하부 철근 각각 가로 세로 1 m

(주) 수량 및 배치간격은 5~6층 이내의 철근콘크리트 구조물을 대상으로 한 것으로서, 구조물의 종류, 크기, 형태 등에 따라 달라질 수 있음

한 가지 주의할 점은 ACI Detailing Manual-2004의 2.11.2.3 내용과 같이 에폭시도막 철근을 사용하는 경우 부식방지를 위해 지지물들(고임재, 간격재, 결속선 따위)은 콘크리트, 나일론, 에폭시 또는 플라스틱으로 도장한 것을 사용해야 한다는 것이다.

RQ 20

지진하중과 풍하중을 콘크리트 균열검토에 포함해야 할까?

A

ACI Structural Journal(1999)에 의하면, 1971년 이후로 ACI기준에서는 z-Factor 방법($z = f_s \sqrt[3]{d_c A}$)을 사용하여 콘크리트의 휨 균열을 제어하도록 규정했다고 한다. z-Factor 방법은 경험적인 균열 폭에 대한 데이터들을 통계적으로 평가하여 개발되었던 Gergely-Lutz 균열 폭 식($w = 0.076\beta f_s \sqrt[3]{d_c A} \times 10^{-3}$, $w = 1.08\beta f_s \sqrt[3]{d_c A} \times 10^{-5}$ mm)을 수정한 것이다. 이 식을 개발하기 위해 참고했던 1960년대의 실험자들의 논문을 구하지 못해 확인하지는

못했지만, 당시의 시험실의 여건과 장비 및 기술수준 등을 고려했을 때 고정하중과 활하중 정도만을 대상으로 얻은 값이라 추정된다. ACI SP-20에 따르면 실험체는 175개(바닥균열 : 106개, 측면균열 : 69개)에 대한 것(바닥균열시편 관측수 632개, 측면균열 관측수 355개)을 분석하여 얻은 균열검토식이라고 한다. 또한 시편들의 콘크리트 피복두께는 최대 1.5~3.31 inch(38.1~84.1 mm)를 대상으로 한 것이었다. 따라서 콘크리트 피복두께가 2.5 inch(75 mm)를 넘는 구조물에 대해서는 Gergely-Lutz 균열 폭 검토식은 잘 맞지 않는다. 캐나다 기준 CSA-A23.3-04의 10.6.1에도 $z = f_s \sqrt[3]{d_c A}$ 식을 사용하여 균열 폭을 검토한다. 그러나 피복두께를 50 mm 이상 크게 취할 필요가 없다는 단서를 달고 있다. 캐나다 기준은 ACI 318과 대동소이하지만 이 문제를 현명하게 해결했다고 생각된다.

2020년 현재는 Gergely-Lutz 식을 이용하여 균열 폭을 검토하지 않는다. 다음 그림은 민창식 논문(참고문헌 40)에 소개된 Frosch's Design Curve다.

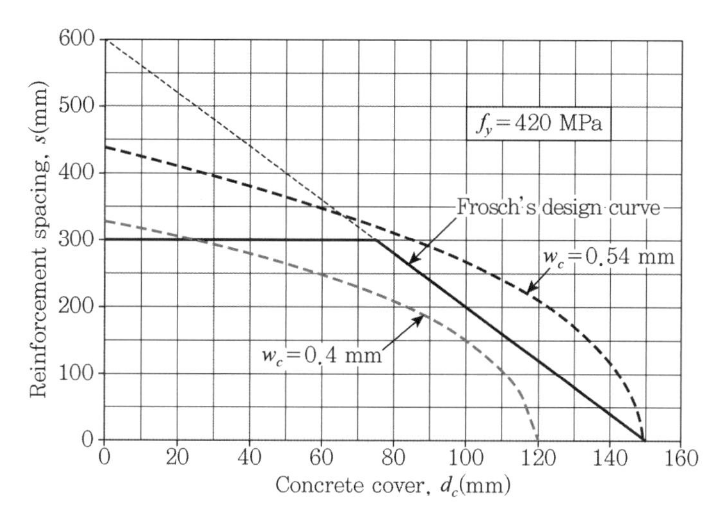

(출처 : 참고문헌 40)

다음 그림은 Robert J. Frosch 교수가 ACI SP-204(2001)에 Flexural Crack Control in Reinforced Concrete라는 주제로 작성한 기사에서 발췌한 것이다. 이것은 Grade 60(fs=0.6Fy=36 ksi, Es=29,000 ksi) 철근에 대해 ACI 318-99와 Frosch 교수가 제안한 식을 비교한 그래프다. 여기서 균열 폭(w_c) 0.016 inch(0.4 mm)는 ACI 318-99에서 내부 노출(interior exposure) 조건에서의 균열 폭이며, 0.021 inch(0.5 mm)는 0.016 inch의 1/3을 증가시켜 그린 것이다.

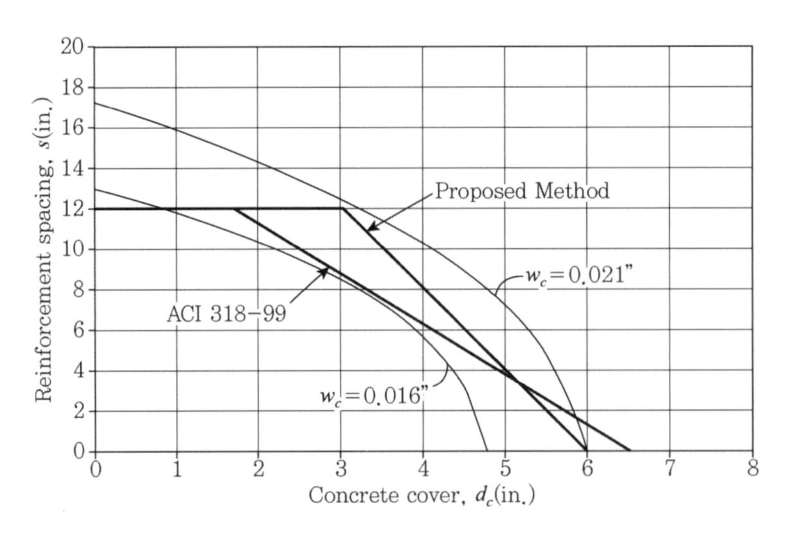

(출처 : ACI SP-204)

ACI 318-99와 2007년 콘크리트구조설계기준부터는 철근간격으로 균열 폭을 간접적으로 검토하고 있다. 그러나 이 방식은 극심한 환경(very aggressive exposure) 또는 수밀성 구조물에는 적합하지 않다. 사용성 검토(균열, 처짐, 횡변위, 진동 따위)는 Service Load를 사용한다. Wright & MacGregor 교수의 저서(2012) 9-1장 Introduction에서는 Service Load와 Working Loads라는 것은 구조물을 매일 사용하며 만나는 하중을 칭한다고 설명한다. 물론 Service Load는 하중계수 없이 사용해야 한다. ACI 318-14, R2.3 Loads에서도 고정하중과 활하중을 Service Loads라고 한다. ACI 318-14의 2.2 H하중에 대한 정의에서도 Service Loads 효과에 대해 언급하는데 토압이나 지하수압, 입자형 재료의 횡압력이 해당하는데 이들 하중도 항상 작용하는 하중이라는 것을 알 수 있다. 특히 ASCE 7-10의 풍속은 한계상태 강도설계(limit state strength design) 수준으로 재현주기 700년, 1700년을 기준으로 한다. 지진하중은 ASCE 7-98부터 강도하중이므로 ASCE 7-10 본문에 따라 계산한 하중으로 사용성을 검토하면 안 된다. KCI-2012 부록 Ⅲ.1.1에서도 수밀성이 요구되는 경우 부록 Ⅲ을 따라 검토해야 하며, Ⅲ.3.1 (1)에 균열검증 대상하중은 영구하중이다. 그럼 의문이 남는다. 철근간격으로 검토하는 경우(KCI-2012 식 6.3.3 & 6.3.4)는 영구하중이 아닌 하중을 대상으로 하고, 균열을 검증하는 경우는 영구하중으로 해야 할까? 아니다. 그러므로 **균열검토는 물론 처짐, 진동 따위에 대해 검토할 경우, 풍하중과 지진하중은 고려 대상하중이 아닌 것으로 볼 수 있다.** ASCE 7-95부터 사용성(serviceability)

과 관련된 내용을 추가했다. ASCE 7-95 Commentary B.1.2에서는 사용성을 검토할 때 계수 풍하중(factored wind load)을 적용하면 지나치게 보수적이 된다고 설명한다. 또한 처음으로 단기효과(short-term effects)를 검토하기 위한 20년 재현주기의 하중조합(D+0.5L+0.7W)을 제시했고, 이 식은 ASCE 7-05까지 동일하게 유지하였다.

만일 벽체구조물을 설계하면서 대체 설계법을 사용하거나 설계자가 풍하중이나 지진하중을 고려하고 싶다면 다음을 참조하면 된다.

ACI 318-08의 R14.8.4(KCI-2012 11.4.3 세장한 벽체의 대체 설계법 해설 (4)도 같다.에서는 벽체의 횡방향 처짐량을 계산할 때에 D+0.5L+0.7W와 D+0.5L+0.7E을 사용하도록 규정했다. 이것은 ACI 318-11에서 D+0.5L+Wa(사용성 수준의 풍속을 기반으로 한 풍하중)와 D+0.5L+0.7E로 개정했고 ACI 318-19, 11.8.4.1에서도 동일한 식을 유지하고 있다.

부연하여 ASCE 7-16의 내용을 소개하면 다음과 같다.

ASCE 7-16 Appendix CC.2.1 수직처짐(vertical deflections)에서는 D(고정하중)+L(활하중) 또는 D+0.5S(적설하중) 또는 D+0.5L에 대한 하중을 조합하여 검토하도록 제안했다. CC.2.2 횡변위(drift)에 대해서는 단기조건 효과를 반영한 하중조합으로 D+0.5L+Wa 식을 제시했다. 여기서 Wa는 사용성 조건에 기반을 둔 풍속으로 재현주기 10년, 25년, 50년, 100년에 대해서 그림 CC.1~CC.4를 제시했다. 일반적인 빌딩에 대해서는 재현주기 10년 정도의 풍속이 적당하다고 보는 기술자들이 있으며, 횡변위에 대해 민감한 구조물에 대해서는 발주처가 요구하거나 기술자의 판단에 따라 50년 또는 100년 풍속으로 횡변위를 검토할 수 있다고 설명한다.

만일 ASCE 7-16의 하중조합을 사용하려면 국내 기준의 설계풍속을 사용성 수준의 풍속으로 변경하여 풍하중을 계산해야 한다. 지진하중은 미국에서도 UBC 97 이후의 기준들에서는 강도수준의 지진하중을 사용하고 있고 국내도 동일한 개념을 적용하고 있으므로 허용응력 수준의 지진하중으로 변경하려면 지진하중(E)을 1.4로 나누면 된다. 따라서 상기 식에서 E/1.4=0.7E가 되는 것이다.

RQ 21

옹벽 구조물에 대한 허용변위량은 얼마일까?

A

ASCE 7-16의 5.3.5.8과 FEMA 450-2의 7.5.1에 따르면, ASCE 7-16의 내진설계범주 D~F에 해당하는 경우에 옹벽구조물은 벽체 최상단부에서 벽 높이(wall height)의 0.002배의 횡변위(lateral displacement)를 최소 주동토압상태(minimum active pressure state)로 보기에 적당하다고 한다. FEMA 450-2에는 옹벽의 지진해석은 벽체가 최소 주동토압상태에 도달할 만큼의 충분한 변위가 생긴 항복상태(yielding)와 변위가 없는 비항복상태(non-yielding)로 분류되고, 최소 주동토압이 발생하기 위한 변위는 매우 작다고 한다. ASCE Guidelines for Seismic Evaluation & Design of Petrochemical Facilities(2011)에서는 일반적으로 자립식(free-standing) 또는 켄틸레버 형태의 벽체(cantilever retaining walls)는 항복상태로 고려한다고 설명하는데 토질역학에서 다루는 주동토압과 수동토압의 개념과 같다. 토압은 정적인 것과 지진에 의해 증가하는 동적인 효과를 ASCE 7-16의 2장 H에 포함하여 고려해야 할 것이다. 옹벽은 건물 외 구조물로 분류하므로 ASCE 7-16 표 15.4-2의 반응(응답)수정계수(R)는 1.25(all other self-supporting structures)를 사용해야 한다. 한편 도시철도 내진설계기준(2018)에서는 R=3이고, KDS 11 50 25(18) 기초 내진설계기준 및 구조물기초설계기준(2016)에서는 R에 대한 언급이 없다. ASCE 7 따위를 참조하여 국내 기준의 개정이 필요할 것으로 생각한다.

RQ 22

원형철근의 인장 상태에서 허용부착응력은?

A

구조물을 설계할 때 원형철근의 부착력을 알아야 할 필요가 있을 때가 있다. 콘크리트표준시방서(1985) 14.9에서는 인장 원형철근의 허용부착응력을 다음과 같이 규정했다. 부착응력은 철근직경과 콘크리트의 압축강도에 영향을 받지만, 철근의 직경과 무관하게 정했다고 한다.

1) 이형철근

상부철근 : $f_{ba} = 0.45\sqrt{f_{ck}}$, 단위 : kgf/cm^2

$f_{ba} = 0.14\sqrt{f_{ck}}$, 단위 : MPa(N/mm^2)

그 외 철근 : $f_{ba} = 0.64\sqrt{f_{ck}}$, 단위 : kgf/cm^2

$f_{ba} = 0.2\sqrt{f_{ck}}$, 단위 : MPa(N/mm^2)

2) 원형철근

이형철근 값의 1/2 또는 8.8 kg/cm^2(0.88 MPa) 중에서 적은 값

항만 및 어항설계기준(2005)의 제3편 재료, 3장의 표참(3-3)에는 허용부착응력에 대해 다음과 같이 제시했다. 이것은 일본 콘크리트표준시방서(평성 8년, 1996년) 표 13.3.3에 있는 것과 일치한다.

		콘크리트 설계기준강도(MPa)			
		18	24	30	40
허용부착응력	원형철근	0.7	0.8	0.9	1.0
	이형철근	1.4	1.6	1.8	2.0

ACI 318-63의 13장 1301에서는 다음과 같이 인장일 때 부착응력(bond stress, 허용응력설계법)을 제시했다. MKS로 환산은 ACI 318-63 부록에 제시된 것을 발췌했고, SI 단위는 ACI 408R-03의 부록을 참조하여 필자가 환산하였다.

1) 이형철근

상부철근(top bars) : $u = \dfrac{3.4\sqrt{f_{ck}}}{D}$ nor 350 psi, D : 철근직경(inch)

$u = \dfrac{2.29\sqrt{f_{ck}}}{D}$ nor 24.6 kgf/cm^2, D : 철근직경(cm)

$u = \dfrac{7.1\sqrt{f_{ck}}}{D}$ nor 2.41 N/mm^2, D : 철근직경(mm)

그 외 철근: $u = \dfrac{4.8\sqrt{f_{ck}}}{D}$ nor 500 psi, D: 철근직경(inch)

$u = \dfrac{3.23\sqrt{f_{ck}}}{D}$ nor 35.2 kgf/cm², D: 철근직경(cm)

$u = \dfrac{10\sqrt{f_{ck}}}{D}$ nor 3.45 N/mm², D: 철근직경(mm)

2) 원형철근

이형철근 값의 1/2, 단 160 psi(11.2 kgf/cm² 또는 1.1 MPa)을 넘을 수 없다.

ACI 318-63의 18장 1801에서는 다음과 같이 인장일 때 극한부착응력(ultimate bond stress)을 제시했다.

1) 이형철근

상부철근(top bars) : $u = \dfrac{6.7\sqrt{f_{ck}}}{D}$ nor 560 psi, D : 철근직경(inch)

$u = \dfrac{4.51\sqrt{f_{ck}}}{D}$ nor 39.4 kgf/cm², D : 철근직경(cm)

$u = \dfrac{14\sqrt{f_{ck}}}{D}$ nor 3.86 N/mm², D : 철근직경(mm)

그 외 철근: $u = \dfrac{9.5\sqrt{f_{ck}}}{D}$ nor 800 psi, D : 철근직경(inch)

$u = \dfrac{6.39\sqrt{f_{ck}}}{D}$ nor 56.2 kgf/cm², D : 철근직경(cm)

$u = \dfrac{20\sqrt{f_{ck}}}{D}$ nor 5.52 N/mm², D : 철근직경(mm)

2) 원형철근

이형철근 값의 1/2, 단 250 psi(17.6 kgf/cm² 또는 1.72 MPa)을 넘을 수 없다.

필요에 따라 허용응력 설계법을 사용할 때에는 고정하중(D), 활하중(L)에 대해 하중계수를 곱하지 않은 상태에서 조합을 통해서 얻은 최대하중으로 검토해야 한다. 풍하중(W)이나 지진하중(E)을 고정하중이나 활하중과 함께 조합하는 경우는 상기 허용응력에 대해 1.33배 (또는 1.5배) 증가시켜 검토할 수도 있다. 단기조건(예, 풍하중, 지진하중 포함 조건)에서의 허용응력증가는 KDS 41 10 15(19) 1.5.2와 KBC 2016 0301.5.2에서는 불허한다. 또한 ASCE 7-16의 2.4.1에서도 하중의 기간 또는 하중비에 의해 발생하는 구조적 거동에 의해 하중증가가 타당하다는 것을 보이지 못한다면, ASCE 7의 하중조합이나 하중에 대한 허용응력증가는 불가하다. IBC-2018을 사용하는 경우라면 Alternative Basic Load Combinations을 제외하고 허용응력증가는 불가하다.

RQ 23

조강시멘트는 구조물에 적용 가능할까?

A

PCA Design and Control of Concrete Mixtures(2011)의 3장 Rapid Hardening Cements에 따르면 긴급 도로포장(fast-track paving)이나 대략 4시간 만에 강도발현이 필요한 곳에 조강시멘트를 사용한다고 한다. 3장 Heat of Hydrations에서는 조강시멘트의 경우 다른 시멘트에 비해 수화열이 높다고 설명한다. 15장 Curing Period and Temperature에는 조강시멘트는 추운 날씨에 사용할 수 있고, 양생기간을 단축할 수 있지만, 최소 10℃ 이상을 유지해야 한다는 단서가 있다. 국내에서 구조물 공사에 사용한 실적은 거의 없는 것 같다. 또한 2018년 강릉 지역에서 공사하는 경우를 기준했을 때 1종시멘트 대비 조강시멘트가 다소 비싼 것으로 조사되었다. 그러나 한중공사의 공기단축을 위한 조강시멘트의 적용성(건설기술 쌍용) 기사에 의하면, 한중공사에서는 조강시멘트가 1종시멘트에 비해 유리할 수 있는 것으로 검토되었다.

RQ 24

철근콘크리트 기초 구조물에 압축철근을 배근해야 하는 이유와 근거는?

A

압축철근은 지속하중에 대한 처짐 감소, 연성의 증가, 파괴 모드를 압축파괴에서 인장파괴로 전환, 철근의 배치가 용이하게 되므로 배근하는 것이 좋다.[39] 도로교 설계기준(2010) 5.4.5.5 휨 철근의 배근 (4)에 따르면 "구조 계산된 단면의 압축부 철근은 주철근의 1/3 이상을 배근해야 한다"고 규정했다. 이러한 이유에 대해서 일본 도로교시방서·동해설편 Ⅳ 하부구조편(평성 8년, 1996년) 6.5.5 4)의 해설에 따르면 "설계에서 고려하지 못한 상재하중 따위가 작용하는 경우 취성적으로 파괴되지 않도록 기초하면 주철근의 1/3 이상을 기초 상면에 배근하도록 한다"고 부언했다. ACI 318-19, 18.13.2 Footings, foundation mats, and pile caps 편 18.13.2.5에서는 지진의 효과로 인해 특별한 구조 벽체 또는 기둥(special structural walls or columns)의 경계요소(boundary elements)에 인장력(uplift force 또는 양압력)이 발생하는 곳에는 계수조합하중(the factored load combinations)에 저항할 수 있도록 휨 철근을 기초(footing), 매트(mat) 또는 말뚝 캡(pile cap)의 상면에 배근해야 한다고 설명한다. 이때 최소한 ACI 318-19, 7.6.1(non-prestressed slab에 배근해야 하는 최소 휨 철근으로 온도수축철근을 위해 사용하는 것과 동일한 철근) 또는 9.6.1(non-prestressed beam에 배근해야 하는 최소 휨 철근)에서 요구하는 철근량 이상이어야 한다(KCI-2017, 21.10.2 (4) 참조). ACI 318-19, 18.13.2.5편의 목적은 요구되는 다른 철근에 더하여 상부철근이 필요하다는 것을 강조하는 것이다. ACI 318-11의 15.10.4 편(복합기초와 매트)에서도 프리스트레스 되지 않은 매트기초에 최소철근은 각 주방향(each principal direction)에 7.12.2(건조수축과 온도수축에 의한 균열방지 철근규정)의 요구조건을 만족해야 하며, 철근의 최대 간격은 450 mm 이하여야 한다는 내용이 있다. 이에 대한 해설 R15.10.4에는 최소철근은 단면의 하부 또는 상부 근처에 배근하거나 연속된 철근의 전체 면적이 7.12.2의 규정에 적합하다면 단면의 양면 사이 특별한 조건에 대해서 적당하다고 판단되는 위치에 배치할 수 있다(KCI-2017 12.5.2 (4) 참조). 이 규정은 ACI 318-08부터 새롭게 추가된 내용으로 기초의 상면에, 철근 배근의 필요성을 언급하는 것이다. CSA A23.3-04의 21.11.2.5 편(지진규정)에 따르면 지진효과(earthquake effects)로 기둥 또는 휨 벽체의 집중된 철근(concentrated reinforcement of flexural walls) 또는 기둥에 인장력(uplift force 또는 양압력)이 발생되는 곳에서는 휨 철근(flexural reinforcement)을 기초, 매트, 또는 파일 캡(pile cap)의 상면에 배근해야 한다. 이러한 철근은 각 방향으로 전체 단면적에 0.001배보다 작아서는 안 되며, 벽(wall) 또는 기둥 인장철근(column tension reinforcement)의 공칭저항(nominal resistance)을 사용해서 계산된 요구계수능력(factored capacity)의 120%보다 작아도 안 된다고 한다. New York State의 Thruway Structures Design Manual 3rd의 Chapter 5. Reinforcement에 5.10.1 Footings-Abutments and Piers 편에서는 개별 피어기초(pier footings)를 위한 상부 최소철근(the minimum top reinforcement)은 바닥철근(bottom reinforcement)의 50% 이상이어야 하며, 각 방향으로 D19 철근을 300 mm보다 작은 간격으로 배근해야 한다고 설명한다. 연속적인 피어기초(continuous pier footings)의 최소 상부철근은 각 방향으로 D19 철근을 300 mm 간격으로 배근할 것을 추천했다. 미국의 설계회사 SARGENT & LUNDY의 Structural Standard Document에 따르면 Spread Footing의 Reinforcement에 대해서 다음과 같이 제시했다.

The minimum reinforcement for spread footings shall be :

- 0.0018Ag top east-west
- 0.0018Ag top north-south
- 0.0018Ag bottom east-west
- 0.0018Ag bottom north-south

매트기초(mat foundation)에 대해서도 위와 같다.

콘크리트 구조물에서의 연성은 구조물 거동에 중요한 영향을 미친다. 이것은 취성파괴의 방지, 모멘트 재분배에 기여하고, 지진에 대한 에너지 흡수와 발산 따위로 설명할 수 있다. 콘크리트 구조물에 연성을 확보하는 방법은 여러 가지가 있을 수 있다. 기준에 적합하게 부재에 부착과 정착이 충분히 발휘되도록 올바른 철근상세를 해야 한다. 부재의 연성거동은 임박한 파괴에 대한 충분한 경고를 줄 수 있어서, 최종 붕괴 전에 대피할 수 있는 기회가 생긴다. 콘크리트 부재의 연성은 붕괴로 인한 재해를 감소시킬 수 있기에 매우 중요하다.

RQ 25

신축이음에 다우얼 바를 사용해야 하는 경우는?

A

일반적으로 신축이음(expansion joint, E.J)은 온도에 의한 체적팽창으로 발생하는 부재력을 제어하거나, 구조물의 사용성(serviceability) 목적이나 구조적 일체성(structural integrity)을 유지할 필요가 없는 경우(즉 하중이 전달되지 않도록 하는 경우)에 사용한다. 교량에서 조인트는 두 가지 이유로 사용한다. 주요한 이유는 온도에 의한 팽창과 수축에 의한 움직임(movement)을 수용하기 위함이다. 두 번째 이유는 시공목적(construction purposes)을 위해서다.[68] 콘크리트 Slab-on-Ground(또는 slab-on-grade)의 조인트는 미세한 움직임을 허용하고, 슬래브에 균열을 방지하기 위해 사용한다. 슬래브의 움직임은 콘크리트의 건조수축(shrinkage), 온도변화, 작용된 하중에 의한 인장 또는 휨 응력, 슬래브의 침하(settlement) 따위로 발생한다. Slab-on-Ground의 신축이음은 슬래브와 기둥 또는 벽체, 기초 따위의 수평과 수직 움직임(horizontal & vertical movement)을 허용하기 위해서다. 이때는 Isolation Joint와 같은 의미다.

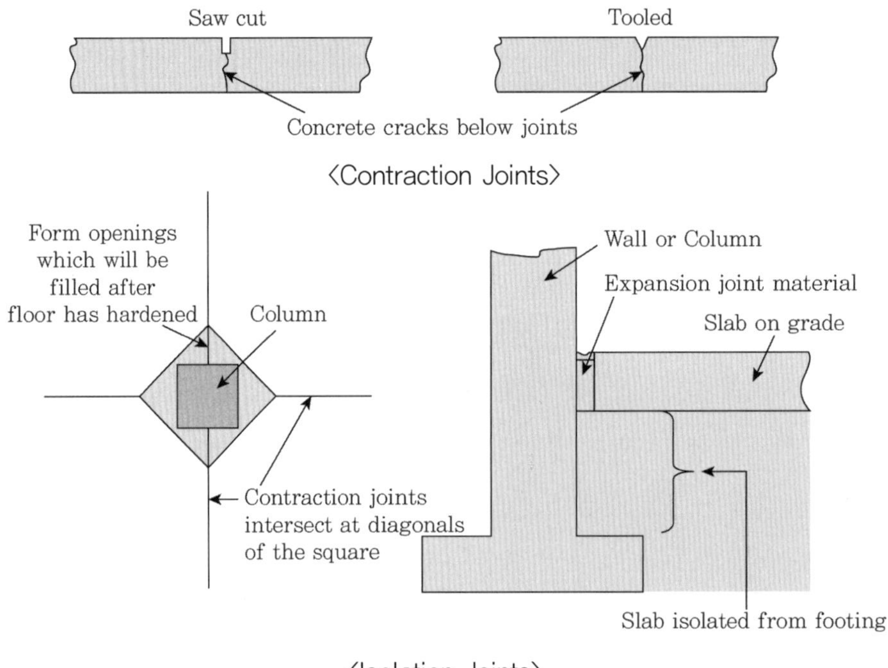

〈Isolation Joints〉

〈Construction Joints〉

(출처 : CIP-6)

ACI 224.3R-13 3.Buildings 편 3.4절에서는 조인트 폭은 25~100 mm로 다양하게 사용하며, 50 mm가 일반적이라 한다. 신축이음 간격은 30 m 이하로 추천했다. 4.Bridge 편 4.3절에 따르면 1970년대 중반까지의 신축이음 폭은 50~100 mm 정도가 일반적이었다고 한다. 그러나 최근 장대교량에서는 더 큰 조인트가 필요할 때도 있어서 수평방향 움직임(horizontal movement)을 고려해서 결정해야 한다고 부언했다. 6.3절에서는 포장구조(pavement)의 조인트 폭은 3/4 inch(20 mm)가 많고, 1/2 inch(12.5 mm)나 1 inch(25 mm)를 사용할 때도 있다고 한다. 8.Wall 편 8.4절에서는 직선형태의 벽(wall)에 대한 신축이음 간격은 60~100 m 범위에 있어야 하며, 조인트 폭은 20~25 mm 범위를 추천했다. ACI 224.3R-13 표 1.2에서는 다음과 같이 여러 연구자와 기준들을 참조하여 E.J 간격에 대한 정보를 제공한다.

표 1.2 Expansion joint spacings

Author	Spacing
Lewerenz(1907)	75 ft(23 m) for walls.
Hunter(1953)	80 ft(25 m) for walls and insulated roofs, 30 to 40 ft(9 to 12 m) for uninsulated roofs.
Billig(1960)	100 ft(30 m) maximum building length without joints. Recommends joint placement at abrupt changes in plan and at changes in building height to account for potential stress concentrations.
Wood(1981)	100 to 120 ft(30 to 35 m) for walls.
Indian Standards Institution(1964)	45 m(≈148 ft) maximum building length between joints.
PCA(1982)	200 ft(60 m) maximum building length without joints.
ACI 350R-83	120 ft(36 m) in sanitary structures partially filled with liquid (closer spacings required when no liquid present).

일반적으로 신축이음에는 다우얼 바(dowel bar)를 반드시 사용할 필요가 없다. 그러나 Roadways, Truck ways & Heavy Traffic Area에서는 다우얼 바를 사용해야 한다. ACI 224.3R-13의 5.2.4.3 Dowelled Joints 편에서는 균열제어와 하중으로 인해 높은 철근비가 필요하고, 큰 하중을 받는 슬래브에 수축이음(contraction joint)은 골재의 맞물림 작용을 통해 적당한 하중을 전달하기 위해서는 폭이 너무 크게 벌어질 수 있다고 한다. 이러한 조인트의 하중전달은 Dowels에 의해 달성할 수 있다고 설명한다. ACI 302.1R-15, 5.2.9.2 시공이음(construction joints) 편에서도 하중이 큰 경우 조인트에 다우얼 바 사용을 추천하고 있다. Keyed Joint의 경우 하중전달(load transfer)이 필요한 곳에는 추천되지 않는다. ACI 224.3R-13, 5.2.4.2편에 따르면 Keyed Contraction Joints는 슬래브 두께가 150 mm 이하에는 사용할 수 없다고 한다. 또한 ACI 302.1R-15, 5.2.12에서도 충분한 Post-Tensioning Force가 전단력을 전달하기 위하여, 조인트에 제공되지 않는 한 명백한 하중전달이 요구되는 수축이음(contraction joint)과 시공이음(construction joint)에는 하중전달 장치(load-transfer device)의 사용을 추천한다. 다음은 ACI 224.3R-13, 5.Slab on Grade(Ground)에 있는 다우얼 바 관련 사항이다.

표 5.1 Dowels for floor slabs(ACI 302.1R)

Slab thickness		Dowel diameter		Total dowel length*	
in.	mm	in.	mm	in.	mm
5	(125)	3/4	(20)	16	(400)
6	(150)	3/4	(20)	16	(450)
7	(175)	1	(25)	18	(450)
8	(200)	1	(25)	18	(450)
9	(225)	1-1/4	(30)	18	(450)
10	(250)	1-1/4	(30)	18	(450)
11	(275)	1-3/8	(30)	18	(450)

* : Allowance made for joint openings and minor errors in positioning of dowels.
Note: Recommended dowel spacing is 12 in.(300 mm), on center. Dowels must be carefully aligned and supported during concreting operations. Misaligned dowels cause cracking.

이것은 ACI 302.1R을 참고한 것으로 설명하고 있으나, ACI 302.1R-15에서는 상기 표가 없다. ACI 302.1R-04 3장에는 다음 표 3.1이 있지만, ACI 224.3R-13의 표 5.1과 내용이 조금 다르다.

표 3.1 Dowel size and spacing for round, square, and rectangular dowels (ACI Committee 325, 1956)

Slab depth, in. (mm)	Dowel dimensions[1], in. (mm)			Dowel spacing center-to-center, in. (mm)		
	Round	Square	Rectangular[2]	Round	Square	Rectangular
5 to 6 (125 to 150)	3/4×14 (19×350)	3/4×14 (19×350)	3/8×2×12 (10×50×300)	12(300)	14(350)	19(475)
7 to 8 (175 to 200)	1×16 (25×400)	1×16 (25×400)	1/2×2-1/2×12 (12×60×300)	12(300)	14(350)	18(450)
9 to 11 (225 to 275)	1-1/4×18 (30×450)	1-1/4×18 (30×450)	3/4×2-1/2×12 (19×60×300)	12(300)	12(300)	18(450)

1 : Total dowel length includes allowance made for joint opening and minor errors in positioning dowels.
2 : Rectangular plates are typically used in contraction joints.
Notes: Table values based on a maximum joint opening of 0.20 in.(5 mm). Dowels must be carefully aligned and supported during concrete operations. Misaligned dowels cause cracking.

다음 그림들은 Dowel 표준상세도와 형상 등에 대해 ACI 302.1R-04 3장에 있는 것이다.

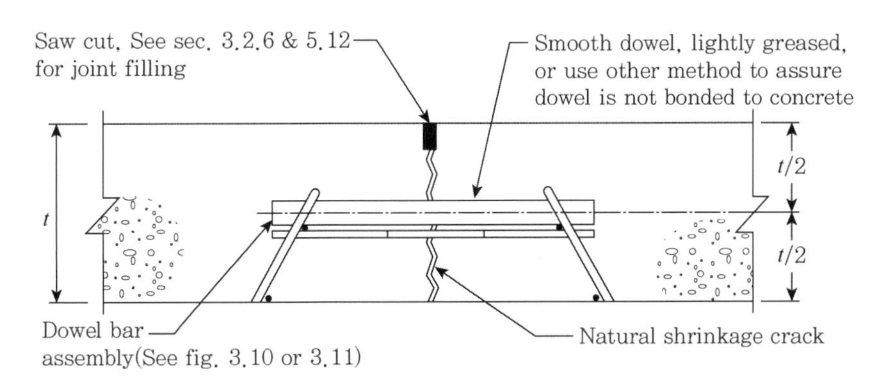

Note :

- Dowels and baskets are manufactured as a fully welded assembly
- Dowels are welded at alternate ends

그림 3.9 Typical doweled contraction joint

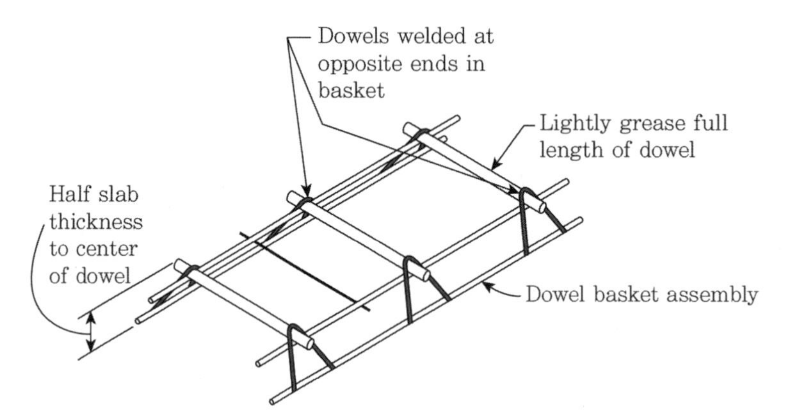

그림 3.10 Dowel basket assembly

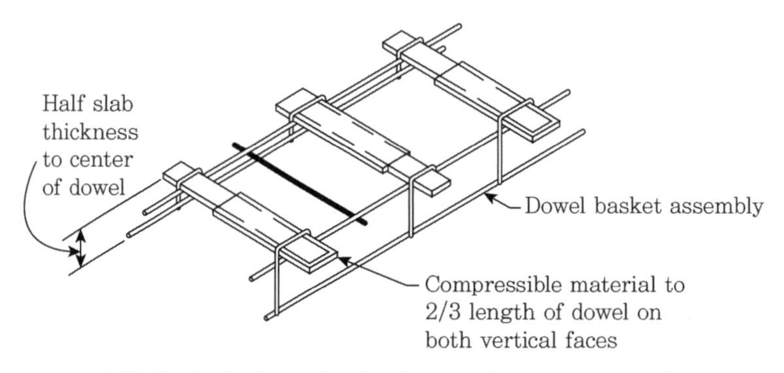

그림 3.11 Rectangular load plate basket assembly

ACI 315R-18, 5.4 Walls 편의 5.4.3.5 Design Details at Joints and Water-Stops에서 추천한 신축이음 상세는 다음과 같다.

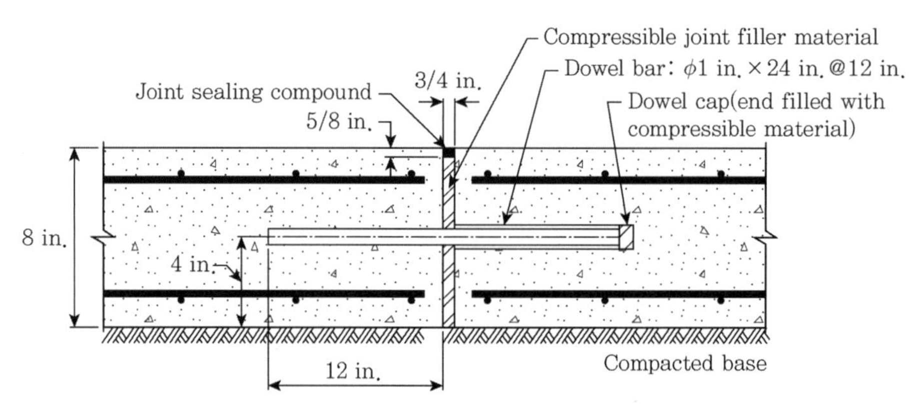

그림 5.4.3.5c Detail of a wall expansion joint

다음은 국내 기준을 살펴본다.

공동구 설계기준(2016) 3장 (4)와 KDS 11 44 00(18) 4.1.1 (1) ④ 구조세목에서는 신축이음 간격으로 30 m를 표준으로 규정했다. 신축이음부에는 Dowel Bar를 설치하여 지반침하에 따른 부등침하를 방지해야 하고, 누수 방지를 위해 지수판을 설치하며 위치는 Dowel Bar 위치보다 바깥쪽으로 설치해야 한다. 공동구 설계기준에서 제시하고 있는 신축이음 상세도는 다음 그림과 같다.

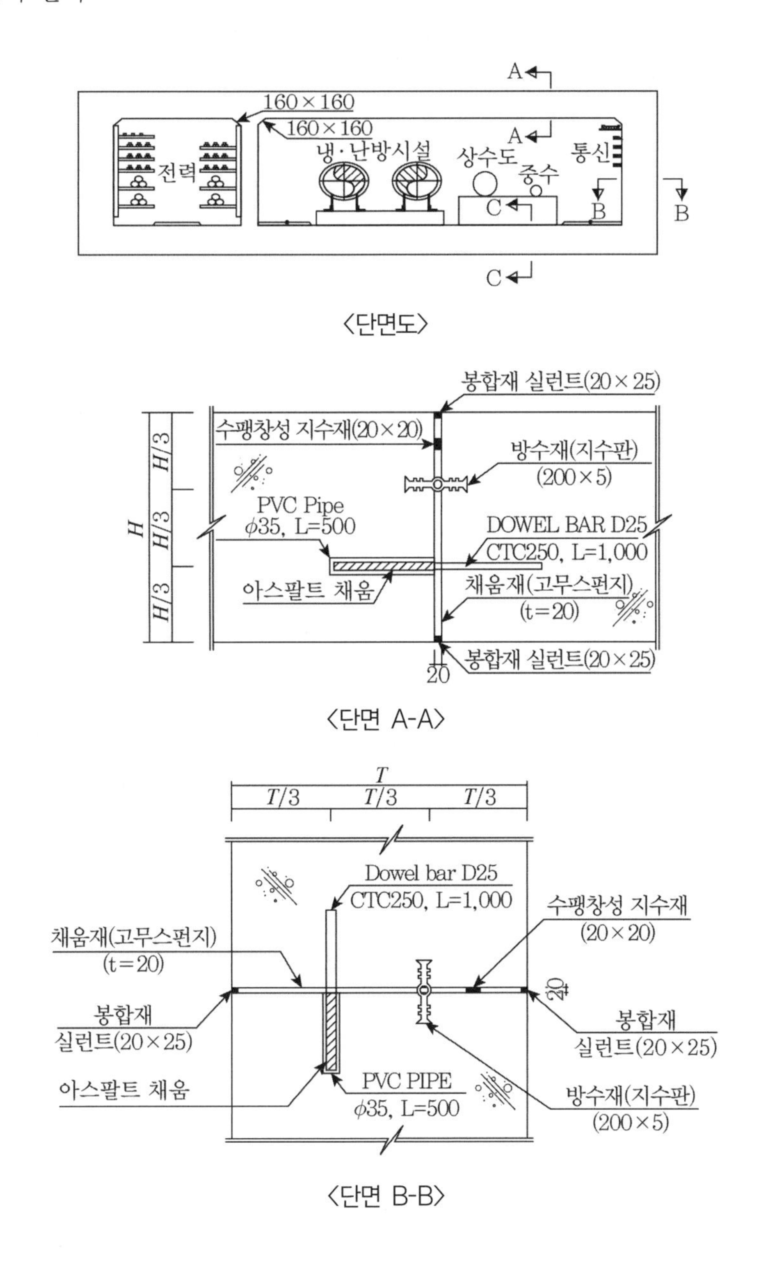

〈단면도〉

〈단면 A-A〉

〈단면 B-B〉

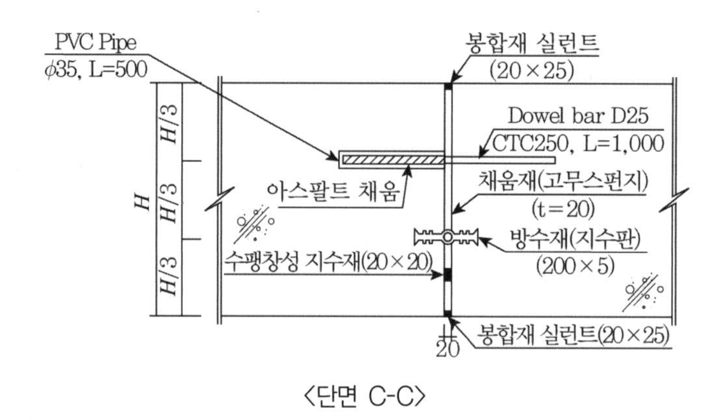

〈단면 C-C〉

2008년 도로암거 표준도(설계기준·표준도) 4. 부대공 설계 편의 신축이음설계에서는 다음과 같은 내용이 있다.

신축이음의 방향은 측벽에 직각으로 하는 것이 좋으나, 토피두께가 작을 때(암거의 상면이 노상에 위치할 경우)는 중앙분리대의 위치 또는 차선표시 방향으로 하는 것이 좋다. 그러나 도로 성토부 중앙부는 지반응력이 크므로 제반조건이 불량한 경우에 신축이음의 위치로 도로 중앙부는 피해야 한다. 신축 이음부는 구조상 안전함과 동시에 충분한 방수처리를 해야 한다. 신축이음의 형식은 다음 그림과 같다.

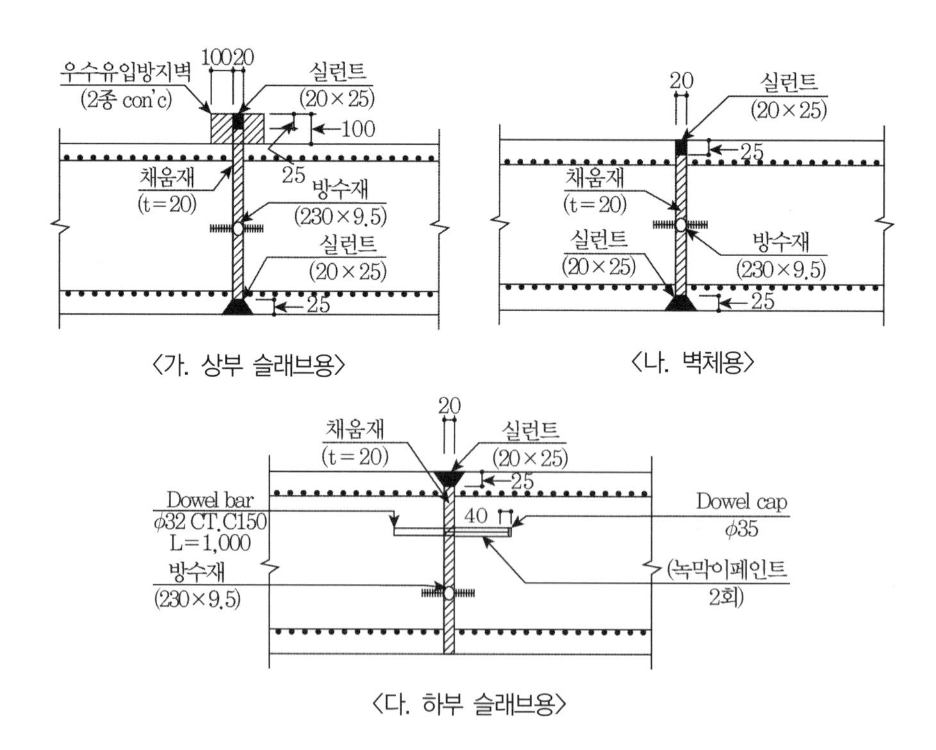

〈다. 하부 슬래브용〉

2008년 도로옹벽표준도의 설계기준 3.9 부대공 신축이음에서는 중력식 및 반중력식 옹벽의 경우는 콘크리트의 인장균열에 취약하므로 신축이음 간격을 10 m 이내로 하고, 역T형과 L형 옹벽의 경우 철근이 균열을 억제하는 역할을 하므로 20 m 이내로 신축이음을 두도록 했다. 신축이음 상세는 다음 그림과 같다.

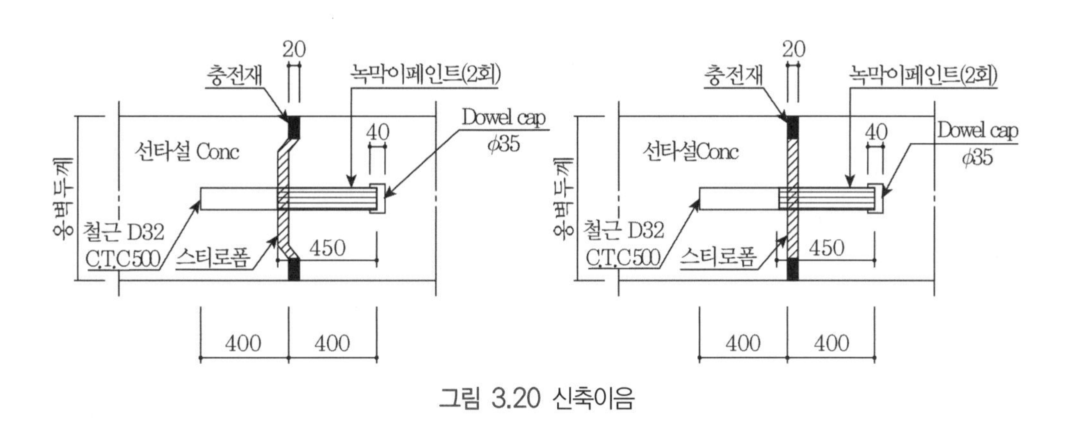

그림 3.20 신축이음

KDS 47 10 40(19) 지하구조물 4.2.4 (4)신축이음 ①에는 '지하철도의 개착식 박스구조물은 일반적으로 신축이음이 없는 연속한 구조물로 하는 것으로 하고 연약지반으로 부등침하나 지진의 영향이 크다고 생각되는 경우는 신축이음을 설치할 수 있다'고 규정했다. 또한 ②에는 '특히 지하철도 본체 구조물과 부대시설(환기구, 출입구 등)의 접합부는 상이한 설계조건 및 외부온도 변화의 영향 등에 따라 발생할 수 있는 구조적으로 다른 거동과 힘을 흡수 또는 통과시킬 수 있도록 설계되어야 하며 접합부에는 신축이음을 둘 수 있다'고 한다. 지하구조물은 온도변화가 적어 신축이음이 불필요하다고 생각할 수 있다. 그러나 KDS 11 44 00(18) 공동구에는 신축이음을 사용토록 했고, KDS 47 10 40(19) 지하구조물에서는 온도변화가 있는 경우만 신축이음을 두도록 하고 있다. 전력구 박스구조물에서는 대부분 신축이음을 두지 않고 있다. 각 시설물별로 상이한 기준에 대해서, 일치토록 개정하는 것이 필요할 것으로 생각한다.

RQ 26

철근콘크리트 부재의 횡방향 철근에 대해 135° 갈고리 또는 90° 갈고리는 언제 사용해야 할까?

A

일반적으로 기둥 또는 페데스탈 또는 주각(pedestal, 단면의 평균 최소치수에 대한 높이의 비율이 3 이하인 부재)에서는 135° 갈고리 또는 90° 갈고리를 사용할 수 있다. 다음 그림은 Concrete International에 CRSI(Concrete Reinforcing Steel Institute)가 기고한 기사 Column Tie Configurations(2013)에서 소개한 그림이다.

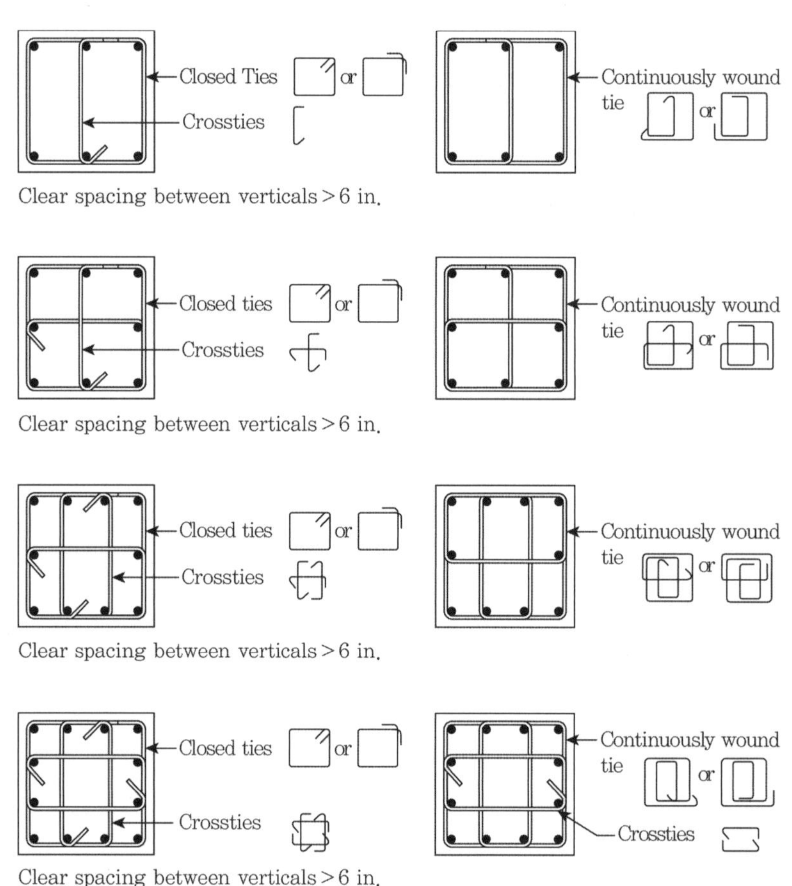

그림 7 Traditional column tie sets and continuously wound ties(uni-ties or multi-ties) alternates(Note : Uni-ties are not universally available or used) (Note : 1 in. = 25.4 mm)

철근콘크리트 부재에 135° 갈고리를 사용하게 되면 90° 갈고리에 비해 구속효과(confinement)가 커져 연성이 현저하게 좋아지나 시공이 어려워진다. ACI 318-19, 25.7.1.6편에서는 비틀림을 받는 보에서 횡방향 철근(transverse reinforcement)은 후프(hoop) 또는 135° 표준갈고리(standard hook)로 정착된 철근으로 폐합 스터럽(closed stirrup) 형태로 배근토록 규정했다. R25.7.1.6에서는 사각형보가 비틀림으로 파괴될 때 보의 모퉁이에 경사압축응력(diagonal compressive stress)이 발생하며 이로 인해 박락(spalling)이 발생할 수 있다고 설명한다. 90° 갈고리의 폐합 스터럽(closed stirrup)으로 배근된 보에 대한 실험 결과 이러한 파괴가 발생하여 135° 표준갈고리(standard hook) 또는 지진갈고리(seismic hook)를 사용해야 한다고 설명한다(다음 그림 참조). 다만 플랜지나 인접슬래브가 있는 경우 이런 박락은 발생하지 않으므로 90° 갈고리의 사용이 가능하다.

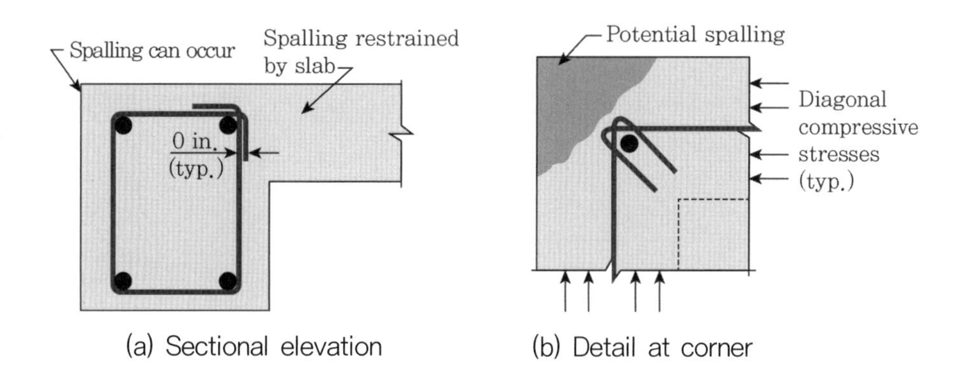

(a) Sectional elevation (b) Detail at corner

다음 표와 그림은 ACI Detailing Manual-2004 표 1에 있는 표준갈고리에 대한 것이다.

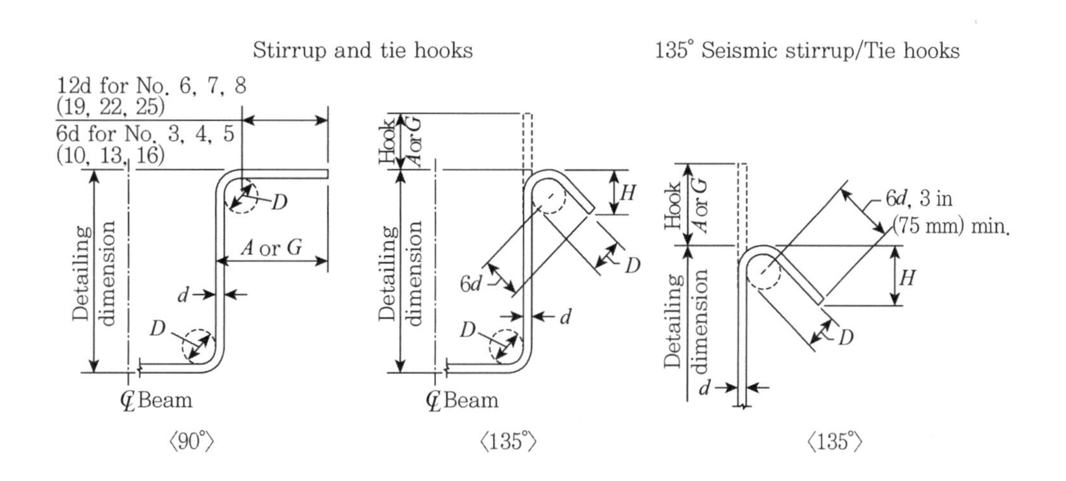

〈90°〉 〈135°〉 〈135°〉

<Stirrup(Ties Similar)/Stirrup And Tie Hook Dimensions All Grades>

Bar Size No.	D,* in (mm)	90 degree hook	135 degree hook	
		Hook A or G, ft-in (mm)	Hook A or G, ft-in (mm)	H approx., ft-in (mm)
3 (10)	1 1/2 (40)	4 (105)	4 (105)	2 1/2 (65)
4 (13)	2 (50)	4 1/2 (115)	4 1/2 (115)	3 (80)
5 (16)	2 1/2 (65)	6 (155)	5 1/2 (140)	3 3/4 (95)
6 (19)	4 1/2 (115)	1−0 (305)	8 (205)	4 1/2 (115)
7 (22)	5 1/4 (135)	1−2 (355)	9 (230)	5 1/4 (135)
8 (25)	6 (155)	1−4 (410)	10 1/2 (270)	6 (155)

* : Finished bend diameters included “spring back” effect when bars straighten our slightly after being bent and are slightly larger than minimum bend diameters in 3.7.2.

<135 Degree Seismic Stirrup/Tie Hook Dimensions All Grades>

Bar Size No.	D,* in (mm)	135 degree hook	
		Hook A or G, ft-in (mm)	H approx., ft-in (mm)
3 (10)	1 1/2 (40)	4 1/4 (110)	3 (80)
4 (13)	2 (50)	4 1/2 (115)	3 (80)
5 (16)	2 1/2 (65)	5 1/2 (140)	3 3/4 (95)
6 (19)	4 1/2 (115)	8 (205)	4 1/2 (115)
7 (22)	5 1/4 (135)	9 (230)	5 1/4 (135)
8 (25)	6 (155)	10 1/2 (270)	6 (155)

* : Finished bend diameters included “spring back” effect when bars straighten our slightly after being bent and are slightly larger than minimum bend diameters in 3.7.2.

다음 그림은 ACI Detailing Manual-2004(ACI 315R-04) 그림 12 스터럽 철근 배근에 관한 것이다.

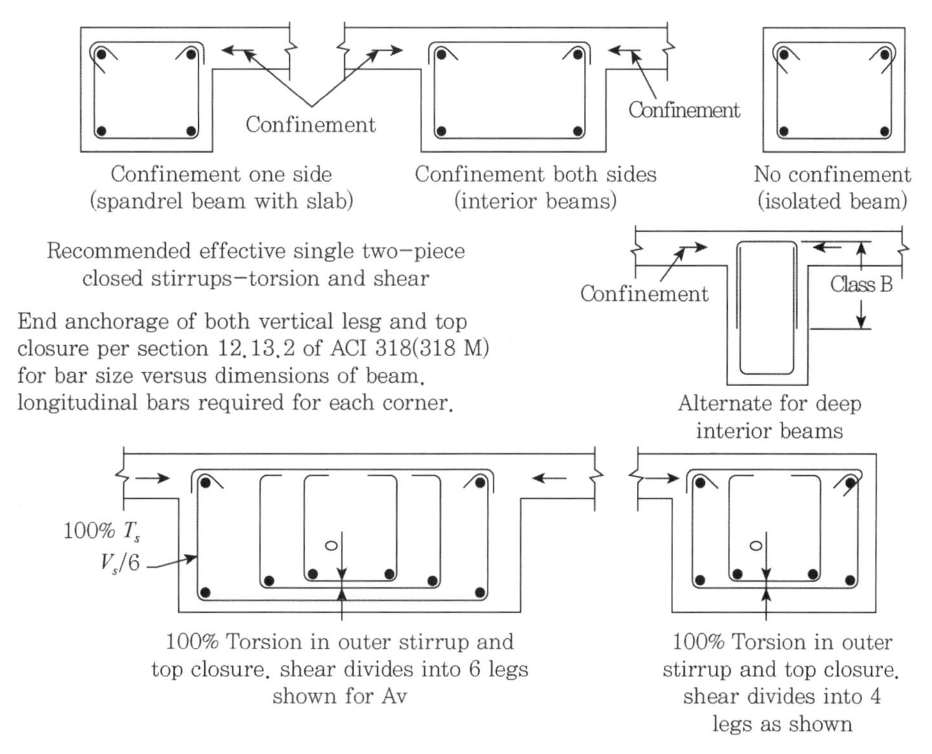

그림 12 Recommended two-piece closed single and multiple U-stirrups.

Concrete International Q&A, Transverse Reinforcement for Torsion(2019)에도 비틀림 철근에 대해 다음 그림과 같이 설명한다. 보에서의 비틀림 철근을 대상으로 (a) 후프(hoop), (b) 슬래브로 구속된 두 개의 폐합 스터럽(two-part closed stirrup restrained by slab), (c) 슬래브로 구속된 한 개의 폐합 스터럽(one-part closed stirrup restrained by slab)이다. 이러한 내용은 ACI Detailing Manual-2004와도 맥락을 같이 한다.

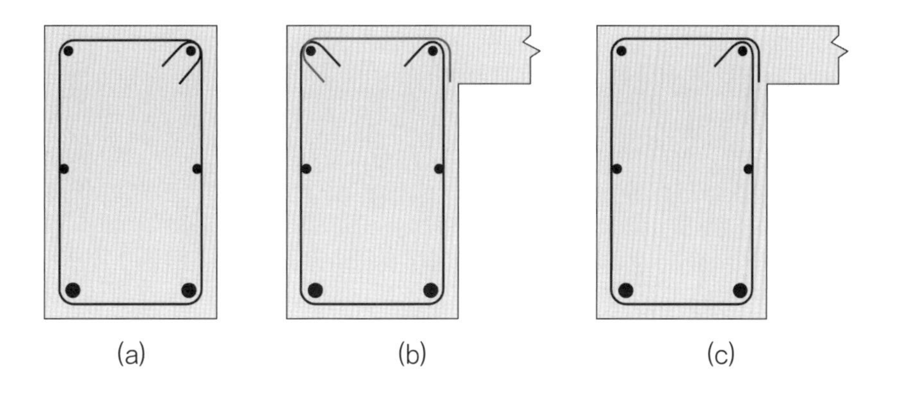

다음은 유럽의 기준을 살펴본다. 유럽기준에서는 비틀림을 받는 경우에는 90° 갈고리보다는 135° 갈고리를 추천한다. 다음은 BS EN 1992-1-1(10)의 9.2.3 Torsion Reinforcement 편 그림 9.6에 있는 내용이다. Hoop 철근의 대안으로 a2)는 매우 좋은 방법이다.

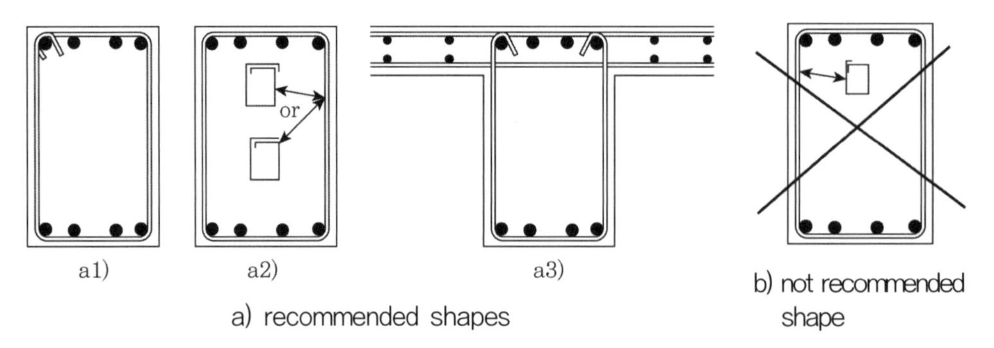

Notes : The second alternative for a2) (lower sketch) should have a full lap length along the top.

Standard Method of Detailing Structural Concrete(2006)의 그림 6.22에서도 다음과 같은 상세를 제시했다.

그림 6.22 Required shape of torsion links

RQ 27

국내 기준에 따라 철근콘크리트 부재의 정착길이를 계산할 때 정밀식과 간편식에 의한 길이비교 결과는?

A

콘크리트구조기준 8장 이음 및 정착에서는 기본정착길이 l_{db}에 보정계수를 고려하는 방법(이하 간편식) 또는 정밀식 중 어느 하나를 택하여 적용할 수 있는 것으로 규정하고 있다. 간편식은 $l_{db}=\dfrac{0.6\,d_b f_y}{\lambda\sqrt{f_{ck}}}$에 보정계수를 고려하여 계산하고, 정밀식은 $l_d=\dfrac{0.90\,d_b f_y}{\lambda\sqrt{f_{ck}}}\dfrac{\alpha\beta\gamma}{\left(\dfrac{c+K_{tr}}{d_b}\right)}$을 이용하여 계산한다.

간편식으로 계산한 정착길이는 다음 표와 같다. 단, 철근직경은 구조계산에서 규정한 공칭직경으로 계산했고, SD400 철근에 대한 결과이다.

콘크리트강도	철근 위치	D10	D13	D16	D19	D22	D25	D29	D32	D35	비고
21 MPa	상부철근	519	692	866	1040	1511	1729	1947	2165	2376	계산값
		520	**700**	**870**	**1040**	**1520**	**1730**	**1950**	**2170**	**2380**	적용값
	기타	399	532	666	800	1163	1330	1498	1665	1828	계산값
		400	**540**	**670**	**800**	**1170**	**1330**	**1500**	**1670**	**1830**	적용값
24 MPa	상부철근	486	647	810	973	1414	1618	1821	2025	2223	계산값
		490	**650**	**810**	**980**	**1420**	**1620**	**1830**	**2030**	**2230**	적용값
	기타	373	498	623	749	1088	1244	1401	1558	1710	계산값
		380	**500**	**630**	**750**	**1090**	**1250**	**1410**	**1560**	**1710**	적용값
30 MPa	상부철근	434	579	725	870	1265	1447	1629	1811	1988	계산값
		440	**580**	**730**	**870**	**1270**	**1450**	**1630**	**1820**	**1990**	적용값
	기타	334	445	557	670	973	1113	1253	1393	1529	계산값
		340	**450**	**560**	**670**	**980**	**1120**	**1260**	**1400**	**1530**	적용값

정밀식은 두 가지 가정(피복두께와 철근간격)이 필요하며, 횡방향 철근지수(K_{tr})는 횡방향 철근이 배근되어 있더라도 구조기준에 따라 계산의 편의를 위해 0으로 가정한다. 정밀식에

따라 계산하려면 철근간격 또는 피복두께에 관련된 지수(c, 철근 또는 철선의 중심으로부터 콘크리트 표면까지 최단거리 또는 정착되는 철근 또는 철선의 중심거리의 1/2 중 작은 값)를 구하는 것이 선행되어야 한다.

1) 피복두께가 20 mm이고, 철근의 항복강도 400 MPa, 철근간격이 100, 150, 200 mm인 경우에 대해 정밀식을 이용하여 정착길이(A급 겹이음 길이)를 계산해본다. 이 경우는 철근간격에 관계없이 모두 같다.

철근간격 또는 피복두께에 관련된 지수(c)	철근직경(d_b)									비고
	9.53	12.7	15.9	19.1	22.2	25.4	28.6	31.8	34.9	(피복, 철근간격)
	24.765	**26.35**	**27.95**	**29.55**	**31.1**	**32.7**	**34.3**	**35.9**	**37.45**	**(20, 100)**
	24.765	26.35	27.95	29.55	31.1	32.7	34.3	35.9	37.45	(20, 150)
	24.765	26.35	27.95	29.55	31.1	32.7	34.3	35.9	37.45	(20, 200)
$\frac{(c+K_{tr})}{d_b}$	**2.5**	**2.1**	**1.8**	**1.5**	**1.4**	**1.3**	**1.2**	**1.1**	**1.1**	**(20, 100), K_{tr}=0**
	2.5	2.1	1.8	1.5	1.4	1.3	1.2	1.1	1.1	(20, 150), K_{tr}=0
	2.5	2.1	1.8	1.5	1.4	1.3	1.2	1.1	1.1	(20, 200), K_{tr}=0

콘크리트강도	철근 위치	D10	D13	D16	D19	D22	D25	D29	D32	D35	비고
21 MPa	상부철근	311	494	722	1040	1619	1995	2334	2952	3240	계산값
		320	**500**	**730**	**1040**	**1620**	**2000**	**2440**	**2960**	**3240**	적용값
	기타	240	380	555	800	1246	1535	1872	2271	2492	계산값
		240	**380**	**560**	**800**	**1250**	**1540**	**1880**	**2280**	**2500**	적용값
24 MPa	상부철근	291	462	675	973	1515	1867	2277	2762	3031	계산값
		300	**470**	**680**	**980**	**1520**	**1870**	**2280**	**2770**	**3040**	적용값
	기타	224	356	519	749	1165	1436	1751	2124	2331	계산값
		230	**360**	**520**	**750**	**1170**	**1440**	**1760**	**2130**	**2340**	적용값
30 MPa	상부철근	261	413	604	870	1355	1669	2036	2470	2711	계산값
		270	**420**	**610**	**870**	**1360**	**1670**	**2040**	**2470**	**2720**	적용값
	기타	200	318	464	670	1042	1284	1566	1900	2085	계산값
		200	**320**	**470**	**670**	**1050**	**1290**	**1570**	**1900**	**2090**	적용값

비교 결과 D10~D16까지의 철근은 간편식을 사용하는 경우 정착길이(겹이음 A급)가 정밀식보다 길고, D19는 같다. 그러나 D22부터는 정밀식의 정착길이(겹이음 A급)가 더 길다. 따라서 피복두께가 얇으며, 철근직경이 큰 경우(옥내 구조물)는 정밀식을 사용해야 할 것이다.

2) 피복두께가 40 mm이고, 철근의 항복강도는 400 MPa, 간격이 100, 150, 200 mm인 경우에 대해 $\frac{(c+K_{tr})}{d_b}$ 값을 계산해보고 정밀식을 이용하여 피복두께 40 mm, 철근간격 100 mm에 대한 정착길이(겹이음 길이 A급)를 계산해본다.

	철근직경(d_b)									비고
	9.53	12.7	15.9	19.1	22.2	25.4	28.6	31.8	34.9	(피복, 철근간격)
철근간격 또는 피복두께에 관련된 지수(c)	**44.765**	**46.35**	**47.95**	**49.55**	**50**	**50**	**50**	**50**	**50**	**(40, 100)**
	44.765	46.35	47.95	49.55	51.1	52.7	54.3	55.9	57.45	(40, 150)
	44.765	46.35	47.95	49.55	51.1	52.7	54.3	55.9	57.45	(40, 200)
$\frac{(c+K_{tr})}{d_b}$	**2.5**	**2.5**	**2.5**	**2.5**	**2.3**	**2**	**1.7**	**1.6**	**1.4**	**(40, 100), K_{tr}=0**
	2.5	2.5	2.5	2.5	2.3	2.1	1.9	1.8	1.6	(40, 150), K_{tr}=0
	2.5	2.5	2.5	2.5	2.3	2.1	1.9	1.8	1.6	(40, 200), K_{tr}=0

콘크리트강도	철근 위치	D10	D13	D16	D19	D22	D25	D29	D32	D35	비고
21 MPa	상부철근	311	415	520	624	986	1297	1718	2030	2546	계산값
		320	**420**	**520**	**630**	**990**	**1300**	**1720**	**2030**	**2550**	적용값
	기타	240	319	400	480	758	998	1322	1561	1958	계산값
		240	**320**	**400**	**480**	**760**	**1000**	**1330**	**1570**	**1960**	적용값
24 MPa	상부철근	291	388	486	584	922	1213	1607	1899	2381	계산값
		300	**390**	**490**	**590**	**930**	**1220**	**1610**	**1900**	**2390**	적용값
	기타	224	299	374	449	709	933	1236	1461	1832	계산값
		230	**300**	**380**	**450**	**710**	**940**	**1240**	**1470**	**1840**	적용값
30 MPa	상부철근	261	347	435	522	825	1085	1437	1698	2130	계산값
		270	**350**	**440**	**530**	**830**	**1090**	**1440**	**1700**	**2130**	적용값
	기타	200	267	334	402	634	835	1106	1306	1638	계산값
		200	**270**	**340**	**410**	**640**	**840**	**1110**	**1310**	**1640**	적용값

비교 결과 D10~D19까지의 철근은 간편식을 사용하는 경우 정착길이(겹이음 A급)가 정밀식보다 최소 1.6배 더 길고, D22는 대략 1.5배 이상, D25~D32는 1~1.3배 정도 더 길다. 그러나 D35는 정밀식의 정착길이(겹이음 A급)가 더 길다. <u>D35 철근을 사용하는 경우 주의가 필요하다.</u>

3) 피복두께가 80 mm이고, 철근의 항복강도는 400 MPa, 간격이 100, 150, 200 mm인 경우에 대해 $\frac{(c+K_{tr})}{d_b}$ 값을 계산해보고 정밀식을 이용하여 피복두께 80 mm, 철근간격 100 mm에 대한 정착길이(겹이음 길이 A급)를 계산해본다.

철근간격 또는 피복두께에 관련된 지수(c)	철근직경(d_b)									비고 (피복, 철근간격)
	9.53	12.7	15.9	19.1	22.2	25.4	28.6	31.8	34.9	
	50	**50**	**50**	**50**	**50**	**50**	**50**	**50**	**50**	**(80, 100)**
	44.765	46.35	47.95	49.55	51.1	52.7	54.3	55.9	57.45	(80, 150)
	44.765	46.35	47.95	49.55	51.1	52.7	54.3	55.9	57.45	(80, 200)
$\frac{(c+K_{tr})}{d_b}$	**2.5**	**2.5**	**2.5**	**2.5**	**2.3**	**2**	**1.7**	**1.6**	**1.4**	**(80, 100), K_{tr}=0**
	2.5	2.5	2.5	2.5	2.3	2.1	1.9	1.8	1.6	(80, 150), K_{tr}=0
	2.5	2.5	2.5	2.5	2.3	2.1	1.9	1.8	1.6	(80, 200), K_{tr}=0

정착길이는 피복두께 40 mm, 철근간격 100 mm와 피복두께 80 mm, 철근간격 100(200) mm의 경우가 같다.

따라서 다음과 같은 결론을 얻는다. 피복두께가 얇고(20 mm) 철근간격이 좁은 경우 D22 이상 철근은 정밀식을 사용해야 한다. 또한 피복두께가 40 mm 이상이고, D35 철근에 대해서도 정밀식을 사용해야 한다.

RQ 28

철근콘크리트 부재에 기계적 이음을 사용하는 경우 이음부 간격은?

A

ACI 318-19 18장 Earthquake-Resistant Structures의 R18.2.7과 25장 Reinforcement Details의 25.5.7.3에서는 인장타이부재(tension tie member, 예로 arch ties, 상부 지지구조물에 의하여 지탱되는 행거(hangers carrying load to an overhead supporting structure), 트러스의 주 인장부재 : KCI-2012 & KCI-2017 8.6.2 (6)에는 인장연결부재로 정의)로 철근의 항복강도에 1.25배 이상 발휘되는 기계적 이음을 제외하고는 엇갈리게(staggered) 할 필요가 없다고 한다. 25.5.7.4에서는 인장타이부재의 경우 750 mm를 엇갈리도록 규정했다. ACI 349-13, 12.14.3.7에서도 기계적 이음이 요구되는 철근의 경우, 철근들은 수직하는 한 평면에서 1/2을 넘지 않도록 해야 하며, 최소 750 mm를 엇갈려야 한다는 규정이 있다. ACI 439.3R-07, 1.3.1 Spacing & Cover Requirements에서는 시공성의 이유로 기계적 이음은 같은 평면이나 높이에 위치시킨다고 한다. 기계적 이음은 겹침 이음과는 다르게 기계적 이음의 하중전달 능력과 콘크리트 압축강도 또는 피복두께에 영향을 받지 않고, 철근에서 철근으로 하중을 전달시키는 이음이므로 바람직하지 않은 파괴 모드를 방지하기 위해 엇갈림을 해야 한다는 것은 정당성이 적다고 주장한다. 그럼에도 불구하고 일부 설계자들은 기계적 이음에 엇갈림을 두어 왔다고 한다. ACI 439.3R-07, 1.3.5에서도 많은 경우 기계적 이음은 여유(clearance), 접근(access), 기준요건(code requirements) 따위의 이유로 엇갈림을 한다고 설명한다. ACI Detailing Manual-2004(ACI 315R-04)의 그림 6 Typical seismic-resistant details : columns에서도 600 mm 또는 이상의 엇갈림을 두어야 하는 것으로 제시했다(다음 그림 참조).

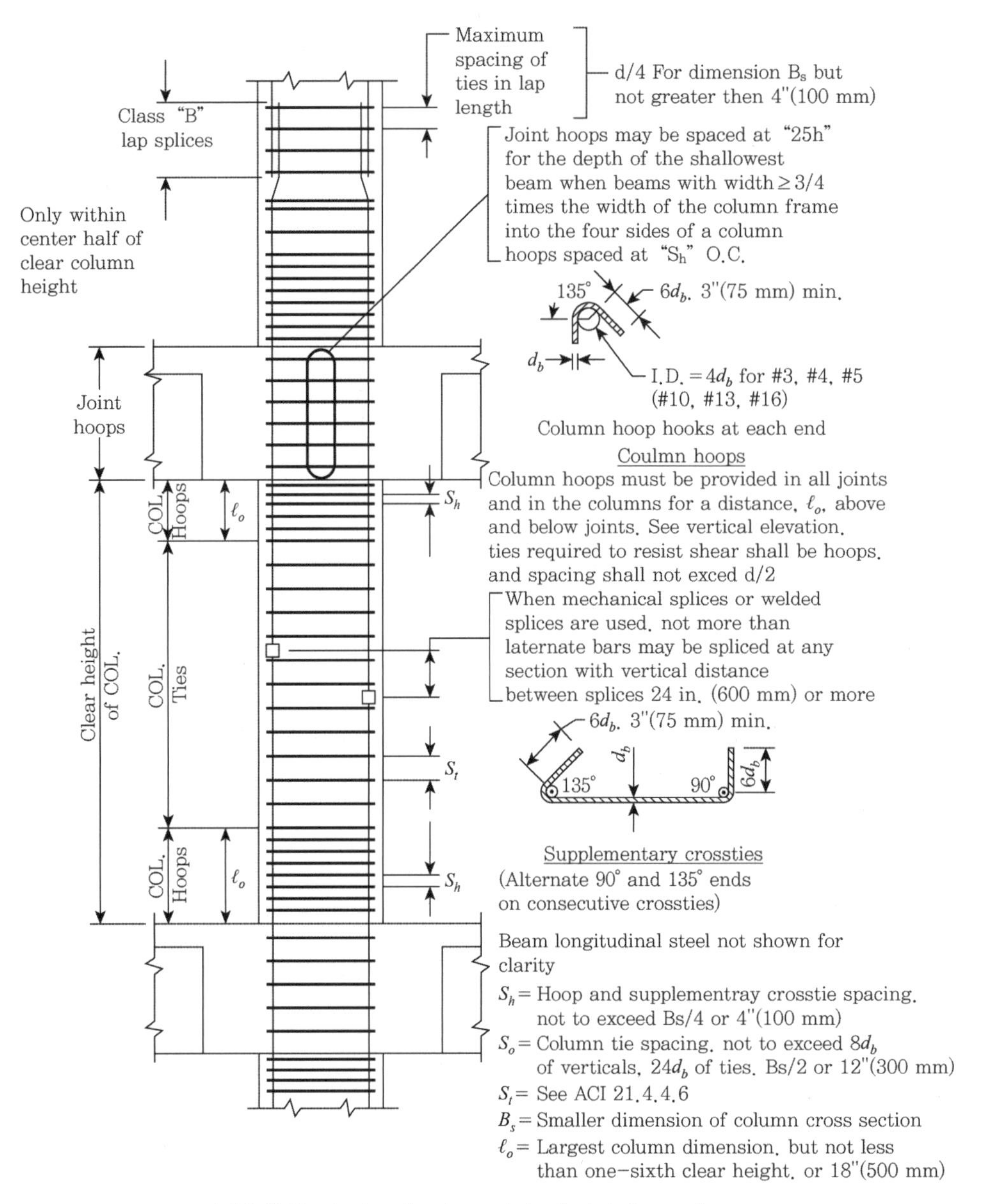

그림 6 Typical seismic-resistant details : columns

1989년 ACI 318을 기준하여 작성한 Reinforcement Anchorages and Splices(CRSI, 2002)의 그림 22 Mechanically-Spliced Dowels에서는 600 mm 엇갈림을 추천하고 있는데 이것은 실제적인 제작 여유(erection clearance)와 D35 이하 철근들에 대한 A급 인장 겹침이음의 35% 정도로 제시한 것이라고 설명한다. 압축과 인장, 압축만 받는 경우에 대한 기계적 이음 위치를 도시했다.

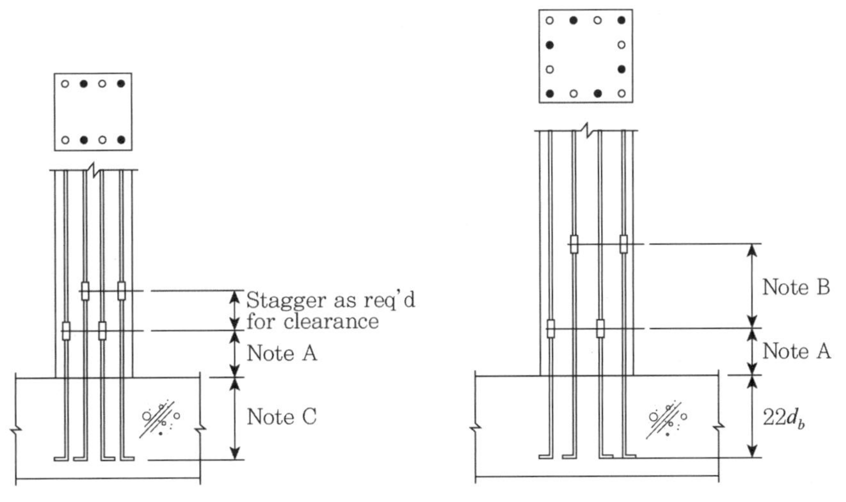

<Mechanical splices for tension or compression>

<End-bearing mechanical splices for compression only>

Note A : Approximately 24 in.(600 mm) for convenience in installation of mechanical splices.

Note B : Minimum $0.5l_d$ (tension development length). Stagger alternate bars.

Note C : Embedment (anchorage) as required for tension or compression.

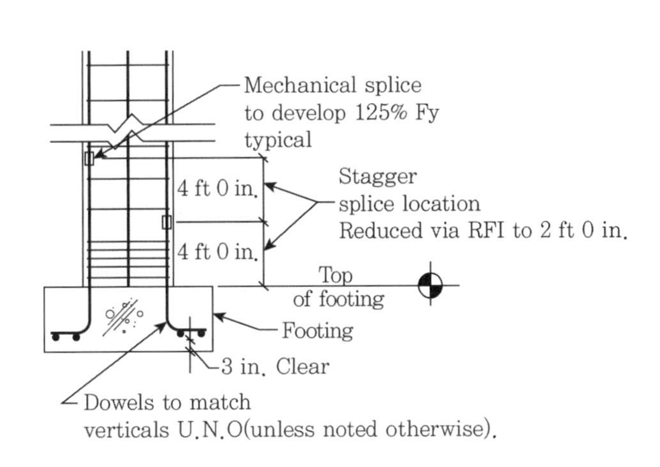

CRSI(Concrete Reinforcing Steel Institute)가 기고한 Concrete International의 2011년 기사 Dimensions of Sloped Walls and a Classification to Mechanical Splice Staggering(RFI 11-10)에서는 엇갈림의 두 가지 이점에 대해 다음과 같이 설명한다. 첫 번째는 엇갈림을 두면 기계적 이음이 용이하도록 설치를 위한 적당한 공간(room)을 확보할 수 있다. 두 번째는 철근의 밀집(congestion)을 막아 철근의 순 간격을 확보하는 데 유리하다. 엇갈림에 대해 CRSI Detailer와 제작(fabricator) 회원들에게 조사한 결과 엇갈림 간격으로 4 ft(1,219 mm)를 표준으로 제안했다. 다만 이 간격은 2 ft(600 mm)까지 줄일 수 있다고 한다.

한편, ACI 439.3R-07, 1.2 Usage의 5에서는 최소 305 mm 이상 철근을 연장해두면 설치하는 동안 기설 콘크리트의 피해 없이 대부분의 기계적 이음을 설치할 수 있다고 설명한다. 그러나 상기 그림들을 자세히 보면 기계적 이음의 위치는 시공이음부에서 최소 600 mm를 이격하여 설치해야 하는 것으로 이해할 수 있어서 혼란스럽다.

지금은 개정되어 관련 내용이 없으나 건축공사 표준시방서(06)의 05000 콘크리트공사 편의 그림 05020.3 인장 철근이음의 엇갈리는 방법에서는 다음과 같이 규정했다.

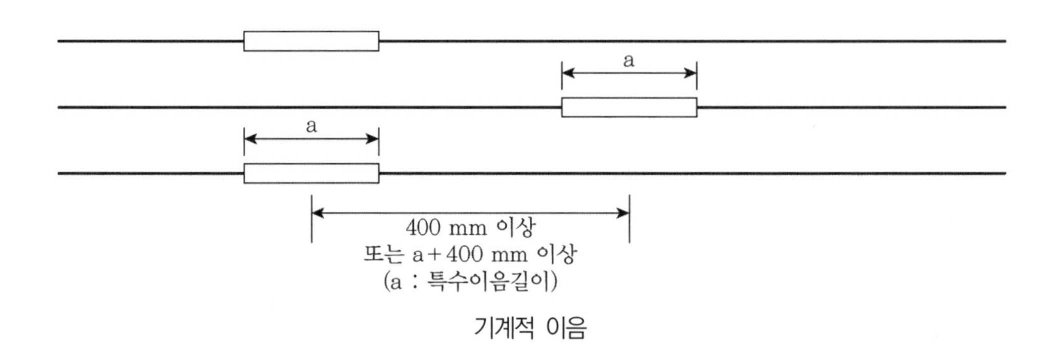

기계적 이음

국내 기준인 KCI-2012 및 KCI-2017 8.6.2 (4) 해설에서는 실제 배근된 철근량이 해석에 의해 요구되는 철근량의 2배 미만인 경우에는 엇갈리게 이음하는 것이 바람직하지만 이러한 용접이음이나 기계적 연결에 의한 이음일 경우에는 반드시 엇갈리게 이음할 필요는 없다고 한다. 8.6.2 (5)에서는 배치된 철근량이 해석결과 요구되는 철근량의 2배 이상이고 ①과 ②의 요구조건을 따르는 경우 이음부는 600 mm 이상 엇갈려야 한다는 내용이 있다. 이것은 ACI 318-99의 내용과 대동소이하므로 콘크리트 구조기준의 개정이 필요하다고 생각한다.

RQ 29

철근의 겹침이음 위치를 엇갈림 해야 하는 이유와 관련 규정은?

A

CRSI Technical Note ETN-D-2-13, Staggered Lap Splices에 따르면 겹침이음을 두는 이유는 상대적으로 철근이 많이 배근되는 경우 철근이 밀집(reinforcement congestion)되는 것을 해소시킬 수 있고, 겹침이음의 철근 끝부분에 부착응력(bond stress)이 집중되는 것을 저감시키기 위해 필요하다고 설명한다. 콘크리트구조기준(KCI-2012) 및 학회기준(KCI-2017) 8.6.2 해설에서는 "설계자는 가능한 한 최소 응력점에서 철근을 잇도록 하고 이음으로 인해 나타날 수 있는 위험한 거동을 보완하기 위해 이음 위치가 서로 엇갈리도록 한다"고 설명했다. ACI 318과 KCI에서는 겹침이음 위치를 엇갈리게 두어야 하는 것에 대한 일반적인 요구 조건은 없는 것 같지만 다음 표에 정리한 것과 같이 다양한 조건에서 엇갈림 이음을 해야 한다. 물론 다발철근이나 기계적 이음에 대한 내용이 대부분이기는 하다.

조건(condition)	엇갈림 거리(stagger distance)	비고
다발철근(Bars within a bundle, ACI 318-19 25.6.1.4)	$40d_b$	
인장타이 부재의 기계적 및 용접 이음(ACI 318-19 25.5.7.4)	30 in (760 mm)	
기둥에서의 단부지압이음(ACI 318-19 10.7.5.3.1)	길이 규정 없음	엇갈림 이음해야 하는 것으로 규정
Shell에서 겹침이음 철근 규정 (ACI 318.2-14 6.1.12)	정착길이 (l_d)	어느 단면에서나 철근의 1/3 이상 겹침이음 할 수 없음
기계적 및 용접 이음(ACI 318-11 12.15.5.1)	24 in (600 mm)	ACI 318-14 25.5.7.3에서는 인장타이부재를 제외하고는 엇갈림이음이 불필요한 것으로 개정되었다.
기둥의 겹침이음(ACI 318-11 12.17.2.2)	정착길이 (l_d)	ACI 318-14에서 개정되어 엇갈림 이음 규정 삭제

한편, ACI 313-16의 6.2.7에서는 원형사일로(circular silo) 벽(wall)에서 수평철근과 수직철근(horizontal & vertical reinforcement)의 겹침이음(lap splices)은 엇갈림 이음을 추천했다. 원형사일로에서 인접 수평철근과 수직철근의 겹침이음은 0.9 m 또는 겹침이음 길이(lap length)보다 작지 않게 엇갈려야 한다. 원형사일로가 아닌(non-circular silo) 경우는 겹침이음 위치를 엇갈려 둘 필요가 없다고 한다. 철근의 겹침이음 위치는 다음 그림 1과 같이 3가지 경우로 구분할 수 있다. (a)는 동일위치에 이음을 두는 경우 (b)는 이격이 없는 엇갈림 이음 (c)는 이격을 가진 엇갈림 이음이다.

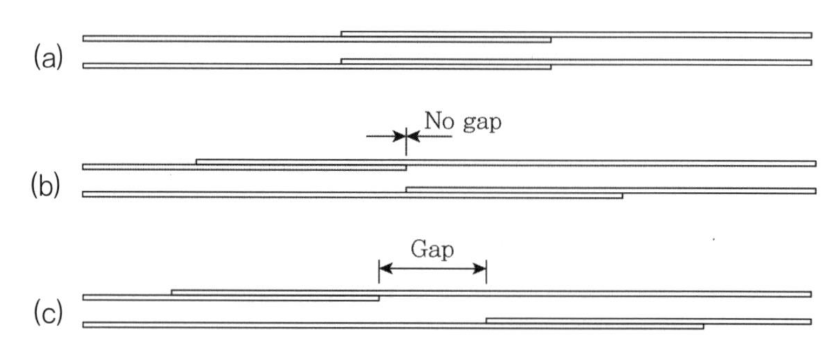

(그림 1, 출처 : 참고문헌 56)

(b)의 형태로도 배치할 수 있지만 이러한 이음이 가장 이상적인 것은 아니다. 이와 같이 연속적으로 철근의 이격 없이 배치하면 철근의 끝부분에서 콘크리트에 쪼갬균열(splitting crack)이 발생할 가능성이 강해진다. 이것은 다음 그림 2의 (a)를 보면 알 수 있다. 이러한 지역에 횡방향 철근(transverse reinforcement)의 배근은 구속력을 증가시켜 균열방지에 도움을 줄 수 있다. 그러나 이음의 끝부분에 이격을 두고 엇갈림 이음하는 것이 더 바람직하다. (c)와 같이 이격을 두는 이음을 하는 것이 균열이 발생하더라도 좁게 형성되므로 이것이 가장 바람직하다.

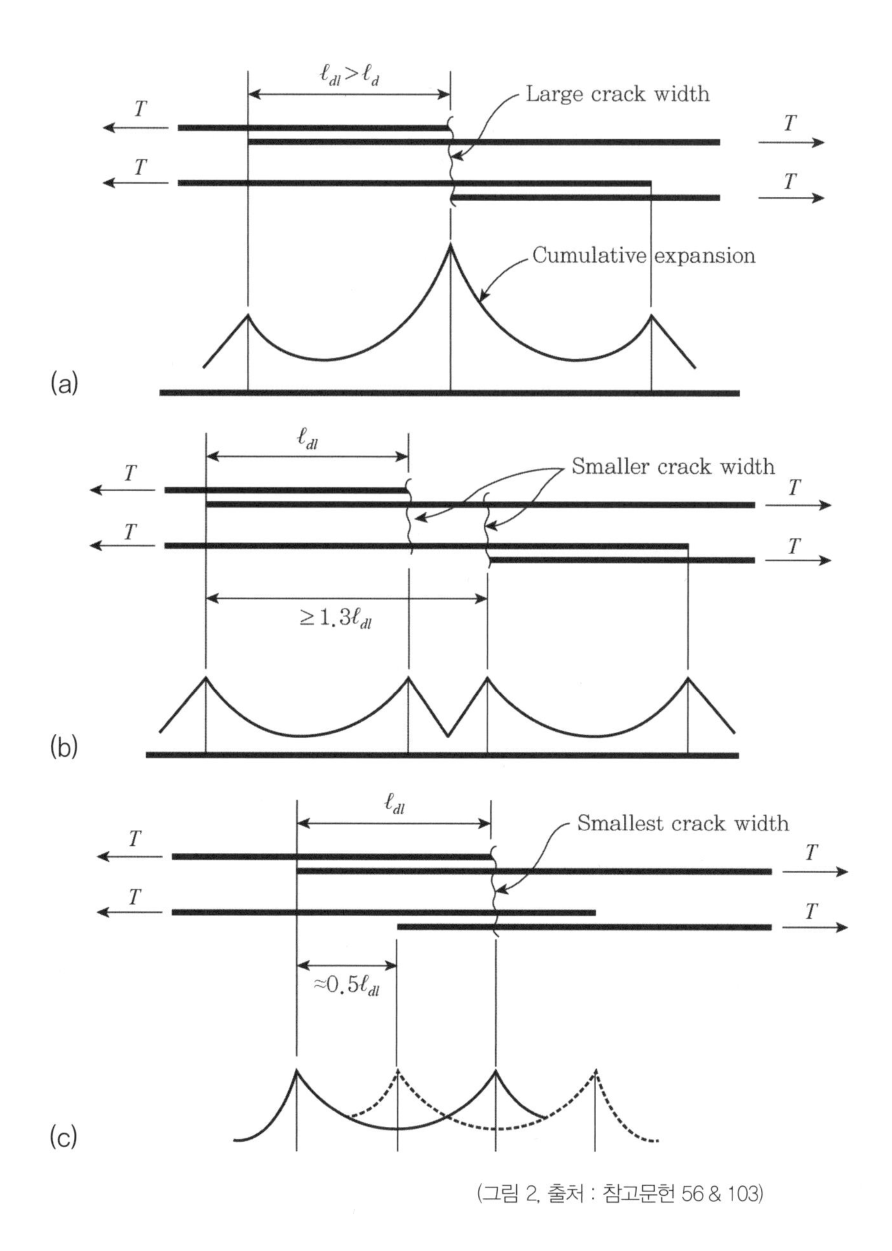

(그림 2. 출처 : 참고문헌 56 & 103)

Stöckl에 따르면 보에서의 엇갈림 겹침이음은 엇갈림 끝부분에 발생하는 휨 균열 폭이 확대되지 않도록 최소한 겹침이음의 0.5배 이상 이격할 것을 제안했다. 인장정착길이(l_d)와 같은 겹이음길이(l_{dl})를 갖는 A급 겹침이음의 경우 최소 엇갈림 이격 거리로 $0.5l_d$, $1.3l_d$를 제안했고, B급 겹침이음의 경우 최소 엇갈림 이격 거리로 $0.65l_d$를 주장했다. 균열 폭을 최소화하는 방법은 그림 2의 (c)와 같이 이음을 중복하는 것이다.

BS EN 1992-1-1 : 2004 Design of Concrete Structures(2010), 8.7.2 겹침이음(laps) 편에는 철근은 엇갈림 해야 하고 큰 모멘트지역(예, plastic hinge)에서는 이음을 두지 않아야 하며, 어떤 단면에서도 대칭되도록 배치해야 한다는 내용이 있다. 철근의 배치는 다음 그림(BS EN 1992-1-1 그림 8.7)과 같이 제시했다.

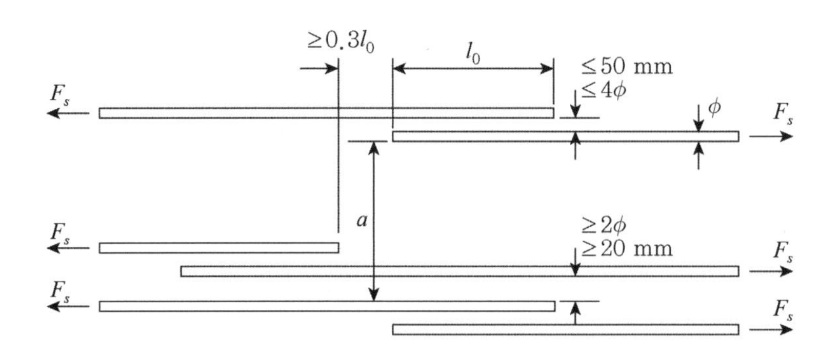

BS EN 1992-1-1, 8.7.3에서는 겹침이음 길이를 계산할 때 한 단면에서 겹침이음이 얼마나 중첩하는지에 따라 겹침이음 길이를 증가시키고 있다. 다음의 그림(BS EN 1992-1-1 : 2004 그림 8.8)은 A단면을 기준으로 네 번의 겹침이음이 발생하였고 B와 E가 겹침이음을 고려하는 단면에서 겹침이음하였으므로 50% 이음이라고 할 수 있다. 따라서 겹침이음 길이를 1.4배 증가시켜야 한다.

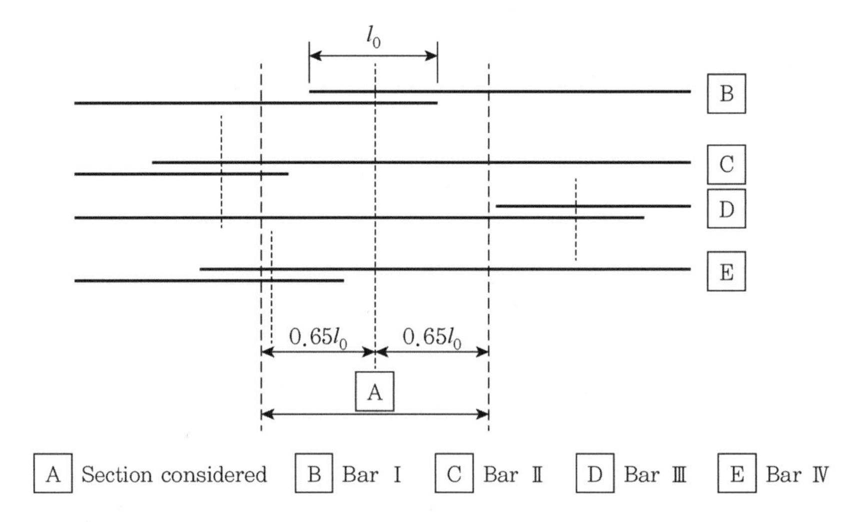

Example : Bars II and III are outside the section being considered : %=50 and α_6 =1.4

BS EN 1992-1-1 8.7.3 Lap Length의 표 8.3에 의하면 전체 단면에 대한 겹침이음의 비율에 따라 다음 표와 같이 겹침이음 길이를 증가시킨다.

전체단면에서 겹침이음 비율	< 25%	33%	50%	> 50%
α_6	1.0	1.15	1.4	1.5

ACI 318-19, R25.5.2에는 다음과 같이 겹침이음과 간격을 표현한 그림이 있다. 국내 KCI-2012와 KCI-2017도 같다.

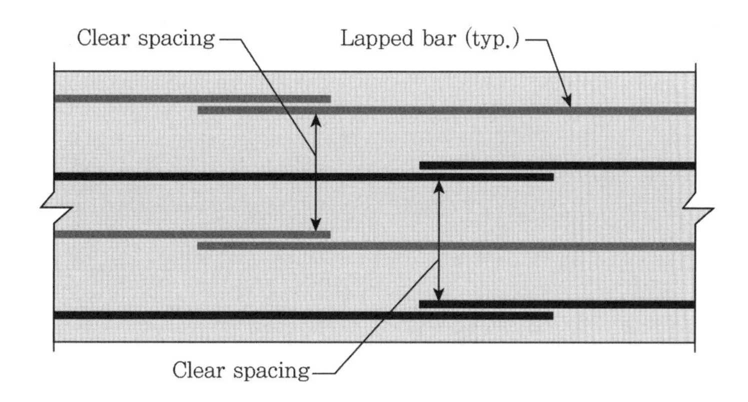

지금은 개정되어 관련 내용이 없으나 건축공사 표준시방서(06)의 05000 콘크리트공사 편의 그림 05020.3에는 인장 철근이음에 대해 엇갈리는 방법을 다음과 같이 제시했다.

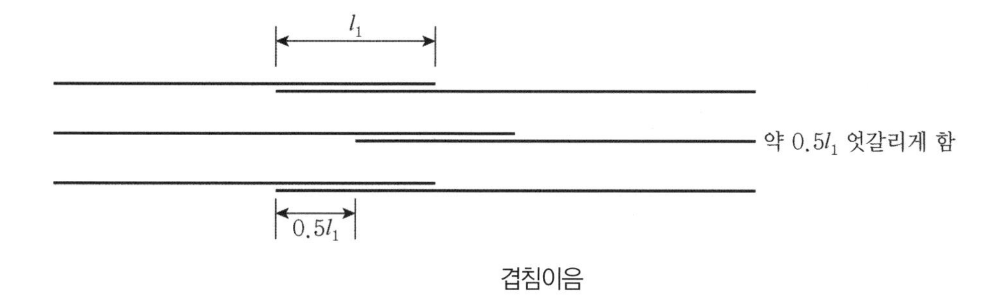

겹침이음

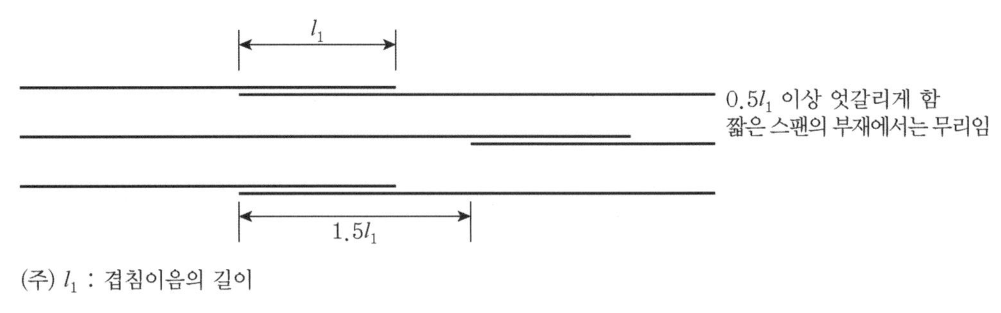

겹침이음(계속)

필자가 해외사업(모로코)을 수행했을 때 프랑스 기준을 따르는 모로코에서는 33% 이상이 겹쳐지지 않도록 했다. 겹침이음 위치를 한 곳으로 하면 시공성과 철근의 가공성은 편리해진다. 그러나 응력이 집중되어 균열 발생 가능성은 커진다. 따라서 최대한 한 단면에서 최대 33%를 넘지 않도록 겹침이음 할 것을 권장한다.

RQ 30

그라우트와 모르타르의 차이는 무엇일까?

A

ACI 116R에 의하면 그라우트(grout)는 물과 골재를 포함하거나 포함하지 않거나, 시멘트 재료를 혼합하여 구성물질의 분리 없이 부을 수 있는 점도를 갖는 것으로 정의했다. 모르타르(mortar)는 잔골재(fine aggregate)와 시멘트 페이스트(cement paste)를 혼합한 것으로 정의했다. 그라우트는 주로 공간을 채우는 것으로 사용하며, 모르타르는 벽돌공사와 같이 요소를 붙이는 곳에 사용한다.

콘크리트표준시방서(2016) 1장 용어의 정의에 따르면 모르타르는 시멘트, 잔골재, 물 및 필요에 따라 첨가하는 혼화재료를 구성 재료로 하여 이들을 비벼서 만든 것 또는 경화된 것이라 설명한다.

RQ 31

콘크리트 유한요소 해석을 위해 참고할 것과 유의해야 할 것은?

A

콘크리트 구조물의 유한요소 해석을 위해 필요한 지식들을 여러 참고문헌들과 BECHTEL사의 자료들을 참조하여 정리해보았다. 그림의 대부분은 Finite Element Design of Concrete Structures(2004)에서 발췌하였다.

1) 유한요소 해석은 일반적으로 부재의 중심선을 기준으로 요소를 만든다. Rigid Link(EI= ∞)는 부재의 연결점에서 사용할 수 있다. 즉 보(beam)가 동일한 위치에 없을 때, 빔과 기둥이 만나는 위치에서 사용한다.
2) 변단면의 경우 다음과 같이 모델링하고, 절점을 Rigid Link로 연결하거나 좌우측 부재중 한 개와 동일한 단면 특성을 갖는 부재로 연결해도 된다.

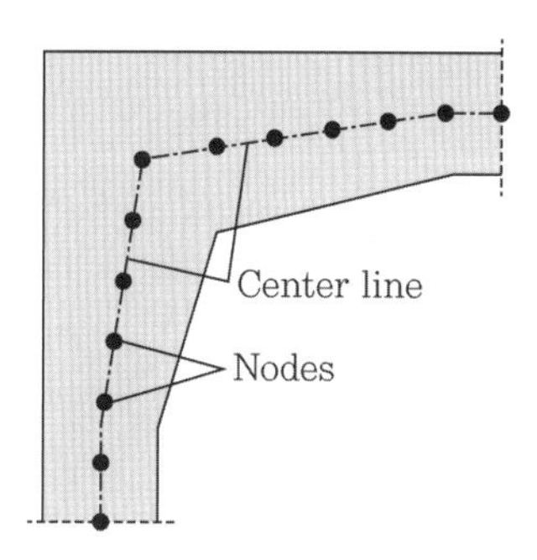

그림 2.13 Frame corner with inclined haunch

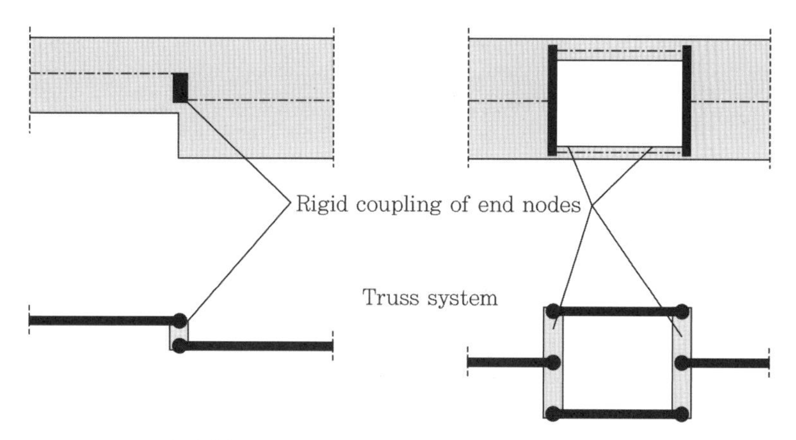

그림 2.20 Halving joint and opening in a beam

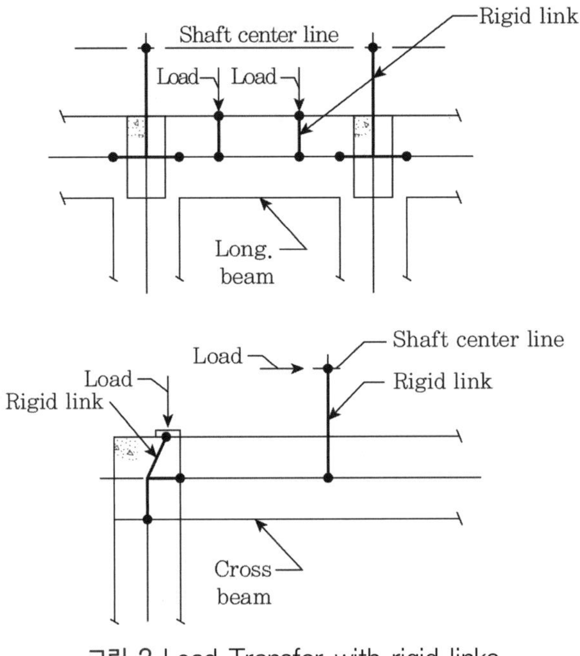

그림 2 Load Transfer with rigid links

3) 큰 개구부가 있는 전단벽은 다음과 같이 모델링할 수 있다.

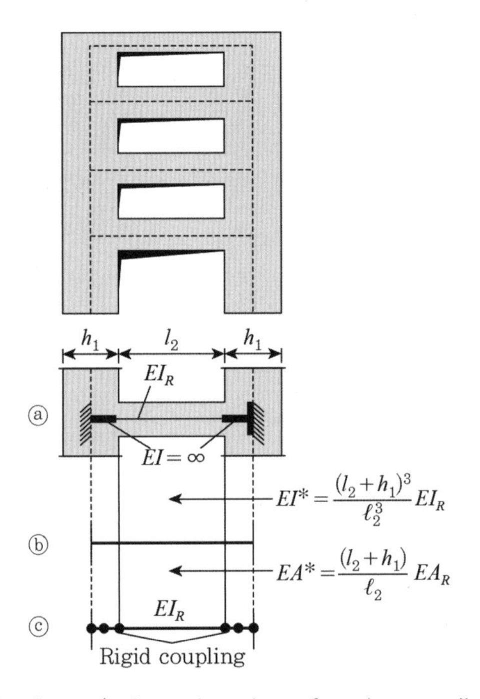

그림 2.51 Models for the beam/column junction of a shear wall with large openings

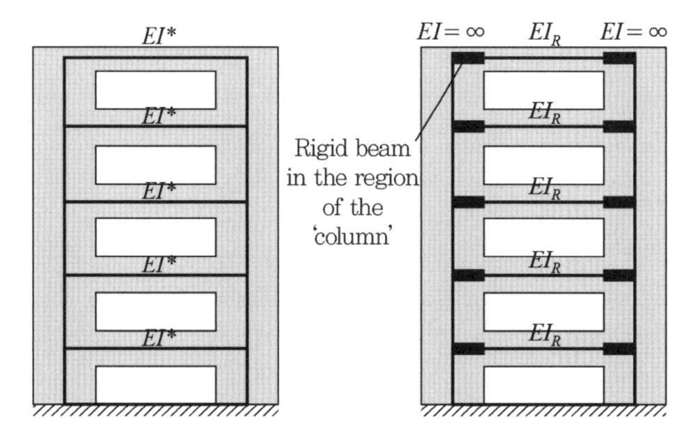

그림 2.52 Models for a coupled shear wall with large openings

4) 프레임 구조의 모델링은 다음과 같이 할 수 있다.

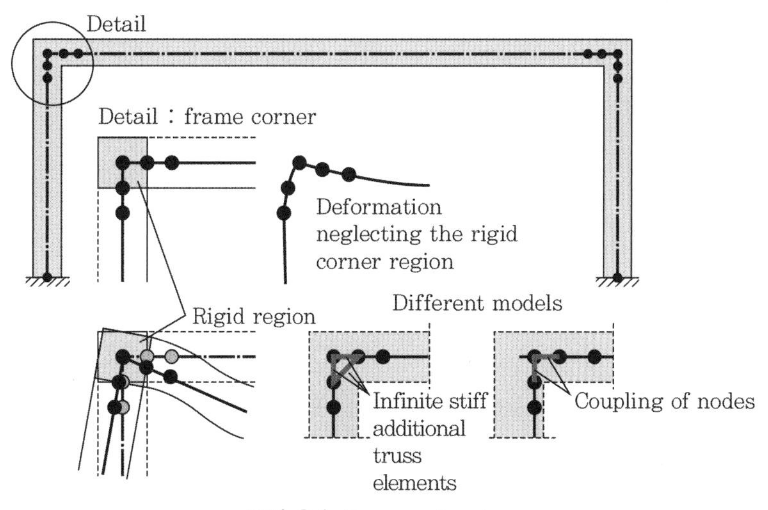

그림 2.1 Frame structure

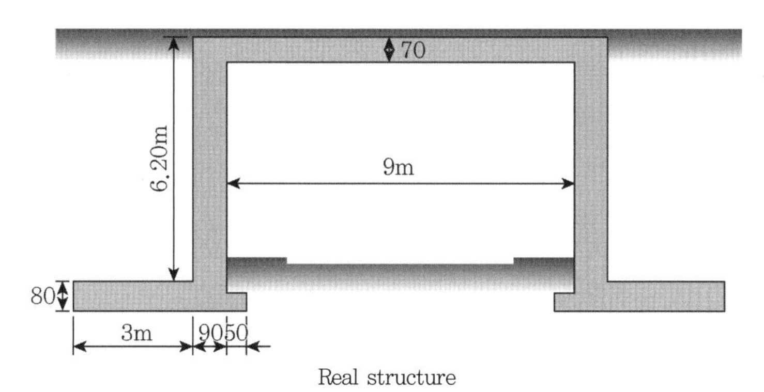

그림 2.3 Portal frame bridge-numerical model

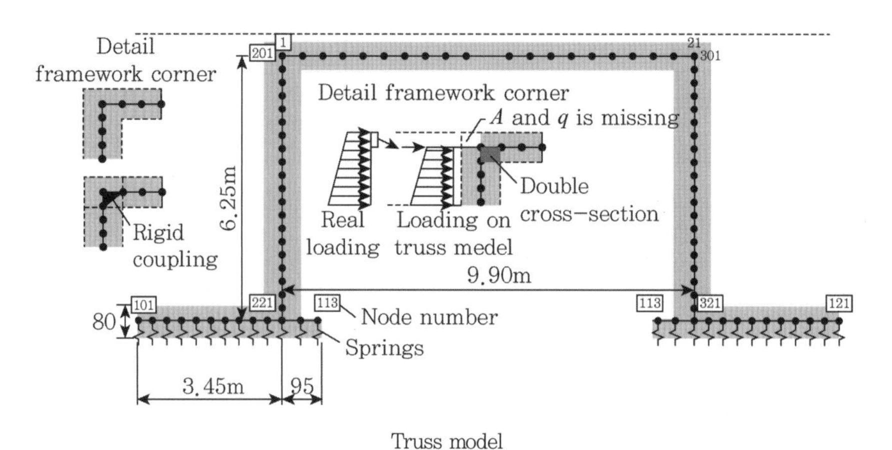

Truss model

그림 2.3 Portal frame bridge-numerical model(계속)

5) 기초에 포함되는 각종 피트(pit)는 해석모델에 포함한다. 피트의 깊이가 기초두께보다 작은 경우는 두께를 감소하여 고려하고, 기초 하부로 피트가 내려가는 경우도 모델에서 고려한다.

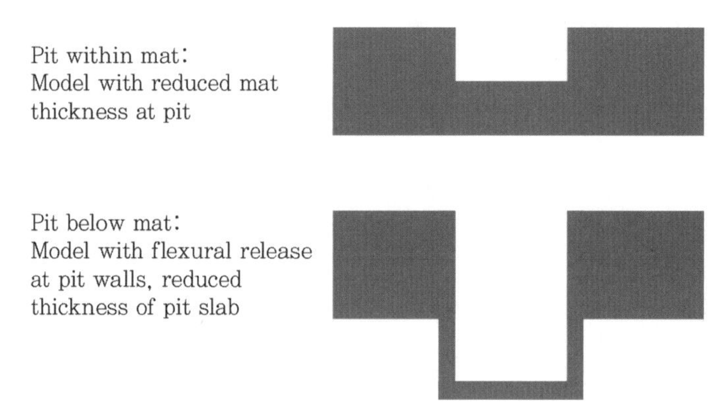

그림 7.1 Pit configuration effect on analysis model

6) 말뚝기초 구조물의 모델링은 다음과 같이 할 수 있다. 단, 파일 캡(pile cap)은 트러스요소로 모델링할 수 없는 교란영역(D구역, 응역분포가 비선형이어서 보 이론이 적용되지 않는 영역)으로 무한강성으로 모델링해야 한다. 말뚝의 회전강성(rotational stiffness)은 해석에서 미미한 영향을 주므로 일반적으로 무시한다.

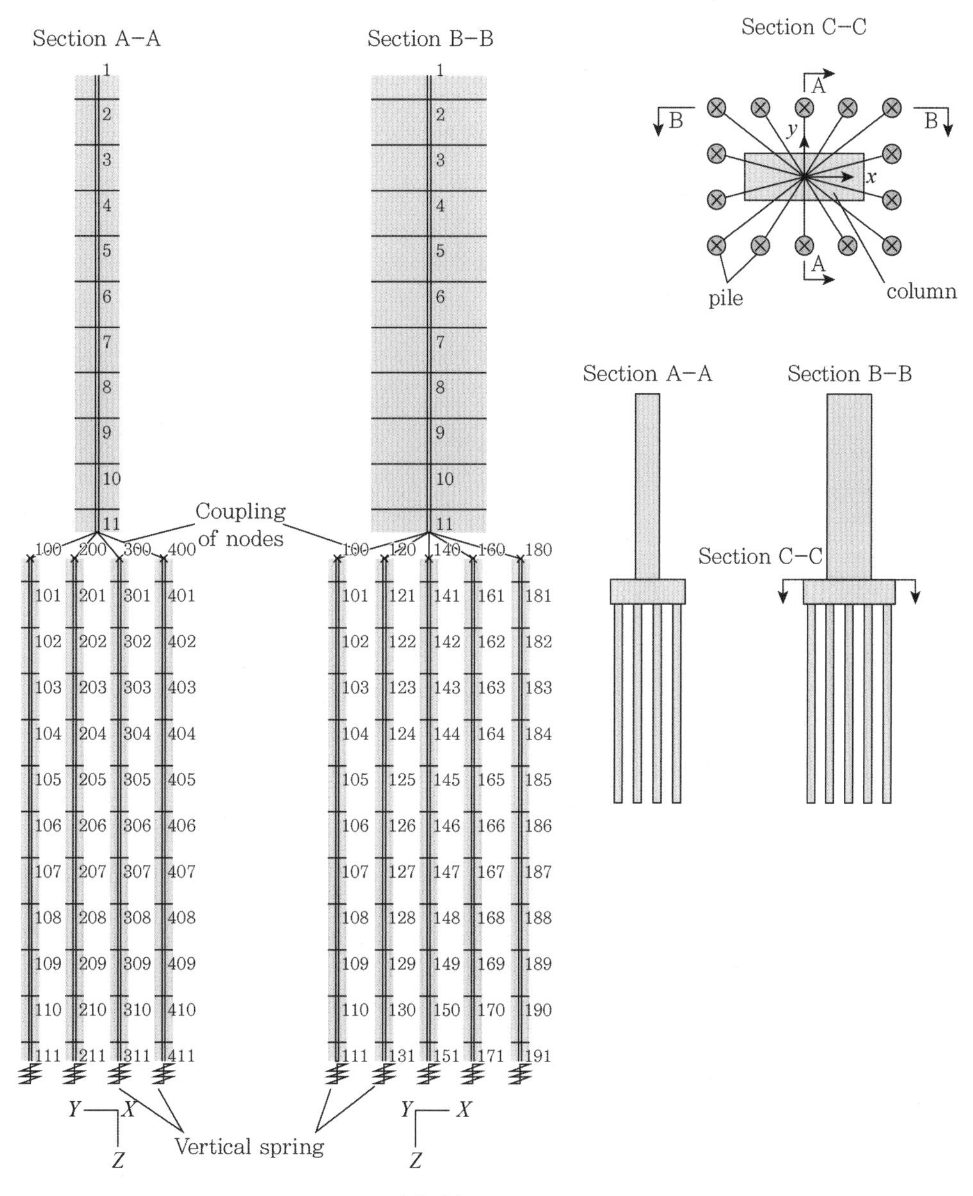

그림 2.44 Truss model

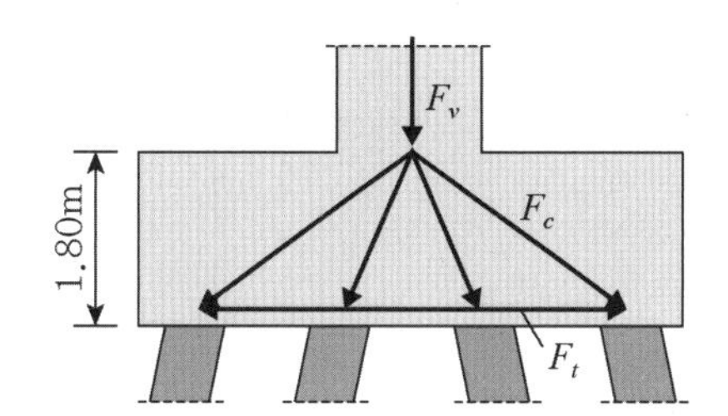

그림 2.43 Flow of forces in a pile cap

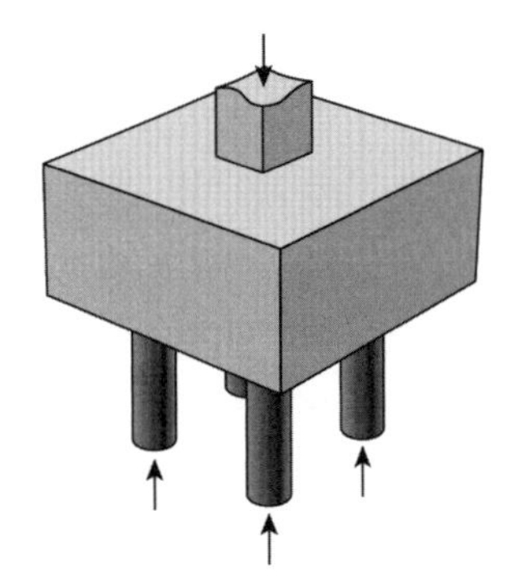

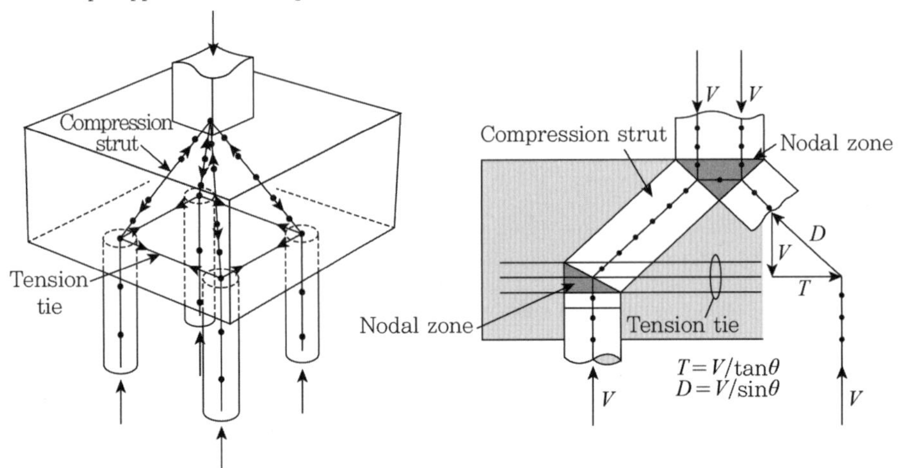

그림 6.13 Strut-and-tie models and three-dimensional truss model for column supported on four-pile cap(adapted from Adebar et al.[1993])

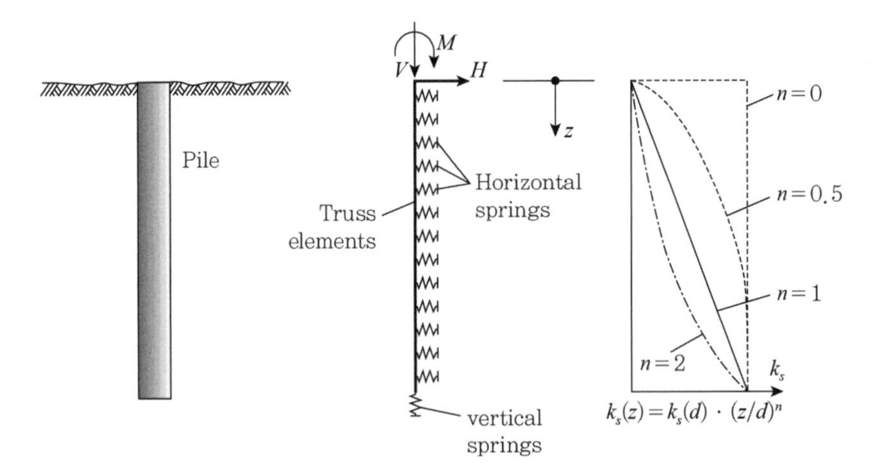

그림 2.37 Bored pile-numerical model and distribution of bedding modulus K_s for a horizontal force at the pile head

7) 콘크리트의 소성재분배 능력에 의해 지점부에서의 부모멘트는 재분배되어 설계모멘트를 감소시킬 수 있다.

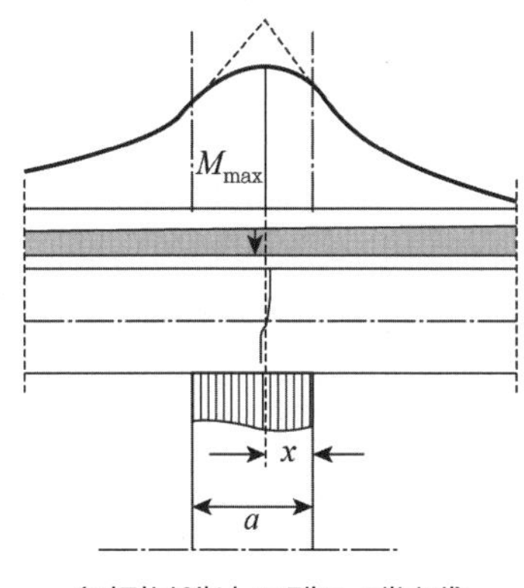

〈지점부에서 모멘트 재분배〉

8) Plate 요소는 Bending만 고려하며, Shell 요소는 Bending과 Membrane을 고려한다. Shell model은 구조물에서 힘의 흐름을 결정하는 데 매우 유효하며 이를 바탕으로 Strut-Tie Model로 평가하거나 설계할 수 있다. Shell/Plate 요소는 일반적으로 Wall, Slabs, Mat를 모델링하기 위해 사용한다. Thin Shell/Plate 요소에서는 Mesh의 크기는 형상비(aspect ratio, 요소의 장변과 단변의 비)가 4각형 요소의 경우 2 이하가 바람직하며 3보다 커서는 안 된다. 내부각도는 30°보다 작아서는 안 된다. 3각형 요소의 형상비는 1.5보다 작아야 한다(참고 : transverse shear deformation 효과를 고려할 수 없는 프로그램에서, 적당한 두께의 wall, floor, mat에 thin plate/shell 요소를 사용하면 요소의 강성이 너무 강(rigid)해지므로 solid 요소나 thick plate 요소를 사용해야 한다). Mesh 크기가 작아지면 모멘트가 커진다. 이것은 Singularities 또는 Infinite Stress나 내부응력이 집중하중 위치에서 발생하기 때문이다. 이상적인 Mesh 크기는 제안하기 어렵지만 1,000 mm 또는 Span/10 중에서 작은 값으로 시작하는 것이 좋다.

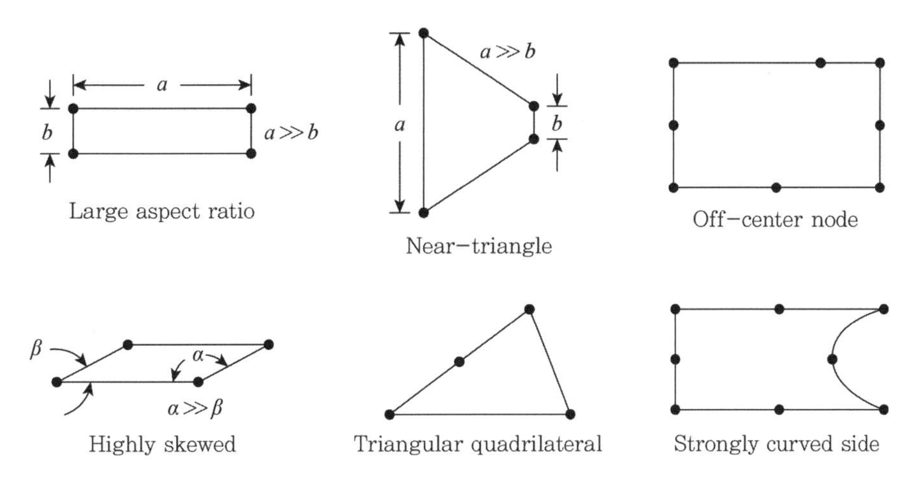

그림 5.3-2 Plane elements having shape distortions that usually reduce accuracy

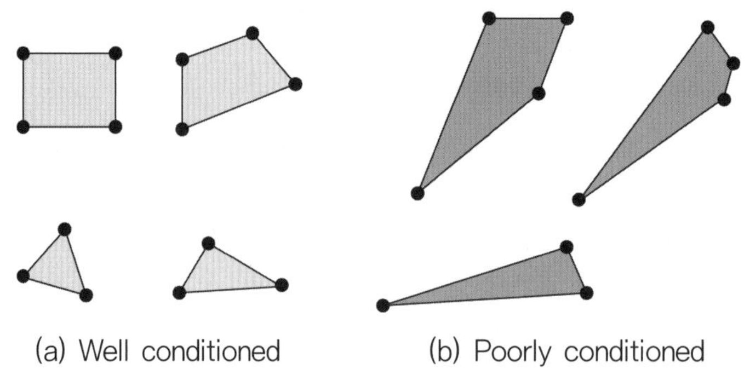

그림 6 Element shape

9) Plate 요소에는 집중하중이 아닌 분포하중으로 재하한다. 집중하중으로 재하하면 다음과 같은 Singularity(infinite stress)가 발생하며, Singularity 문제는 하중을 넓게 재하해서 해결한다. 실제로 이러한 최댓값(peak)은 콘크리트에 균열이 발생한 후 철근이 항복하므로 이러한 형상은 발생하지 않는다.

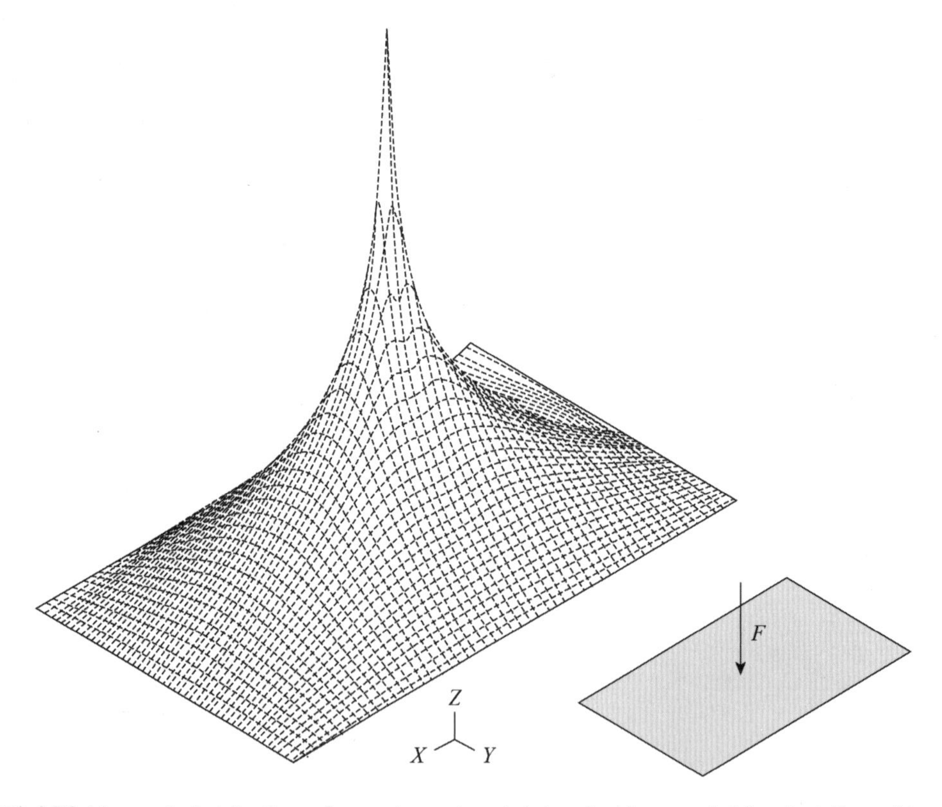

그림 4.59 Moment distribution of a rectangular slab loaded by a point load at the midspan

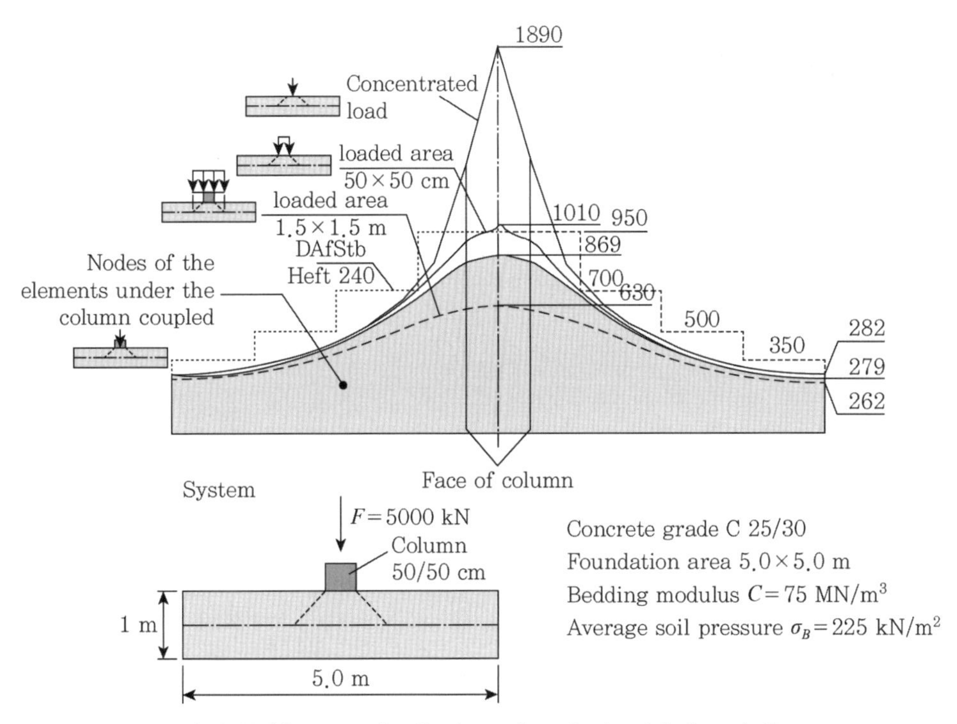

그림 4.44 Moment distribution of a single-slab foundation

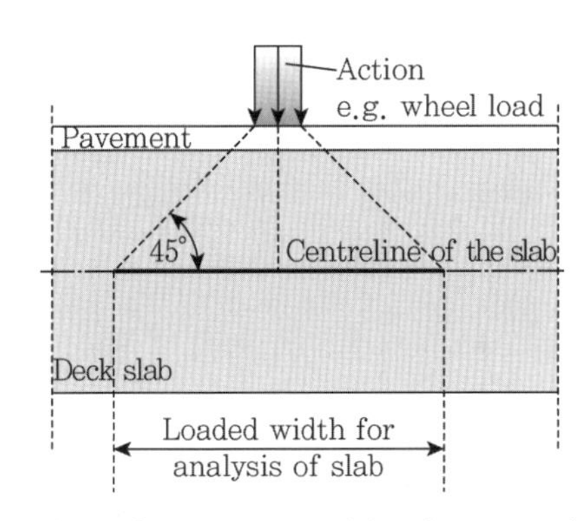

그림 4.61 Dispersion of concentrated loads up to the midplane

10) 슬래브와 벽체, 매트에 사용하는 Plate/Shell 요소의 설계를 위해서는 기둥 폭(또는 집중하중 지역)에 요소 두께의 2배 폭 지역의 평균값을 사용할 수 있다. 부재설계 모멘트는 설계 모멘트(M_{xx}, M_{yy})에 비틀림 모멘트(M_{xy}, RQ 32 참조)를 추가로 고려하여 보수적인 설계가 되도록 다음 식과 같이 둘을 더한다.

$$\text{설계모멘트 } M_x = |M_{xx}| + |M_{xy}|,\ M_y = |M_{yy}| + |M_{xy}|$$

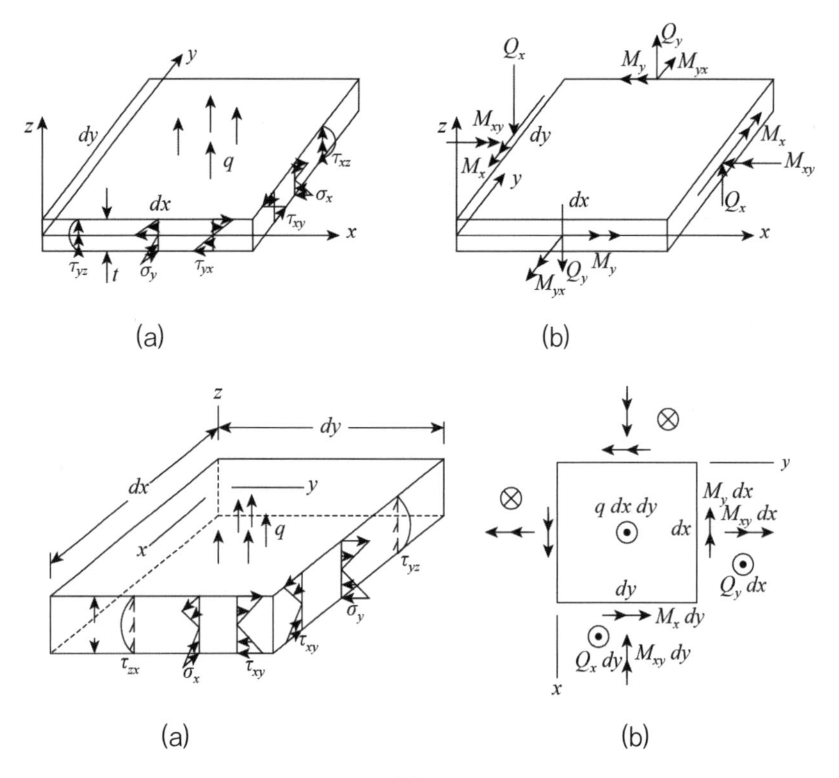

그림 7.1-2 Differential element of a plate. (a) Stresses on cross sections and distributed lateral load $q=q(x, y)$. (b) Differential forces and moments. Arrows that represent force normal to the plate midsurface are viewed end-on

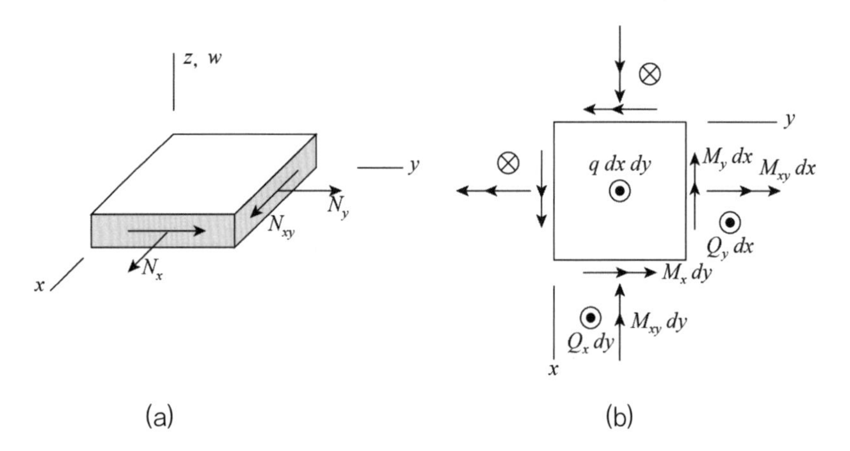

그림 4 Internal forces in shell element associated with : (a) Membrane action; and (b) Plate-bending action

참고
1) Plate 요소에서 대략적으로 L/t=10이면 Thick Plate로 구분하며, L/t=100이면 Thin Plate로 취급한다. 2) Shell은 그 두께가 다른 두 변의 길이에 비해 현저히 작은 3차원 곡면구조다. Shell은 외부하중을 막작용(Membrane)과 휨작용(Bending)의 합동에 의해 매우 효과적으로 지지하는 구조형태다. 평판은 Shell의 특수한 경우로 곡률이 무한대인 평면형태다. 3) 설계를 위해서 Moment는 평균값을 사용하는 것이 바람직하나, 설계자가 보수적인 설계를 원하는 경우 Moment가 큰 지역에만 추가적인 철근으로 보강하는 방법을 적용할 수 있다. 이때 철근이 밀집되지 않도록 고려해야 한다. 다발철근(bundle bar)도 사용할 수 있으나 겹이음 길이가 길어지는 문제가 있다.

11) 슬래브 지지점의 모델링 방법은 다음과 같다.

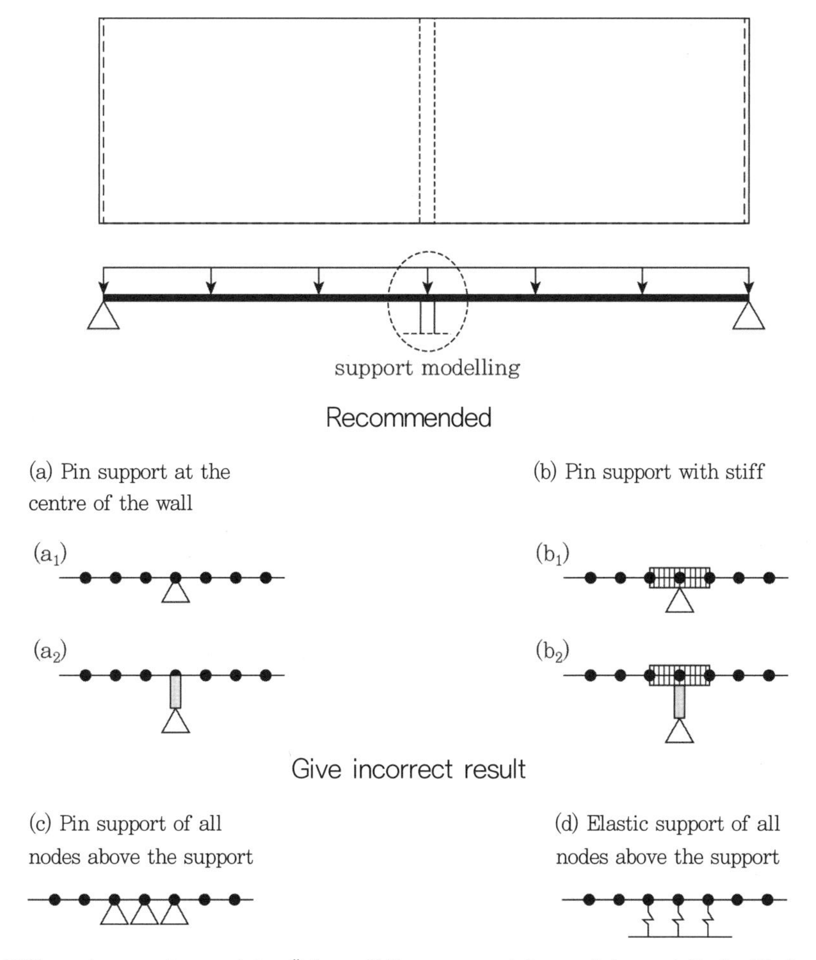

그림 2.1 Different ways to model a "hinged" line support for a slab modelled with linear shell elements, adapted from Rombach(2004). The pin support (a) is recommended. the pin support with stiff couplings (b) also gives good results while the other alternatives give incorrect results

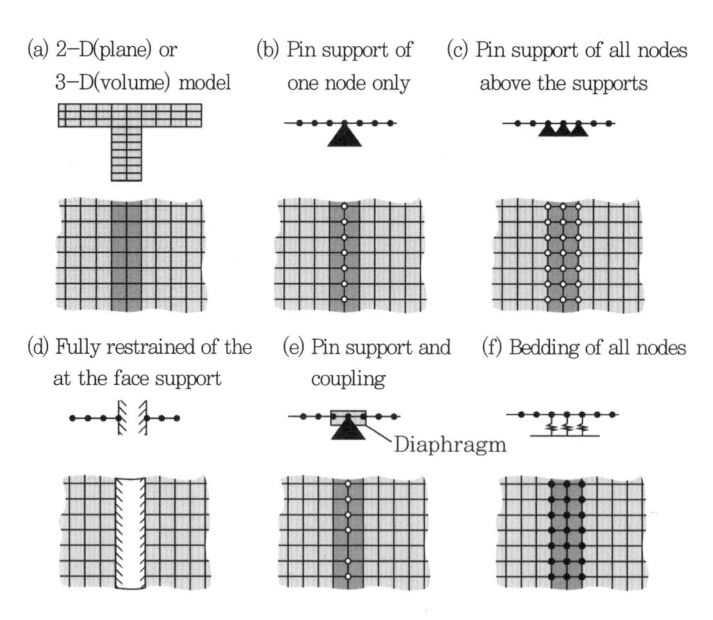

그림 4.10 Models for line support of slabs

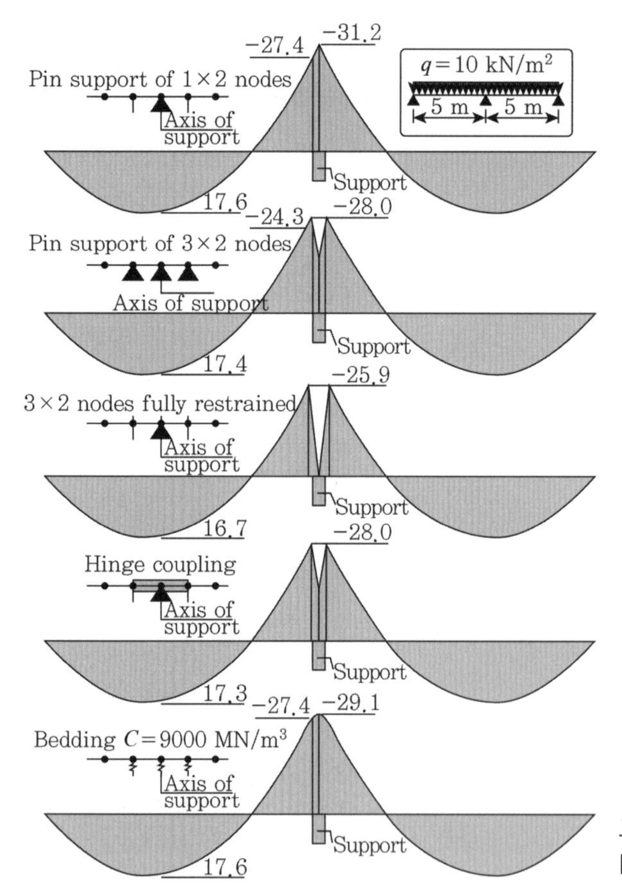

그림 4.11 Bending moments-uniform load at both spans-plate elements

12) Flat Slab 모델링은 다음과 같이 할 수 있다.

Element mesh
Top view
Column
A
A
Section A–A
Slab
Nodes
Column
Column

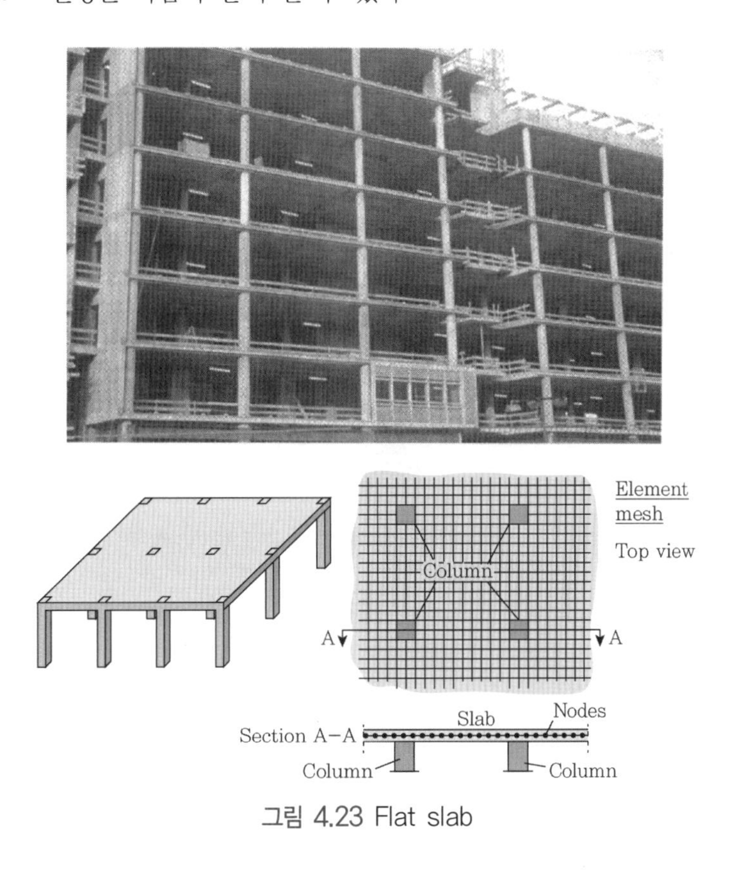

그림 4.23 Flat slab

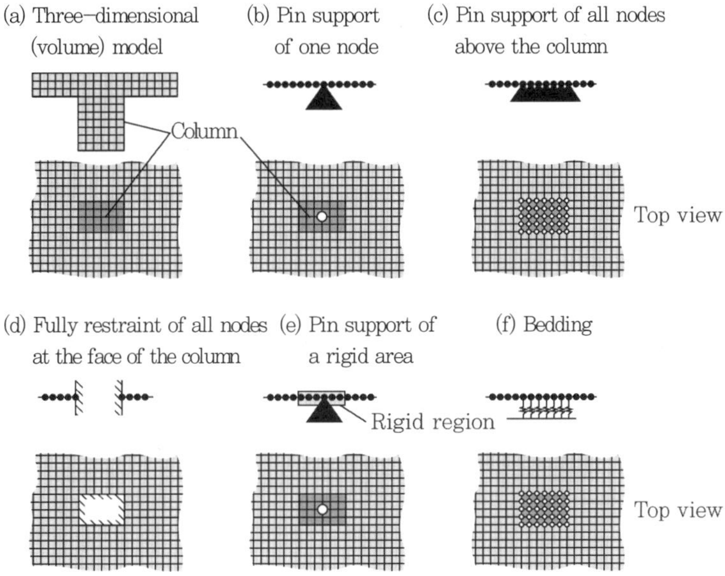

(a) Three–dimensional (volume) model
(b) Pin support of one node
(c) Pin support of all nodes above the column
Column
Top view
(d) Fully restraint of all nodes at the face of the column
(e) Pin support of a rigid area
(f) Bedding
Rigid region
Top view

그림 4.25 Flat slab-vaious models for the column support

13) T형 단면의 모델링은 다음과 같이 여러 가지가 가능하다. Internal force와 처짐이 고전적인 방법과 일치되는 모델은 B와 D1, D2 형태다.

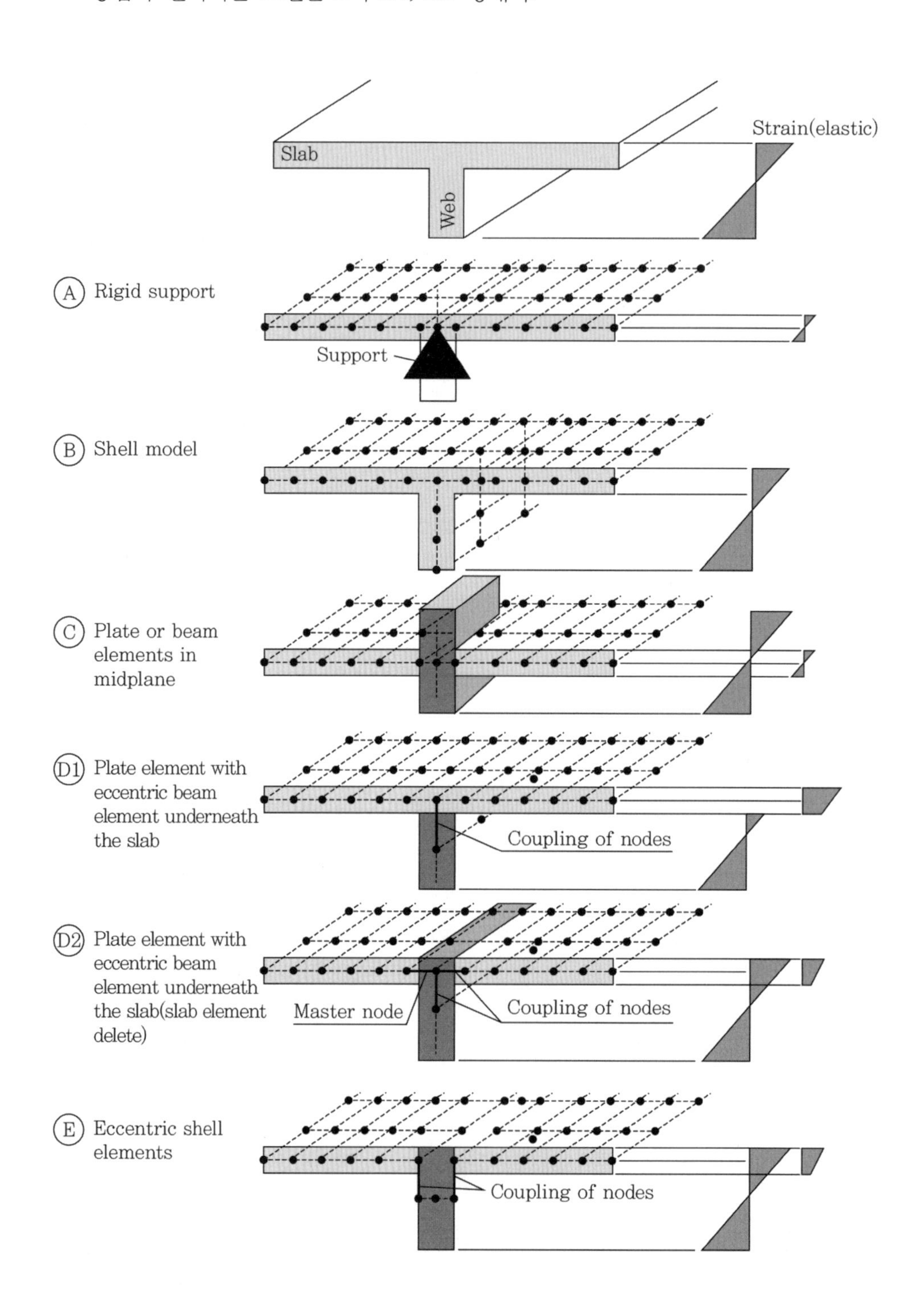

14) 합성보의 모델링은 다음과 같이 할 수 있다.

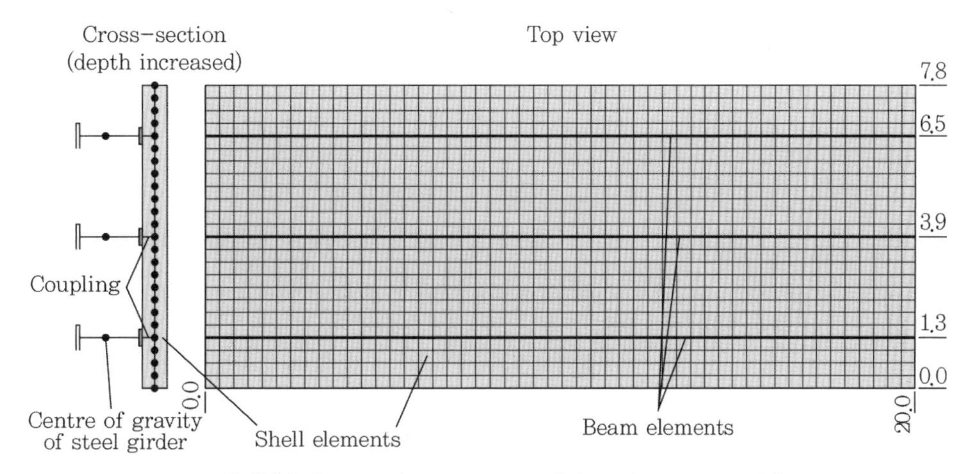

그림 5.30 Composite structure-finite element model

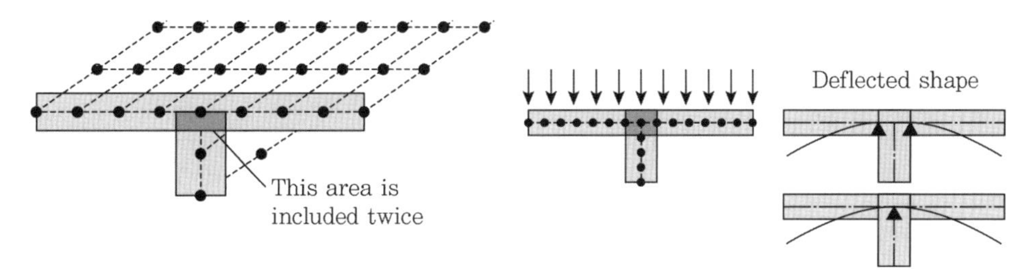

그림 5.16 Web/flange junction

15) 발전소 구조물의 해석모델 예는 다음과 같다.

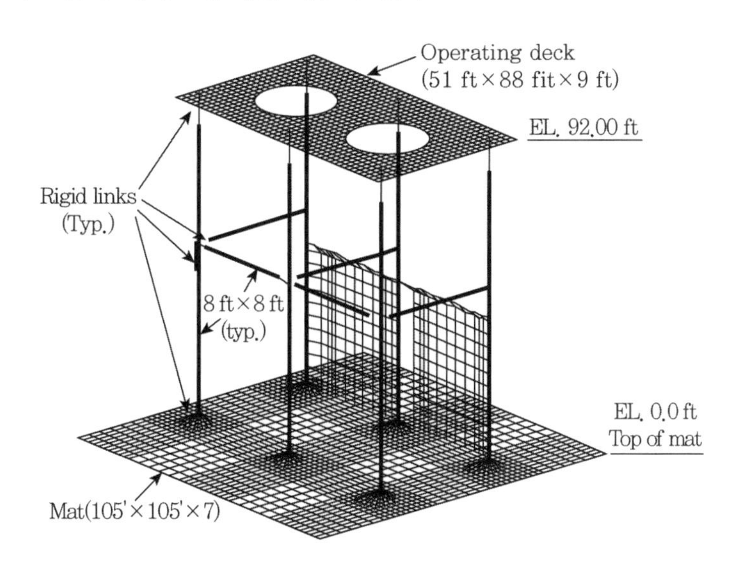

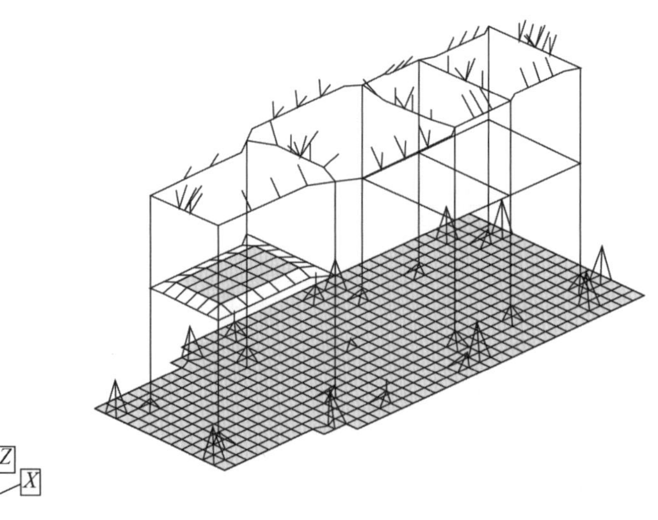

그림 3 Example of a tabletop finite element model with mezzanine level beams at HP/IP and slab at generator areas

16) 콘크리트 유한요소해석은 선형탄성해석을 기본으로 한다. 비선형 해석은 콘크리트가 균열이 발생한 경우에 유용하다.

17) Solid 요소는 Containment 구조물, Internal Structure, 매트기초를 모델링할 때 사용한다. 이것은 전단변형, Thick Wall과 Thick Mat의 비선형효과와 온도의 비균일 분포를 설명할 수 있다. Solid 요소의 Output은 평면요소의 중심에서 또는 요소의 중심에서 응력을 나타낸다.

18) 콘크리트의 인장강도는 압축강도의 10~15% 정도가 된다.

19) 직접기초 하부에 암반(전단파속도 2500 ft/s(762 m/s) 이상의 sandstone or limestone)이 있는 경우 Fixed Base Condition으로 고려한다.

20) 포아송비는 빔 요소의 전단변형, Membrane과 플레이트 요소의 휨 강성을 고려하기 위해 사용한다.

21) 균열은 콘크리트 구조물의 휨 강성과 고유진동수를 감소시킨다.

22) 작은(감소된) Static Soil 스프링 계수(compression only spring)는 매트에서 휨모멘트를 크게 나오게 하므로 보수적인 설계결과를 초래한다. 직접기초에서 지반스프링은 압축력만 받는 것으로 고려한다. 강진지역이나 강풍지역에서의 직접기초는 상당한 인발력이 발생할 수 있으며, 이 경우에는 Compression only Spring을 사용해야 한다.

23) 온도응력은 Mesh의 밀도, 온도분배 그리고 구속조건 따위에 매우 민감하다.

RQ 32

플레이트요소나 쉘요소로 콘크리트 유한요소 해석 후 설계모멘트를 취할 때 유의사항은?

A

유한요소해석을 할 때 플레이트(plate)요소나 쉘(shell)요소를 사용하면 각 방향으로 휨모멘트 (M_{xx}, M_{yy})와 비틀림 모멘트(M_{xy})가 발생한다.

다음 그림은 Yijun Liu의 Lecture Notes, Introduction to the Finite Element Method에서 발췌한 것이다.

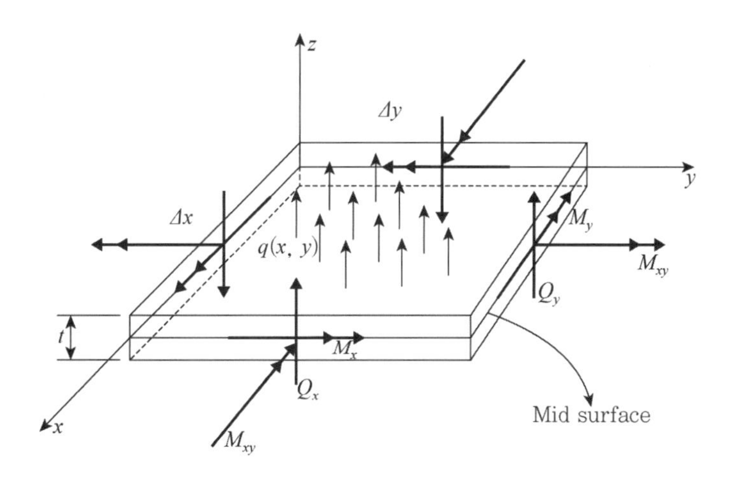

응력은 다음과 같이 발생한다.

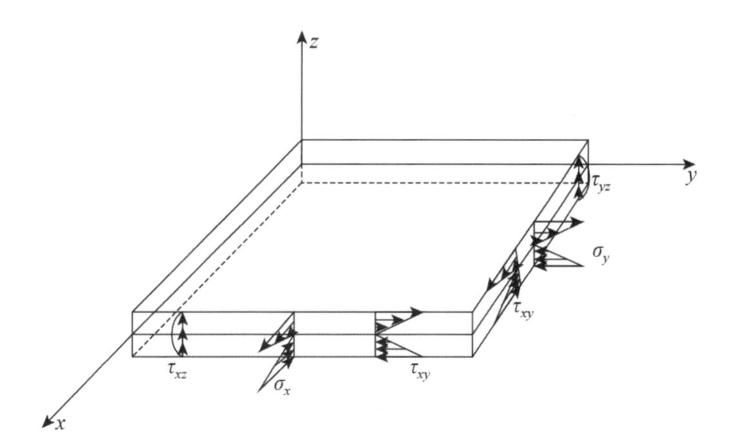

이때 힘과 응력 사이의 관계는 다음과 같다.

휨모멘트

$$M_x = \int_{-\frac{t}{2}}^{\frac{t}{2}} \sigma_x z dz (\mathrm{N \cdot m/m})$$

$$M_y = \int_{-\frac{t}{2}}^{\frac{t}{2}} \sigma_y z dz (\mathrm{N \cdot m/m})$$

비틀림 모멘트

$$M_{xy} = \int_{-\frac{t}{2}}^{\frac{t}{2}} \tau_{xy} z dz (\mathrm{N \cdot m/m})$$

전단력

$$Q_x = \int_{-\frac{t}{2}}^{\frac{t}{2}} \tau_{xz} dz (\mathrm{N/m})$$

$$Q_y = \int_{-\frac{t}{2}}^{\frac{t}{2}} \tau_{yz} dz (\mathrm{N/m})$$

최대휨모멘트

$$(\sigma_x) = \pm \frac{6M_x}{t^2},\ (\sigma_y) = \pm \frac{6M_y}{t^2}$$

일반적인 엔지니어들은 비틀림 모멘트를 고려하지 않거나 발생하는 것 자체를 모르는 경우가 대부분이다. 특히 슬래브의 코너 부분과 같이 비틀림 모멘트가 큰 곳에서는 이를 무시하면 안 된다.[59] 국내 기준인 KCI-2012(2017) 18.3 (1)에는 쉘요소의 보강철근은 비틀림 모멘트까지 고려해야 한다고 규정했다. 해설에서는 "휨 영향은 휨모멘트, 비틀림 모멘트 그리고 그에 따른 횡전단력이 포함되어야 한다"고 설명한다. ACI 318.2-14, 6.1.1 내용도 KCI와 같다. 그러나 어떻게 해야 한다는 설명이나 내용이 없다.

캐나다 기준 CSA A23.3-04, 13.6.4에서는 철근이 x와 y방향에 직각으로 배근되었을 때 계수 설계모멘트는 비틀림 효과를 다음식과 같이 고려할 것을 추천했다. 이것은 Wood and Armer Method를 수정하여 보수적으로 제안한 것이다.

1) 설계정모멘트

$$M_{x,\,design} = M_{xx} + |M_{xy}|$$

$$M_{y,\,design} = M_{yy} + |M_{xy}|$$

설계모멘트 값이 음이면 Zero로 간주한다.

2) 설계부모멘트

$$M_{x,\,design} = M_{xx} - |M_{xy}|$$

$$M_{y,\,design} = M_{yy} - |M_{xy}|$$

설계모멘트가 양이면 Zero로 간주한다.

여기서, M_{xx}는 x방향 모멘트, M_{yy}는 y방향 모멘트, M_{xy}는 비틀림 모멘트이다.

유럽기준 DD ENV 1992-1-1 : 1991(1999), A2.8에서도 Wood and Armor 접근 방법에 의해 설계 모멘트를 계산하도록 제시했고, CEB-FIP Model Code 1990, 6.4.1에서도 비틀림 모멘트를 고려해야 한다는 내용이 있다. 일본의 콘크리트 표준시방서(평성 8년, 1996년) 12.8.3에서도 비틀림 모멘트를 면 내력에 포함하여 고려해야 한다고 부언했다.

ACI 447R-18 Design Guide for Twisting Moments in Slabs 1.2에서는 Waffle Slabs 또는 Beam-and-Slab Floor의 Beam에는 ACI 447R을 적용할 수 없다고 설명한다. 4.2에서는 2005년 May and Lodi 연구에 의하면 Wood and Armer Method는 상당한 비틀림 모멘트 지역에 높은 철근비(대략 0.75% 이상)를 갖는 구속된 슬래브, 특히 구속된 슬래브의 코너부 근방에는 보수적이지 않은 결과를 보였다고 한다. 또한 이 방법은 빔 또는 Drop Panel이 있는 슬래브에는 직접 적용하면 안 된다고 한다. 이러한 사항을 염두에 두고 비틀림 모멘트를 고려하여 설계해야 한다.

RQ 33

경사를 갖는 박스구조물의 상판과 바닥판의 배근은 어떻게 해야 할까?

A

경사를 갖는 박스구조물의 배근은 국내문헌에서는 찾아보기 힘들다. 유사한 것을 찾는다면 도로교 설계기준(10) 4.8.4 (3)에 그림 4.8.4 경사슬래브교의 철근 배치를 참고할 수 있다(다음 그림 참조).

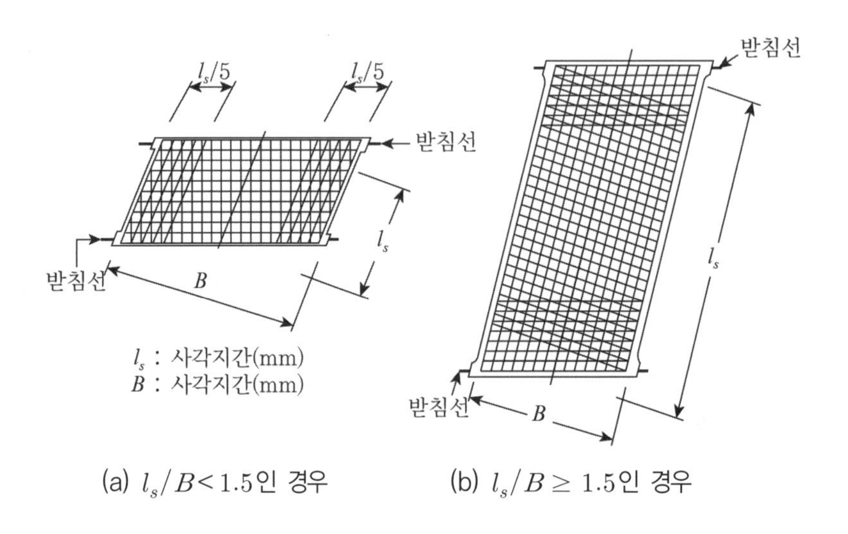

Texas Department of Transportation에서 작성한 Single Box Culverts Cast-in Place Miscellaneous Details에는 다음과 같이 각도별로 구분한 표준도 형태가 있다.

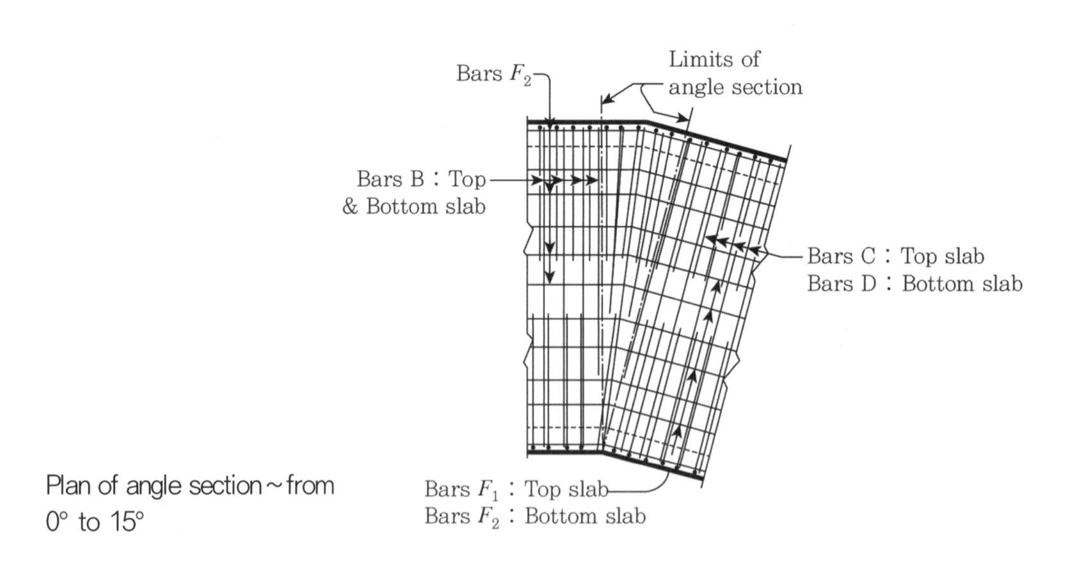

Plan of angle section ~ from 0° to 15°

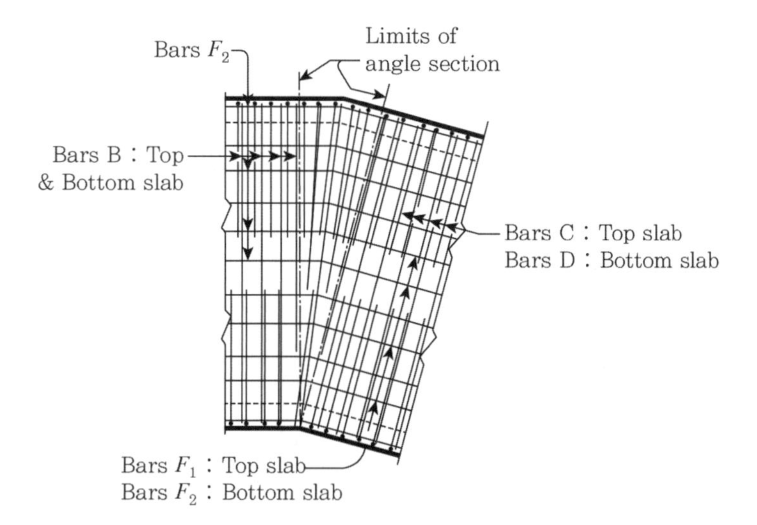

Plan of angle section ~ over 15° to 30°

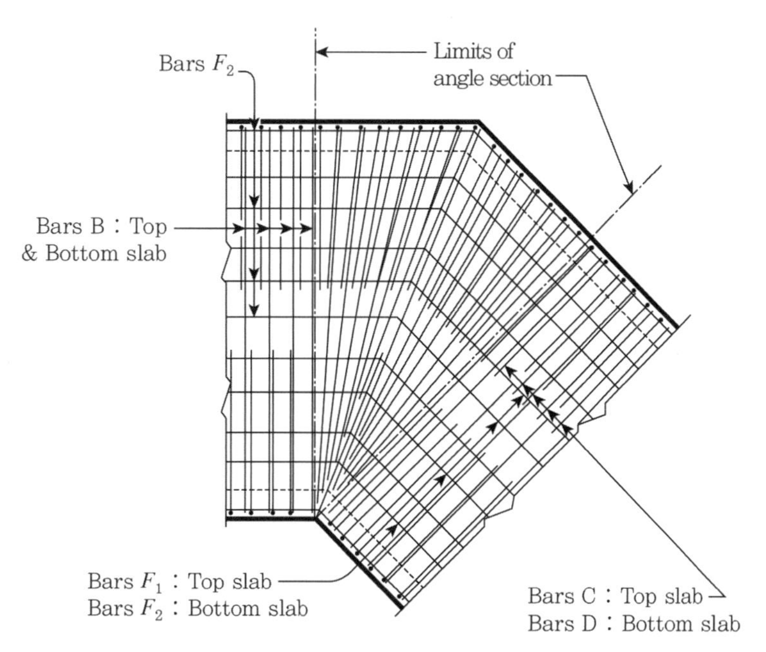

Plan of angle section ~ over 30° to 45°

그러나 Texas Department of Transportation에서 작성한 표준도는 코너부에 밀집한 철근들로 콘크리트 타설이 어려울 것 같다. 다음의 그림은 캐나다 Ontario Ministry of Transportation (2003)에서 발행한 Concrete Culvert Design & Detailing Manual의 8.4 Skewed End Culvert에 있는 배근 방법이다.

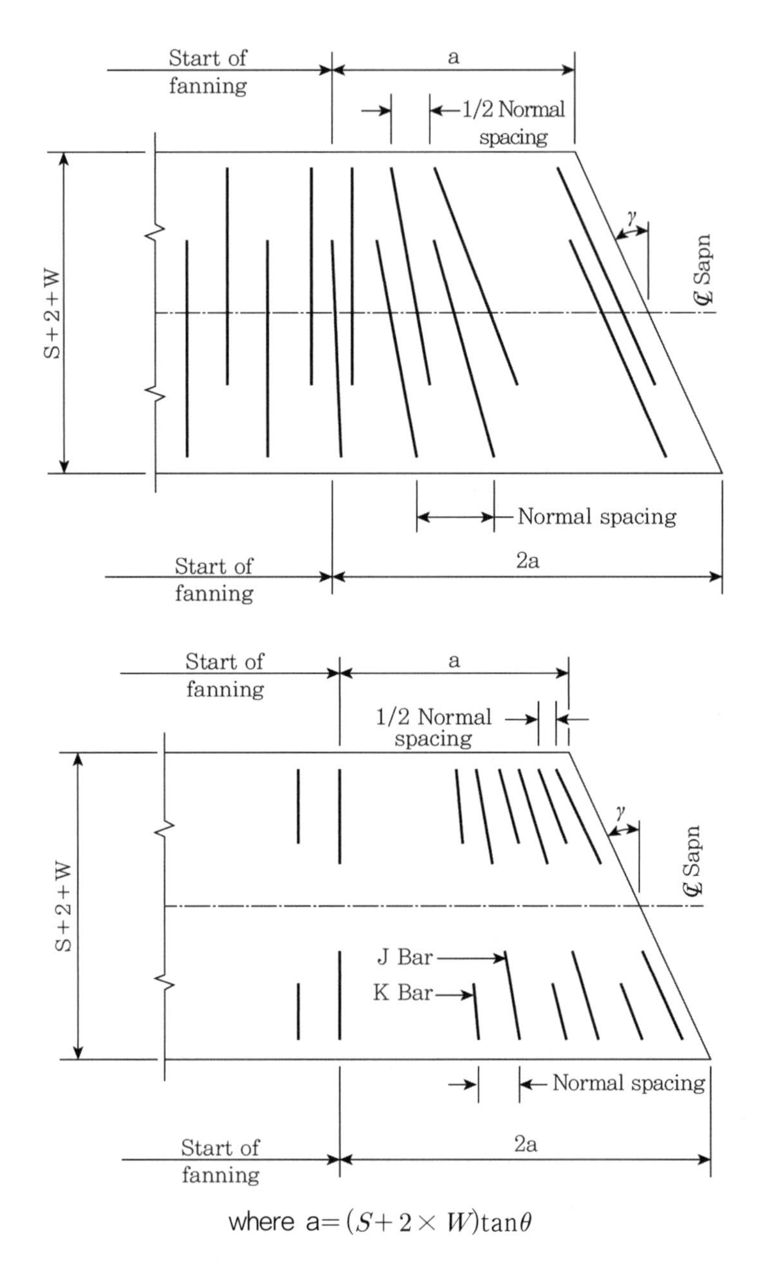

where $a=(S+2\times W)\tan\theta$

여기서 제안한 배근 방법도 좋을 듯 하지만 실무에 적용하기가 쉽지 않은 것 같다.

다음 그림은 필자가 생각하는 2련 박스구조물(box culvert)에 대한 횡방향 철근과 종방향 철근에 대한 배근 방법이다. 코너와 코너를 연결하는 철근으로 평면상의 상부와 하부(각각 11EA)를 동일 길이로 배근할 수 있다. 직선부와 각도변화 이후의 구간에는 평행하게 배근한다.

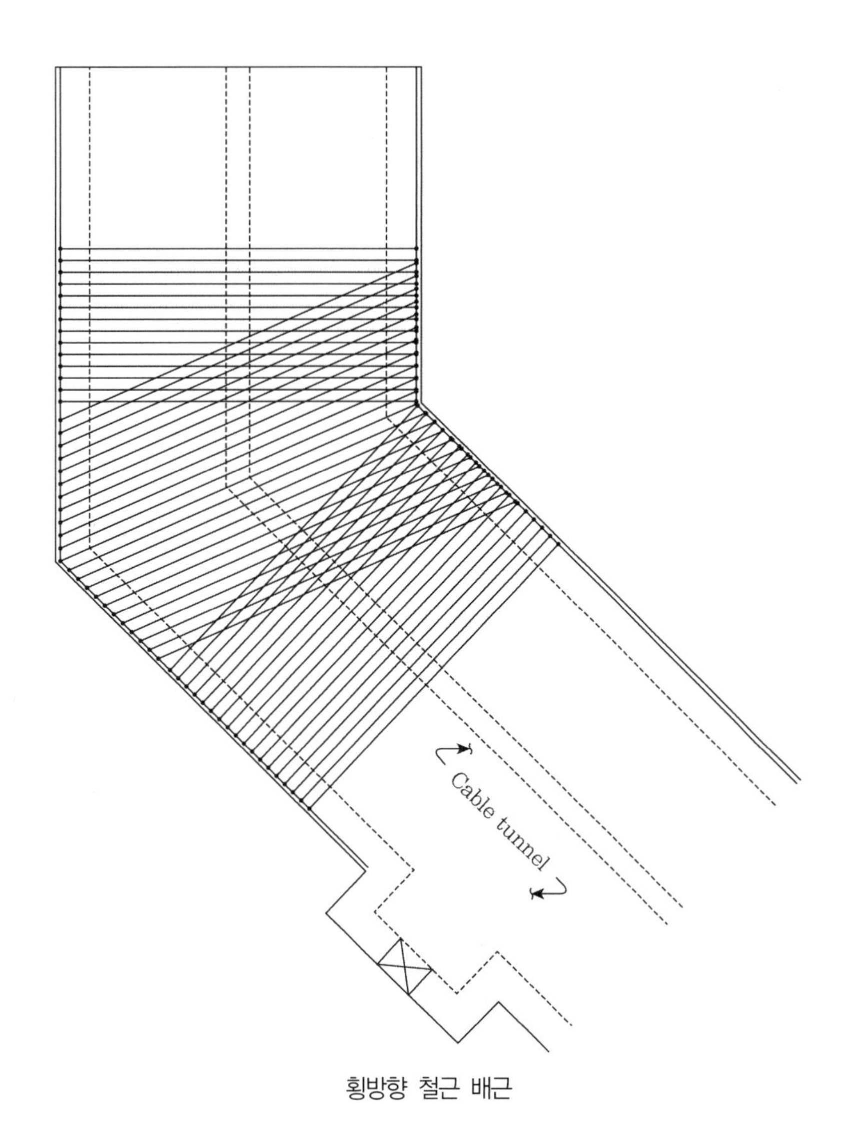

횡방향 철근 배근

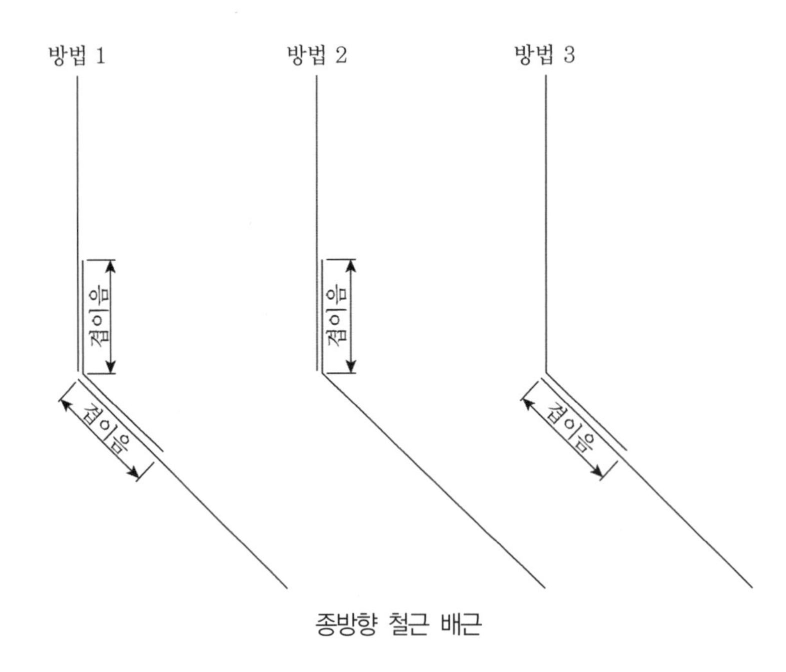

종방향 철근 배근

RQ 34

후설치 부착앵커의 최소 묻힘깊이는 얼마일까?

A

ICC-ES AC308의 1.2.2.3에서 소개하는 후설치 부착앵커의 최소 묻힘깊이는 다음 표와 같다. 다음의 d는 앵커볼트의 직경이고, 관련 그림은 다음을 참조한다.

d(mm)	≤ 10	12	16	20	≥ 24
h_{ef}, min.	60	70	80	90	4d

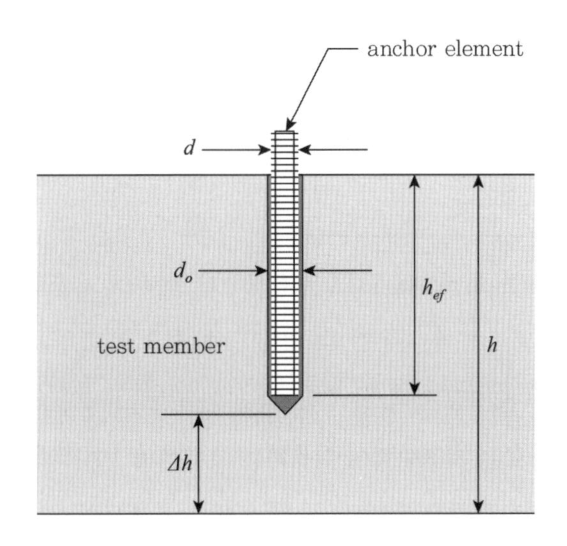

다만, 1.2.2.4에서는 최대 묻힘깊이(h_{ef}, max)는 20d를 넘지 않아야 한다고 설명한다. 1.2.3.1에서는 계산 목적을 위한 콘크리트 강도는 17 MPa(2,500 psi)≤f_{ck}≤55 MPa(8,000 psi)로 제한했다.

ICC-ES AC193, 1.4와 ACI 355.2-19, 1.4에서는 Expansion Anchors, Undercut, Screw Anchor는 공칭직경(nominal diameter) 6 mm 이상이며 최소 유효묻힘깊이가 40 mm 이상에 ACI 355.2를 적용한다고 설명한다. Screw Anchor의 최대 유효묻힘깊이는 10d로 제한된다. ACI 349-13, D.8.5에서는 Expansion or Undercut Post-installed Anchor의 경우 유효묻힘깊이(h_{ef})는 부재두께의 2/3를 넘지 않아야 하고 부재두께에서 100 mm를 뺀 길이보다 크지 않도록 규정했다.

ACI 355.2-19는 후설치 기계식 앵커를 검증하는 경우에 사용하는 것이지만 설계에서도 최소한 이 정도 직경과 깊이의 앵커를 사용할 수 있는 것으로 이해할 수 있다.

RQ 35

스트럿-타이 모델에서 모멘트나 분포하중을 고려하려면?

A

스트럿-타이 모델(strut-tie model, STM)은 1980년대 트러스 모델을 일반화하여 모든 콘크리트부재 혹은 구조물의 설계에 사용할 수 있는 방법이다. STM은 하중의 경로를 시각적으로 나타낼 수 있으며 교란영역(D영역, 응력분포의 불연속부로 구조물의 기하학적 형상이 급변하는 곳이나 집중하중 또는 지점반력이 작용하는 부분에서 보이론을 적용할 수 없는 영역)에 대한 실용적인 설계방법이다. 스트럿-타이 모델은 구조물의 일부 또는 구조물 전체에서 콘크리트에 작용하는 압축력을 나타내는 Strut, 철근에 작용하는 인장력을 나타내는 Tie, 그리고 스트럿과 타이가 만나는 절점영역으로 구성하여 해석한다. 탄성해석방법은 균열 발생 전의 응력의 흐름을 비교적 정확하게 예측할 수는 있지만, 균열 발생 후 있을 수 있는 응력의 재분배는 예측할 수 없다. 또한 비탄성 유한요소 해석방법은 파괴에 이를 때까지의 모든 하중에 대해 D영역에서의 응력흐름을 예측할 수 있으나 특별한 조사연구에서나 적절하며 보통의 해석과 설계에는 부적절하거나 불필요하다. 반면 STM은 균열 발생 전후에도 하중의 재분배를 예측할 수 있는 장점이 있다. 참고로 B영역은 보의 전단경간이 커서 보 작용에 의해 하중이 지지되며, 단면 변형률이 선형이어서 평면보존의 법칙이 성립하는 부분을 말한다. D영역은 전단경간이 작아서, 아치 작용에 의해 하중이 지지되며, 보 이론을 적용할 수 없는 부분을 말한다. 예를 들면 집중하중 작용점 부근, 받침부 반력이 작용하는 부분, 브래킷 또는 내민 받침, 깊은 보, 보-기둥의 연결부, 턱이 진 단부, 단면이나 단면력이 급변하는 곳, 개구부가 있는 부재, 프리텐션과 포스트텐션 콘크리트 부재의 정착부, 그 밖에 기하학적 불연속부 따위가 있다. 이를 시각적으로 쉽게 구분해서 보여주는 것이 다음 그림이며 짙은 부위가 D영역이다.

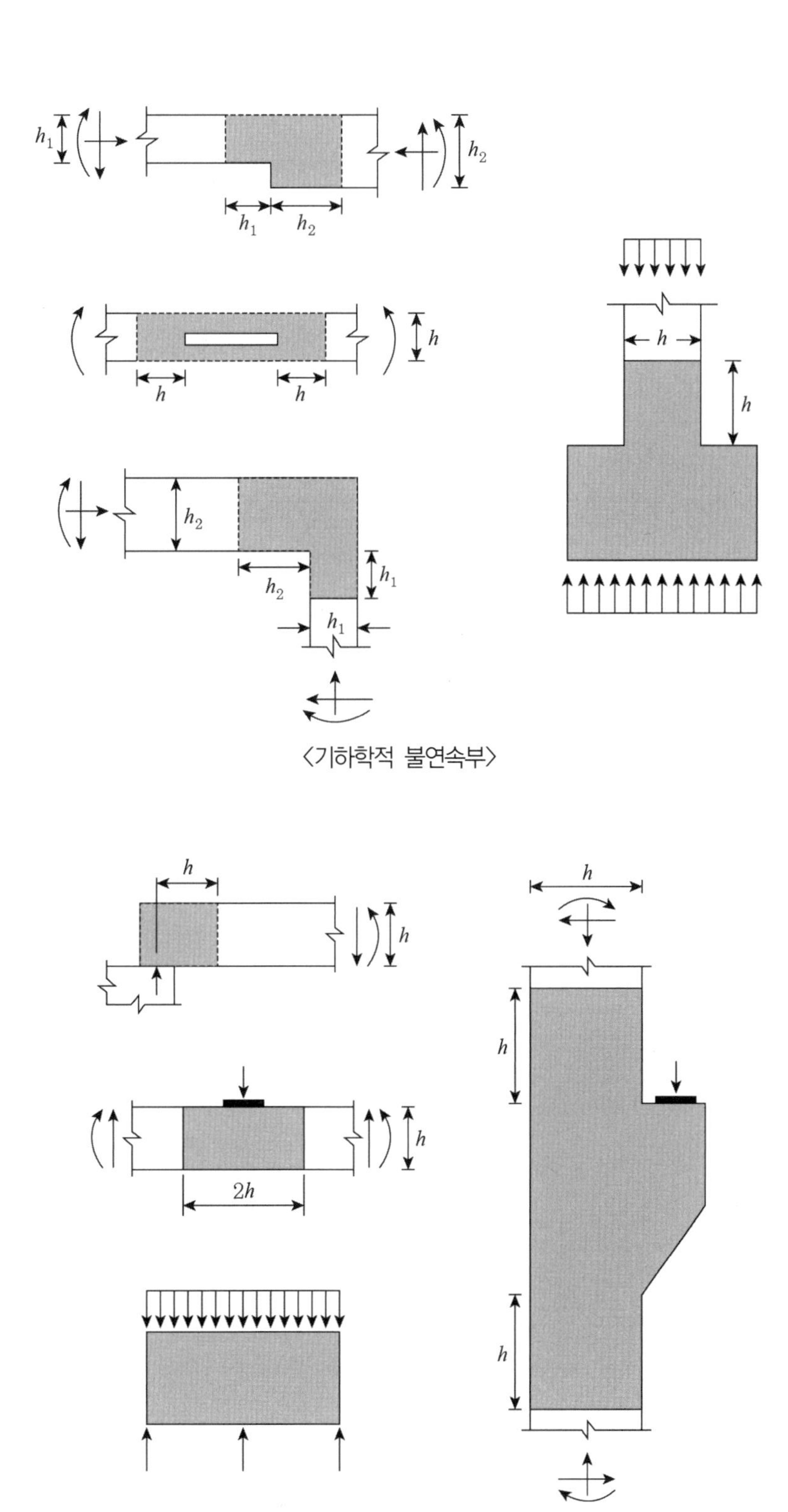

〈기하학적 불연속부〉

〈하중과 기하학적 불연속부〉

STM은 명쾌한 방법일 수 있으나 복잡한 구조물이거나 설계 예제에서 예로 들어주는 형태가 아니면 트러스 모델을 구성하기 어렵다. 더욱이 트러스 모델로 하중전달 메커니즘을 도식화해야 하므로 분포하중이나 인장하중, 모멘트가 발생하는 경우는 설계자의 입장에서 STM을 구현하기가 쉽지 않다. 그래서 ACI에서는 STM 해석방법의 예제(ACI SP-208)를 만들기까지 했다. 한국콘크리트학회에서도 콘크리트 구조부재의 스트럿-타이 모델 예제집을 발간했다. 그러나 분포하중이나 인장하중, 모멘트가 발생하는 경우는 설계예제를 찾아보기 힘들다. CEP-FIB Technical Report Bulletin 61의 Design examples for Strut-and-Tie Models(2011)에서 아주 유익하게도 이에 대한 예를 다루고 있어 이를 간단히 소개한다. 상세한 내용은 책을 참조한다.

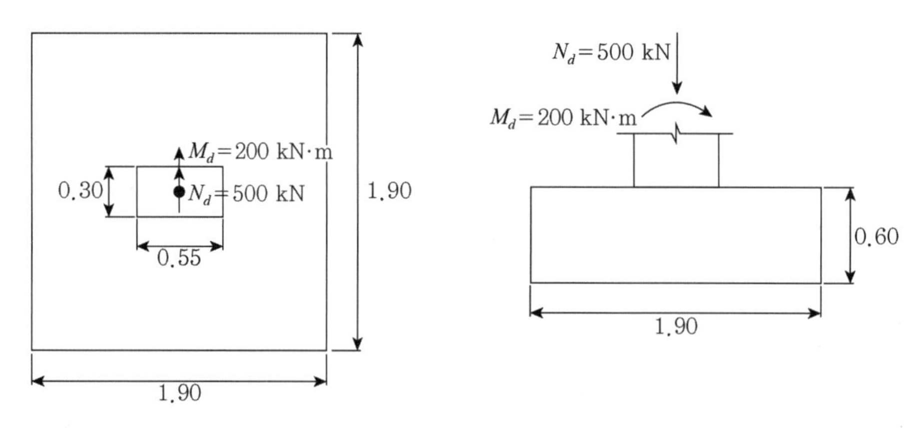

그림 1.1-1 Geometry and loads, plan view 그림 1.1-2 Geometry and loads, front view

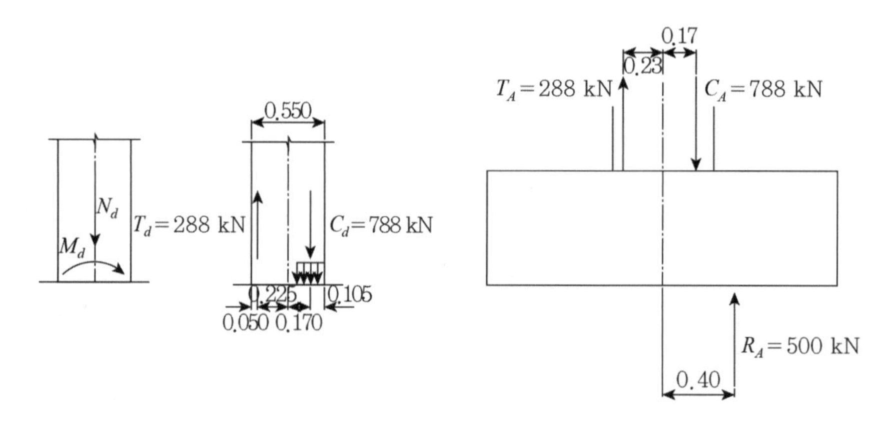

그림 1.1-3 Equivalent column forces 그림 1.1-4 Equilibrium of external forces

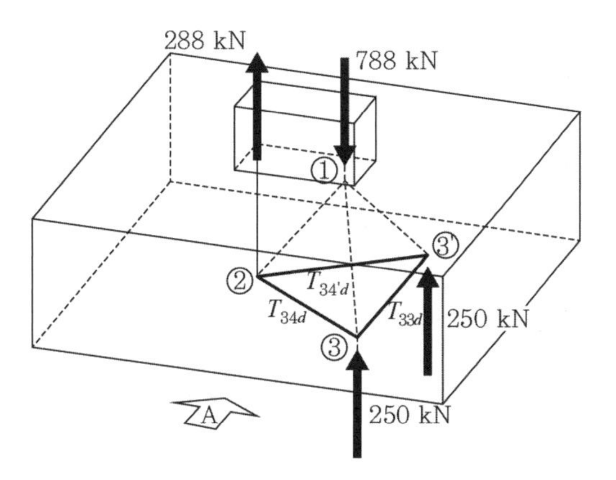

그림 1.1-5 Initial three-dimensional strut-and-tie model(isometric view)

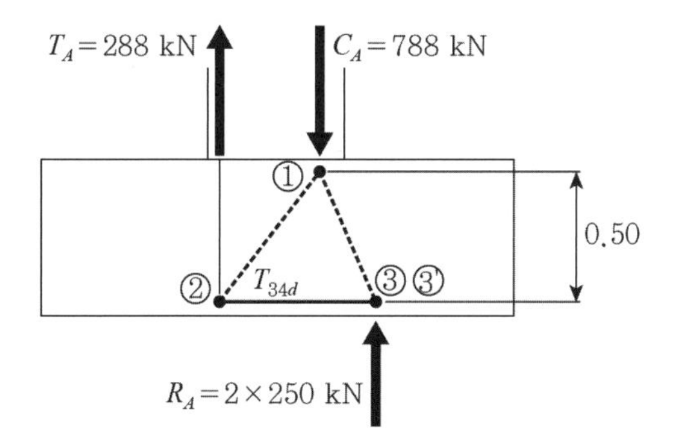

그림 1.1-6 View A with two-dimensional idealization of the three-dimensional model

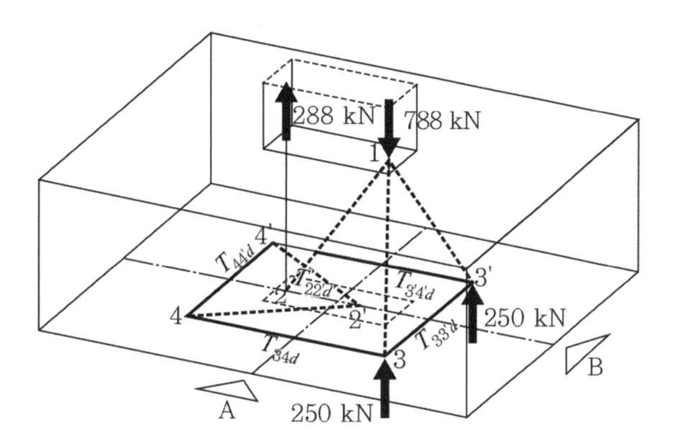

그림 1.1-7 Second three-dimensional strut-and-tie model(isometric view)

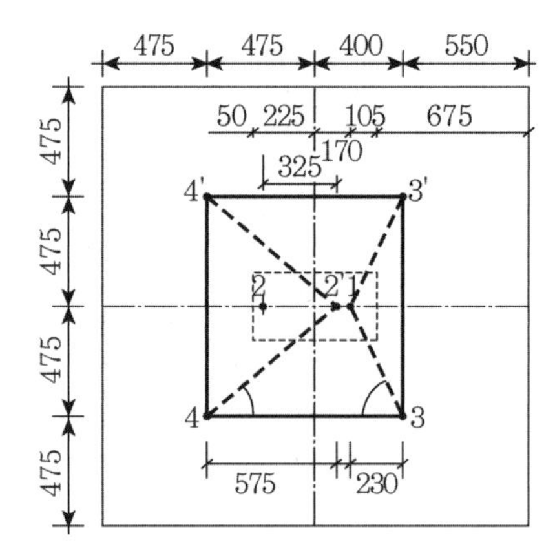

그림 1.1-8 Plan view of the 3D model forces(dimensions in mm)

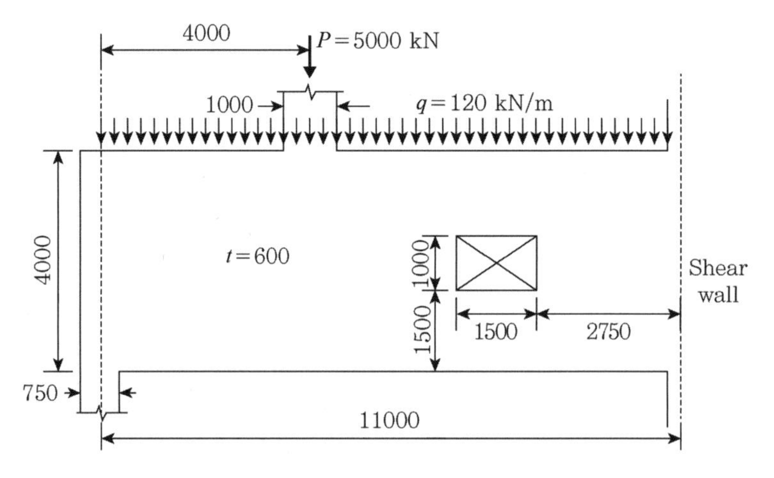

그림 6-1 Dimensions and loading conditions

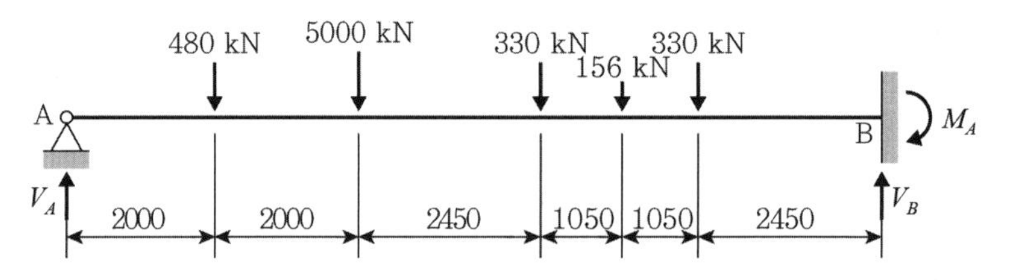

그림 6-2 Magnitude and location of the lumped uniformly distribution loading

RQ **36**

피로하중을 받는 앵커볼트의 설계는 어떻게 해야 할까?

A

ACI 318-19, 17.1.4에 따르면 충격(impact, 지진하중을 제외한 폭발(blast) 또는 충격파(shock wave)) 또는 고사이클 피로(high-cycle fatigue, HCF)가 지배적인 하중인 경우 17장 Anchoring to Concrete에 따라 설계할 수 없다. ACI 349-13, D.2.4에서도 고사이클 피로하중이 지배적인 하중에 대해서는 ACI 349 Appendix에 따를 수 없다고 규정했다. KCI-2017 22.1.1 (4) 및 KCI 2012 부록 II (6) 및 KCI 2017 22장 (4)에서도 고주파 피로하중 또는 충격하중에 대한 앵커설계는 부록 II 또는 22장을 적용할 수 없다는 내용이 있다. Fastenings to Concrete and Masonry Structures(1994)의 21장에서는 저사이클 피로(low-cycle fatigue, LCF)는 하중 반복회수가 10~1,000회 정도로 발생하는 지진의 경우로 정의했다. 저사이클 피로파괴는 콘크리트의 파괴에 의하거나 앵커볼트에 상당한 변형을 발생시키는 특징을 가진다고 한다. 또한 고사이클 피로는 하중 반복 회수가 1,000~$10^{7\sim8}$ 정도로 구분하고 있다. 일반적으로 고사이클 피로는 낮은 응력과 탄성변형을 일으키며 상당한 하중반복 후 파괴되며, 저사이클 피로는 높은 응력과 소성변형을 일으키며 적은 하중 반복 후 파괴된다고 알려져 있다. Fastenings to Concrete and Masonry Structures(1994)의 23장에는 하중의 종류에 따라 콘크리트 콘파괴(concrete cone failure) 양상을 비교한 다음 그림이 수록되어 있다.

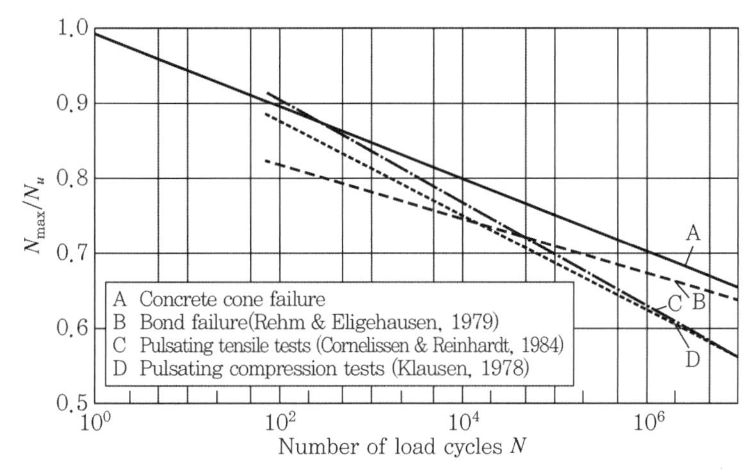

그림 23.5 Comparison of the Wöhler-line for concrete cone failure with results for other types of loding(N_{max} =upper load in test, N_{min} = lower load in test, N_u =short-time strength, N_{min}/N_u =0.1) (Lotze, 1987)

상기 그림에 의하면 2×10^6 하중 사이클(load cycles)인 경우 콘크리트 콘의 피로강도는 정하중 능력의 68% 정도를 보인다고 볼 수 있다. 한편, EOTA Technical Report TR 061(2018)에서는 Load Cycle에 대해 다음 그림으로 설명한다.

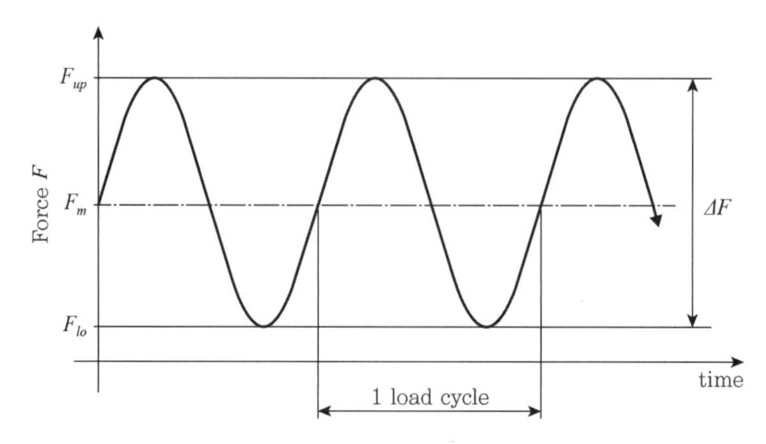

그림 1.3 Definition of force of load cycle(F_{up} =maximum (upper) cycle load; F_{lo} =minimum (lower) cyclic load, F_m =mean load, ΔF=cyclic (peak-to-peak range) load)

Usami et al.는 Single-Headed Anchor($h_{ef}=80\sim160$ mm)와 그룹앵커($h_{ef}=120$, 200 mm, $s=$ 200 mm)에 대해 $f_c=25\sim40$ MPa에 대한 실험결과 2×10^6 하중주기에 단일앵커의 피로강도는 정적강도의 평균 0.76배가 되었다고 한다. CEB-FIP Bulletin 58(2011)의 6.3에서는 Lotze(1993) 실험에 의하면 콘크리트 콘파괴(concrete cone failure)에 대응하는 피로저항성은 정적 저항성의 약 60%를 나타냈다고 한다. ASCE Anchorage Design for Petrochemical Facilities(2013)의 3.10.1에서는 석유화학 시설물들에 대한 진동하중은 High-Cycle 즉 2×10^6 cycles 이상인 경우에만 고려한다고 설명한다. 이것은 아마도 상기 기술내용에서 보듯이 Fastenings to Concrete and Masonry Structures(1994)를 참조한 것으로 추측된다. 그렇다면 실제로 피로하중을 받을 때는 언제일까? 이에 대해 DD CEN/TS 1992-4-1(09) 7.1.2에서는 앵커가 규칙적으로 반복적인 하중을 받는 경우(fastening of cranes, reciprocating machinery, guide rails of elevators 따위)에는 피로에 대한 입증이 필요하다는 의견을 피력했다.

ACI(318, 349)와 KCI를 사용해서는 고사이클 피로하중을 받는 경우에 대한 설계와 평가가 불가능하다. 반면 유럽의 기준들은 피로에 대해 설계나 평가방법을 제시하고 있으므로 만일 실무에서 고사이클 피로하중을 받는 경우를 접하면 유럽의 기준들을 참조하여 설계와 평가를 할 수 있을 것이다. 한 가지 손쉬운 해결방법으로는 정적하중의 60% 정도가 피로강도 이므로 현재의 앵커 설계법(ACI 318 or 349 또는 KCI 2017)으로 설계하되 2배의 여유(앵커볼트 개수 2배 증가 또는 각종 검토항목에 대해 2배 이상 안전하도록 검토)를 갖도록 설계하는 방법을 생각해볼 수 있다. 더불어 연성이 좋은 재질을 선택해야 한다. Fastenings to Concrete and Masonry Structures(1994)의 23.3에서는 Collins(1988) 실험결과를 토대로 충분한 매입깊이를 확보한 선설치 앵커(cast-in-place anchors)의 경우 앵커와 콘크리트 사이의 부착력이 저하하기 때문에 피로하중 후에 강성이 작게 감소한다고 하므로 이를 염두해 두는 것이 좋겠다. 또한 Expansion Anchor나 Adhesive Anchor는 선설치 앵커에 비해 피로에 불리하므로 선설치 앵커 사용을 추천한다.

RQ 37

벽체의 수평철근은 상부철근일까?

A

상부철근(top bar)은 정착길이 또는 겹침 이음부 아래 300 mm를 초과하게 굳지 않은 콘크리트를 친 수평철근을 말한다. 국내 기준(KCI-2012, 2017) 8.2.2와 ACI 318-19 표 25.4.2.5에서는 상부철근은 정착길이(development length, 위험단면에서 철근의 설계기준항복강도를 발휘하는데 필요한 최소 묻힘 길이)를 계산할 때 기타 철근에 비해 정착길이를 1.3배 증가시키도록 규정했다. ACI Structural Journal(July-August, 1993)에 따르면 상부철근효과(top-cast bar effect)는 Jirsa와 Breen의 연구에서 68번의 시험 결과(철근 하부로 최소 12 inch (300 mm) 두께의 콘크리트가 타설된 34개의 상부철근)를 비교하였는데 상부철근의 부착강도(bond strength of top-cast)/바닥철근의 부착강도(bond strength of bottom-cast)의 비가 0.84이었다고 한다. 이러한 연구결과를 바탕으로 상부철근은 정착길이에 1.2배를 사용할 것을 제안했다고 한다. ACI 318-83 기준에서는 상부철근의 정착길이 증가계수로 1.4를 사용토록 했다. 이것은 ACI 318-89 기준에서 당시의 최신 연구결과를 반영하여 1.3으로 변경했고 2020년 현재까지 유지하고 있다. 상부철근에 대해 정착길이를 증가시켜야 하는 이유는 시공성 향상을 위해 사용하는 과도한 물, 배합과 타설하는 동안 공기가 유입되며, 철근의 하부에 굳지 않은 콘크리트의 침하(settlement), 블리딩(bleeding, 굳지 않은 콘크리트, 모르타르, 시멘트 풀에서 고체 재료의 침강 또는 분리에 의해 혼합수의 일부가 유리되어 상승하는 현상), 레이턴스(laitance, 블리딩으로 인하여 콘크리트나 모르타르의 표면에 떠올라서 가라앉는 물질) 등으로 부착력이 저감하기 때문이다. 뉴질랜드(NZS 3101) 기준 C8.6.3.2에서는 구조부재의 상부철근에 부착 저항은 극단적인 경우에는 50% 정도로 감소하므로 정착길이를 1.3배 증가시킬 것을 추천했다. 한편 도로교설계기준(한계상태설계법, 2016) 5.11.4.3과 유럽기준인 BS EN 1992-1-1 8.4.2에서는 KCI나 ACI와 같이 부착조건과 콘크리트 타설에 따른 철근의 위치에 관계되는 계수를 정착길이 계산에 사용한다. 양호한 부착조건(good bond condition)에서는 1.0, 그 외의 경우와 양호한 부착조건이 아닌(poor bond condition) 슬립폼으로 만들어진 구조부재 내의 철근의 경우에서는 0.7을 적용한다. 정착길이로 보면 1/0.7≒1.43이 되어 KCI와 ACI 318 및 ACI 349에 비해 큰 값이다. 이것은 1981년 J. O. Jirsa & J. E. Breen이 설명한 바와 같이 81년 이전 기준에서 상부철근에는 허용부착응력을 30% 감소시켜 적용했던 것을 그대로 유지한 것으로 추정된다. 다음 그림과 같이 부착조건을 도시하여 이해를 돕고 있다.

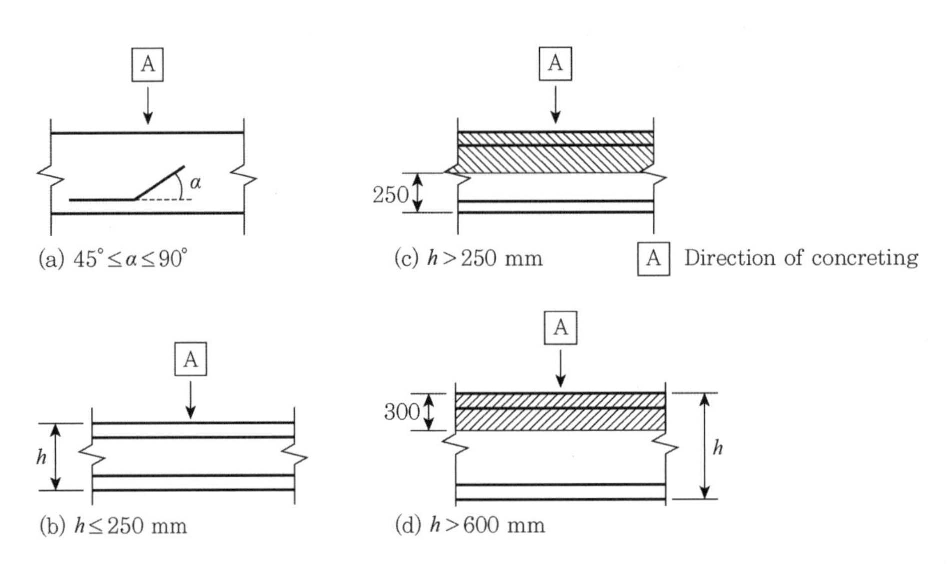

(a) & (b) 'good' bond conditions for all bars　(c) & (d) unhatched zone-'good' bond conditions hatched zone-'poor' bond conditions

보나 슬래브, 기초는 상부철근을 명쾌하게 구분할 수 있다. 벽(wall)에서의 수직철근은 기둥의 주철근과 같이 상부철근이 아니다. 그러나 수평철근은 상부철근일까 아닐까? CRSI(Concrete Reinforcing Steel Institute)의 기술노트 중에서 ACI 318-14에 따라 인장 정착길이와 겹이음 길이를 벽, 슬래브, 기초를 모두 포함하여 작성한 것이 있다. 그 기사에서 상부철근의 정의는 '철근 하부로 300 mm 이상의 콘크리트가 있는 수평철근'으로 ACI 318의 규정과 같다. 벽의 수평철근이 상부철근인지 아닌지는 명확히 구분되어 있지 않으나 상부철근의 정의대로 하면 상부철근으로 추정된다. ACI Detailing Manual-1994의 Drawing E-8의 노트 7에는 상부철근은 철근의 하부에 300 mm 이상 콘크리트가 있는 모든 수평철근(all horizontal bars)으로 정의했다. 또한 ACI Detailing Manual-2004의 Drawing-1의 노트 5에는 벽체의 수평철근은 상부철근(top bars)으로 간주해야 한다는 내용이 있다. NIST GCR 11-917-11의 7.4에 따르면 수평철근은 항상 상부철근(top-cast)으로 간주되었다고 설명한다. 또한 수직철근은 수평철근의 내측에 두는 것이 이음강도(splice strength)와 수직방향 좌굴에 저항성(buckling restraint for the verticals)을 향상시킨다고 하니 이렇게 배근하는 것이 좋겠다. 미국의 BECTEL사에서 작성한 표준도와 한전기술(주)의 원자력표준도에도 벽체의 수평철근은 상부철근으로 분류한다.

반면 미국의 Maine 주(state) 교통국에서 발행한 교량계획개발가이드(bridge plan development guide, 2007) 8.2.3.8에서는 기둥의 횡철근(column ties)이나 벽의 수평철근(horizontal bars in wall)은 상부철근이 아니라고 설명한다. 2003년 9월과 12월 건축구조(건축구조기술사회) Q&A 에서는 벽체 수평철근의 경우 수평철근 위/아래에 타설되는 콘크리트 깊이가 가변적이고 하부근/상부근으로 구분할 수 없어서 상부철근이 아닌 기타철근으로 구분하는 것이 타당하다고 설명했다. 2009년 6월 건축구조(건축구조기술사회) Q&A 에서도 상부철근계수는 휨철근에 적용하는 것으로 벽체의 수평철근은 해당하지 않는 것이라 결론지었다. 그러나 건축구조실무 Q&A(건축구조기술사회, 2012) 5073에서는 상부철근으로 간주해야 한다고 종전 건축구조기술사회의 입장을 변경했다.

필자는 구조적으로 판단했을 때 수평철근은 기타 철근으로 분류해야 한다고 생각하지만, 관련 자료들은 대다수가 벽체의 수평철근은 상부철근으로 간주하고 있다.

03

강구조

Steel

03
강구조
Steel

SQ 01

강재의 규격에 사용하는 SS, SM, SMA, SN 따위는 무엇의 약자일까?

A

강재의 재질을 구분할 때 각종 규격 앞에 사용하는 의미는 다음과 같다.

SS : Steel Structure의 약자로 일반구조용 압연강재에 사용한다. 일본의 강재 표기 방법을 차용한 것으로 추정된다.

SM : Steel Marine의 약자로 용접구조용 압연강재를 말한다. 잠수함을 만드는 강재로 후판을 주로 사용하였고 용접성이 매우 우수한 강재다.

SMA : Steel Marine Atmospheric의 약자로 용접구조용 내후성열간압연강재를 말한다.

SN : Steel New의 약자로 건축구조용 압연강재를 말한다. 일본의 강재 표기 방법을 차용한 것으로 추정된다.

STK : Steel Tube Kousou로 일반구조용 탄소강관에 사용했으나 지금은 사용하지 않고 SGT로 표기한다. 일본의 강재 표기 방법을 차용하여 사용했다.

SPS : Steel Pipe Structure의 약자로 일반구조용 탄소강관에 사용했었으나 지금은 사용하지 않는다.

SD : Steel Deform의 약자로 철근콘크리트봉강을 말한다.

SQ 02

SS강재는 용접용으로 사용할 수 있을까?

A

강구조공학(2007) 3.2.2에 따르면 KS에서 후강판은 보통 3 mm 이상을 칭하며, 3 mm 이상 6 mm 미만을 중판, 6 mm 이상을 후판으로 분류한다는 내용이 있다. 또한 3 mm 미만을 통상 박강판이라 분류한다고 한다. 그러나 KS 어디에 있는지 필자는 확인하지 못했다. 도로교설계기준해설(2008) 3.2.5 강재의 선정 해설부분에는 SS400(현재 규격은 SS275)은 용접구조에 사용해도 좋으나, KS에서는 화학성분으로서 P와 S의 양만 규정하였을 뿐 용접성을 확보하기 위한 화학성분에 대해서는 규정하고 있지 않다. KS 규격재이면 무제한으로 사용이 가능하다는 오해를 피하기 위해, 교량에 SS400(SS275)의 적용은 비용접부재로 한정하였다고 한다. 다만, 판두께가 22 mm 이하의 SS400(SS275)을 가설자재로 사용한다거나, 형강이나 박판으로 된 SM재의 사용이 곤란한 경우 사전에 용접성에 문제가 없는지 확인해야 하는 것으로 설명한다. 또한 강구조공학 3.4에서도 비용접 구조용강(SS강재)은 용접구조에 사용해도 좋으나 판두께가 두꺼워짐에 따라 강철의 조직이 거칠어지고 취성이 증가하고 수축응력에 따라 다축 응력상태가 발생할 염려가 있기 때문에 22 mm 이하에서만 용접에 사용되는 것으로 하고 이것을 넘는 판두께에 대해서는 SM재를 사용해야 한다고 설명한다. 강구조편람 3권 강구조 건축물의 설계 2.3.2에서는 보통의 연강(SS강재)으로서 판두께 25 mm 이하이면 용접성에 대한 염려가 없다고 설명한다. 중급철강지식 2장 I형강 4의 다. 형강의 규격에서도 SS의 경우 두께 25 mm까지 용접성에 염려가 없다는 내용이 있다. 판재가 두꺼워지면 응력은 3차원으로 생겨 재료의 노치인성은 감소한다. 따라서 피로에 민감한 교량구조물은 22 mm 이하,

일반구조물(건축물 포함)은 25 mm 이하의 SS강재는 용접용 강재로 사용해도 좋을 것 같으나, 2020년 현재 국가건설기준에서는 용접용으로 사용하는 강재로 SS재질(일반구조용 압연강재)은 사용할 수 없다는 규정이 있다. 국가건설기준(KDS 24 14 30) 강교설계기준 표 3.2-1 주석 6에서도 "KS D 3503 강재(SS235, SS275, SS315, SS410, SS450, SS550) 적용은 비용접부재로 한정한다. 다만, 판 두께 22 mm 이하를 가설자재로 사용하는 경우나, 2차부재로서 용접구조용 강재(예 : SM재)의 입수가 곤란한 경우에는 용접 시공시험을 통해 용접성에 문제가 없음을 확인한 후 SS275 강종에 한하여 사용 가능하다"고 규정했다. 국가건설기준(KDS 14 30 05 : 19) 강구조 설계 일반사항(ASD) 표 3.1-1 주석 1과 KDS 14 31 05 : 17 강구조 설계 일반사항(LRFD) 표 3.1-1에서도 "KS D 3503 강재 적용은 비용접부재로 한정한다. 다만, 판 두께 22 mm 이하를 가설자재로 사용하는 경우나, 2차 부재로서 용접구조용 강재(예 : SM재)의 입수가 곤란한 경우에는 용접 시공시험을 통해 용접성에 문제가 없음을 확인한 후 SS275 강종에 한하여 사용 가능하다"고 규정했다. 건축물 강구조 설계기준(KDS 41 31 00 : 19) 표 3.1-3 용접하지 않는 부분에 사용되는 강재의 재질규격에는 KS D 3503이 있다. 즉 SS강재는 용접하지 않는 것으로 취급한다.

일본에서도 도로교표준시방서(평성 8년, 1996년) 강교 편에서도 SS강재는 비용접 구조용강으로 명기했고, 해설 내용도 도로교설계기준해설(2008) 3.2.5와 같다. 일본철강연맹에서 발행한 건축구조용 강재 Q & A집(평성 20년, 2008년)의 Q.1-3에 대한 답변에 따르면 SS강재는 화학성분 중 불순물성분인 인(P)과 황(S)의 함유량의 상한치만 규정하고 있을 뿐 탄소량의 상한치와 용접성을 평가하는 탄소당량에 대한 규정이 없으므로 건축 이외의 타 분야 중 중요한 구조물에는 사용을 금한다고 설명한다. 필자도 중요하지 않고 두께가 얇은 구조물에는 SS강재를 용접용으로 사용해도 가능할 것으로 생각한다.

참고적으로 강구조 관련 기준(강교설계기준 또는 건축구조기준)에서는 강재가 두꺼워짐에 따라 재료강도를 감소시켜야 한다.

SQ 03

각형강관이나 강관의 경우 배수구멍이 필요할까?

A

AISC Detailing Manual 3ed(2009) 7장 Column Details-Welded Construction에서는 현장용접으로 베이스플레이트와 연결하고 열린 상부를 갖는 Box 단면이나 HSS(각관 또는 강관) 기둥의 경우 비나 눈에 노출되는 상태라면 기둥의 바닥인 베이스플레이트에 물이 고이며 이것이 얼면 기둥이 터질 수 있다고 설명한다. 이러한 상황을 피하기 위해서 제작자는 기둥의 바닥에 배수구멍(drain hole)을 두어야 한다. 한편 밀폐형 부재를 만드는 경우 아연도금 중 부재가 부상(floating)하지 않도록 연결플레이트 끝 부분에 구멍(fill and vent hole)을 두어야 한다고 다음 그림과 같이 설명한다.

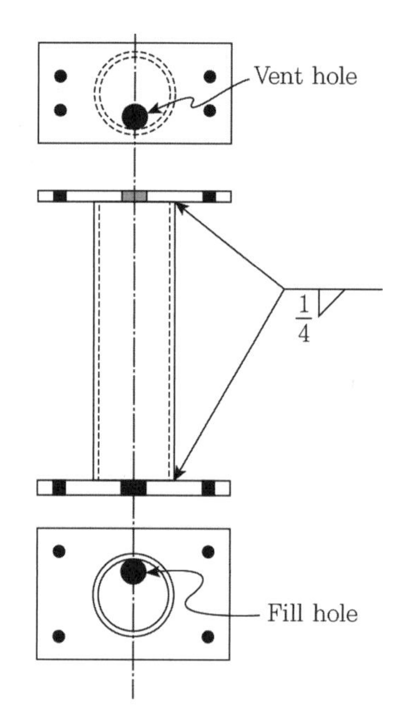

그림 4-34 Tubular post with plates welded to each end

H형강 기둥은 일반적으로 배수구멍을 사용하지 않는데 다음 그림에서는 배수구멍(drain hole)을 제시했다. 기둥과 플레이트의 용접합 부위에 구멍을 두는 것이 이채롭다.

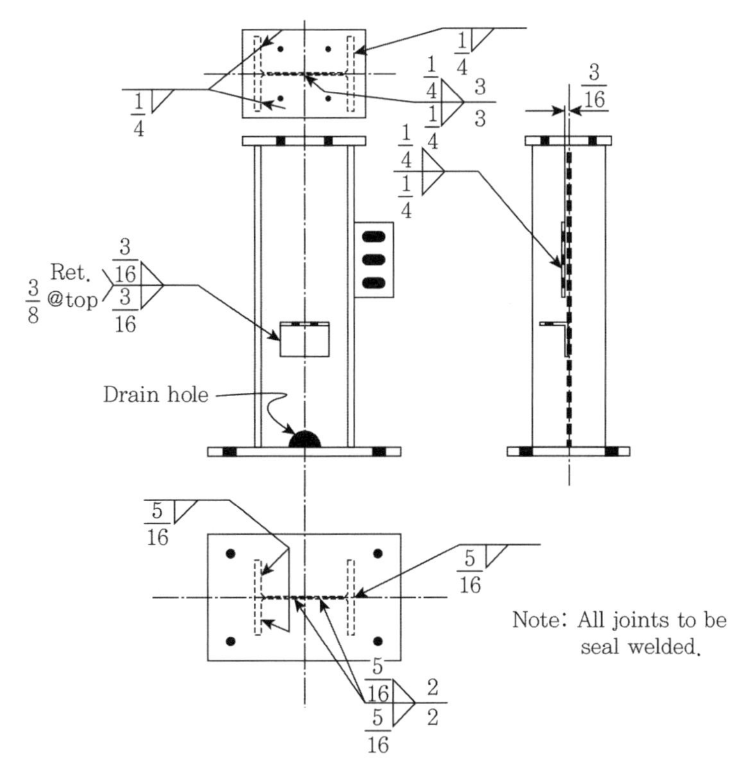

그림 4-35 Weld access holes

AISC 360-16, M2. Fabrication 편의 10 Drain Hole에는 시공 중 또는 사용 중에 물이 HSS 또는 박스부재 안쪽에 모일 때 부재는 베이스에 배수구멍을 포함하거나 물침투를 막을 수 있도록 밀봉하여 제작해야 한다는 규정이 있다. M2. Fabrication 편의 10 Drain Holes의 Commentary에는 HSS의 내부는 검사하기 어렵기 때문에 내부부식에 관한 우려가 때때로 제기된다고 한다. 그러나 바람직한 설계로 이러한 우려는 제거할 수 있고, 때로는 고가의 방지대책이 필요할 수도 있다. 부식은 산소와 물이 존재하여 발생한다. 밀폐된 빌딩(enclosed building)에서는 심각한 부식을 일으키는 습기의 충분한 재유입(reintroduction)이 되는 경우는 거의 없다. 그러므로 내부 부식방지는 단지 옥외 또는 기상에 노출되는 HSS 단면에서만 고려한다고 설명한다. CIDECT(1998)의 8.2에서도 완전 밀폐된 부재는 내부에 부식 방지대책이 불필요하다고 설명한다. 이 문헌에 따르면 German Railway에 의해 장기간 조사한 결과 다음과 같은 결과를 나타냈다고 한다.

첫 번째는 완전히 밀폐되지 않은 오프닝을 통해 중공단면으로 습기가 유입되지만 녹(rust)은 오프닝 주위에 제한적으로 작게 발생했다. 두 번째는 표면수가 중공단면 안쪽으로 유입되는 경우 내측벽을 따라 아래로 흐를 것이고 부식은 단지 국부적으로 제한적일 것이다. 이런 경우 다음 그림 8.3 (a)와 같이 낮은 지점에 물 빠짐 구멍을 두어 이것을 멈추거나 (b)와 같이 링 플레이트(ring plate)를 사용하여 물 빠짐이 될 수 있는 상세를 해야 한다. 외부에 구조물이 있는 경우에는 중공단면에 물이 모이면 반복적인 팽창으로 강관이 파괴될 수 있다고 한다.

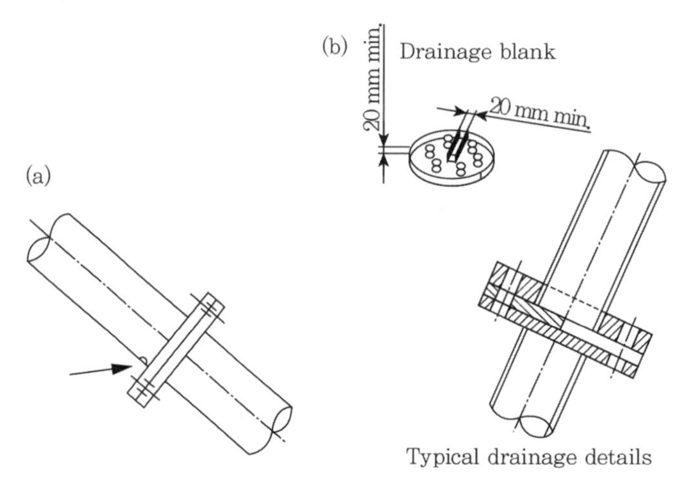

그림 8-3 Vent hole drainage (a) or drainage flange (b)

(출처 : CIDECT, 1998)

Hollow Sections in Structural Applications(CIDECT, 2001)의 2.5 Corrosion Protection에서는 완전히 밀폐되지 않은 중공단면이라도 내부 부식은 제한적이라고 한다. 만일 중공단면이 불완전하게 밀폐되어 결로가 우려되는 경우에는 배수구멍을 두어 자연배수될 수 있도록 해야 한다고 설명한다.

캐나다 온타리오 강구조학회의 강구조 제작기준 2.2.1, 9에서는 HSS 단면의 경우 19 mm의 배수구멍(weep hole)을 만들 것을 추천했다. 캐나다 컨설팅 회사인 CWMM 도면에 따르면 외부에 노출되는 모든 HSS 부재는 배수구멍(weep hole)을 두도록 했다.

국내의 강관구조 설계기준 및 해설(1988) 부록 2.2.9 녹방지 (나)에서는 강관의 관 단부는 원칙적으로 밀폐시킨다. 강관의 관 끝은 폐쇄해서 외부 공기와 차단하는 것이 원칙이라고 설명했다. 빗물이 들어온 경우 물 빠짐 구멍을 내서 물을 제거하고 커버 플레이트 등에 의해 보강, 밀봉하는 것이 바람직하다고 한다.

SQ 04

인장부재의 전단지연계수(U)를 구할 때 $\bar{x}$는 어떻게 구할까?

A

인장재접합부의 전단지연은 응력이 전달될 때 접합부로부터 멀리 떨어진 곳에서는 균등 분포되어 전달되다가 접합부에 이르면 응력이 집중되어 설계내력을 감소시킨다. 따라서 설계할 때 이를 고려해야 한다. KDS 41 31 00(19) 표 4.1-1과 KBC 2016 표 0704.3.1.에서는 인장재접합부의 전단지연계수를 제시했다. 볼트접합인 경우는 AISC LRFD Manual of Steel Construction(1994)의 그림 C-B3.1에 따라 계산할 수도 있다.

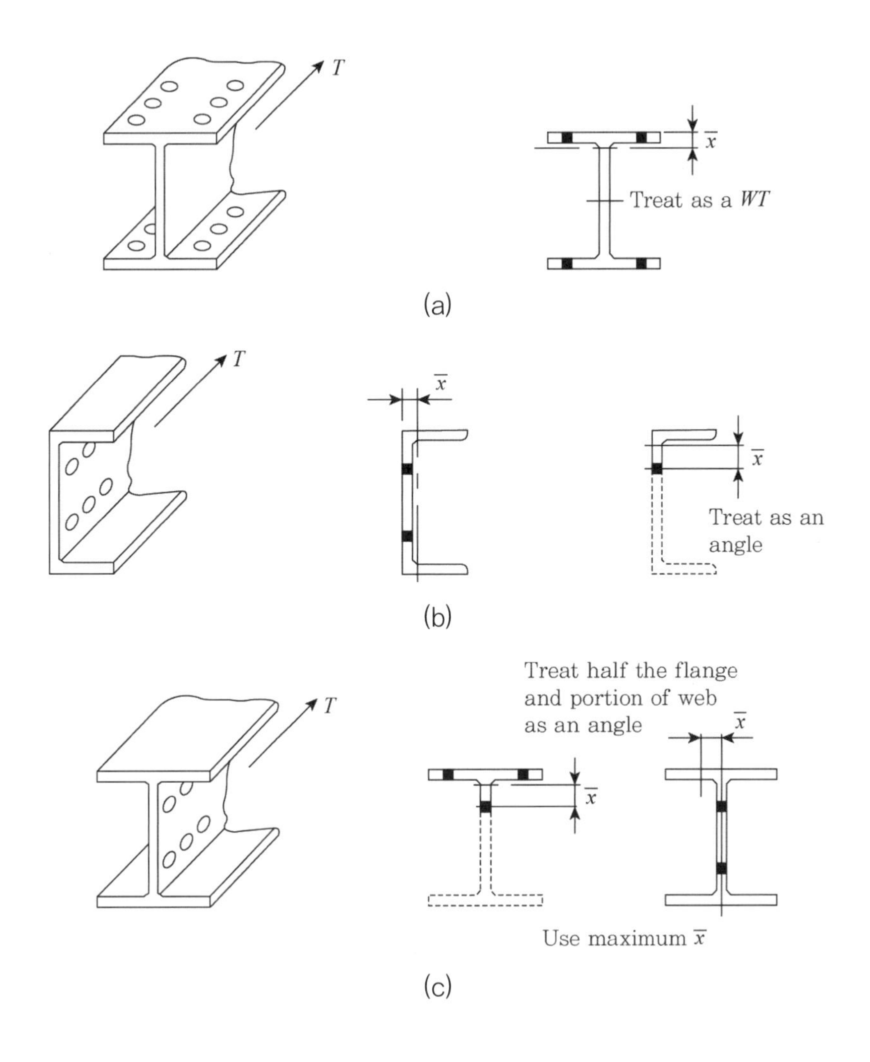

엇갈림(엇모) 배치(staggered holes)를 갖는 ㄴ형강은 AISC Manual of Steel Construction(1994) 그림 C-B3.3 따라 계산하면 된다.

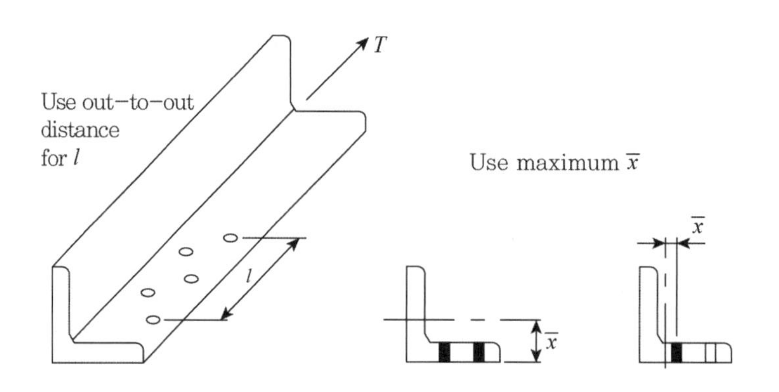

SQ 05

부재 접합용 거싯 플레이트의 적정 이격 거리는?

A

부재를 연결하기 위해 사용되는 거싯 플레이트(gusset plate) 두께는 최소 10 mm 이상을 사용하는 것이 좋다. 접합 플레이트의 면외좌굴을 방지하기 위해서는 적당한 이격 거리가 필요한데 AISC 341-10 그림 C-F2.9에 의하면 다음과 같이 접합플레이트 두께의 2배 정도를 이격하도록 규정했다.

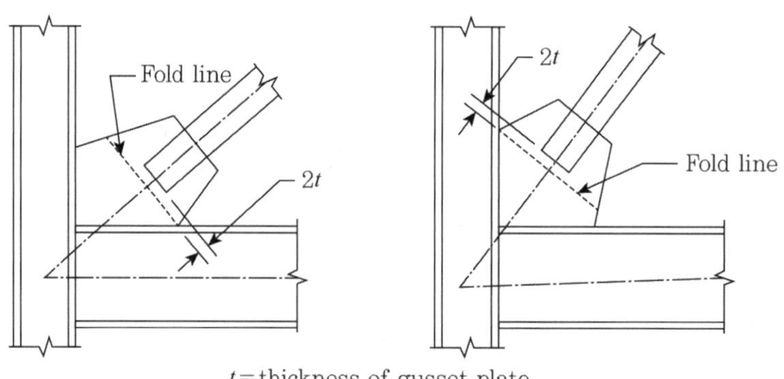

t = thickness of gusset plate

SQ 06

빌딩 구조물의 강재 빔 또는 기둥의 이음부에 대한 적정위치는?

A

강재의 이음부는 크게 보의 이음부와 기둥의 이음부로 분류할 수 있다.

1) 보의 이음부

강구조편람 3권 건축물의 강구조설계 6.3.3에 따르면 보의 이음부는 철골부재의 가공, 운반, 조립의 난이도와 강재의 정해진 길이에 의해 시공성과 경제성 측면에서 보단부에서 1~2 m 정도의 위치에 두는 경우가 많다고 한다.

2) 기둥의 이음부

강구조편람 3권 건축물의 강구조설계 6.3.4와 이음 및 전단 표준접합 상세(강구조학회지)에 따르면 이음부는 해당 바닥에서 1 m 전후의 높이에 두는 것이 일반적이라고 한다. SCI P358(2014)의 6.1에서는 보통 바닥(floor)에서 0.6 m 높이로 한다고 소개했다. AISC Design Guide 23의 7.4에서는 작업위치에서 기둥의 이음부(column splice) 위치는 강재의 최상단부에서 위로 4 ft(1.219 m) 정도가 보편적이라고 설명한다. 물론 이 높이는 작업자의 요구에 따라서 조정할 수 있다.

SQ 07

교량구조물의 주요 부재의 용접에 필릿용접 치수를 최소 6 mm 이상으로 규정한 이유는?

A

1992년 도로교시방서 4.2.4에서는 필릿용접 치수를 다음과 같이 규정했다.

주요 부재의 응력을 전달하는 필릿용접 치수는 6 mm 이상으로 하고, 다음의 제한 내에 있는 것을 표준으로 한다.

$$t_1 > S \geq \sqrt{2t_2}$$

여기서, t_1 : 얇은 쪽의 모재의 두께(mm)

t_2 : 두꺼운 쪽의 모재의 두께(mm)

S : 필릿용접 치수(mm)

4.2.4 해설에서는 용접치수를 너무 크게 잡으면 수축량과 모재의 조직변화가 커지고, 강도상 충분하더라도 너무 작은 치수는 용접부가 급격하게 냉각되어 균열 등의 결함이 생기기 쉽고, 강판 두께와의 조화도 고려하여 6 mm로 정했다고 한다.

2000년 도로교설계기준에서는 다음과 같이 개정하였고 2005년 도로교설계기준도 동일했다. 주요부재의 응력을 전달하는 필릿용접 치수는 다음의 제한 내에 있는 것을 표준으로 한다. 다만, 최소 모재두께가 8 mm 이상인 경우에는 필릿용접 치수를 6 mm 이상으로 한다.

$$t_1 > S \geq \sqrt{2t_2}$$

여기서, t_1 : 얇은 쪽의 모재의 두께(mm)

t_2 : 두꺼운 쪽의 모재의 두께(mm)

S : 필릿용접 치수(mm)

2010년 도로교설계기준 3.5.2.4에서는 주요 부재의 응력을 전달하는 필릿용접의 치수는 다음 표 치수 이상, 용접부의 얇은 쪽 모재 두께 미만의 범위로 하는 것으로 다시 개정하였다.

〈필릿용접의 최소치수〉

두꺼운 쪽 모재 두께	최소 필릿용접 치수	비고
20 mm 이하	6 mm	1패스 용접 적용
20 mm 초과	8 mm	

2016년 도로교설계기준(한계상태설계법) 6.13.3.4의 내용은 다음과 같다.

연결되는 부재의 연단을 따라 용접한 필릿용접의 최대치수는 다음과 같다.

- 두께가 6 mm 미만인 부재 : 그 부재의 두께
- 두께가 6 mm 이상인 부재 : 계약서에 용접을 전체 목두께만큼 육성하도록 명시되지 않는 한 그 부재 두께보다 2 mm 작은 값

필릿용접의 최소치수는 다음 표와 같다. 용접 크기는 연결부의 얇은 부재의 두께를 초과할 필요가 없다. 작용 응력의 크기와 적절한 예열이 함께 사용될 경우 더 작은 필릿용접 치수의 사용을 감독으로부터 승인받을 수 있다.

연결부의 두꺼운 부재의 두께(T)	필릿용접의 최소치수
T≤20 mm	6 mm
T>20 mm	8 mm

참고적으로 필릿용접 최소 치수에 대한 국가건설기준(KSD 14 31 25, 강구조 연결 설계기준 하중저항계수설계법)은 다음과 같다.

접합부의 두꺼운 쪽 소재 두께(t)	필릿용접의 최소치수
t<6 mm	3 mm
6 mm≤t<13 mm	5 mm
13 mm≤t<20 mm	6 mm
20 mm≤t	8 mm

단, 겹침이음의 필릿용접 최대치수 s는 연단이 용접되는 판의 두께 t에 대해서 다음을 만족해야 한다.

$$t < 6 \text{ mm일 때}, \ s = t$$

$$t \geq 6 \text{ mm일 때}, \ s = t - 2 \text{ mm}$$

한편, 국가건설기준(KSD 14 30 25, 강구조 연결 설계기준 허용응력설계법)은 다음과 같다.

접합부의 두꺼운 쪽 소재 두께(t)	필릿용접의 최소치수
t<6 mm	3 mm
6 mm≤t<12 mm	5 mm
12 mm≤t<20 mm	6 mm
20 mm≤t	8 mm

건축물 강구조 설계기준(KDS 41 31 00, 2019) 표 4.7-6의 규정은 다음과 같다.

접합부의 얇은 쪽 소재 두께(t)	필릿용접의 최소 사이즈
t≤6 mm	3 mm
6 mm<t≤13 mm	5 mm
13 mm<t≤19 mm	6 mm
19 mm<t	8 mm

하중저항계수법에 의한 강구조설계기준(2016) 9.1.2.2.2의 규정은 다음과 같다.

접합부의 얇은 쪽 소재 두께(t)	필릿용접의 최소 사이즈
t<6 mm	3 mm
6 mm≤t<13 mm	5 mm
13 mm≤t<20 mm	6 mm
20 mm≤t	8 mm

국내의 기준이 위와 같이 상이하여 매우 혼란스럽다. 모든 기준을 일관성 있게 통일할 필요가 있다고 생각한다.

마지막으로 국내 기준의 많은 참고가 되는 AWS D1.1M 2015년 규정을 살펴보면 다음과 같다. 국내 기준과 다소 상이하다.

표 5.7 Minimum Fillet Weld Sizes(see 5.13)

Base Metal Thickness(T)[a]		Minimum Size of Fillet Weld[b]	
in	mm	in.	mm
T≤1/4	T≤6	1/8[c]	3[c]
1/4<T≤1/2	6<T≤12	3/16	5
1/2<T≤3/4	12<T≤20	1/4	6
3/4<T	20<T	5/16	8

a : For nonlow-hydrogen processes without preheat calculated in conformance with 4.8.4, T equals thickness of the thicker part joined ; single-pass welds shall be used. For nonlow-hydrogen processes using procedures established to prevent cracking in conformance with 4.8.4 and for low-hydrogen processes, T equals thickness of the thinner part joined ; single-pass requirement shall not apply.
b : Except that the weld size need not exceed the thickness of the thinner part joined.
c : Minimum size for cyclically loaded structures shall be 3/16 in. [5 mm].

상기 표의 주석에 있는 4.8.4편은 예열온도(preheat temperature)와 층간온도(interpass temperature)에 대한 규정이다. 예열온도(preheat temperature)란 용접 또는 절단에 앞서 미리 모재에 열을 가하는 온도를 말한다. 용접 또는 절단 전에 가열하여 냉각속도를 늦춤과 동시에 변질부의 경도를 낮게 하여 균열을 방지하기 위해 미리 가하는 온도를 말한다.[17] 층간온도(interpass temperature or interlayer temperature)란 다층 용접에서 다음 층의 용접이 시작되기 전 층의 최저온도나 패스 간 온도를 말한다.[17]

주석 a는 모재의 두께는 4.8.4 규정에 맞게 계산된 예열 없이 비저수소 공정인 경우 두꺼운 쪽을 사용하고, 4.8.4 규정에 맞게 균열방지대책이 수립된 절차에 따르며 저수소공정인 경우 얇은 쪽 두께를 사용해야 한다.

주석 b는 용접치수는 얇은 쪽을 넘을 필요가 없다.

주석 c는 반복하중을 받는 구조물의 최소 크기는 5 mm로 해야 한다. 상기에서 비교했던 국내 각종기준에서 상이하게 기술되었던 모재두께 부분은 AWS의 주석에서 설명하고 있듯이 예열과 저수소 공정을 고려하되, 후판의 경우나 원자력 관련 구조물의 경우를 제외하고는 예열을 하지 않는 것이 일반적이므로 두꺼운 쪽의 모재를 기준으로 하고, 주석에 얇은 쪽 모재를 사용할 수 있게 하거나 AWS와 동일하게 규정하는 것이 바람직할 것 같다.

SQ 08

접합하는 부재의 두께가 얼마일 때 필릿용접 또는 개선용접을 사용해야 할까?

A

필릿용접 또는 개선용접을 사용할 지는 설계자의 판단이라 할 수 있다. Design of Welded Structures(1966) Joint Design 편의 그림 18에서는 용접과 절단비용에 따라 비용이 변할 수 있겠지만 다음과 같이 비용과 용접이음 방식의 관계를 제시했다. 완전용입용접(CJP)과 필릿용접의 구분 기준은 대략 1.5 inch(38 mm) 이상이면 필릿용접이 경제성이 없고, 부분용입용접(PJP)과 필릿용접의 구분기준은 대략 1 inch(25.4 mm) 이상이면 필릿용접이 경제성이 떨어지는 것으로 분석했다.

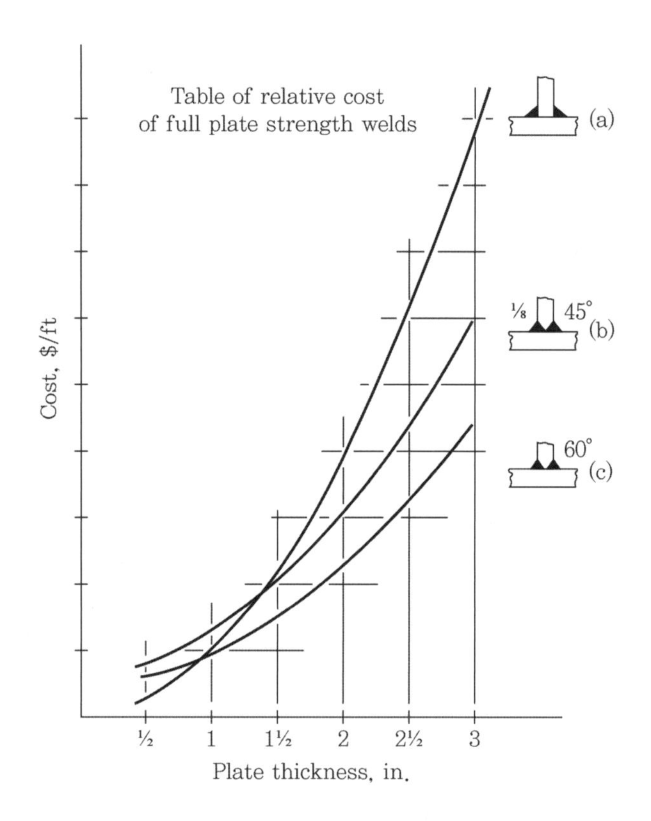

Design of Weldments(1963)의 Section 6.3 표 1에서는 다음과 같이 경험적인 법칙에 따른 필릿용접의 최소 사이즈를 제시했다.

전강용접(full strength weld) : 접합하는 얇은 쪽 플레이트 두께의 3/4

반강용접(50% full strength weld) : 접합하는 얇은 쪽 플레이트 두께의 3/8

33% Full Strength Weld : 접합하는 플레이트 얇은 쪽 두께의 1/4

한편, 원자력발전소의 강구조물에 대한 필릿용접 최소 사이즈는 다음과 같다.

F_y =36 ksi(248 MPa) : 접합하는 얇은 쪽 플레이트 두께의 1/2

F_y =50 ksi(344 MPa) : 접합하는 얇은 쪽 플레이트 두께의 2/3

미국 Michigan 주(state) 교통국의 Field Manual for Structural Welding(2017)의 Economic Welding Practices에서는 용접비용의 대부분은 노동력과 관계되며 용접량의 감소가 용접비용을 감소시킨다고 설명한다. 완전용입용접(complete joint penetration, CJP)을 가장 고가의 용접으로 분류하고 용접 크기(leg size)가 1 inch (25 mm)보다 작으면 필릿용접을, 이상이면 부분용입용접(partial joint penetration, PJP)을 권장한다.

Steelwise Economical Weld Design(2013)에서는 다음과 같이 제시했다.

	ASTM A36	ASTM A992 or A572
Two-sided fillet weld in shear (Weld parallel with force)	w=1/2t (or w=0.49t)	w=11/16t (or w=0.66t)
Two-sided fillet weld in tension (Weld perpendicular to force)	w=1/2t (or w=0.49t)	w=11/16t (or w=0.68t)
Two-sided fillet weld on single-plate shear connections (Per AISC manual)	w=5/8t	w=5/8t

t=plate thickness

한편, V개선(V groove)과 X개선(double sided groove)은 V개선이 용접량이 많아지고, X개선은 용접량이 적어 X개선이 유리할 수 있다. V개선은 용접변형제어가 필요하지 않다면 제작하기 가장 쉬운 방법으로 반대편에 용접제한이 있는 경우 사용할 수 있고 Backing이 필요하며, 용접량이 많아진다.

일반적으로 다음 그림에서 보는 바와 같이 X개선이 V개선에 비해 용접량이 50% 정도 적다.

용접량이 작아지면 잔류응력(residual stress)이 감소하고 용접변형(distortion)도 적어지는 장점이 있다. 그러나 현장용접인 경우 X개선은 지양해야 한다. 위보기 자세로 용접해야 하므로 용접 품질이 저하될 수 있기 때문이다.

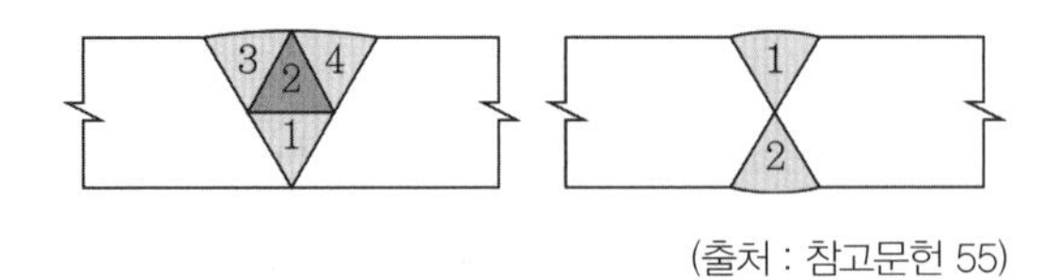

(출처 : 참고문헌 55)

용접량이 적은 X개선이라도 용접순서를 잘못 적용하면 용접변형이 생길 수 있으므로 주의가 필요하다. 다음 그림의 우측과 같은 순서로 용접해야 변형이 작아진다.

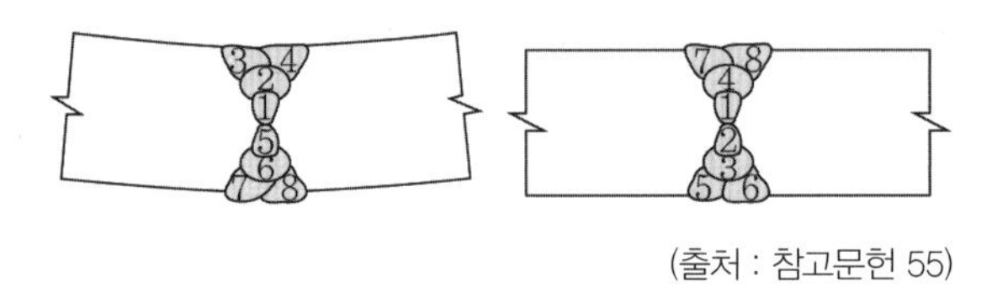

(출처 : 참고문헌 55)

Use Double Sided Groove Welds(참고문헌 55)에서는 판두께에 따른 V와 X에 대한 비교 적용기준을 다음 그림과 같이 소개했다.

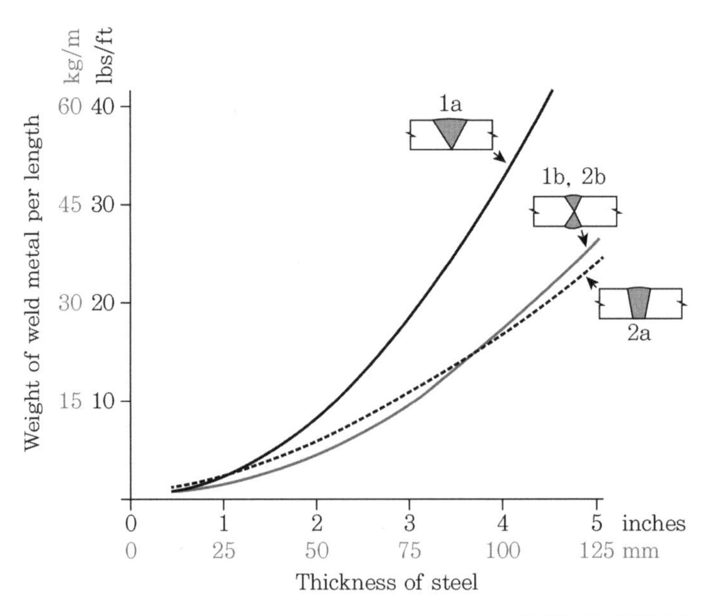

(출처 : 참고문헌 55)

두께와 접합방법에 따라 비용비교를 한 다른 자료(US NRC)는 다음 그림과 같다.

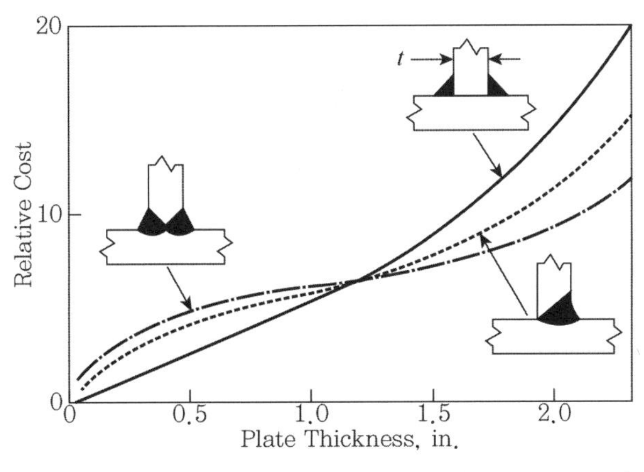

(출처 : 참고문헌 60)

소수 주거더교의 용접이음 설계 및 제작기술(강구조학회지, 2007)에 따르면 일반적으로 판두께가 18 mm를 초과하는 경우 X개선을 적용하고 18 mm 이하일 때는 V개선을 적용한다고 한다. 최근 용접기술의 축적과 각종 지그의 발전으로 용접변형을 제어할 수 있는 수단이 많이 개발되어 판두께에 관계없이 개선형상을 선택할 수 있다고도 한다. 또한 판두께 12 mm 이하에서는 개선 없이 용접이 가능한 것으로 설명했다.

SQ 09

볼트에 아연도금이 불가능할 때는 언제일까?

A

KGA(한국용융아연도금협회)에 따르면 용융아연도금이란 도금하고자 하는 철강재에 붙어 있는 먼지, 기름, 녹 등의 불순물을 제거한 후 약 450°C 정도의 아연용탕에 피도금재(철강재)를 침적, 철소지와 아연이 서로 반응하여 철, 아연의 합금층이 형성되고 이 합금층 위에 순수한 아연층을 입히는 것이라고 설명한다. 아연도금 공정은 탈지(degreasing) → 수세(water washing) → 산세(pickling) → 수세(water washing) → 용제처리(fluxing) → 건조(drying) → 용융 아연도금

(hot dip galvanizing) → 수냉각(water cooling) → 끝맺음(finishing) → 검사(inspection)의 과정을 거친다. 일반볼트는 아연도금이 가능하다. AISC Design Guide 23(2008)의 5.4.1에 따르면 ASTM A325(인장강도 827 MPa) 볼트는 아연도금이 가능하지만 ASTM A490(인장강도 1,034 MPa) 볼트는 아연도금(hot-dip zinc coating or galvanized)을 할 수 없다고 한다. Modern Steel Constrction의 기사 Galvanizing Structural Steel(2001)에서도 고강도 볼트는 아연도금 과정(galvanizing process) 중에 노출되는 열(heat) 때문에 일반적으로 Galvanizing이 불가한 것으로 가정한다고 설명한다. 그러나 유럽에서는 고강도볼트에 대해 Galvanized 한다. 그러나 볼트는 기계적 청소(mechanically cleaned)를 하고, 용융아연 욕(molten zinc bath)에 담그기 전에 Flash-pickled 처리를 한다고 설명한다.

고강도 볼트에는 KS B ISO 10683에 따라 비전기적 아연분말도금(아연 또는 알루미늄 분말을 도포하여 적당히 가열한 환경에서 분말과 소재 간에 결합이 발생하여 무기성의 표면 코팅이 형성되는 도금)을 사용하는 것이 좋다. 여기서 규정한 것은 크로메이트 처리한 도금이거나 비크로메이트로 처리한 도금일 수 있다. 모든 전기전자제품에 대한 유해물질(납, 카드뮴, 수은, 6가 크롬 등)에 대한 사용 규제는 EU가 2003년 2월 13일 처음 공표하였고 2006년 7월 1일부터 시행했다. 국내에서는 자원순환법이 2007년 4월 27일 공표되어 2008년 1월 1일부로 규제를 시작했다. 현재는 6가 크롬이 함유된 도금방식(예, 다크로(dacro) 코팅, 금속 플레이크(flake)를 도료에 분산시켜 소재에 코팅한 다음 열처리 경화화하는 zinc/aluminum 코팅)은 사용할 수 없다. A490 볼트는 고강도 볼트로 수소취성(hydrogen embrittlement, 전위를 고정시켜 소성변형을 곤란하게 하는 원자상 수소에 의해 생기는 금속의 취성)이 문제가 될 수 있으므로 ASTM F1136 또는 ASTM F2833에 따라 도금해야 한다. 수소취성은 수소 원자가 강에 침입하면 합금강의 항복강도 이하의 응력에서도 연성의 손실이나 미세 균열의 발생 또는 취성파괴를 일으키는 현상으로 강의 인장강도가 증가하거나 볼트와 같이 노치가 있는 형상에서 가속되는데 수소 유발형 지연파괴(hydrogen-induced delayed brittle failure) 또는 수소 응력균열(hydrogen stress cracking)이라고 한다. 수소는 열처리, 가스 침탄, 세정, 산세, 인산 처리, 전기도금 처리를 하는 동안 음극보호 또는 부식반응 중이나 제조과정 중에서 용접, 납땜이나 전조가공, 기계가공 및 드릴가공을 하는 동안 냉각제나 윤활제의 분해에 의해 강중에 침입할 수 있다. ASTM F1136에서도 Chrome 또는 Non-Chrome이 가능하며 특별한 언급이 없다면 Chrome으로 간주한다고 한다. Chrome 방식의 경우 염수분무시험(salt spray test)에서 Grade 3의 경우는 1,000시간, Non-Chrome은 720시간 이상 저항해야 하는 것으로 봐서는 Chrome이 포함된 것이 도금효과가 더 우수한 것이라 추정할 수 있다. RCSC(Research Council on Structural Connections)의 Bulletin on ASTM F1136/F1136M Zinc/Aluminum Coatings for use with ASTM A490/A490M Structural Fasteners에 따르면 볼트와 와셔는 Grade 3(최소도막두께 : 5 μm), 너트는 Grade 5(최소도막 두께 : 5 μm)를 추천한다.

인장강도 1,200 MPa 이상의 고장력 볼트는 수소지연파괴의 문제가 있어 사용을 제한했다. KDS 41 31 00(19) 3.1.2와 3.3.2 (1) 고장력 볼트의 재료강도에서도 F13T의 경우 KS B 1010에 의하여 수소지연파괴민감도에 대하여 합격된 시험성적표가 첨부된 제품에 한하여 사용할 수 있는 것으로 규정했다.

앵커볼트에 대해서도 살펴본다. Anchorage in Concrete Construction(2006)의 12장 Corrosion of Anchors에 따르면 일반적으로 Anchor Bolt는 5~10 μm 두께로 전기아연도금(electrogalvanised, electrochemically zinc plated)을 한다고 설명한다. 외부 또는 고부식성환경에서는 40~100 μm 범위에 용융아연도금(hot-dip galvanized)을 권장했다. PIP STF05121(2006) 3.4.1에서도 특별한 언급이 없는 한 모든 볼트, 너트, 와셔들에 대해 ASTM A153 Class C에 따라 용융아연도금(hot-dip galvanized) 할 것을 추천한다. 가공 송전용 철탑기초는 콘크리트기초 내부에 각입재(강재로 만든 앵커형태)를 넣어 인장하중과 압축하중에 저항한다. 이때 콘크리트 기초의 주각부(주체부)로부터 콘크리트 내부로 300 mm까지만 용융아연도금 한다. 물론 송전철탑은 옥외에 있으므로 각입재와 연결되는 상부 강재는 모두 용융아연도금 한다.

그러나 옥내 구조물로 콘크리트 내부에 매입되는 기초용 볼트 또는 콘크리트에 완전히 매입되는 강재들은 부동태 피막이 형성되어 부식의 발생 가능성이 낮으므로, 아연도금은 불필요하다고 생각한다. 다만, 아주 낮은 농도의 염화물이라도 액체 상태로 존재하면 매립된 강재의 부동태 피막이 파괴된다고 보고한 사례가 있다. 이런 경우는 아연 도금하는 것이 바람직하다.

SQ 10

고장력 볼트에 발생하는 지연파괴란?

A

고장력 볼트(high strength bolt)에 발생하는 지연파괴(delayed fracture)는 고강도 볼트의 강도를 증가시키는 데 극복해야 할 가장 어려운 문제다. 이 파괴현상은 어떤 기간이 경과한 후에 정적하중 상태에서 예고 없이 갑작스럽게 강재가 파괴되는 수소취성(hydrogen embrittlement)의 한 종류다. 이 현상은 강재의 강도를 증가시킬 때 자주 발생한다. 고장력 볼트에서는 인장강도가 1,200 MPa를 넘을 때 이 현상이 증가한다. 일본공업규격(JIS)에서는 한때 F13T(인장강도가 1,300 MPa) 볼트를 포함했었으나 1964년에 F13T 볼트에서 지연파괴가 발생한 후 1967년에 JIS는 F13T를 삭제했다. 게다가 F11T(인장강도가 1,100 MPa) 볼트도 F10T를 사용하면서 1979년에 금지했다. 이런 모든 조치는 F11T 이상의 볼트에서 지연파괴의 가능성을 제거하지 못했기 때문이다. 지연파괴는 열처리(heat treatment), 산세척(pickling), 전기도금(electrolytic plating) 등의 강재를 제작하는 과정뿐만 아니라 부식에 의한 매우 작은 양의 수소(hydrogen) 침투로 인한 결과로 발생한다. 고장력 볼트는 건물과 교량에서 주로 사용한다. 지연파괴를 유발하는 수소는 주로 부식(corrosion)으로부터 발생하며 파괴로 이르는 과정은 다음과 같다.

1) 볼트의 부식 및 강재표면으로부터 수소가 침투한다.
2) 수소가 재료 내부에서 확산하고 나사산(thread) 부분과 같이 응력 및 소성변형 집중부에 축적하여 볼트의 머리(head)에서 몸통(shank)으로 전이된다.
3) 축적된 수소의 양이 강재의 파괴를 유발하는 허용치를 넘을 때 균열(crack)이 형성된다.
4) 균열은 응력을 집중시키고 적은 양의 수소일지라도 균열을 더욱 진전시킨다.
5) 균열이 어느 정도의 크기가 될 때 볼트는 파괴된다.

이러한 과정을 그림으로 표현하면 다음과 같다.

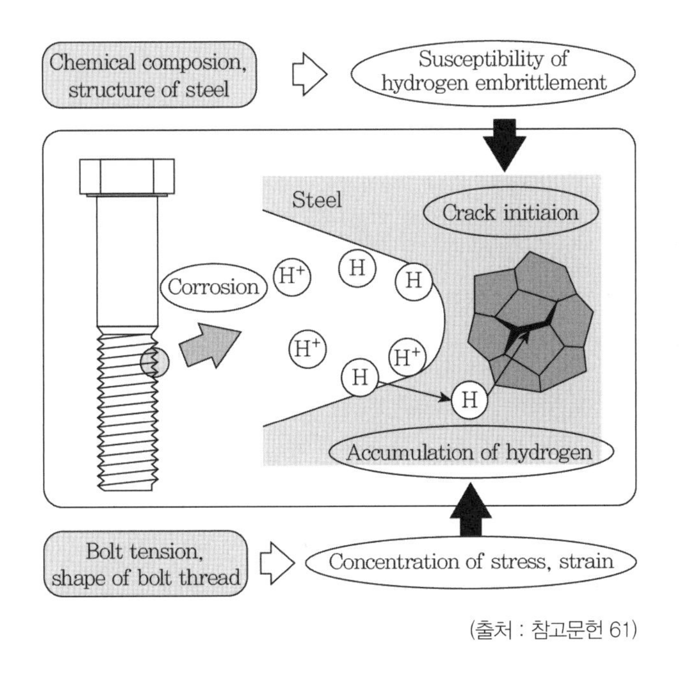

(출처 : 참고문헌 61)

고장력 볼트에서 발생하는 지연파괴를 방지하기 위해서는 상기 원인이 되는 요인을 제거해야 한다.

지연파괴는 상온에서도 취성적으로 일어나는 현상으로 크리프 파괴(creep fracture)와 다르다. 비부식성 환경 조건에서는 수소취성(hydrogen embrittlement)만이 원인이고, 부식성 환경에서는 수소취성과 응력부식(stress corrosion) 모두가 원인이 된다. 경우에 따라서는 고온상승에서도 변형률시효(strain aging effect)가 원인이 되어 지연파괴가 일어나기도 한다. 각 환경 조건에서의 파괴원인 따위의 상세한 내용은 토목학회지 기사 "구조용 고장력 보울트의 지연파괴"를 참조한다. 볼트는 건조한 상태를 유지하는 것이 좋으며, 배수가 잘되는 환경을 조성하는 것이 중요하다. 한편, 국내의 기준에서도 F10T 초과 볼트에 대한 규정은 없었다. KBC 2009부터 F13T 볼트를 사용할 수 있었다. 단, KS B 1010에 의하여 수소지연파괴민감도에 대하여 합격된 시험성적표가 첨부된 제품에 한하여 사용할 수 있다. 2010년 도로교설계기준에서는 지연파괴 문제를 해결한 볼트(F13T, S13T, B13T)를 새롭게 추가했다. 다만, KBC와 같이 시험성적표 첨부 요건은 없다. 2016년 도로교설계기준(한계상태설계법)에서는 F8T, F10T, S10T 볼트를 연결용으로 규정했다. KDS 14 30 25 : 2019 강구조연결기준(허용응력설계법)에는 S13T, B13T 볼트에 대한 규정이 없다. KDS 14 31 25 : 2017 강구조연결기준(하중저항계수설계법)의 표 6.4.9에는 F8T, F10T, F13T 볼트가 있고, 표 9.5.20에는 F8T, F10T, S10T 볼트만 규정했다. 국가건설기준과 이전 시방기준들의 내용이 상이하고 국가건설기준도 설계법에 따라 다르다. 개정이 필요하다고 생각한다.

참고로 일본의 경우는 도로교시방서 강교편(평성 29년, 2017년)에 S14T(인장강도가 1,400 MPa) 볼트를 처음으로 추가했다. 단 마찰접합인 경우이고, SM570, SBHS50 강재를 대상으로 하며, 기타 일정 조건의 환경을 만족하는 경우(염분환경이 낮은 곳, 우수 따위의 영향을 직접적으로 받지 않는 곳, 체수와 같이 장기적인 습윤 환경이 지속될 가능성이 낮은 곳, 점검과 보수가 가능한 곳, 손상이 생겨도 제3자에 대한 피해 발생 우려가 없는 곳)로 제한된다. 일본건축학회 강구조접합부설계지침(2012)에도 S14T를 규정했다.

SQ 11

쉬어 러그와 관련된 규정은?

A

앵커볼트는 전단력을 부담하지 않는다고 보는 것이 일반적이다. Design of Steel-to-Concrete Joints Design Manual II(2014)의 4.7과 Design of Structural Connections to Eurocode 3 Frequently asked Questions(2003) 7.8에서는 대부분의 경우 전단력은 베이스 플레이트와 그라우트 사이의 마찰을 통해 전달되며, 마찰력은 압축력과 마찰계수에 의존한다고 설명한다. NCCI(참고문헌 65)의 1 Introduction에도 전단에 앵커볼트를 사용하는 것은 일반적이지 않다고 설명한다. Design of Pinned Column Base Plates(2002)의 6.4에서도 일부 학자들은 전단하중이 앵커에 의해 저항하도록 하는 것은 추천하지 않는다고 설명한다. 특히 Ricker는 앵커볼트는 Column Base에 전단력을 저항하도록 사용해서는 안 된다고 주장했다. Fisher도 그룹앵커가 전단력을 부담하는 경우에도 2개 이상의 볼트가 전단력을 부담하지 않도록 해야 한다고 제안했다. DeWolf도 AISC Design Guide 1(1990)에서 앵커볼트는 전단력을 부담하도록 해서는 안 되며 앵커볼트의 전단 마찰(shear friction)이나 지압력(bearing)을 통해 전단력을 전달하도록 제안했다. PIP STE05121(2006)의 8.1에도 기준(code)에 의하면 만일 베이스 플레이트의 바닥과 콘크리트기초의 상부 사이에서 발생하는 마찰을 통해 계수 전단력이 전달되는 것을 보여줄 수 있는 경우에는 앵커는 전단을 위해 설계할 필요가 없다고 한다. 9절에서도 앵커볼트는 전단에 설계할 필요가 없다고 설명한다. 최근 개정된 PIP STE05121(2018)의 5.1에서도 마찰을 이용하여 콘크리트로 전단을 전달하도록 했다. AISC Steel Design Guide 1(2014)의 3.5.3에서도 전단력을 전달하기 위해 앵커볼트를 사용하는 것은 여러 가지 가정된 것 때문에 주의하여 조사할 필요가 있다고 부언했다. 모든 앵커들이 동등하게 하중을 분담하는 특별한 경우를 제외하고 앵커볼트 두 개 정도가 전단을 전달하는 것으로 설계할 것을 추천했다. AISC Steel Design Guide 1(2014)에서 제시하는 전단 저항방식은 다음 그림과 같다.

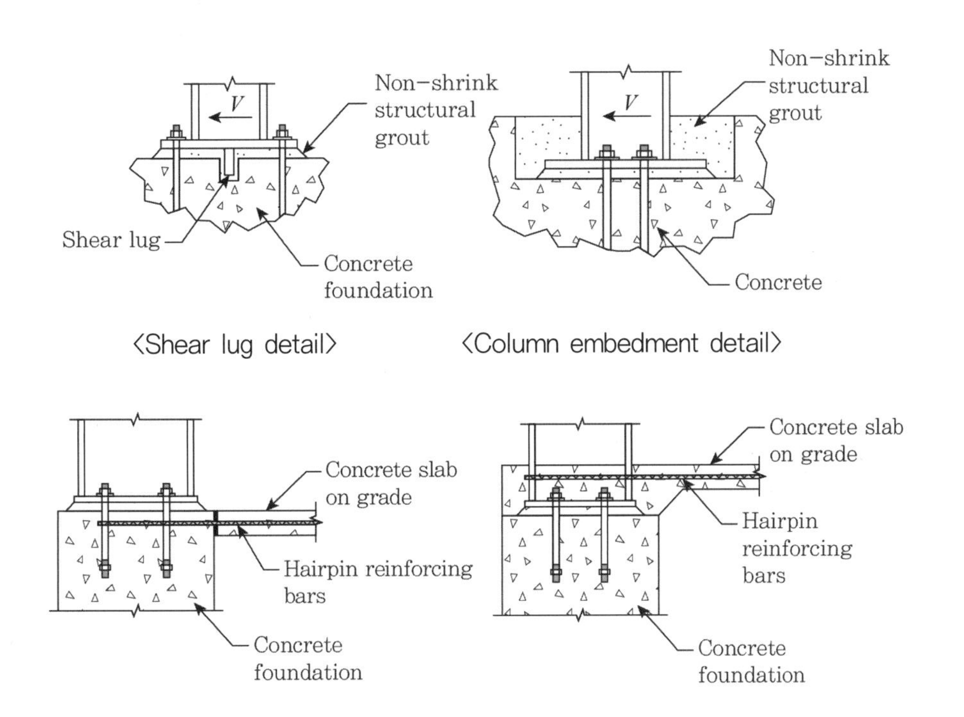

ASCE Anchorage Design for Petrochemical Facilities(2013)의 3.3.3에서도 되도록 전단력은 마찰저항(frictional resistance)에 의해 콘크리트로 전달해야 하며, 계수전단력이 마찰저항을 넘는 경우는 다른 방법(shear lug를 사용하거나, 앵커를 베이스 플레이트에 강하게 연결하는 방법)으로 베이스 플레이트로부터 기초로 전단력을 전달해야 한다고 설명한다. 3.5.3.2에서도 전단은

베이스 플레이트와 콘크리트 사이의 마찰저항에 의해 전달해야 하고, 앵커볼트는 단지 인장을 부담하는 것으로 해야 한다는 내용이 있다. 전단력이 커서 마찰저항으로 불충분한 경우는 Shear Lug(shear key or shear nibs or shear stub)를 사용해야 한다. 이때 전단력은 콘크리트나 철근에 의해 지지해야 한다는 의견을 피력했다. 3.6에서도 PIP STE05121(2006)의 8.1 내용과 일치한다.

전단력을 부담하도록 하는 Shear Lug에 대해 살펴보자.

PIP에서는 전단력에서 마찰력을 제외한 하중에 대해 Shear Lug로 부담하도록 설계한다. 마찰력은 마찰계수×수직압축력으로 구한다. 마찰계수(μ)는 다음 그림을 참조한다.

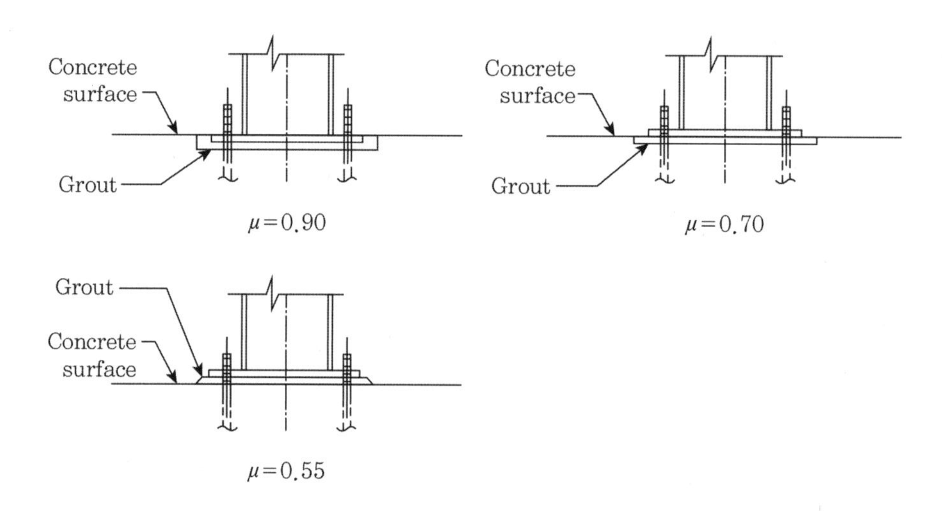

위의 그림에서 베이스플레이트와 그라우트 간의 마찰계수를 0.55로 제시하고 있지만 ACI 349-13 D.6.1.4에서는 0.4(경화된 콘크리트에 설치된 베이스 플레이트)로 규정했다.

Shear Lug의 설계 예제는 PIP STE05121와 AISC Design Guide 1(2014), ACI 355.3R-11에 있으니 참조하면 된다. 다만, 감소계수(ϕ)가 ACI 355.3R-11과 AISC Design Guide 1(2014)가 상이하고 PIP와도 다르다.

콘크리트 지압을 검토하는 식은 다음과 같다.

콘크리트 또는 그라우트의 지압강도(concrete bearing strength) :

$\phi \cdot 1.3 \cdot f_{ck} \cdot A_{lug}$(US & SI Unit)

ACI 355.3R-11과 ACI 349-13은 $\phi = 0.7$이고, AISC Design Guide 1(2014)은 $\phi = 0.65$다.
Shear Lug의 계수전단강도(factored shear strength toward a free edge) :

$4 \cdot \phi \cdot \sqrt{f_{ck}} \cdot A_{proj}$(US Unit)

$0.33 \cdot \phi \cdot \sqrt{f_{ck}} \cdot A_{proj}$(US Unit)

ACI 355.3R-11과 ACI 349-13은 $\phi = 0.8$이고, AISC Design Guide 1(214)은 $\phi = 0.75$이며, PIP STE05121(06)는 ACI 349-01을 참조하여 $\phi = 0.85$다. ASCE Anchorage Design for Petrochemical Facilities(2013)에서는 $\phi = 0.75$다.
ACI 318-19에서는 17.11편에 Shear Lug에 대한 규정을 처음으로 추가했다. 다음의 그림과 함께 내용을 간단히 소개한다.

전단 지압강도(bearing strength in shear) : $\phi \cdot V_{brg,\,sl}, \geq V_u, \phi = 0.65$
전단 공칭지압강도(nominal bearing strength in shear) : $V_{brg,\,sl} = 1.7 \cdot f_{ck} \cdot A_{ef,\,sl} \cdot \Psi_{brg,\,sl}$

$A_{ef,\,sl}$은 다음과 같이 구한다.

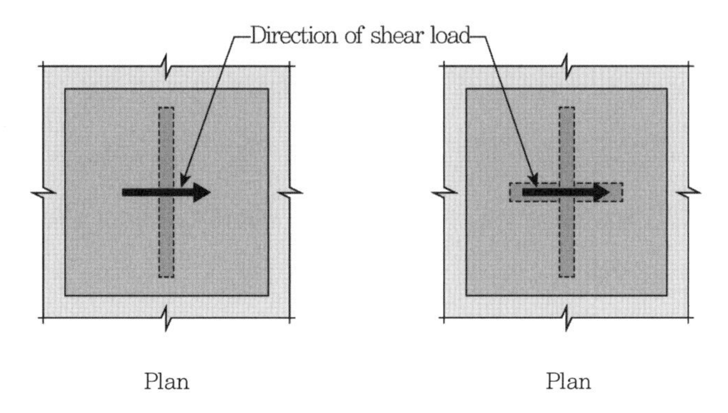

그림 R17.11.2.1.1 Examples of effective bearing areas for attachments with shear lugs

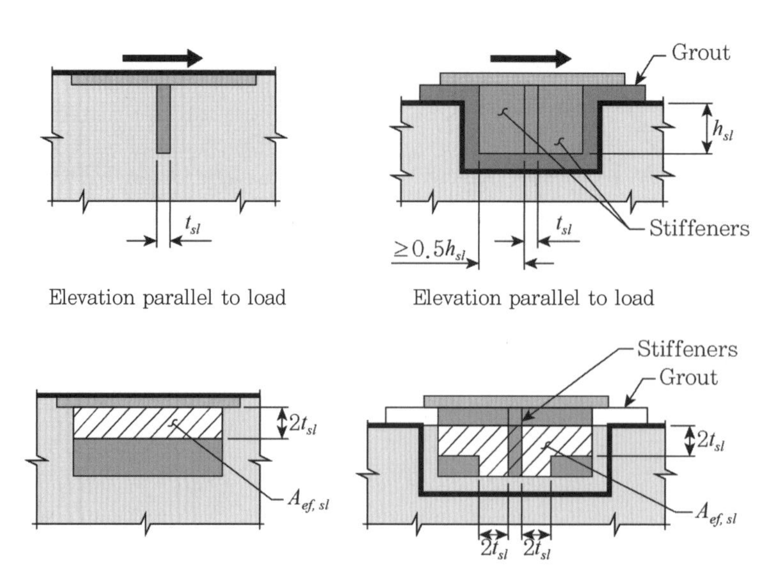

(a) Shear lug without stiffeners (b) Post-installed shear lug with stiffeners

Note : Anchors and inspection holes not shown for clarity.

그림 R17.11.2.1.1 Examples of effective bearing areas for attachments with shear lugs(계속)

지압계수($\Psi_{brg,sl}$)는 다음과 같다.

1) 인장 : $\Psi_{brg,sl} = 1 + \dfrac{P_u}{nN_{sa}} \leq 1.0$, 여기서, P_u : 인장(-), n : 인장상태 앵커 개수

2) 축력이 없는 경우 : $\Psi_{brg,sl} = 1$

3) 압축 : $\Psi_{brg,sl} = 1 + 4\dfrac{P_u}{A_{bp} f_{ck}} \leq 2.0$, 여기서, P_u : 압축(+)

위에 소개한 식은 ACI 349-13, ACI 355.3R-11와 AISC Design Guide 1(2014)에서 제시한 식($\phi \cdot 1.3 \cdot f_{ck} \cdot A_{lug}$)과 상이하다.

유럽기준 EN1993-1-8 6.2.2 (6)에는 마찰력(friction resistance, $F_{f,Rd}$)에 대해 다음과 같이 규정했다.

$$F_{f,Rd} = C_{f,d} \times N_{c,Ed}$$

여기서, $C_{f,d} = 0.2$, 모래-시멘트 모르타르(sand-cement mortar)

$N_{c,Ed}$ = 기둥의 수직압축력의 설계 값(design value of the normal compressive force in the column)

SCI P398(2013)의 5 Column Bases에서는 마찰력으로 전체 압축력의 0.3배를 부담하는 것으로 가정한다고 설명한다. 전단력이 큰 경우는 베이스 플레이트 하부에 용접한 형태인 Shear Nib를 사용하거나, 기초에 기둥을 매입하거나 슬래브와 기둥을 Tie Bar로 연결하는 등 여러 가지 방법이 있지만 Shear Nib를 사용하는 것이 타당하다고 한다. Shear Nib(다음 그림 참조)는 일반적으로 H형강을 사용한다.

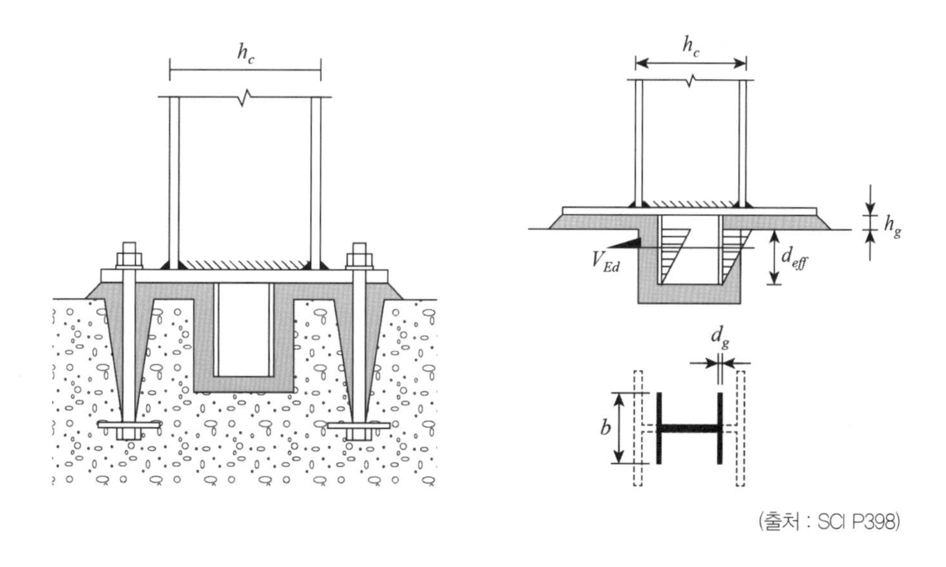

(출처 : SCI P398)

경험적인 법칙(rules of thumb)에 의하면 Shear Nib의 깊이(다음 그림의 d_n)는 0.4×기둥의 깊이(h_c)이다. Shear Nib의 유효깊이(d_{eff})는 60 mm 이상이어야 하며, Shear Nib 깊이에 1.5배 이상으로 할 필요는 없다고 한다.

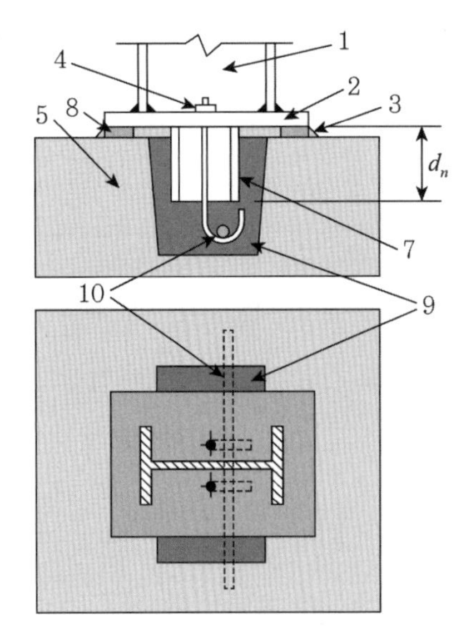

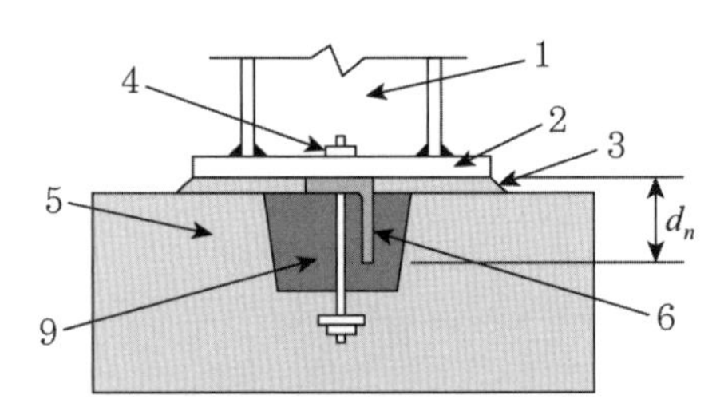

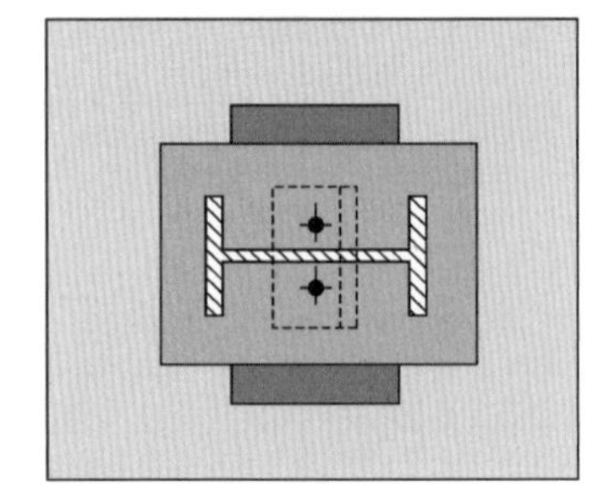

Key :
1 : I section column
2 : Base plate
3 : Joint space to be filled with grout
4 : Anchor bolt
5 : Concrete foundation
6 : Angle section shear nib
7 : I section shear nib
8 : Steel positioning/levelling plate
9 : Pocket reservation to be filled with non shrink concrete of grout after column positioning
10 : Foundation reinforcing bar

(출처 : NCCI)

SQ 12

앵커플레이트 두께는 얼마로 해야 할까?

A

앵커플레이트(anchor plate)는 PIP STE05121(18)에 소개한 다음 그림을 참조한다.

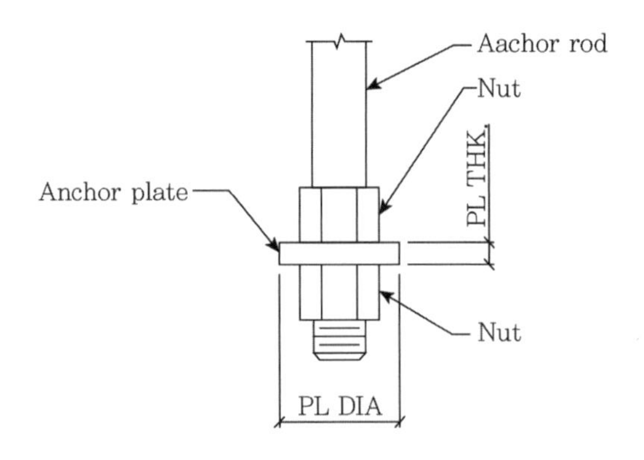

PIP STE05121(18)에서는 콘크리트강도와 앵커볼트의 직경, 재질에 다음 표와 같이 표준적인 플레이트 두께와 직경을 제시하고 있다.

<table>
<tr><th rowspan="3">앵커볼트
재질</th><th rowspan="3">콘크리트
설계기준강도</th><th colspan="11">앵커</th></tr>
<tr><th rowspan="2">플레이트</th><th colspan="10">볼트 직경</th></tr>
<tr><th>16</th><th>20</th><th>24</th><th>30</th><th>36</th><th>42</th><th>48</th><th>56</th><th>64</th><th>72</th></tr>
<tr><td rowspan="4">ASTM
F1554
Grade 36
Futa=400 MPa</td><td rowspan="2">28 MPa</td><td>직경</td><td>NR</td><td>NR</td><td>NR</td><td>60</td><td>70</td><td>85</td><td>100</td><td>110</td><td>120</td><td>135</td></tr>
<tr><td>두께</td><td>NR</td><td>NR</td><td>NR</td><td colspan="3">10</td><td colspan="3">15</td><td>20</td></tr>
<tr><td rowspan="2">35 MPa</td><td>직경</td><td>NR</td><td>NR</td><td>NR</td><td>NR</td><td>NR</td><td>NR</td><td>NR</td><td>110</td><td>120</td><td>135</td></tr>
<tr><td>두께</td><td>NR</td><td>NR</td><td>NR</td><td>NR</td><td>NR</td><td>NR</td><td>NR</td><td colspan="2">15</td><td>20</td></tr>
<tr><td rowspan="4">ASTM
F1554
Grade 55
Futa=520 MPa</td><td rowspan="2">28 MPa</td><td>직경</td><td>35</td><td>45</td><td>50</td><td>60</td><td>75</td><td>85</td><td>100</td><td>–</td><td>–</td><td>–</td></tr>
<tr><td>두께</td><td>5</td><td colspan="5">10</td><td>15</td><td>–</td><td>–</td><td>–</td></tr>
<tr><td rowspan="2">35 MPa</td><td>직경</td><td>NR</td><td>NR</td><td>NR</td><td>60</td><td>75</td><td>85</td><td>100</td><td>–</td><td>–</td><td>–</td></tr>
<tr><td>두께</td><td>NR</td><td>NR</td><td>NR</td><td colspan="3">10</td><td>15</td><td>–</td><td>–</td><td>–</td></tr>
<tr><td rowspan="4">ASTM
F1554
Grade 105
Futa=862 MPa</td><td rowspan="2">28 MPa</td><td>직경</td><td>40</td><td>45</td><td>55</td><td>70</td><td>85</td><td>95</td><td>110</td><td>130</td><td>150</td><td>170</td></tr>
<tr><td>두께</td><td colspan="2">10</td><td>15</td><td colspan="2">20</td><td>25</td><td>30</td><td>40</td><td>45</td><td>60</td></tr>
<tr><td rowspan="2">35 MPa</td><td>직경</td><td>35</td><td>45</td><td>50</td><td>65</td><td>75</td><td>90</td><td>100</td><td>120</td><td>135</td><td>155</td></tr>
<tr><td>두께</td><td colspan="3">10</td><td colspan="2">15</td><td>20</td><td>25</td><td>35</td><td>40</td><td>50</td></tr>
<tr><td rowspan="4">ASTM
A449</td><td rowspan="2">28 MPa</td><td>직경</td><td>35</td><td>45</td><td>55</td><td>65</td><td>75</td><td>85</td><td>100</td><td>110</td><td>125</td><td>145</td></tr>
<tr><td>두께</td><td colspan="3">10</td><td colspan="4">15</td><td>20</td><td>25</td><td>30</td></tr>
<tr><td rowspan="2">35 MPa</td><td>직경</td><td>35</td><td>45</td><td>50</td><td>60</td><td>75</td><td>85</td><td>100</td><td>110</td><td>120</td><td>135</td></tr>
<tr><td>두께</td><td colspan="4">10</td><td colspan="3">15</td><td colspan="2">20</td><td>25</td></tr>
</table>

Notes
1. 모든 치수는 mm이다.
2. NR : 연성(ductility)이 요구되지 않는 플레이트(plate)
3. F1554 Grade 55 재질의 직경 50 mm 이상은 연성이 없으므로, 연성이 요구되는 곳에 사용하면 안 된다.

Design of Structural Connections to Eurocode 3 Frequently asked Questions(2003)에서는 앵커볼트 형상에 대해 CEB-FIP 1997년 기준을 참조하여 다음과 같이 앵커볼트의 형태를 분류하여 제시했다. (a) Cast-in-situ Headed Anchor Bolts (b) Hooked Bars (c) Undercut Anchor Bolts (d) Bonded Anchor Bolts (e) Grouted Anchor Bolts (f) Anchoring to Grillage Beams이다.

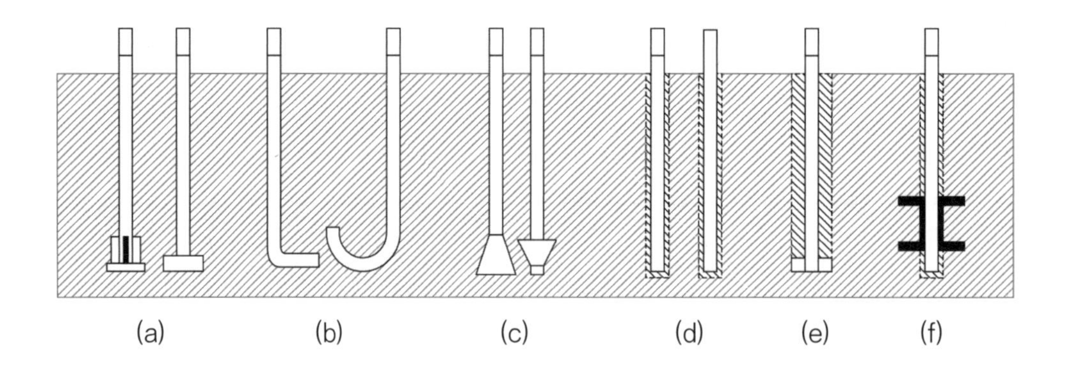

Cast-in-situ Headed Anchor Bolts의 경우 머리붙이 플레이트(headed plate) 두께를 감소시키기 위해 다음과 같이 십자로 보강재를 접합하는 형태도 사용할 수 있다.

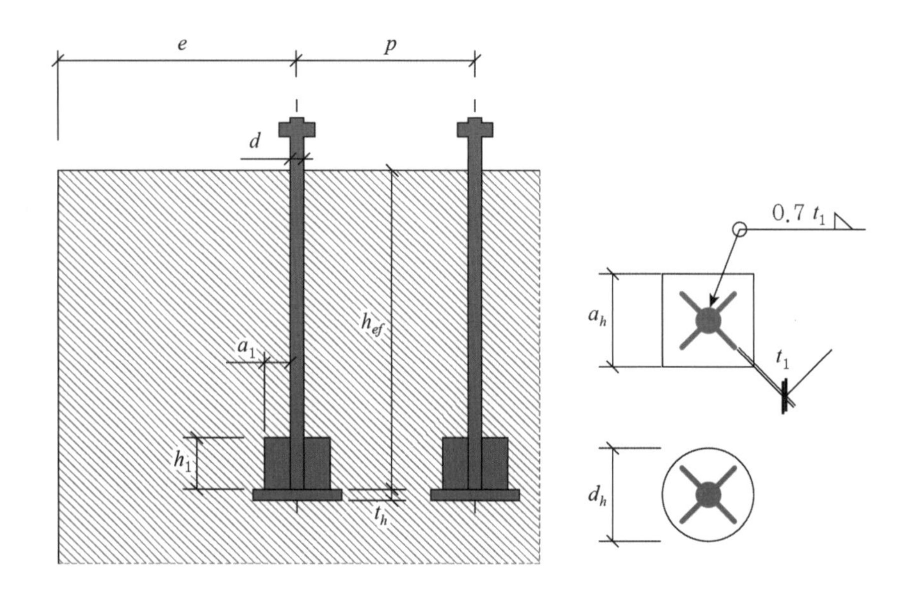

ASTM F1554 Grade 36의 경우는 SS275 강재와 인장강도가 유사한 것으로 범용 자재다. 앵커볼트의 직경에 따라 PIP STE05121(18)에서 추천하는 정도의 앵커플레이트(anchor plate)를 사용해야 할 것으로 생각한다.

SQ 13

고온 조건에서 ASTM 강재의 선택기준은?

A

ASCE No.138(2018)의 8.2.1.2에 따르면 강은 일반적으로 400℃까지는 항복강도(yield strength)가 감소하지 않으나, 탄성계수(elastic modulus)나 비례한계(proportional limit)는 100℃를 넘으면 감소하여 설계에서 고려해야 한다고 설명한다. 이러한 온도 기준은 Eurocode 3 Part 1-2 표 3.1의 기준과 AISC 360-16의 표 A-4.2.1에서 발췌한 것이라고 한다. 미국과 유럽의 기준 간에도 온도규정이 다소 상이하다. 표 8-2는 유럽기준, 표 8-3은 미국 AISC 기준이다.

표 8-2 Reduction Factors for Mechanical Properties of Structural Steel at Elevated Temperatures Per Eurocode 3

Steel Temperature (°C)	Reduction Factor at Temperature (T) to the Values of F_y and E at 20°C		
	Reduction Factor for Yield Strength $k_{y,T}=F_{y,T}/F_y$	Reduction Factor for Proportional Limit $k_{p,T}=F_{p,T}/F_y$	Reduction Factor for Elastic Modulus $k_{E,T}=E_T/E$
20	1.0000	1.0000	1.0000
100	1.0000	1.0000	1.0000
200	1.0000	0.8070	0.9000
300	1.0000	0.6130	0.8000
400	1.0000	0.4200	0.7000
500	0.7800	0.3600	0.6000
600	0.4700	0.1800	0.3100
700	0.2300	0.0750	0.1300
800	0.1100	0.0500	0.0900
900	0.0600	0.0375	0.0675
1,000	0.0400	0.0250	0.0450
1,100	0.0200	0.0125	0.0225
1,200	0.0000	0.0000	0.0000

Source: CEN (2006).

표 8-3 Reduction Factors for Mechanical Properties of Structural Steel at Elevated Temperatures Per AISC Specification 360

Steel Temperature(°C/°F)	Reduction Factor at Temperature (T) to the Values of F_y and E at 20°C(65°F)		
	Reduction Factor for Yield Strength $k_{y,T}=f_{y,T}/F_y$	Reduction Factor for Proportional Limit $k_{p,T}=f_{p,T}/F_y$	Reduction Factor for Elastic Modulus $k_{E,T}=E_T/E$
20/68	1.00	1.00	1.00
93/200	1.00	1.00	1.00
200/400	1.00	0.80	0.90
320/600	1.00	0.58	0.78
400/750	1.00	0.42	0.70
430/800	0.94	0.40	0.67
540/1,000	0.66	0.29	0.49
650/1,200	0.35	0.13	0.22
760/1,400	0.16	0.06	0.11
870/1,600	0.07	0.04	0.07
980/1,800	0.04	0.03	0.05
1,100/2,000	0.02	0.01	0.02
1,200/2,200	0.00	0.00	0.00

Source: AISC (2006).

ASCE The Structural Design of Air and Gas Ducts for Power Stations and Industrial Boiler Applications(1995)의 3.4.2에서는 다음과 같이 ASTM 강재 선택의 가이드라인을 제시했다. 해외 사업을 하는 경우 유용할 것으로 생각하여 소개한다.

ASTM A36 강재는 400°C(750°F) 이상의 온도에서는 사용이 제한된다. 이 이상의 온도에서는 크립(creep)과 흑연화(graphitization, 모양이 정해지지 않은 탄소 물질이 부분적으로 또는 완전히 흑연으로 변하는 것) 현상이 더욱 현저해진다. 이 현상은 시멘타이트(cementite, Fe_3C, 금속간 화합물로 6.67%의 탄소를 함유)가 고온에서 분해하여 시멘타이트 속의 탄소가 흑연으로 변하는 것이다. 연강이나 구조용강의 미세조직은 페라이트와 시멘타이트로 되어 있는데 열역학적으로 불안정하고 고온에 두면 시멘타이트는 페라이트와 탄소(흑연)로 분해되어 약화된다. 이 분해과정을 흑연화라고 한다. ASTM A36강은 430°C(800°F) 이상에서는 확실히 추천하지 않는다. ASTM A36은 미국에서 범용적으로 사용되는 강재로 국내의 SS275와 동일하지는 않지만 유사하다. ASTM A36강재의 화학성분 규정은 다음과 같다.

생산품	형상	Plates					Bars			
두께(mm)	All	≤20	20~40	40~65	65~100	100	≤20	20~40	20~100	100
탄소 (Carbon, max, %)	0.26	0.25	0.25	0.26	0.27	0.29	0.26	0.27	0.28	0.29
망간 (Manganese, %)		0.8~1.2	0.8~1.2	0.8~1.2	0.8~1.2	0.8~1.2		0.6~0.9	0.6~0.9	0.6~0.9
인 (Phosphorus, max, %)	0.04	0.04	0.04	0.04	0.04	0.04	0.04	0.04	0.04	0.04
황 (Sulfur, max, %)	0.05	0.05	0.05	0.05	0.05	0.05	0.05	0.05	0.05	0.05
규소 (Silicon, %)	0.4 max	0.4 max	0.15~0.4	0.15~0.4	0.15~0.4	0.15~0.4	0.4 max	0.4 max	0.4 max	0.4 max
구리 (Copper, min, %)	0.2	0.2	0.2	0.2	0.2	0.2	0.2	0.2	0.2	0.2

주석
1. Plates와 Bars를 제외하고 75 mm 이상 플랜지 두께를 가진 형상은 망간 0.85~1.35%, 규소 0.15~0.4%가 요구된다.
2. Plates와 Bars들은 상기표의 최대 탄소량보다 0.01% 감소하는 경우 상기표의 최댓값 이상의 망간 0.06% 이상 최대 1.35%까지 허용한다.

ASTM A242 Type 1은 480℃~540℃(900°F~1,000°F) 사이에 매우 제한적으로 사용할 수 있다. 강의 온도가 480℃(900°F)를 넘을 때 크립-파단강도(creep-rupture strength)가 상당히 저하한다. 그러므로 ASTM A242 강재를 480℃(900°F) 이상에서 구조용 강으로 사용하는 것은 구조 엔지니어가 이러한 우려를 경감할 수 있는 대책을 수립하지 않는 한 추천하지 않는다. 480℃(900°F)보다 높은 온도에서 사용할 때는 구조 엔지니어는 템퍼 취성(temper embrittlement)에 덜 민감하고, 고온 크립-파단 능력을 갖는 우수한 재료를 조사해야 한다. 이 강재는 매우 높은 고온에 노출될 때 템퍼 취성에 매우 민감해진다. 이 강재는 엄격한 화학적 성질의 제한을 두어 크립-파단 능력을 극적으로 향상시킬 수는 있다. 그러나 이로 인해 강재의 템퍼 취성은 매우 민감해진다. 이 강재는 540℃(1,000°F) 이상에서는 확실히 추천하지 않는다.

ASTM A588 Grade A와 B는 상대적으로 매우 높은 온도 강도(high elevated-temperature strength)를 나타낸다. 그러나 430℃(800°F) 이상에서는 매우 낮은 크립-파단 연성을 나타낸다. 따라서 이 강재는 일반적으로 430℃(800°F) 이상에서는 구조용으로 사용하지 않는다. 430℃(800°F) 이상에서 사용하게 되는 경우는 ASTM 화학성분 범위를 상대적으로 넓게 정제하고 조심스럽게 조절할 필요가 있다. 이 강재는 540℃(1,000°F) 이상에서는 확실히 추천하지 않는다.

ASTM A355와 ASTM A387은 400~600℃(750~1,100°F) 사이 온도범위에서 경제적으로 다양한 등급으로 사용할 수 있다.

AISC 360-16, M2 1에서는 열 영향을 받는 부위의 온도가 ASTM A514, A852 강재는 590℃(1,100°F)를 넘지 안아야 하며, 다른 강들도 650℃(1,200°F)를 넘으면 안 된다고 설명한다. Appendix 3 Fatigue(피로) 편에서는 피로하중저항 하중은 150℃(300°F)를 넘지 않는 구조물에 적용해야 한다고 설명했다.

한편, 강구조편람 1권의 2.4.3에서는 동일성분의 탄소강이라도 온도에 따라 그 기계적 성질은 매우 달라지며, 탄소강은 온도가 상승함에 따라 탄성계수, 탄성한계 및 항복점 따위는 감소한다고 한다. 탄소강의 충격치는 200~300℃에서 가장 작아 취약하게 되는데 이것을 청열 취성(blue brittleness, 탄소강이 산화에 의해 청색을 나타내며 상온일 때보다 경도가 아주 높고 부서지기 쉽게 되는 성질)이라 한다. 따라서 탄소강은 이때 가장 취약하게 된다. 또한 2.8.5에서는 고온용강으로서 탄소강은 약 350℃ 이상, 합금강의 경우 약 400℃ 이상의 용도로 제공되는 강이라 설명한다. 압력용기용으로서는 보일러용에 일부 탄소강을 사용하지만, 대부분은 크립 강도를 향상시키기 위해 몰리브덴(Mo)을 0.5~1% 첨가하고, 내식성 향상을 위해 크롬(Cr)을 1~5% 함유한 합금강을 사용한다고 한다. 탄소강 강판(SB재)은 오래전부터 사용해왔지만 450~650℃에서 장시간 가열되는 경우 시멘타이트가 흑연화되어 강도와 연성이 저하한다. 그 방지책으로 흑연화를 촉진하는 알루미늄(Al)량의 감소, 시멘타이트 안정화 원소인 몰리브덴(Mo)의 소량 첨가가 효과적이라고 한다. 몰리브덴(Mo)은 소량 첨가로도 크립 강도를 현저하게 상승시키는데 탄소(C), 망간(Mn), 크롬(Cr), 바나듐(V) 등과 공존하는 경우 더욱 효과적이라고 한다.

SQ 14

파이프 랙 구조물에 활하중을 적용해야 할까?

A

파이프 랙(pipe rack)은 배관 파이프, 전력케이블, 기기 배전관, 기기 케이블을 지지하는 구조물로 석유화학, 화공, 발전시설에서 주로 사용한다. 이것은 또한 기기의 밸브 조작을 위한 접근용 Platform을 지지하기 위해 사용한다. Pipe Rack은 ASCE 7의 Nonbuilding(건물 외) 구조물로 분류한다. 다음은 BECHTEL Design Guide에 있는 그림이다.

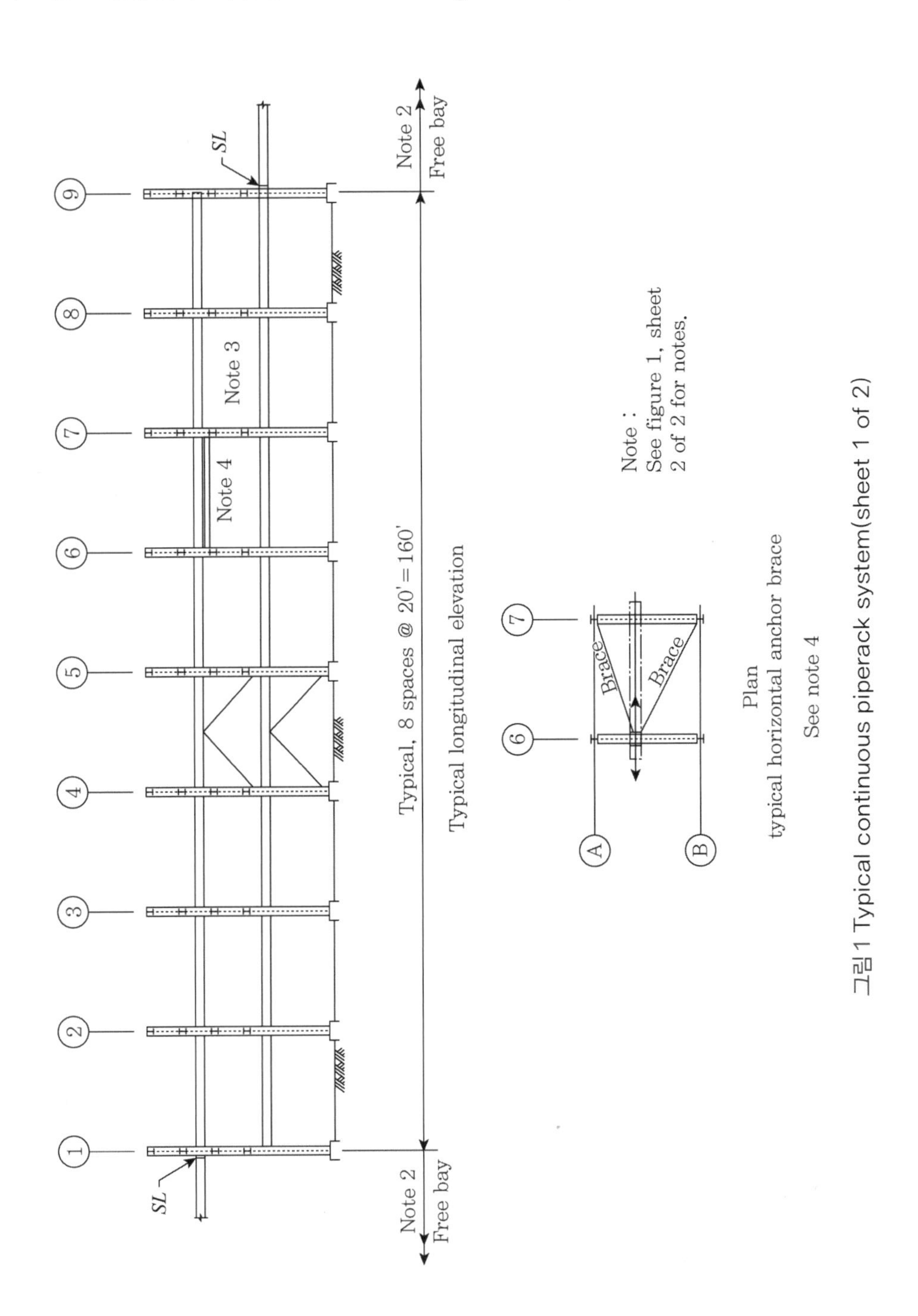

그림1 Typical continuous piperack system(sheet 1 of 2)

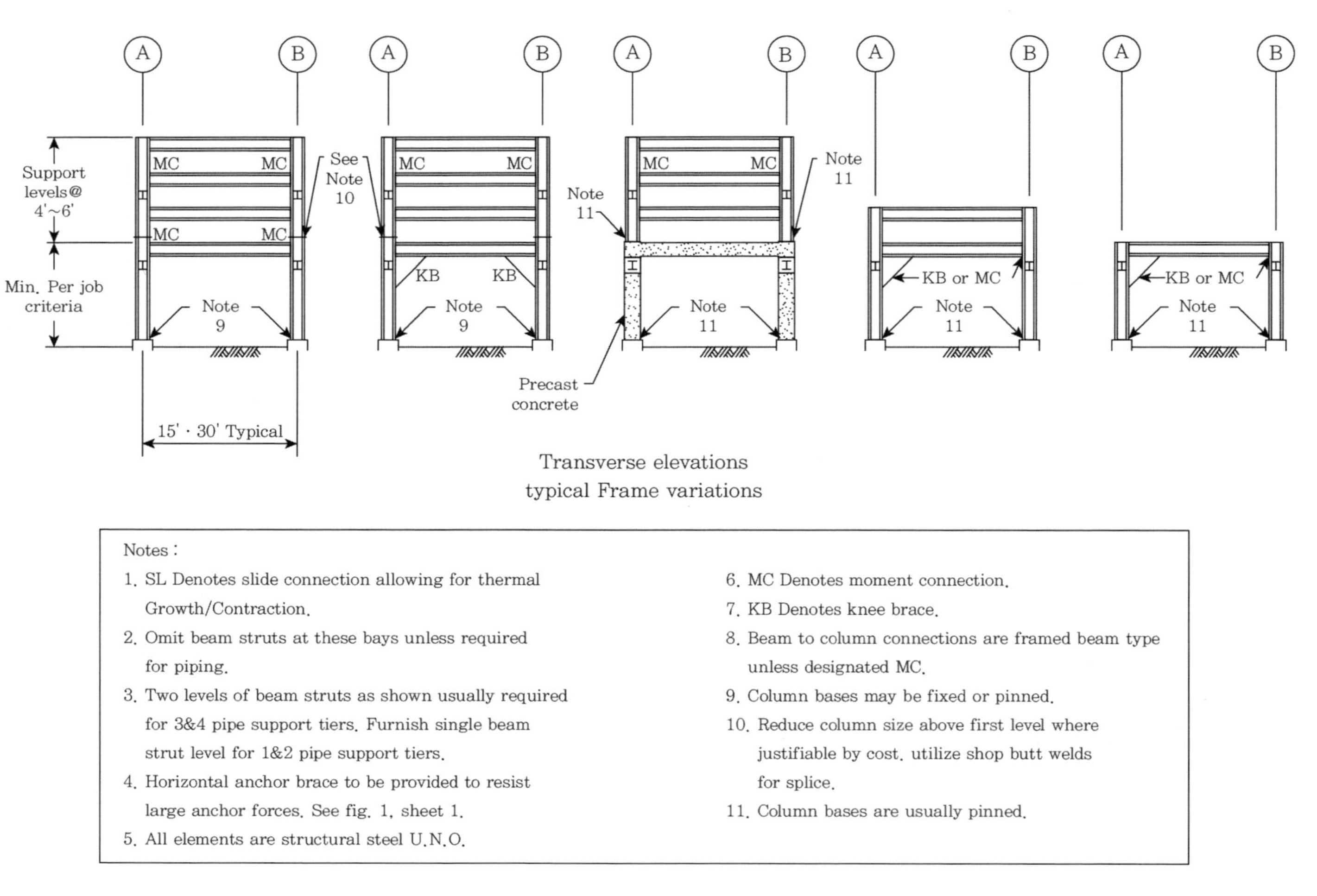

그림 1 Typical continuous piperack system(sheet 2 of 2)

BECHTEL Design Guide에서는 경제성을 고려하여 연속형태의 Pipe Rack의 기둥 간격은 6m 정도를 추천한다. Pipe Rack 설계에 사용하는 하중은 고정하중(파이프, 전기 트레이, 전선관, 지지구조물 자중, 기기 등)과 횡하중(풍하중, 지진하중, 온도하중, 마찰하중(friction load) 등)으로 대별된다. BECHTEL Design Guide에 따르면 Pipe Rack에 온도하중은 실제로 전 구조체가 온도를 받고 있는 상태가 아니라면 지지된 모든 파이프에 동시에 적용할 필요는 없다고 설명한다. Pipe Rack에 활하중(live load)은 고려할 필요가 없으며, 단지 플랫폼(platform)이나 통로(walkway) 또는 기기 점검용 플랫폼이 있는 지역만 활하중을 고려한다.

SQ 15

필릿 용접부의 최소 여유는 얼마나 필요할까?

A

다음 그림과 같이 부재 간 접합에 필릿(fillet) 용접을 사용하는 경우 c 치수는 얼마나 해야 할까? Structural Steel Designer's Handbook(2006)의 3.2.17에서는 필릿 용접치수에 최소한 다음과 같은 정도의 여유가 필요하다고 주장한다.

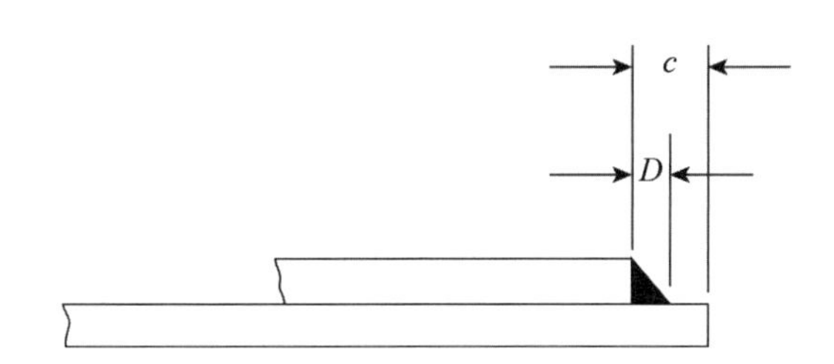

c : 필릿 용접치수(D) +8 mm
c : 필릿 용접치수(D) +5 mm(For Building Column Splice)

SQ 16

강구조 접합부의 위치는?

A

강구조 접합부의 작업점(working point, W.P)은 다음 그림과 같이 항상 부재의 중심으로 해야 한다.

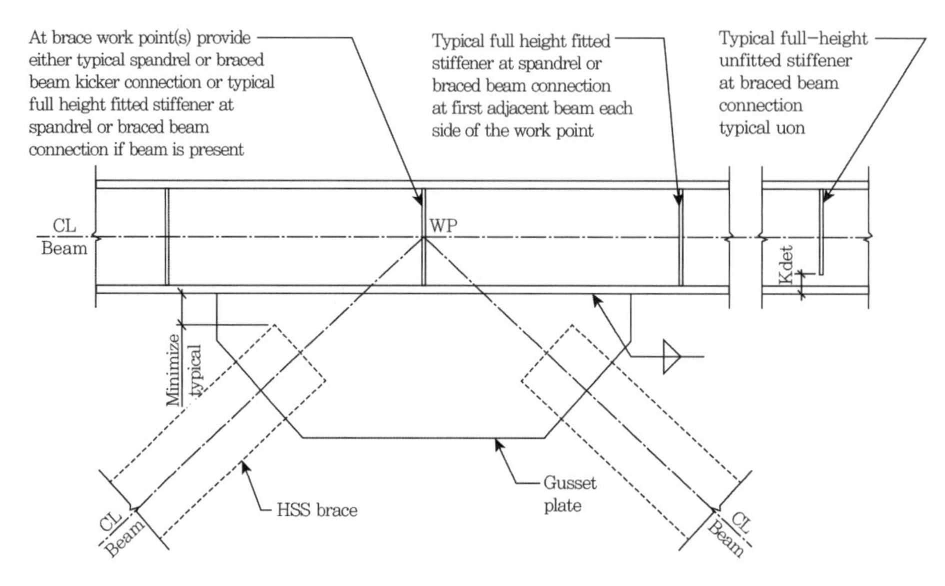

Note : 1. Brace work points are eccentric at simlar condition

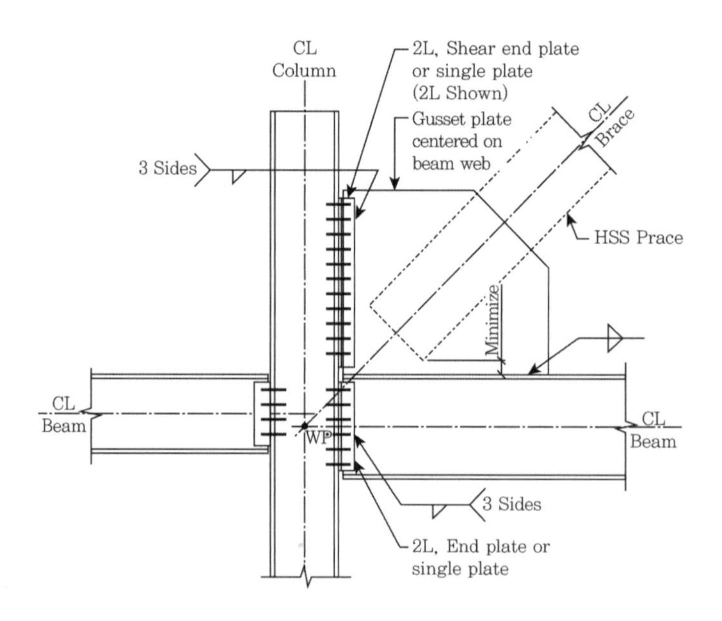

다음 그림과 같이 부재 중심축으로 접합하지 않는 경우 편심의 영향을 접합부 설계에서 반드시 고려해야 한다.

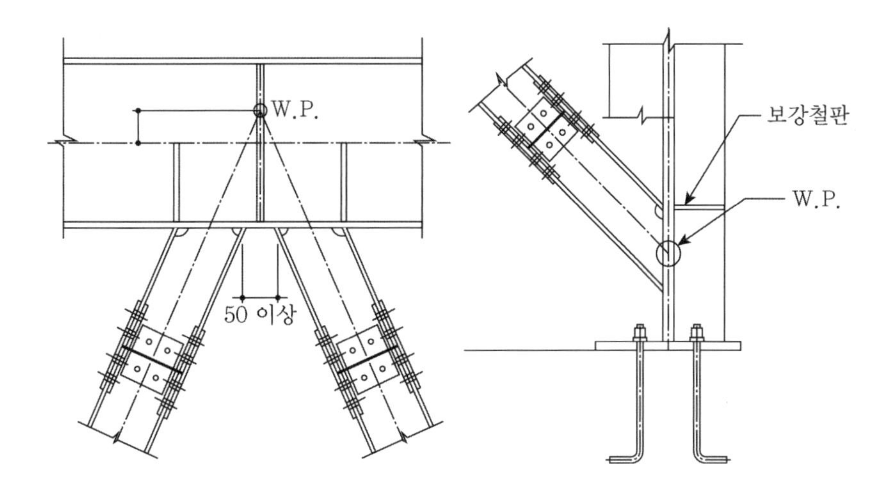

구조해석 모델링에서 직접적으로 편심을 고려할 수도 있다. 모델링에서 반영할 수 없다면 접합설계에서 편심을 고려해야 하지만 쉽지 않다.

한편, 건축구조 표준접합상세지침(2009)에서는 다음 그림 1, 2와 같이 기둥과 베이스 플레이트의 접합을 도시했으나 W.P 위치가 서로 상이하다. 그림 1은 베이스 플레이트 하부에 W.P를 두었으나 그림 2는 베이스 플레이트 상부에 W.P가 있다.

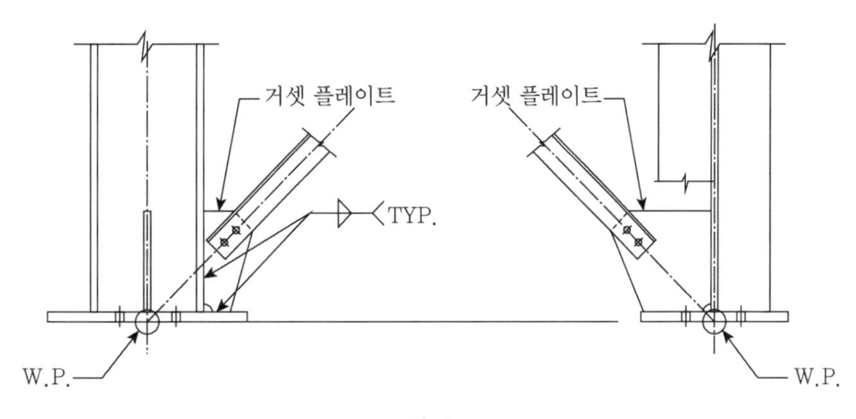

그림 1

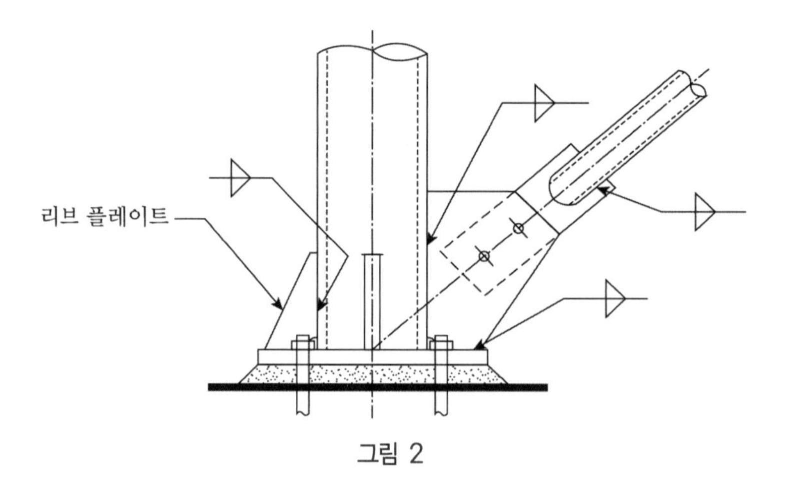

그림 2

Handbook of Structural Steel Connection Design and Details(2010)에서는 그림 2와 같이 베이스 플레이트 상부에 W.P를 표시하고 있다(다음 그림 3 참조).

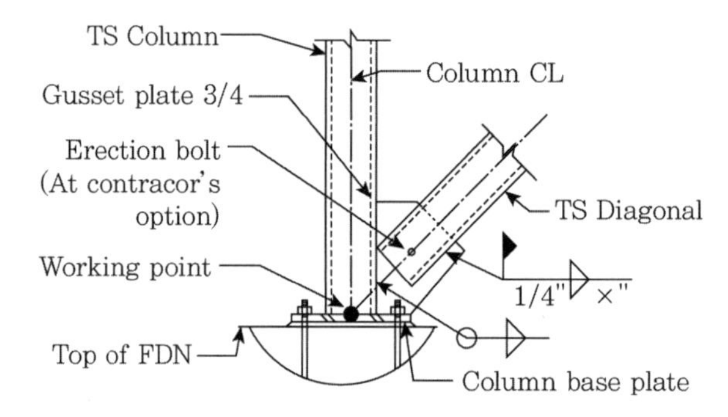

<Detail A at TS Column>

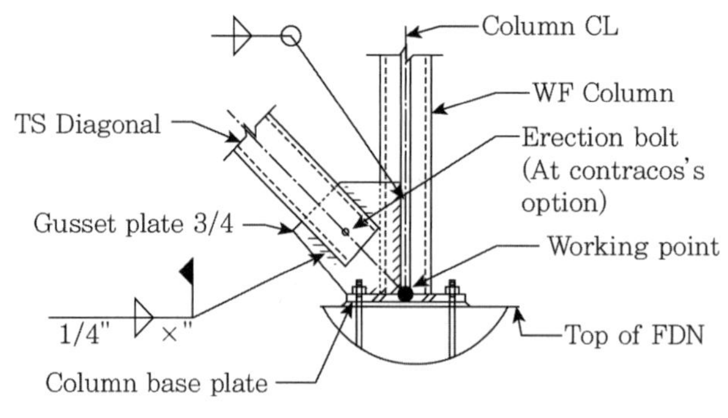

<Detail A at WF Column>

그림 3

필자는 그림 2와 Handbook of Structural Steel Connection Design and Details(2010)에서 제시한 것과 같이 W.P를 베이스플레이트 상부에 두는 것이 타당하다고 생각한다. 극단적이라 볼 수도 있지만 그림 1과 같이 베이스플레이트의 바닥에 W.P를 두면 다음 그림 4와 같이 베이스플레이트가 커지고 앵커볼트도 추가될 수 있기 때문이다.

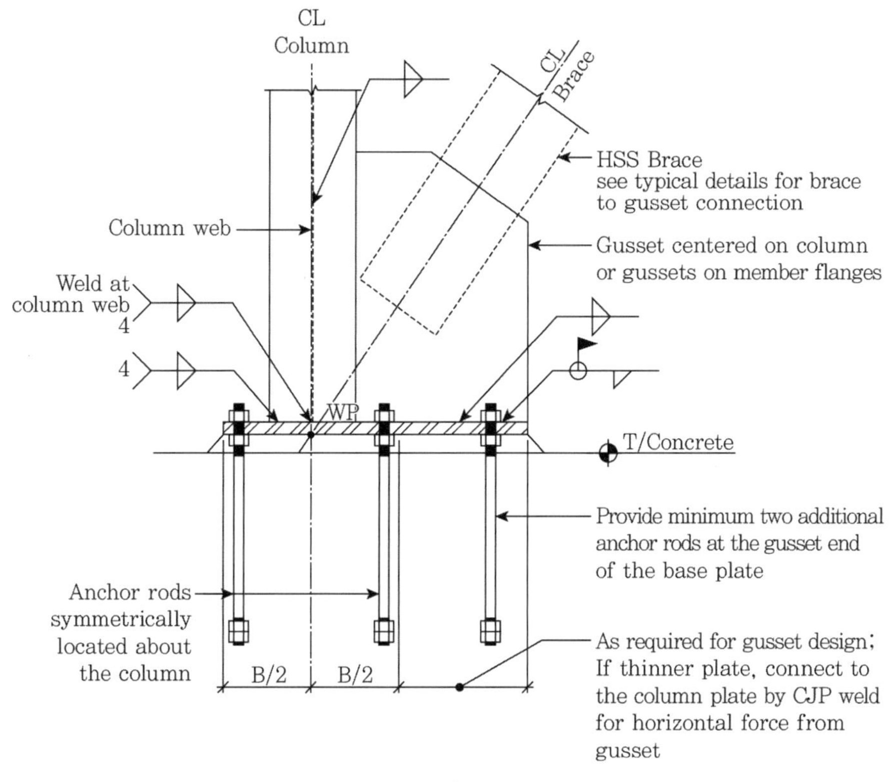

그림 4

SQ 17

앵커볼트에 대한 현장 성분조사 후 저강도(A36)와 고강도(A449)의 구분 방법은?

A

다음 표와 같이 강재의 화학성분이 조사되었다고 가정해보자. 화학성분만의 조사를 통해 재질의 종류를 정확하게 알기 어렵다. 왜냐하면 ASTM에서 규정하는 화학성분표와 정확하게 일치하지 않을 수도 있으므로 저강도와 고강도 정도만을 구분할 수 있을 것으로 생각한다.

화학성분	A 앵커	B 앵커
탄소(C)	**0.143**	0.135
규소(Si)	**0.294**	0.131
망간(Mn)	0.332	0.272
크롬(Cr)	0.016	0.057
몰디브텐(Mo)	0.013	0.035
니켈(Ni)	0.000	0.084
알루미늄(Al)	0.000	0.003
구리(Cu)	0.517	0.175
티타늄(Ti)	**0.041**	0.000
바나듐(V)	**0.565**	0.002
니이오비듐(Nb)	**0.407**	0.008
코발트(Co)	0.000	0.012
납(Pb)	0.013	0.016
텅스텐(W)	0.014	0.019
아연(Zn)	0.002	0.002
철(Fe)	97.642	99.051

상기 표는 A36과 A449에 대한 조사결과를 나타낸 것이다. ASTM A36-12에 의하면 A36 강재는 인장강도(tensile strength)가 400~550 MPa이며 항복점(yield point)은 250 MPa로 국내 SS275 재질과 유사하다. ASTM A449-10에 따르면 A449 강재는 직경에 따라 인장강도(tensile strength)가 620, 724, 827 MPa이며 항복강도(yield strength)는 400, 558, 634 MPa이다. 이 재질은 Type 1, 3으로 분류되며 Type 1은 탄소강, 탄소붕소강(carbon boron steel), 합금강,

합금붕소강(alloy boron steel)으로 분류한다. Type 3은 내후성 강(weathering steel)이다.

강의 주요 화학성분은 탄소, 규소, 망간, 인, 황으로 알려져 있다. 강재의 주요 성분을 소개한 국내 문헌(참고문헌 포함)도 많이 있지만, 문헌 간 조금씩 내용이 상이해서 참고문헌 83~87을 참조하여 정리하였다.

탄소(carbon, C)는 강에 가장 일반적인 합금 요소다. 탄소는 저렴하면서 강도(strength)와 경도(hardness)에 상당한 영향을 미친다. 탄소량이 증가하면 브리넬경도(brinell hardness), 인장강도(tensile strength), 항복강도(yield strength)가 증가하고 샤르피충격치(Charpy impact), 연신율(elongation), 연성(ductility), 인성(toughness)이 감소한다. Welding Metallurgy(AWS)의 Weldability of Commercial Alloy에서는 적당한 용접성을 가지려면 탄소량을 최대 0.2% 이하로 제한해야 한다고 설명한다. 다음 그림은 ASM Handbook Vol. 20 P367에 수록된 그림 20 Mechanical Properties of Ferrite-Pearlite Steels as Function of Carbon Content이다.

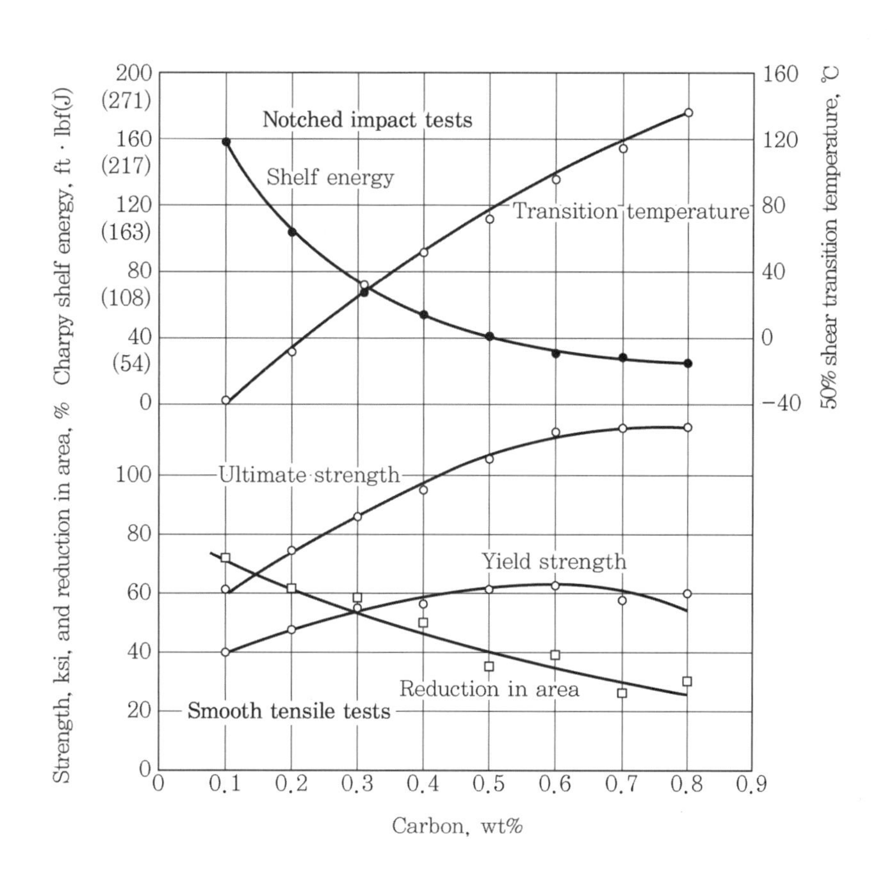

망간(manganese, Mn)은 일반적으로 모든 상업용 강에 있다. 망간은 철을 제작할 때 중요하다. 왜냐하면 고온취성(hot shortness)의 민감성을 감소시키기 위한 강의 열간고온가공(hot working)을 가능하게 하고 산소를 제거하기 때문이다. 망간이 0.1% 증가하면 항복강도가 대략 3 MPa 증가한다. 망간은 탄소에 비해 영향이 작지만 강도(strength)와 경도(hardness)에 기여하며, 망간이 증가하면 연성(ductility)과 용접성(weldability)이 저하한다. 망간은 경화성능(hardenability), 피로한계(fatigue limit), 노치인성(notch toughness), 내식성을 증가시킨다. 망간은 극단적인 저탄소(low-carbon) 림드강(rimmed steels, 페로망간을 첨가해서 가볍게 탄산처리만 해서 제조된 강)을 제외하고 모든 탄소강의 표면 품질에 유익하다.

규소(silicon, Si)는 강 제작에 사용되는 주요 탈산제 중 하나다. 규소는 강의 제련공정(steel-refining process) 동안 용융 강(molten steel)으로부터 산소를 제거한다. 산소는 강에 바람직하지 않은 요소다. 왜냐하면 산소는 산화 함유물을 형성하는데 이것은 피로저항성(fatigue resistance), 인성(toughness), 연성(ductility)을 감소시킬 수 있기 때문이다. 규소가 0.1% 증가하면 철의 항복강도가 대략 8 MPa 증가한다. 규소는 심각한 연성의 손실 없이 페라이트(ferrite) 강도를 다소 증가시킨다. 규소는 강도, 노치인성을 증가시키고 용접성을 저하시킨다.

인(phosphorus, P)은 일반적으로 바람직하지 않은 불순물이다. 강에 Tramp Element 또는 잔류원소(residual element)로 취급되므로 일반적으로 0.02% 아래로 제한해야 한다. 부식 저항, 강도, 경도, 피로한계(fatigue limit), 경화성능(hardenability)을 증가시키지만 연성(ductility)과 인성(toughness), 용접성을 저하시킨다.

황(sulfur, S)도 바람직하지 않은 요소로 강에 Tramp Element로 취급되므로 일반적으로 0.02% 아래로 제한해야 한다. 황은 제조공정 동안 침입하여 고온취성(hot shortness)을 일으킬 수 있다. 특히 황은 강 바탕(steel matrix)에 내부 편석(internal segregation)을 촉진시키고 연성을 감소시킨다. 황 성분이 증가하면 용접성이 감소한다.

상기 표에서 A 앵커가 ASTM A449(10) 규격의 화학성분과 정확히 일치하지는 않으나 A449로 판단할 수 있다. A 앵커 재질은 탄소량이 많고, 규소 함유량이 높고 티타늄(주요한 탈산제로 사용되나 탈산만을 위해 사용하지 않지만 고강도 저합금강에 중요한 요소다. 붕소와 함께 사용되어 강의 경화성능을 증가시킨다. 또한 크리프(creep)와 파단강도(rupture strength), 경도를 증가시킨다.)이 포함되어 있으며 니이오비듐(고강도 저합금강(microalloyed steel 또는 high-strength low-alloy steel)에 중요한 요소다. 어떤 고강도 저합금강에는 바나듐과 함께 사용된다. 소량 첨가로 인장강도와 항복강도를 증가시킨다.)과 바나듐(고강도 저합금강에 가장 중요한 요소다. 0.12% 이상의 양으로 노치인성과 용접성의 저하 없이 파단강도와 크리프 강도를 증가시킨다. 이것은 소량 첨가로 강도가 증가된다.)의 함유량이 많기 때문이다.

강구조편람 1권에서는 고장력강에서 석출강화(중급철강지식에 의하면 합금원소가 변태온도를 저하시킬 때 페라이트입자 크기를 미세화한다고 설명한다. 알루미늄, 티타늄과 같은 원소는 탄소, 질소와 같은 해로운 침입원소와 결합하여 충격천이 온도에 좋은 효과를 끼친다고 한다.)를 일으키는 원소로 가장 널리 사용되는 것은 니이오비듐(Nb)과 바나듐(V)이라고 설명한다. 또한 결정미세립화법에 대해 다음과 같이 부언했다.

결정립미세화법(Strengthening by grain size refining)은 강의 성분, 압연방법 또는 열처리방법 등에 의해서 오스테나이트 및 페라이트의 결정립을 미세화시켜서 강도와 인성을 향상시키는 방법이라고 한다. 일반적으로 금속에서 결정립계는 전위이동을 방해하여 강도를 증가시킨다. 따라서 결정립을 미세화한다는 것은 단위부피당의 결정립계 면적을 증가시키는 것이므로 그만큼 전위이동을 방해하는 효과가 커져서 강도는 증가하게 된다고 한다.

04

기타
Miscellaneous

04
기타
Miscellaneous

MQ 01

말뚝에 최소 연단거리를 확보해야 하는 이유는?

A

일본의 자료(참고문헌 98)에 따르면 말뚝의 배치는 기성말뚝의 경우 도로교하부구조설계지침(소화 39년, 1964년), 현장타설말뚝기초의 경우는 현장타설말뚝의 설계시공 편(소화 48년, 1973년)에 규정되었고 현재까지 사용하고 있다. 말뚝의 연단거리는 수평전단파괴가 발생되지 않도록 하고, 말뚝의 시공오차와 배근의 여유를 고려하여 결정한 것이라고 한다. 다만 기성말뚝은 가상 콘크리트 단면을 고려하여 결정해야 한다고 설명한다. 여기서 소개하는 말뚝의 최소 중심간격과 최소 연단거리는 다음 그림과 같다. 이것은 도로교설계기준해설(2008) 5.8.4.2와도 일치한다.

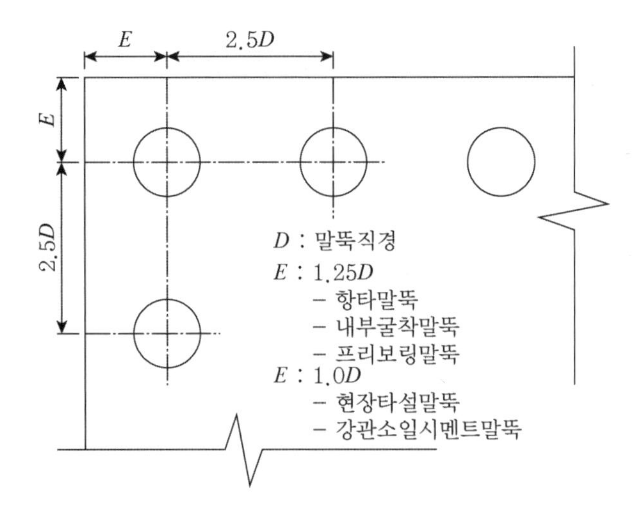

CRSI Design Handbook(2008)의 13장과 CRSI Design Guide for Pile Cap(2015)의 4.3에서는 수직 연단 쪼갬파괴(vertical edge splitting)를 방지하기 위해 말뚝에 최소 연단거리 확보가 필요하다고 설명한다. CRSI Design Guide for Pile Caps(2015) 그림 4.3에서 제시하는 말뚝의 중심간격과 연단거리는 다음과 같다. Pile Allowable Load는 고정하중과 활하중에 대한 것이다.

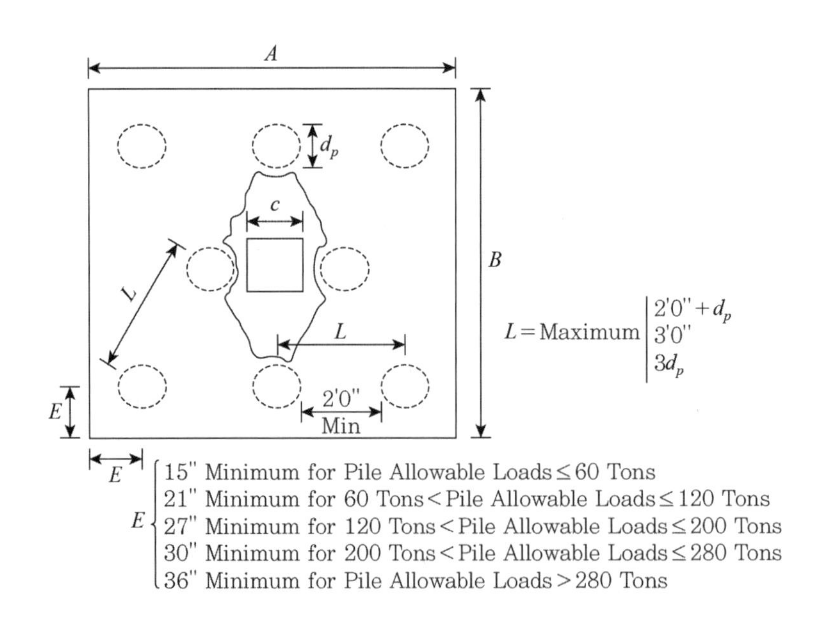

말뚝의 연단거리 관련 국내 규정은 다음 표와 같다. D는 말뚝의 직경이다.

기준	연단거리 규정	비고
구조물기초설계기준(2016)	기초측면과 말뚝중심 간의 간격은 최소한 말뚝직경의 1.25배 이상으로 한다.	5.4.2 (2)
철도교설계기준 노반편(2011)	기초측면과 말뚝중심 간의 거리는 최소한 말뚝직경의 1.25배 이상으로 한다.	11.7.1 (3)
한국철도시설공단 말뚝기초의 설계(2012)	기초측면과 말뚝중심 간의 거리는 최소한 말뚝직경의 1.25배 이상으로 한다.	5 (2)
도로교설계기준 해설(2008)	1.25D : 항타말뚝, 내부굴착, 프리보링 1.0D : 현장타설말뚝, 강관소일시멘트말뚝	5.8.4.2
도로설계요령 제8-3편 교량하부구조물(2009)	말뚝중심에서 기초 연단까지의 거리는 기성말뚝에서는 1.25D, 현장타설말뚝은 1.0D로 하고 말뚝 주면에서 연단까지의 거리는 최대 1.0 m를 원칙으로 한다.	5.1.7 (2)
도로교설계기준(2016, 한계상태설계법)	타입말뚝 : 말뚝 주면으로부터 말뚝머리 위 확대기초의 모서리 면까지의 여유 거리는 225 mm보다 커야 한다. 현장타설말뚝 : 규정 없음	7.7.1.5
건축구조기준(2016)	기초판 주변으로부터 말뚝 중심까지의 최단거리는 말뚝지름의 1.25배 이상으로 한다. 다만, 말뚝머리에 작용하는 수평하중이 크지 않고 철근의 정착에 문제가 없는 경우의 기초판은 말뚝의 수직외면으로부터 최소 100 mm 이상 확장한다.	0407.11 (2)

깊은기초(한국지반공학회, 2002) 표 7.2에서는 일본건축학회 건축기초구조설계지침(1988)에 연단거리를 1.2D로 소개했고, 구조물기초설계기준(1987) 4.5.3에서는 푸팅측면과 말뚝중심의 간격은 최소 말뚝직경의 1.5배 이상으로 규정했다. 일본 도로교표준시방서(평성 24년, 2012년) 하부구조편 12.3에서는 모든 말뚝의 연단거리를 1.0D로 규정했다.

한편 ASCE 20-96의 7.8에는 중심 간격은 2.5D를 제시했으나 연단거리 규정이 없다. BSI 8004의 7.3.4.2에는 마찰말뚝의 경우 최소 중심 간격은 3.0D로 규정했지만 역시 연단거리 규정은 없다. CRSI Design Handbook(2008)에서 제안하는 중심 간격은 다음 1)~3) 중 최댓값이다.

1) 2 ft (0.61 m)+D

2) 3 ft (0.91 m)

3) 3.0D

기준	중심거리 규정	비고
구조물기초설계기준(2016)	말뚝중심 간격은 최소한 말뚝직경의 2.5배 이상	5.4.2 (2)
철도교설계기준 노반편(2011)	말뚝 간격은 최소한 말뚝중심 간의 거리가 말뚝직경의 2.5배 이상	11.7.1 (3)
한국철도시설공단 말뚝기초의 설계(2012)	말뚝 간격은 최소한 말뚝중심 간의 거리가 말뚝직경의 2.5배 이상	5 (2)
도로교설계기준 해설(2008)	말뚝 지름의 2.5~3.0배를 말뚝의 최소 중심 간격으로 한다. 2.5D 이상이면 군말뚝 영향이 크지 않다.	5.8.4.2
도로설계요령 제8-3편 교량하부구조물(2009)	말뚝 지름의 2.5~3.0배를 말뚝의 최소 중심 간격으로 한다. 근접시공 등 부득이 한 경우 2.0D까지 가능하지만 이 경우 스프링 정수를 저감할 필요가 있다.	5.1.7 (1)
도로교설계기준(2016, 한계상태설계법)	타입말뚝 : 말뚝 중심 간의 거리는 750 mm 또는 말뚝 직경이나 폭의 2.5배중 큰 값보다 커야 한다. 현장타설말뚝 : 중심 간 간격은 지름의 3배 또는 인접말뚝 간의 상호간섭이 없는 최소간격보다 커야 한다.	7.7.1.5 7.8.1.6
건축구조기준(2016)	기성콘크리트 타입말뚝 : 2.5D 또한 750 mm 이상 강재 타입말뚝 : 2.0D(폐단강관말뚝 2.5D) 또한 750 mm 이상 매입말뚝 : 2.0D	0407.10.2 (3) 0407.10.3 (3) 0407.10.4 (3)

MQ 02

파일 캡 내부로 말뚝 최소 관입깊이는?

A

말뚝과 기초의 결합부는 말뚝머리를 고정으로 설계하는 것을 원칙으로 하는데 이는 수평변위량이 설계를 지배하는 경우 유리하고 부정정차수가 높기 때문에 내진상의 안전성이 우수하기 때문이다. 도로교설계기준해설(2008) 5.8.11.3에서는 강결합의 경우 말뚝머리부의 관입깊이는 100 mm로 제시했다. 일본 말뚝기초편람(평성 4년, 1992년)의 그림 8.4.1과 8.4.2에서도 관입깊이는 100 mm다. 일본 도로교시방서(평성 8년, 1996년)에서도 관입깊이는 100 mm다. 한편 BS 8004 7.4.2.6에서는 Precast Pile의 경우 파일 캡(pile cap) 내부로 50~75 mm를 관입한 후 두부정리를 하도록 추천했다. BS 6349-2(10) 그림 37에서는 말뚝의 재료에 무관하게 관입깊이를 75 mm로 제안했다. 다음 그림은 말뚝 두부 보강과 접합방식에 대한 상세도다.

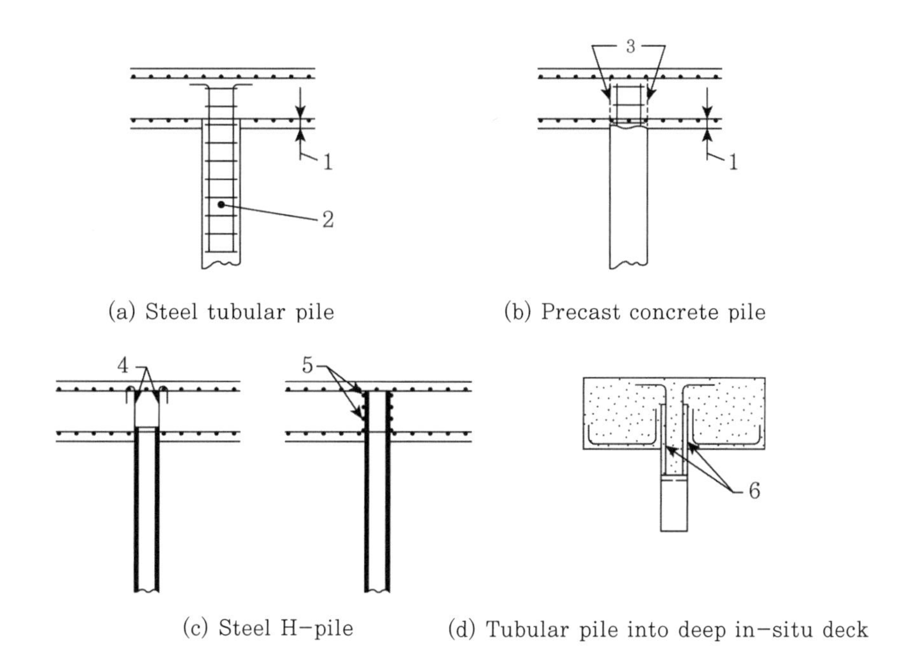

(a) Steel tubular pile
(b) Precast concrete pile
(c) Steel H-pile
(d) Tubular pile into deep in-situ deck

Key
1: 75 mm min. to pile head
2: In-situ reinforced concrete infill to pile
3: Pile concrete removed to expose reinforcement
4: Steel bars welded to flanges
5: Horizontal square bars welded to flanges
6: Shear connectors

(출처: BS 6349-2)

CRSI Design Guide for Pile Caps(2015) 그림 4.3에서 제안하는 말뚝의 최소 관입깊이는 다음 그림과 같다. 콘크리트 말뚝의 경우 4 inch(101.6 mm)로 국내와 일본 기준과 유사하지만 강관말뚝의 경우 6 inch(152.4 mm)로 국내 기준과 다르게 더 깊다.

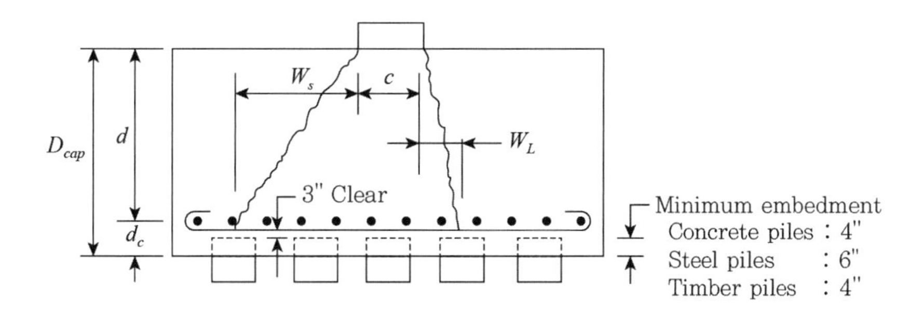

여기서, W_S, W_L은 장방향과 단방향에 대한 균열의 수평요소(horizontal component of crack) 이다.

MQ 03

기성말뚝에 이음을 피해야 할 위치는?

A

말뚝은 이음방법(용접, 볼트, 충전식 이음)과 장경비에 의한 지지하중 감소(허용응력감소)를 고려해야 한다. 다만 매입말뚝의 경우는 이음방법에 의한 손상이 거의 없으므로 항타 말뚝 값의 절반만 감소시킨다. 말뚝은 선단부에 비해 말뚝의 두부 쪽이 휨 응력이 크다. 다음 그림은 Finite-Element Design of Concrete Structures Practical Problems and Their Solutions(2011)에서 소개한 것으로 수직스프링(C)에 따른 휨모멘트의 분포를 나타내고 있다. 수직스프링에 따라 휨모멘트의 크기는 큰 영향을 받는다. 구속이 고정에 가까워지면 휨모멘트는 상당히 감소함을 볼 수 있다.

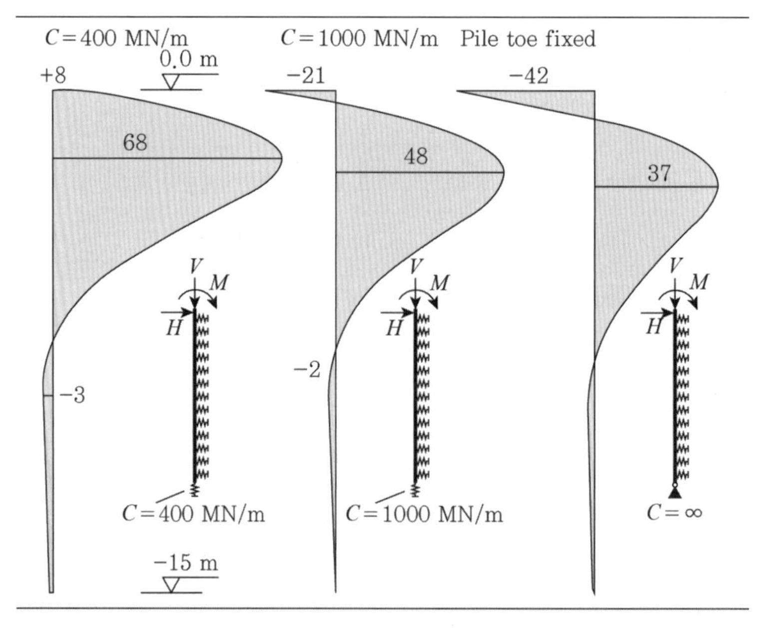

그림 2.48 Bending moment distribution in the pile(load : $H_u = 872$ kN at column head)

다음 그림은 일본 말뚝기초편람(평성 4년, 1992년)에 있는 것이다. M_t는 변위법에 의한 말뚝머리를 고정으로 하여 구한 말뚝머리 휨모멘트이고 M_m은 말뚝머리를 힌지로 하여 구한 지중 최대 휨모멘트를 나타낸다. 점선은 말뚝머리가 힌지조건이고 실선은 고정조건이다.

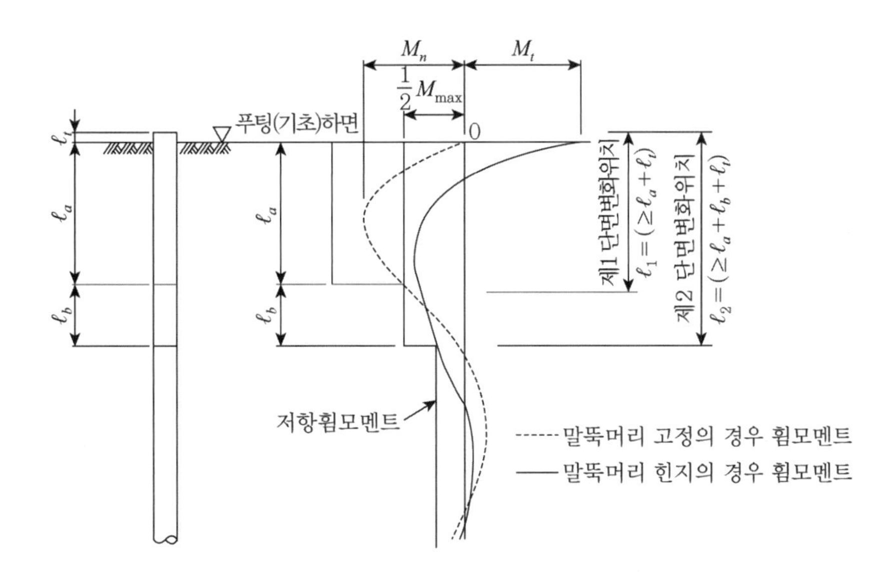

상기에서 보는 바와 같은 응력분포를 보이므로 말뚝의 두부 근방에서는 이음을 두지 않는 것이 좋다. 그러나 항타말뚝의 경우는 필연적으로 두부 쪽에서 이음이 생긴다. 깊은기초(한국지반공학회, 2002) 7.6.2.1에서는 휨모멘트와 전단력이 작은 곳에 이음을 두어야 하며, 부식의 영향이 적은 위치에서 이음하고 특히 수위의 변동에 의한 건습이 반복되는 곳(예, 비말대)은 피해야 한다고 설명한다. 또한 교대기초 저면에서 5 m 깊이까지는 말뚝응력이 크게 발생하기 때문에 이 깊이 내에 용접이음을 설치하지 않는 것이 좋다고 한다. 따라서 강관말뚝의 경우 가급적 5 m 이내에는 이음을 하지 않도록 하며, 부득이 이음을 해야 하는 경우는 재생말뚝(pile scrap)이 아닌 신제품을 이용하여 KS F 4602의 현장용접 이음조건에 따라 이음하고, 용접접합 부위에는 UT를 반드시 시행하여 접합부에 건전성을 확인하도록 해야 한다.

PHC 말뚝의 이음 위치도 강관말뚝과 동일하게 하는 것이 바람직하다. 다만, PHC 말뚝의 수평지지력은 말뚝의 균열모멘트와 지반의 강도에 의해 결정되므로 강관에 비해 작은 편이다. 그러므로 강관말뚝과 동일하게 5 m 이내에는 이음을 피하는 것이 좋겠지만 현실적으로 어렵다. 그러나 편토압 및 측방유동이 작용하는 구조물에서는 강관말뚝과 같이 적용하는 것이 바람직하다.

MQ 04

말뚝길이를 말뚝직경에 10배를 사용해야 하는 이유는?

A

말뚝기초를 설계할 때 말뚝의 스프링 계수를 사용한다. 도로교설계기준 해설(2008) 5.8.8.1에는 축직각방향 스프링정수는 대부분의 데이터가 말뚝의 길이(L)/말뚝지름(D_B)가 10 이상이라고 설명한다. 만일 L/D_B가 10 미만인 말뚝에서는 유사한 조건의 재하시험 기록 등을 참고하여 종합적으로 K_v를 결정하라고 제안한다. 즉 $K_v = a \cdot \frac{A_p E_p}{l}$ 식에서 도로교설계기준의 a를 사용하려면 $L/D_B \geq 10$이어야 한다는 것이다.

도로교설계기준해설 5.8.8.1 (2)에는 다음과 같이 a값을 제시했다.

타입말뚝(타격공법)	$a = 0.014(L/D_B) + 0.72$
타입말뚝(바이브로해머공법)	$a = 0.017(L/D_B) - 0.014$
현장타설말뚝	$a = 0.031(L/D_B) - 0.15$
내부굴착말뚝	$a = 0.010(L/D_B) + 0.36$
프리보일말뚝	$a = 0.013(L/D_B) + 0.53$
쏘일시멘트말뚝	$a = 0.004(L/D_B) + 0.15$

일본의 도로교표준시방서 하부구조편(평성 8년, 1996년)과 항기초설계편람(평성 4년, 1992년)에서는 a가 다음과 같다. 항기초설계편람 3-2-2에서는 a는 말뚝의 시공법별 재하시험 데이터로부터 얻은 K_v로부터 상기 식의 역산$\left(a = \frac{\text{실측 } K_v}{\frac{A_p E_p}{l}}\right)$으로 구했다고 설명한다.

다만, 일본의 도로교시방서에는 PC말뚝에 대한 내용은 없다. 또한 말뚝의 종류 및 시공법에 따른 계수 a가 국내 기준과 상이하다.

타입말뚝(강관)	$a = 0.014(L/D_B) + 0.78$
타입말뚝(PC 및 PHC)	$a = 0.013(L/D_B) + 0.61$
내부굴착말뚝(강관)	$a = 0.009(L/D_B) + 0.39$
내부굴착말뚝(PC 및 PHC)	$a = 0.011(L/D_B) + 0.36$
현장타설말뚝	$a = 0.031(L/D_B) - 0.15$

Meyorhof의 선단지지력과 주면마찰력 공식도 말뚝깊이가 $10D$ 이상에 대한 것이다. 한편, 도로교설계기준해설 5.8.5.1에서도 현장타설말뚝의 경우 길이와 직경의 비(L/D_B)가 10 이상으로 한다는 내용이 있다.

도로설계요령 제8-3편 5.6.3 (2) 해설에서는 개단말뚝과 폐단말뚝은 지지력에 차이가 있고 폐색효과는 모래질일수록 현저하고 말뚝직경의 10배 이상 관입하면 100%의 폐색효과를 기대할 수 있다고 한다. 단 점성토에서는 속채움 흙의 깊이에 관계없이 폐색효과를 기대할 수 없는 것으로 알려져 있다고 한다. 따라서 말뚝길이는 직경의 10배 이상을 적용하는 것이 바람직하다.

MQ 05

말뚝과 기초의 접합부에 대한 응력검토를 할 때 유의사항은?

A

말뚝과 기초의 접합부는 결합부에서 발생하는 모든 응력(압축, 인장, 전단응력, 지압응력 등)에 대해 안전하도록 설계해야 한다. 말뚝에 발생하는 응력을 검토할 때 일본의 문헌인 "철근콘크리트의 새로운 계산도표(RG)"를 사용한다. 국내 번역판은 "최신개정판 철근콘크리트의 새로운 계산도표[RG]"이다. 이 책은 구조물에 작용하는 축력과 모멘트, 철근비, 구조물의 형상(원형, 원환 형태)에 따라 그림으로 표현하여 쉽게 설계에서 이용할 수 있다. 해석 예는 깊은기초(한국지반공학회, 2002)와 말뚝·케이슨 및 강관널말뚝 기초의 설계계산 예를 참조한다. 도표를 사용할 수 없는 경우는 상당히 복잡한 정밀식(참고문헌 15 참조)을 이용하여 C, S, Z를 구해야 한다. 이때 **말뚝에 인장력(인발력)이 있는 경우는 반드시 하중값은 '–'로 입력해야 한다.** +로 입력하면 값이 달라지므로 유의해야 한다.

MQ 06

암반(풍화암, 연암, 경암)의 굴착면의 기울기는 얼마로 해야 할까?

A

토사에 대한 굴착 기울기는 여러 기준들에 있다. 국내 기준 중에서 암반에 대한 굴착 기울기는 건설공사 비탈면 설계기준(2016) 5.4.1에 풍화암 경사로 1 : 1.0~1 : 1.2가 있다. 도로설계요령 제5편 토공사 표 7.5에서도 풍화암 또는 연경암으로 파쇄가 극심한 경우 1 : 1.0~1 : 1.2, 강한 풍화암으로 파쇄가 거의 없는 경우와 대부분의 연·경암인 경우 1 : 0.5(경암), 1 : 0.7(보통암), 1 : 0.8~1 : 1.1로 제시했다. 그러나 산업안전보건기준에 관한 규칙 별표 11 굴착면의 기울기 기준에서는 다음과 같이 규정했는데 다른 국내 기준에 비해 더 보수적이고, 굴착공사 중 또는 완료 후 혹시 사고가 발생하는 경우 법에 저촉될 수 있으므로 다음의 기준을 적용함이 타당하다.

〈굴착면의 기울기 기준(제338조 제1항 관련)〉

구분	지반의 종류	기울기
보통흙	습지	1 : 1~1 : 1.5
	건지	1 : 0.5~1 : 1
암반	풍화암	1 : 0.8
	연암	1 : 0.5
	경암	1 : 0.3

참고로 일본의 도로설계요령(2014)의 제4장 토공 편 4-1-3에서는 절토 구배(기울기)를 소개했는데 암에 대해서만 발췌했다.

토질 및 지질		절토구배 표준치	비고	
경암	경암	1 : 0.3	1 : 0.3~1 : 0.8	화강암, 결정암석 등, 탄성파 속도 3,000 m/sec 이상
	중경암	1 : 0.5		석회석, 다공질 안산암, 탄성파속도 2,000~4,000 m/sec
연암	연암 II	1 : 0.7	1 : 0.5~1 : 1.2	응회질의 단단한 암. 풍화가 상당히 진전된 것으로 균열간격이 0~100 mm 정도
	연암 I	1 : 1.0		제3기의 암석으로 단단한 정도가 약함. 풍화가 상당히 진전된 것으로 균열간격이 50~100 mm 정도

MQ 07

풍공학에서 말하는 방향성계수란?

A

1981년 Bruce R. Ellingwood는 최대풍속이 구조물에 가장 불리한 방향으로 발생하지는 않으므로 감소계수를 사용해야 하며 이것을 0.85로 가정했다. 신뢰성에 기반한 구조물 설계를 위한 풍하중(wind load)에서 방향성계수(wind directionality Factor, K_d)는 가장 불리한 바람(worst wind)이 불면서 동시에 가장 불리한 방향(worst building orientation)으로 풍하중이 작용할 가능성은 매우 희박하여 설계에서는 0.85로 감해서 고려한다는 것이다. 방향성계수는 구조물의 형상과 입지조건에 따라 지대한 영향을 받는다고 한다.[52] ASCE 7-16, C26.6 Wind Directionality에서는 이 계수의 효과는 1) 어떠한 바람방향으로부터 발생하는 최대 바람(maximum winds)의 발생 가능성 희박, 2) 어떠한 바람방향으로부터 발생하는 최대압력계수(maximum pressure coefficient)의 발생 가능성 저하를 고려하기 위해 0.85를 사용한다고 설명한다.

ASCE 7-95까지 방향성계수는 미국의 하중기준에 없었다. ASCE 7-95의 6.5 속도압(velocity pressure)을 계산하는 식 $q_z = 0.613 K_z K_{zt} V^2 I$에 없었고 풍하중과 관련된 하중조합 2.3.2에서 하중계수를 1.3 W로 했다. 다음은 ASCE 7-95 2.3.2에 소개된 강도설계를 위한 기본하중 조합이다.

$$1.4D$$

$$1.2(D+F+T)+1.6(L+H)+0.5(L_r \text{ or } S \text{ or } R)$$

$$1.2D + 1.6(L_r \text{ or } S \text{ or } R) + (0.5L \text{ or } 0.8W)$$

$$1.2D + 1.3W + 0.5L + 0.5(L_r \text{ or } S \text{ or } R)$$

$$1.2D + 1.0E + 0.5L + 0.2S$$

$$0.9D + (1.3W \text{ or } 1.0E)$$

여기서, D : 고정하중, L : 활하중, L_r : 지붕활하중, S : 적설하중, W : 풍하중, E : 지진하중, H : 횡력(토압, 등), T : 온도하중, R : 강우하중, F : 유체압

ASCE 7-98에 처음으로 6.5.10 속도압을 계산하는 식에 방향성계수를 포함하여 $q_z = 0.613K_zK_{zt}K_dV^2I$로 했다. 이에 따라 속도압에서 감소한 하중을 풍하중과 관련된 하중 조합 2.3.2에서 $1.6W$로 상향시켰다. 다음은 ASCE 7-98 2.3.2에 소개된 강도설계를 위한 기본 하중 조합이다. 이 조합은 ASCE 7-02 및 ASCE 7-05까지 같았다.

$$1.4D$$

$$1.2(D + F + T) + 1.6(L + H) + 0.5(L_r \text{ or } S \text{ or } R)$$

$$1.2D + 1.6(L_r \text{ or } S \text{ or } R) + (0.5L \text{ or } 0.8W)$$

$$1.2D + 1.6W + 0.5L + 0.5(L_r \text{ or } S \text{ or } R)$$

$$1.2D + 1.0E + 0.5L + 0.2S$$

$$0.9D + (1.6W \text{ or } 1.6H)$$

$$0.9D + 1.0E + 1.6H$$

또한 6.5.4.4에 방향성계수와 관련한 내용을 최초로 추가했고 표 6-6에 방향성계수를 제시했다. 다음은 ASCE 7-98에 있는 표다.

Structure Type	Directionality Factor K_d*
Buildings	
– Main Wind Force Resisting System	0.85
– Components and Cladding	0.85
Arched Roofs	0.85
Chimneys, Tanks, and Similar Structures	
– Square	0.90
– Hexagonal	0.95
– Round	0.95
Solid Signs	0.85
Open Signs and Lattice Framework	0.85
Trussed Towers	
– Triangular, square, rectangular	0.85
– All other cross sections	0.95

* : Directionality Factor K_d has been calibrated with combinations of loads specified in Section 2. This factor shall only be applied when used in conjunction with load combinations specified in 2.3 and 2.4.

1.6W를 사용하는 하중조합은 ASCE 7-05까지 유지했다. ASCE 7-10 C2.3.2에서는 위험도에 따라 풍속의 재현주기를 700~1,700년으로 조정하면서 1.0W를 사용했다고 설명한다. ACI 318(11), R9.2.1(b)에서도 ASCE 7-10의 풍하중을 강도수준(strength level)으로 변경하면서 하중계수를 1.0W로 변경했다고 설명한다. 다음은 ASCE 7-10 2.3.2에 있는 강도설계를 위한 기본하중 조합이다.

$$1.4D$$

$$1.2D + 1.6L + 0.5(L_r \text{ or } S \text{ or } R)$$

$$1.2D + 1.6(L_r \text{ or } S \text{ or } R) + (0.5L \text{ or } 0.8W)$$

$$1.2D + 1.0W + L + (L_r \text{ or } S \text{ or } R)$$

$$1.2D + 1.0E + L + 0.2S$$

$$0.9D + 1.0W$$

$$0.9D + 1.0E$$

ASCE 7-16, 표 26.6-1의 방향성계수는 다음 표와 같다. ASCE 7-98보다 상세하다.

표 26.6-1 Wind Directionality Factor, K_d

Structure Type	Directionality Factor K_d
Buildings	
– Main Wind Force Resisting System	0.85
– Components and Cladding	0.85
Arched Roofs	0.85
Circular Domes	1.0[a]
Chimneys, Tanks, and Similar Structures	
– Square	0.90
– Hexagonal	0.95
– Octagonal	1.0[a]
– Round	1.0[a]
Solid Freestanding Walls, Roof Top Equipment, and Solid Freestanding and Attached Signs	0.85
Open Signs and Single-Plane Open Frames	0.85
Trussed Towers	
– Triangular, square or rectangular	0.85
– All other cross sections	0.95

a : Directionality factor $K_d = 0.95$ shall be permitted for round or octagonal structures with nonaxisymmetric structural systems.

국내 건축구조기준 설계하중(KDS 41 10 15)에서는 ASCE 7-98, 02, 05기준의 1.6W와 다르게 풍하중에 대한 하중계수로 1.3W와 0.65W를 사용하는데 이는 방향성계수를 하중조합에 적용했기 때문으로 추정된다($1.6 \times 0.85 = 1.36$, $0.8 \times 0.85 = 0.68$). 2020년 현재 KDS 41 10 15(19)의 하중조합은 ASCE 7-05와 매우 유사하다. 다음은 KDS 41 10 15(19) 1.5.1에 있는 강도설계를 위한 하중조합이다.

$$1.4(D+F)$$

$$1.2(D+F+T)+1.6(L+H)+0.5(L_r \text{ or } S \text{ or } R)$$

$$1.2D+1.6(L_r \text{ or } S \text{ or } R)+(0.5L \text{ or } 0.65W)$$

$$1.2D+1.3W+0.5L+0.5(L_r \text{ or } S \text{ or } R)$$

$$1.2D+1.0E+0.5L+0.2S$$

$$0.9D + 1.3W$$

$$0.9D + 1.0E$$

ACI 318-08, R9.2.1(b)에서도 ASCE 7-02와 IBC-2012의 풍하중 식에는 방향성계수 0.85를 포함하고 있으므로 종전 하중계수 1.3을 1.6(1.3/0.85=1.53≒1.6)으로 변경했다고 설명한다. 풍하중을 계산할 때 방향성계수(0.85)를 포함하지 않는 경우는 1.6W가 아닌 1.3W를 사용할 수 있다고 한다.

MQ 08

계단 폭, 단 높이, 단 너비는 얼마로 해야 할까?

A

계단 폭과 관련된 기준도 여러 가지가 있다. 먼저 미국의 산업안전보건국 OSHA(Occupational Safety and Health Admin., Labor) 1910.24 Fixed Industrial Stairs (d) Stair Width에서는 Fixed Stairway의 최소 폭은 22 inch(558.8 mm)로 규정했다. AISC Design Guide 18(2012) 7.1 Stair Location and Requirements에는 계단을 위한 최소 폭으로 36 inch(812.8 mm), 최소 단 너비(minimum tread width)는 11 inch(279.4 mm), 최대 단 높이(maximum riser height)는 7 inch (177.8 mm)를 추천한다. 영국 기준 BSI 5395-1(2000) 표 1 Recommended sizes for straight stairs and winders에는 다음과 같다.

Stair Category	계단 폭(stair clear width)		단 너비(going or tread)		단 높이(rise or riser)	
	Min.(mm)	Reduced min. where limited use(mm)[1]	Min.(mm)	Max.(mm)	Min.(mm)	Max.(mm)
Private Stair	800	600	225	350	100	220
Public Stair	1000	800	250			190
Assembly Stair	1000[2]	–	280			180

1) For example, access to a loft space
2) For hospital, the minimum stair width is 1,200 mm

IBC-2018, 1011 Stairways 편의 1011.2 Width and Capacity에서는 44 inch(1,118 mm)보다 크게 규정했다. 또한 1009 Accessible Means of Egress 편의 1009.3.2. Stairways Width(피난계단)에서는 핸드레일 사이의 최소 순간격은 48 inch(1,219 mm)로 제안했다. 1029.9.1 Minimum Aisle Width 편에는 의자가 배치되는 경우에 대해 통로의 최소 폭을 584～1,219 mm까지 분류했다.

계단 관련 용어를 위한 그림(KOSHA Guide G-85-2015 참조)은 다음과 같다.

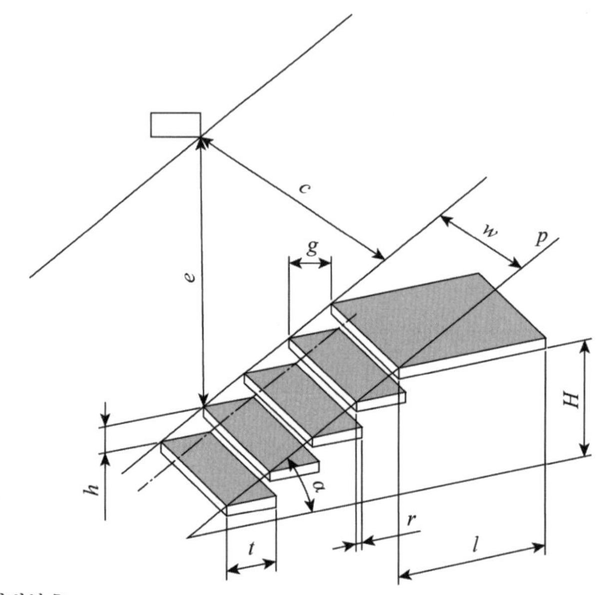

식별부호

H	계단 높이(Climbing height)	α	경사각(Angle of pitch)
g	발판 끝단 거리(Going)	w	계단폭(Width)
e	상부 공간 높이(Headroom)	p	경사선(Pitch line)
h	발판 높이(Rise)	t	발판 깊이(Depth of step)
l	계단참의 길이(Length of landing)	c	상부 최단거리(Clearance)
r	겹침길이(Overlap)		

ACI 314R-16 그림 13.1.3.3의 콘크리트 계단 높이와 폭은 다음과 같다.

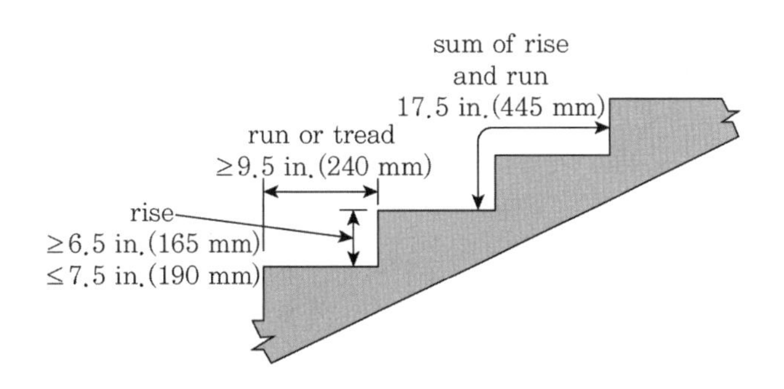

AISC Design Guide 34(2018)에서는 IBC 요구조건(그림 3-1 egress stairway)에 따라 최소 단 너비(treads) 11 inch(279.4 mm), 최소 단 높이(risers) 4 inch(101.6 mm), 최대 7 inch(177.8 mm) OSHA 규정(그림 3-2 stairway)에 따라 최소 단 너비 9.5 inch(241.3 mm), 최대 단 높이 9.5 inch (241.3 mm)다.

국내의 기준은 건축물의 피난·방화구조 등의 기준에 관한 규칙 제9조 피난계단 및 특별피난계단의 구조 ②의 2. 다에서는 계단의 유효너비는 0.9 m 이상이다. 제15조 계단의 설치기준을 우선 정리해본다.

<table>
<tr><th colspan="2">계단의 종류(높이가 3 m를 넘는 계단)</th><th>계단 및 계단참의 너비</th><th>단 높이(h)</th><th>단 너비(g)</th></tr>
<tr><td colspan="2">초등학교</td><td>1.5 m 이상</td><td>160 mm 이하</td><td>260 mm 이상</td></tr>
<tr><td colspan="2">중·고등학교</td><td>1.5 m 이상</td><td>180 mm 이하</td><td>260 mm 이상</td></tr>
<tr><td colspan="2">문화 및 집회시설(공연장·집회장 및 관람장)·판매시설 기타 이와 유사한 용도에 쓰이는 건축물</td><td rowspan="2">1.2 m 이상</td><td>–</td><td>–</td></tr>
<tr><td colspan="2">위층의 거실의 바닥면적의 합계가 200 m² 이상이거나 거실의 바닥면적의 합계가 100 m² 이상인 지하층의 계단</td><td>–</td><td>–</td></tr>
<tr><td colspan="2">기타 계단</td><td>0.6 m 이상</td><td>–</td><td>–</td></tr>
<tr><td rowspan="2">작업장의 통로 및 계단설치에 관한 기술지침(산업안전보건법, KOSHA G-85)</td><td>통로폭은 손잡이나 지주 사이에서 측정</td><td>1.0 m 이상</td><td colspan="2" rowspan="2">600≤g+2h≤660
(mm)</td></tr>
<tr><td>여러 사람이 통행하거나 교차하는 경우</td><td>1.2 m 이상</td></tr>
<tr><td rowspan="2">피난층 또는 지상으로 통하는 직통계단을 설치하는 경우 계단</td><td>공동주택</td><td>1.2 m 이상</td><td>–</td><td>–</td></tr>
<tr><td>공동주택이 아닌 건축물</td><td>1.5 m 이상</td><td>–</td><td>–</td></tr>
</table>

다음은 '주택건설기준 등에 관한 규정' 제16조 규정으로 주택단지 안의 건축물 또는 옥외에 설치하는 계단의 각 부위의 치수다.

계단의 종류	유효 폭	단 높이	단 너비
공동으로 사용하는 계단	1.2 m 이상	180 mm 이하	260 mm 이상
건축물의 옥외계단	0.9 m 이상	200 mm 이하	240 mm 이상

KS B ISO 14122-3의 5절과 6절 내용은 다음과 같다.

특별한 주변 여건을 제외하고 계단의 순폭은 600 mm 이상, 가급적 800 mm 이상으로 하여야 한다. 계단에 여러 사람이 동시에 교차 통행하는 경우의 계단 폭은 1,000 mm까지 증가시켜야 한다. 기계 설비 또는 환경에 기인한 제한과 위험 평가에 의해 명확한 근거가 제시되었을 때에는 계단 폭은 500 mm 이상이어도 된다. 발판 높이(단 높이)는 250 mm 이하이어야 한다. 발판 폭(g)과 발판 높이(h)는 $600 \le g+2h \le 660$(단위: mm)에 적합하여야 한다. 계단의 높이는 3 m를 초과하지 않아야 하며, 계단참의 길이는 0.8 m 이상이어야 한다.

한편, 통로와 관련하여서는 KS B ISO 14122-2의 4.2.2 내용은 다음과 같다.

통로 폭은 최소 600~800 mm가 되어야 한다. 그러나 여러 명이 동시에 통과할 경우에는 1,000 mm까지 확대가 가능하다. 위험성 평가를 통해 안전성이 입증된 기계나 환경으로 국한시키면 작업대나 통로가 가끔 사용되거나 아주 짧은 거리에 국한하여 축소시키는 조건으로 그 폭은 500 mm 이상일 수 있다.

교량점검시설 설치지침(2003)의 점검계단 및 점검통로의 규격은 다음 표와 같다. 다음 대부분의 내용은 강도로교상세설계지침(1997)의 내용과 대동소이하다.

구분		규격
점검계단		- 유효폭 : 600 mm 정도
점검통로	통로	- 유효폭 : 800 mm ※ 유효폭은 구조체(교각 및 교대) 벽면으로부터 난간 내측까지 거리임
	난간	- 유효높이 : 1 m - 난간레일 : 3단 - 레일수직간격 : 300 mm
	출입사다리	- 발판폭 : 500 mm - 원형지지대 내경 : 600 mm

건축물의 피난·방화구조 등의 기준에 관한 규칙 제15조에서는 높이가 3 m를 넘는 계단에는 높이 3 m 이내마다 유효너비 1.2 m 이상의 계단참을 설치해야 한다. 이것은 KOSHA Guide G-85-2015 작업장의 통로 및 계단 설치에 관한 기술지침 7장의 내용과도 일치한다. 또한 높이가 1 m를 넘는 계단 및 계단참의 양옆에는 난간을 설치해야 한다.

더 나아가 핸드레일(난간)과 관련된 규정도 살펴본다.

설계하중은 활하중으로 취급해야 한다. 물론 집중하중과 분포하중을 동시에 작용시키지 않는다. IBC-2018, 1607.8.1에서는 분포하중으로 0.73 kN/m, 예외적으로 1, 2세대가 거주하는 경우 분포하중을 적용하지 않고 집중하중 0.89 kN을 사용하며, 군중의 출입이 불가능한 공장은 분포하중 0.29 kN/m로 규정했다. 산업시설과 관련된 기준인 BS 4592-0(06) 5.4.2 표 2 Lateral loads for handrails를 아래에 소개한다.

Use of Handrail	Load(kN/m)
Occasional access or light duty	0.36
General duty	0.36
Heavy duty	0.74
Area subject to crowed loading, over 3 m wide	3.00

빌딩하중 규정 BS 6399-1(96) 표 4에는 수평분포하중으로 1세대의 경우 0.36 kN/m, 외부 발코니의 난간은 0.74 kN/m, 사람이 운집하는 지역은 1.5 kN/m, 극장, 쇼핑몰 같은 경우 3.0 kN/m로 구분했다.

한편 KDS 41 10 15(19) 건축구조기준 설계하중 3.7.1에서는 지붕, 발코니, 계단 등의 난간 손스침 부분에 대해서는 0.9 kN의 집중하중 또는 2세대 이하의 주거용 구조물일 때 0.4 kN/m, 기타 구조물일 때 0.8 kN/m의 등분포하중을 임의 방향으로 고려하여야 한다는 규정이 있다. 이것은 주거 목적에는 문제가 없지만 산업시설에서는 적합한 내용이 없으므로 0.8 kN/m을 사용해야 한다는 것을 뜻한다. 한편 건축법시행령 제40조 및 주택건설기준 등에 관한 규정 제8조에서는 난간의 높이를 1.2 m로 규정했다. 산업안전보건기준에 관한 규칙 제13조에서도 난간 높이 1.2 m를 기준하여 중간에도 난간대를 두도록 한다. 또한 KOSHA G-85에도 난간 높이는 0.9~1.2 m다. 그러나 도로교설계기준(2010) 2.4.3.3에는 난간 높이가 1.1 m 이상이다. 교량을 제외하고는 국내 기준의 난간 높이는 1.2 m로 하는 것이 타당할 것 같다. 그러나 BS 4592-0(06), 5.4.1은 난간 높이 1.1 m 이상, OSHA Part 1910.23에도 1.067 m다. 국내의 난간 높이가 외국의 기준보다 높은 것이 특이하다.

집중하중 0.9 kN을 만족하는 경우는 난간 높이 1.2 m, 난간 외경 42.7 mm, 두께 2.5 mm 이상, 난간 간격 1.1 m 이하일 때다. 분포하중 0.8 kN/m을 만족하려면 난간 간격이 매우 좁아야 한다. 또한 KS D 3507 배관용 탄소강관은 난간의 재질로 사용하면 안 된다. 산업안전보건기준에 관한 규칙 제13조 하중인 0.98 kN을 만족하려면 난간 간격은 1.0 m를 넘을 수 없다. 건축구조기준의 설계하중 0.8 kN/m는 IBC, ASCE 7, BS 4592-0을 참조하여 구조검토를 시행해본 결과 통행인원이 적고, 사람들이 운집하여 이동하기 어려운 산업시설에는 적절하지 못한 것 같다. 산업시설에는 IBC의 0.29 kN/m 또는 BSI의 0.36 kN/m 정도가 난간하중으로 적절한 것으로 평가되었다.

MQ 09

국내 건축구조기준이나 ASCE 7 또는 IBC에서 기초설계용 하중조합에 0.6D가 필요한 이유는?

A

국내에서 기초설계는 크게 토목과 건축 분야로 나누어 설계해왔다. 토목 분야 중 교량구조물은 1992년 도로교표준시방서를 시작으로 2010년 도로교설계기준과 2016년 도로교 한계상태설계법까지 제정되었다. 일반 구조물은 1986년 구조물기초설계기준으로부터 2016년 기준까지 발간되었다. 그러나 기초의 지지력, 침하, 전도 및 활동 등의 안정성과 관련된 허용응력설계법(이하 ASD)에 대한 하중조합 내용은 교량구조물에 대해서는 설계기준이 있으나, 일반 구조물의 경우에는 언급이 없다. 반면 건축 분야에서는 1976년 건축기초구조설계규준을 시작으로 1979년 건축구조설계규준이 작성되었다. 그러나 하중조합과 관련된 내용은 없었으며 1982년 건축물의 구조기준 등에 관한 규칙에 처음 하중조합방법이 제시되었다. 이후 2020년 현재 KDS 41 10 15(19) 건축구조기준 설계하중까지 이르렀다. 교량구조물과 관련 있는 기초는 도로교설계기준을 따라 설계를 하면 되지만, 교량 이외의 토목 및 건축구조물의 기초설계에서는 하중조합을 어떻게 할 것인지에 대해 곤란한 면이 있다. 건축물의 경우는 KDS 41 10 15(19) 건축구조기준 설계하중에 따르면 된다. 그러나 발전소나 기타 산업시설의 구조물(petrochemical 내의 non-building 구조물 따위)은 하중조합 방법에 대해 논란의 여지가 있을 수도 있다. 화력발전소의 기초 구조물은 법적, 기능적으로 명확하게 분류되는 건축물을 제외하고는 미국 토목학회(ASCE 7)의 하중조합 방법을 사용해왔다. 여기서는 국내 기준의 모태가 되는 ASCE 7의 ASD조합에 $0.6D$와 관련된 조합을 왜 포함하게 되었는지 살펴본다. KBC 2016에 제시한 허용응력설계법의 하중조합 즉 기초설계를 위한 하중조합은 2000년 건축물하중기준 이후 처음으로 제정되었다. 대부분의 하중조합은 ASCE 7-98과 유사하다. 다만 국내기준은 풍하중에 대해서는 방향성계수를 고려하여 W가 아닌 $0.85W$로 적용한다(MQ 07 참조). 다음의 하중조합은 KBC 2016 0301.5.2와 KDS 41 10 15(19) 1.5.2의 마지막에 있는 두 개의 하중조합이다. 괄호 안의 하중은 ASCE 7-98, 02, 05에만 있다. 여기서 하중조합은 ASD를 대상으로 한다.

$$0.6D + 0.85W(W + H)$$

$$0.6D + 0.7E(+H)$$

이 두 개의 하중조합은 미국사회에서도 뜨거운 논란이 있었다. 자중을 지나치게 감소하여 검토하게 되어 기초의 크기가 상당히 커지거나 말뚝의 본수가 증가하기 때문이다. Counteracting Structural Loads:Treatment in ASCE Standard 7-05(2009) 기사에서는 0.6D 하중조합에 대한 타당성을 확률기반에 근거해 입증했다. 강도설계(strength design) 또는 하중저항계수설계법(LRFD)의 하중조합 즉 $0.9D + 1.6W$와 $0.9D + E$에 대응하는 허용응력설계(ASD)용 조합계수는 $0.6D$가 아닌 $0.55D$가 맞지만 0.6으로 반올림하여 결정했다고 한다. 고정하중에 사용한 하중계수는 다른 횡하중 또는 인장력(uplift forces)의 효과에 의해 상쇄(저감)되는 효과를 고려한 것으로 0.6보다 크게 하면 안 된다고 설명한다. 이것은 콘크리트구조기준(KCI 2012와 2017) 3.3.2 해설에 기술한 "연직하중이 횡하중과 조합될 때 연직하중이 더 큰 경우가 구조물을 안전하게 하는 경우가 있으므로 고정하중이 감소할 가능성을 고려한 것이다"와 동일한 맥락이다.

기초설계를 위한 하중조합에 관심이 있는 독자는 필자가 토목학회지 2020년 1월 호에 기고한 「기초설계를 위한 하중조합 고찰」을 참고하기 바란다.

MQ 10

건축구조기준과 건축구조기준 설계하중의 기초설계용 하중조합에 대한 이견은?

A

MQ 09에서 다룬 내용은 국내 기준 사이의 불일치 문제와도 관련된다. 여기서는 하중조합의 모태가 되는 미국의 자료를 통해 개선할 부분에 대해 살펴본다.

1) 국내 기준 사이의 불일치 문제

건축구조기준(KBC 2016) 0301.5.2와 건축구조기준 설계하중 1.5.2 허용응력설계법의 하중조합에서는 허용응력(재료, 지반)의 증가를 불허한다. 그러나 구조물기초설계기준(2016)

에서는 기초설계에 아직도 허용응력설계법(ASD)을 사용하며, 단기하중(풍하중, 지진하중)에 대해서 허용응력을 증가시킬 수 있다. 다만, 구조물기초설계기준에서는 ASD에 의한 하중조합이 없다.

2) 하중조합과 안전율

건축기준의 하중조합은 ASCE 7-10과 IBC-2012 이전 기준을 참고하여 작성한 것으로 판단된다. 풍하중에 대해서 방향성계수를 고려하여 15%를 감소시킨 부분만 상이하고 나머지 하중조합은 거의 일치한다.

ASCE 7-10과 IBC-2012 이전 기준에서 제시하는 허용응력에 대한 하중조합 방법은 두 가지로 Basic Load Combination과 Alternative Basic Load Combination이다. 건축 기준과 유사한 하중조합인 Basic Load Combination을 사용하는 경우는 ASCE 7과 IBC 기준에서도 허용응력증가를 불허한다. ASCE 7의 ASD 하중조합은 ASCE 7-98을 시작으로 현재와 같은 형태를 취했다. ASCE 7-98부터는 0.6D 하중조합을 추가했고 허용응력의 증가를 불허했기 때문에 기초설계 측면에서 이전 기준에 비해 상당히 보수적인 결과를 초래한다. 미국 내에서도 ASCE 7-98과 IBC-2006 이후의 하중조합에 대해 많은 논란이 있었다.

한편, PIP STC01015 Structural Design Criteria(2007)의 4.3.7에서는 ASCE 7-05에 따른 하중조합 중 0.6D+0.7E+H에 대해서는 전도와 활동의 안전율을 1.5가 아닌 1.0을 추천했다. ASCE 7-05와 ASCE 7-16, 12.13.4 Reduction of Foundation Overturing에서는 다음 두 조건을 모두 만족하는 경우 지반-기초 접촉부에서의 전도효과는 25% 감소를 허용한다. 1) ASCE 7-05와 ASCE 7-16, 12.8편에 따라 등가정적해석으로 구조물을 설계한 경우 2) 구조물은 역추형이거나 또는 켄틸레버 기둥 형식의 구조물이 아닌 경우 또한 ASCE 7-05와 ASCE 7-16의 12.9편에 따라 모드해석요건을 만족하도록 설계한 구조물의 기초에 대해 지반-기초 접촉부에서의 전도효과는 10% 감소될 수 있다.

전술한 바와 같이 전도에 대한 검토를 할 때 허용응력의 증가를 허용하는 것으로 볼 수 있다. 이에 대한 설명은 2006 IBC Structural/Seismic Design Manual, Vol. 1 p.114~115에서 확인할 수 있다. 또한 IBC-2018 1807.2.3. Safety Factor에서도 지진하중을 포함하는 옹벽(retaining walls)의 활동과 전도에 대한 안전율은 1.5가 아닌 1.1이다. 말뚝설계도 장기하중 조건에서는 안전율 3, 비상시(단기하중과 동일 개념으로 풍하중, 지진하중)는 안전율 2를 사용한다. 그러므로 0.6D+0.85W와 0.6D+0.7E 하중조합에서는 말뚝기초의 경우는 안전율 2, 얕은 기초의 안정성 검토(전도, 활동)에서는 1.5보다 작은 안전율을 사용하는 것이 타당하다고 생각한다. 세계적인 추세에 따라 하중조합을 변경하는 차원이라도 KBC 2016과 건축구조기준 설계하중(KDS 41 10 15)의 0.6D+0.85W와 0.6D+0.7E 하중조합에 대해서만이라도 단기적으로 하중이 작용하는 것으로 간주하여 허용응력증가를 허용하여 말뚝은 안전율 2, 얕은 기초의 안정성 검토(전도, 활동)에서는 안전율 1.0 또는 1.1을 적용하는 것이 타당해 보인다.

MQ 11

진동기초 설계 관련 참고사항은?

A

진동기초를 설계하는 경우 필요한 것에 대해 여러 가지 참고문헌을 토대로 정리했다. 다음의 내용은 전산구조공학회에서 발간한 진동기초의 설계를 기본으로 하였다.

1) 기계의 종류는 회전형기계(gas turbine, steam turbine(60 Hz 정도), compressors(100 Hz 정도), fan; 3,000~10,100 rpm)와 왕복형기계(compressor, diesel engine, piston ; 대체적으로 진동수 1,200 rpm 정도)로 구분된다(ACI 351.3R-04, 구조물기초설계기준 참조).

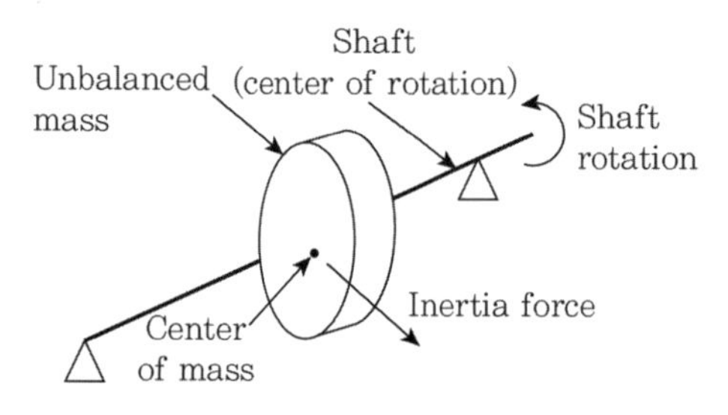

그림 3.2.1 Rotating machine diagram

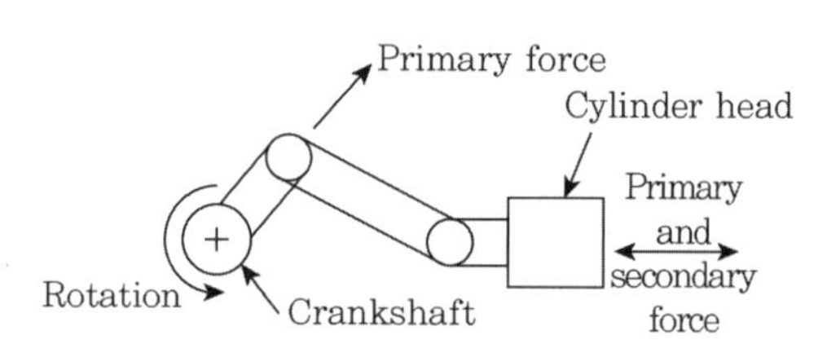

그림 3.2.2 Reciprocating machine diagram

(출처 : ACI 351.3R-18)

2) 충격하중에 의한 기초의 동적해석을 위해서는 실험에 의해 하중이력곡선을 미리 알아두어야 한다.

3) 파일은 기하학적 감쇠를 감소시키고 기초의 공진 진동수를 증가시켜 공진 부근에서의 변형에 영향을 준다(ARYA, MOORE).

4) 감쇠비가 $[D(c/c_c)] > (1/2)$ 이면 공진현상은 일어나지 않는다고 보아도 좋다(ARYA).

5) 과다한 불평형력(unbalanced force : 질량중심과 회전중심이 일치하지 않아 발생하고, 일반적으로 회전기기에서는 피하기 어렵다.이 예상되는 무거운 기초에서는 진동격리장치를 사용하지 않는 것이 좋다.

6) 기초의 고유진동수는 기계의 작동진동수와 최소한 20% 이상 차이가 있어야 한다.

7) 얕은 기초에서는 기초폭의 4배가 되는 깊이까지 토질 profile을 정확히 검토하여 지지력을 산정해야 한다.

8) 진동기초의 지지력은 허용지지력의 50%로 한다(ARYA, 너무 보수적이라는 견해가 "진동 및 내진설계"에 기술됨). 미국의 BECHTEL사의 Guide(1994)에서는 정적하중과 동적하중에 대해 허용응력의 75% 이하로 제안했다. 인도기준에는 허용지지력의 80% 이내로 되어 있다고 한다(진동 및 내진설계 참조). 정하중조건에서 기계기초지반의 허용지지력은 진동하중에 의한 영향을 고려하여 얕은 기초의 경우 지반반력은 정하중을 받는 기초지반에 대한 허용지지력의 80% 이내이어야 한다(구조물기초설계기준해설 '15 해설 11.2.1). 심각한 진동조건에 대해서는 지반의 허용지지력을 정하중에 대한 허용지지력의 1/2로 감소하여 적용한다(동적지지력, 구조물기초설계기준해설 '15, 11.6.2).

9) 진동기초의 허용 침하량은 약 10 mm로 하며 이를 넘을 경우에는 직접기초는 적용 불가하다. 말뚝의 허용 침하량은 3 mm로 한다.

10) 편심은 대응하는 변 길이의 5% 이내이어야 한다(ARYA).

11) 고동조(진동)기초(high tuned foundation)란 기초의 진동수가 기계의 진동수보다 클 때를 의미한다. 저동조(진동)기초(low tuned foundation)는 그 반대의 경우를 말한다.

12) 기계의 운전속도가 500 rpm(8 Hz) 이하는 고진동기초로 설계하며, 기계의 운전속도가 1,000 rpm(16 Hz) 이상의 경우는 기초의 고유진동수가 기계의 회전속도보다 40~50% 낮은 저동조 기초(low tuned foundation)가 되도록 한다.

13) 주파수비(기계 진동수/기초 고유진동수)가 일반적으로 0.6 이하(기초 고유진동수=1.7×기계 진동수)가 되도록 하며, 주요 장비의 경우 0.5보다 작아야 한다(기초 고유진동수=2×기계 진동수). 이를 만족하지 못하면 주파수비 값은 1.5~2로 한다(기초 고유진동수=(0.5~0.67)×기계 진동수). 참고로 일반 진동기기기초의 주파수비≥1.2(low tuning), 주파수비≤0.8(high tuning) ; 고동조로 설계하는 것이 설계가 쉽고, 경제적이며 일반적이다(SDS E9.2.2 참조, SDS는 미국의 Sargent & Lundy사의 기준서). 단, 발전기는 주파수비≥1.3(low tuning)으로 한다(SDS E8.2.1 참조). 왕복형과 회전형(발전소 구조물에는 거의 없음) 기계의 기초 진동수는 기계 진동수와 30% 이상 차이가 나야 하며 충격형 기계에서 기초 진동수가 클 경우에는 2.5배 이상 차이가 나야 한다(진동 및 내진설계 참조).

※ 참고 : DIN 4024 Part 1의 5.3.2에서 규정한 공진범위는 0.8×fn~1.25×fn, 한전기술(주)에서는 0.75×fn~1.25×fn, 구조물기초설계기준에서는 0.5×fn~1.5×fn(1,000 rpm 이상)이고, ACI 351.3R-04, 3.4.3에서는 대부분의 회사에서는 고유진동수(natural frequency)는 운전(작동)속도(operating speed)로부터 20~33% 범위를 벗어나도록 요구하고 있다고 설명했다. 작동속도가 1,000 rpm 이상인 고속기계의 기초는 고유진동수가 작동진동수의 1/2 이하가 되도록 설계한다. 작동속도가 300 rpm 이하인 기계의 기초는 일반적으로 작동속도의 2배 이상인 고유진동수를 갖도록 설계한다(구조물기초설계기준해설 '15 11.3.2 및 11.3.3 참조). KDS 11 50 30(18), 3 동하중에 의한 공진방지 편에서는 작동속도가 1,000 rpm 이상인 기계에 대한 기초는 일반적으로 고유진동수가 작동 진동수의 1/2 이하로 설계하며, 작동속도가 300 rpm 이하인 기계에 대한 기초는 일반적으로 작동속도의 2배 이상인 고유진동수를 갖도록 설계해야 한다는 규정이 있다.

14) 계산된 진폭이 허용 값의 2/3 이상을 넘어서는 안 된다.

Vibration Limits 참고 사항은 다음과 같다.

〈Rotary type machine〉

Machine Operation Speed(rpm)	Permissible Amplitude(Microns)
100～500	200～80
100～1,500	80～40
1,500～3,000	40～20
3,000～10,000	20～5
300～1,500	1,000～20
100～300	1,000

KDS 11 50 30(18), 5 허용진폭에서는 허용진폭은 제작사의 기준을 따르는 것으로 하되 제작사 기준이 없는 경우 다음 표를 사용하도록 제시했다.

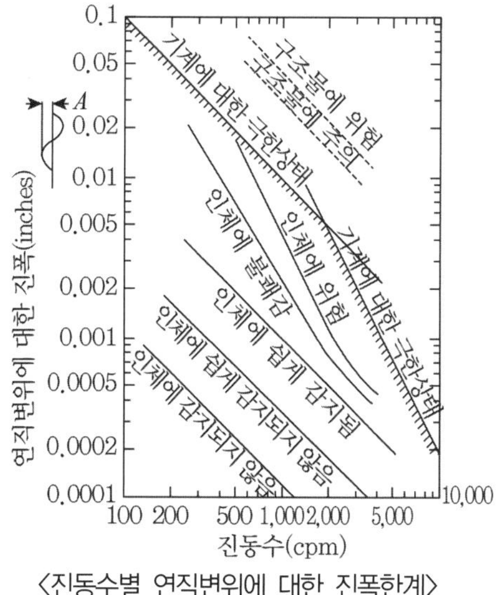

〈진동수별 연직변위에 대한 진폭한계〉

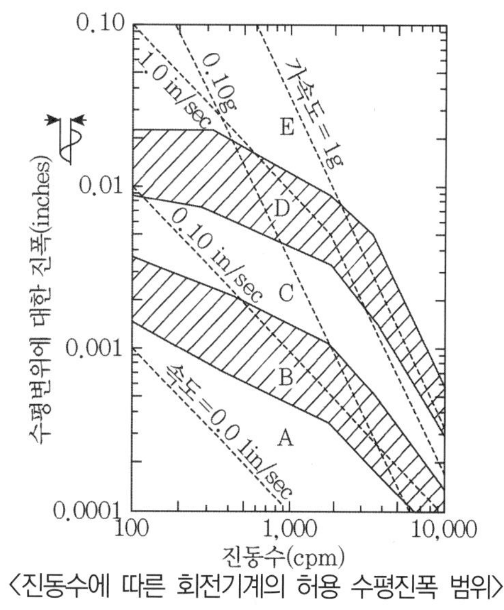

〈진동수에 따른 회전기계의 허용 수평진폭 범위〉

주석 : A 영역-정상, 설치초기의 일반적인 상태, B 영역-가벼운 결함, 보수 불필요, C 영역-결함, 유지비를 절약하기 위해 10일 이내 보수 필요, D 영역-파괴가 임박, 2일 이내에 보수하여야 파손방지 가능, E 영역-위험, 설비작동 즉각 중지 필요

충격형과 고속회전형 기계의 허용진폭은 다음 표에 따르도록 했다.

이것은 구조물기초설계기준 해설(2015)과 일치한다.

〈충격형 기계기초의 허용변위 진폭〉

해머무게	최대진동진폭(mm)	
	모루(anvil)	기초블럭
9.8 kN(1 ton) 이하	1.0	1.2
19.6 kN(2 ton)	2.0	1.2
29.4 kN(3 ton) 이상	4.0	1.2

〈고속회전형 기계기초에 대한 허용변위진폭〉

기계속도(rpm)	허용진동진폭(10^{-6} m)주)	
	연직	수평
3,000	20~30	40~50
1,500	40~60	70~90

(주) KDS 11 50 30(18)의 허용진동진폭(10~6 m)의 단위 오기를 수정했다.

15) 회전운동 기계기초(16 Hz 이상)은 주파수비를 0.4~0.5 정도로 제한하여 저동조 기초가 되도록 한다.

16) 블록형 기초(구조물기초설계 기준)

- 두께 600 mm 이상
- 두께는 강성으로 간주하기 위해서는 기초 최소치수의 1/5, 최대치수의 1/10 이상
- 기초 질량은 회전형기계 질량의 2~3배, 왕복형 기계 질량의 3~5배
- 기계받침 끝에서 기초 단까지의 여유는 150 mm 이상, 유지관리를 위해서는 300 mm 이상이 바람직하다.

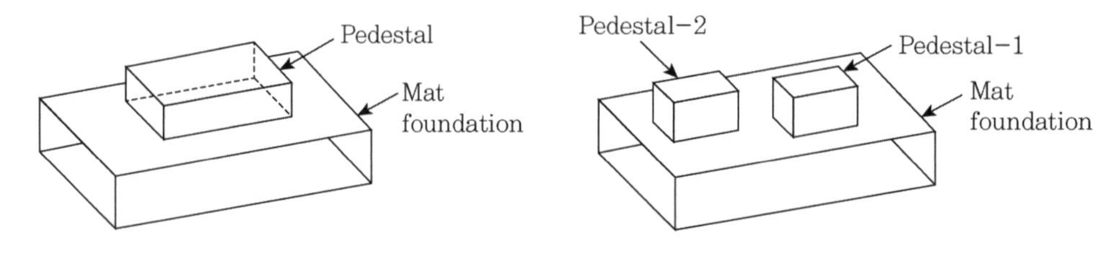

그림 3.3.1 Block-type foundation

그림 3.3.2 Combined block-type foundation

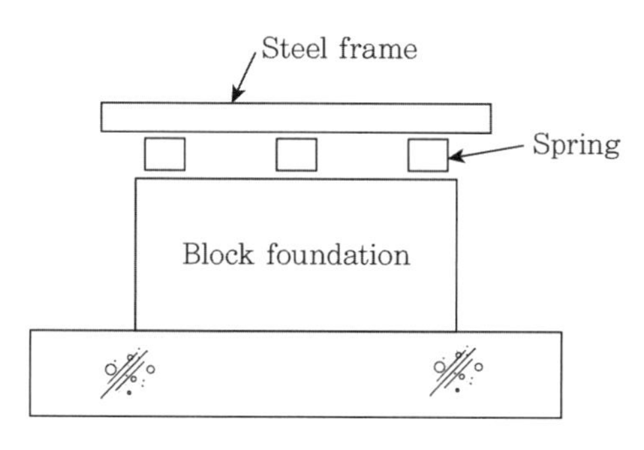

그림 3.3.5 Spring-mounted equuipment on block foundation

(출처 : ACI 351.3R-18)

17) 프레임형기초

- 원심 기계 지지의 경우 기계질량의 3배 이상, 왕복기계를 지지하는 경우 5배 이상
- 기계와 구조체를 합한 하중의 중심이 기초바닥면 지지중심과 가능한 일치하여야 하며 편심이 3%를 초과해서는 안 된다(구조물기초설계기준).
- 지반의 저항중심은 지반 위에 직접 놓인 기초의 경우 기계와 구조물하중의 무게 중심과 300 mm 이상 떨어져서는 안 된다.
- 기초의 바닥슬래브 두께는 기둥의 평균 순경간이 L(m)이면 $0.07L^{(4/3)}$ 이상으로 한다. 대체로 최소두께는 1 m 이상이다(구조물기초설계기준).

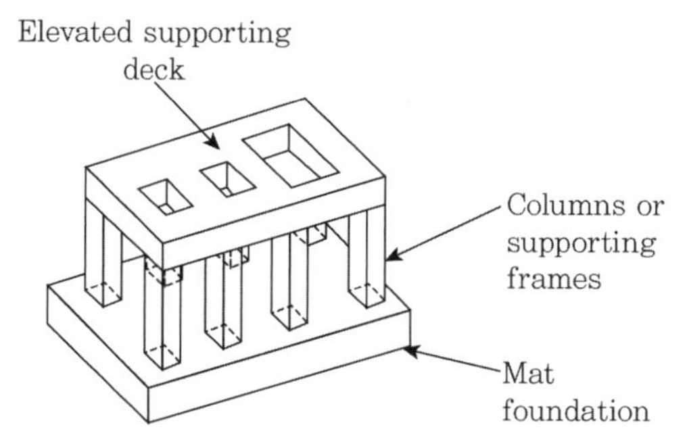

그림 3.3.3 Tabletop-type foundation

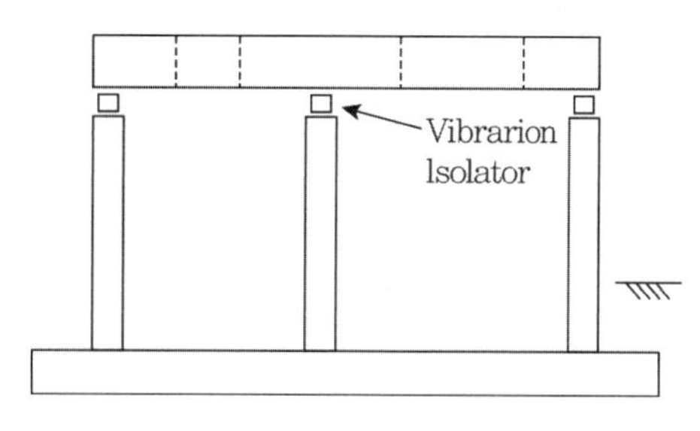

그림 3.3.4 Tabletop with isolators

(출처 : ACI 351.3R-18)

18) 파일기초

- 파일 캡의 질량은 원심기계의 경우 기계질량의 1.5~2.5배 이상, 왕복기계를 지지하는 경우 2.5~4배 이상
- 개개의 파일은 설계 허용하중의 1/2 이상 분담하도록 해서는 안 된다.
- Pile Cap의 최소 두께는 0.6 m 또는 기초 최대 폭의 1/10 중 큰 값 이상이어야 한다(BS CP 2012, P14).

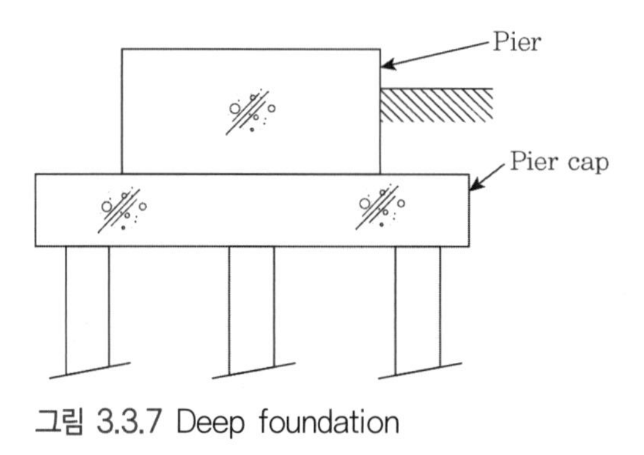

그림 3.3.7 Deep foundation

(출처 : ACI 351.3R-18)

19) 얕은 기초가 암(예, 전단파속도 762 m/sec 이상)에 지지된 경우는 Soil-Structure Interaction 효과를 고려할 필요가 없다. 이와 같은 지반은 Fix Base 조건으로 고려한다(BECHTEL, 1994).

20) 매트는 콘크리트 전단면의 0.1% 이상, 상하부 각 방향으로 최소 D16@300 이상으로 배근해야 한다(BECHTEL, 1994).

21) 빔요소로 모델링 한 경우 정하중조건에서 0.5 mm 이상 처짐이 생겨서는 안 된다(BECHTEL, 1994).

22) 부등침하를 방지하기 위하여 모든 정하중의 무게중심을 통과하는 연직선은 기초 바닥면의 중심과 일치하거나 편심이 기초 평면치수의 5% 이내로 한다(구조물기초설계기준).

23) Large Vibratory Equipment[전체무게 22 kN(5 kips) 이상이고 운전속도가 1cps(Hz) 이상] 기초의 최소두께는 1.2 m 이상이어야 하며, 기계질량의 2.5배 이상이어야 한다. 발전소에서는 I.D Fan, F.D Fan, P.A Fan. BFP(복합화력의 BFP는 정속운전, 화력발전소의 BFPT는 변속 운전한다) 등이 해당하며 동적해석을 해야 한다(SDS E9.6.8). 등가정적하중의 방법은

기기무게 45 kN 이하에서 주로 사용할 수 있다(동적해석 불필요, ACI 351.3R-04 4.1.2.2 및 ACI 351.3R-18 7.1.2.2).

24) 진동수를 구하기 위한 고유치해석은 고정하중과 영구기기 무게만 고려해야 한다(SDS E9.2.2).

25) Boiler Feed Pump, ID, FD, PA Fan은 최소 Stiffness 2,627 kN/mm 이상의 Floor Framing System에 의해 지지되어야 한다(SDS E9.2.2.A.5).

26) 고유치 해석 시 Mode수는 질량참여율이 90% 이상인 경우까지 나오도록 Mode수를 추가하여 해석하고, 각 Mode에 대한 진동수가 공진대역을 벗어나는지 확인해야 한다. 다자유도계의 경우 질량참여율이 90% 미만이며, 공진대역의 진동수를 가지고 있는 경우 설령 공진이 발생해도 질량참여율이 작다면 문제가 안 된다고 볼 수 있다. 또한 공진대역에 진동수가 있더라도 진폭을 확인해서 공급자가 허용하는 범위 내라면 안전하다고 볼 수 있다. 정밀한 검토를 원하는 경우 반드시 진폭(amplitude)까지 확인하여 기기공급자가 제시한 범위 내에 있는지 확인해야 한다. 이때 진폭은 허용치의 2/3 이상이 되면 안 된다(진동기초의 설계 참조).

27) Soil Parameter 결정 실험방법

Field Test

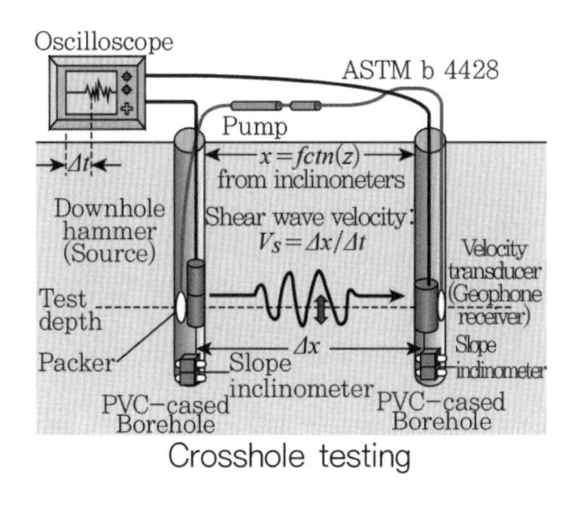

Crosshole testing

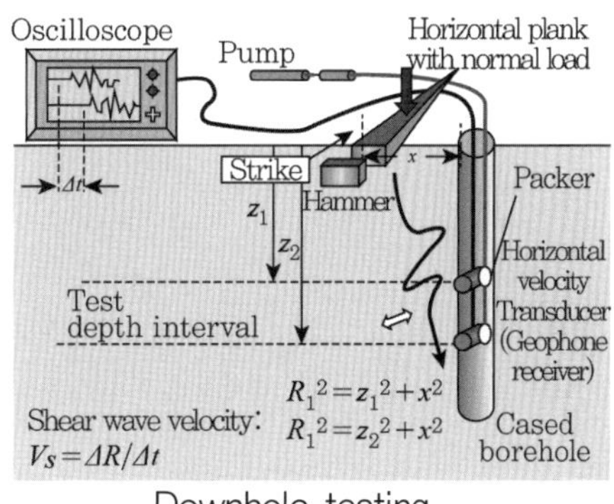

Downhole testing

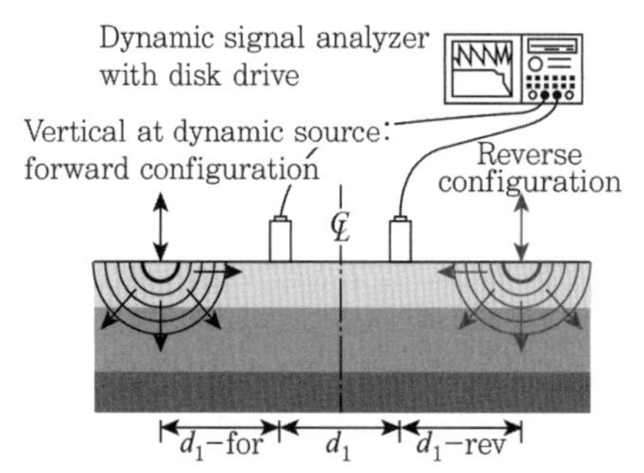

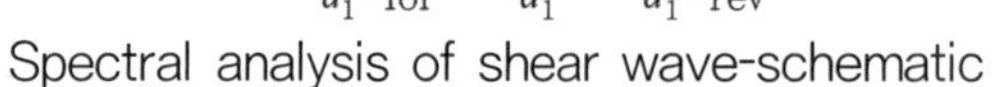
Spectral analysis of shear wave-schematic

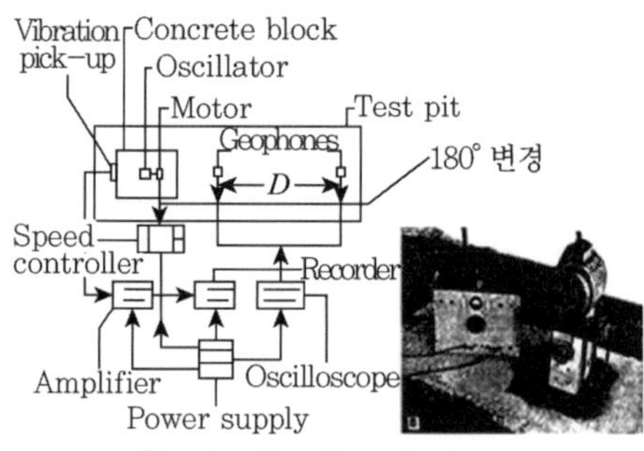

Block vibration test

Laboratory Test

- 공진주시험(resonant column test)
- 진동삼축시험(cyclical triaxial test)

※ 암석의 동탄성계수(토목기술자를 위한 암반공학 p.246)

표 4.14 각종 암석의 정탄성계수 및 동탄성계수

암종	정탄성계수 E_s(kgf/cm²)	동탄성계수 E_d(kgf/cm²)	E_d/E_s
역암	36,700~43,900	320,300	7~9
세일-사암의 호층	4,200~5,800	66,700	12~16
사암	5,000~16,500	130,000~160,000	8~10
세립화강암	3,000~10,000	93,000~174,000 109,000~204,000	9~17 10~20
이암-사암의 호층	8,300~8,550 13,000~17,500 12,400~19,900	49,200 61,300 71,400	5.8~6 3.5~4.7 3.6~5.8
반려암	11,000	-	-
휘록암	19,900	560,000	28
세립석영섬록암	18,000	434,000	24
응회암	100,000~160,000 100,000 30,000~35,000 180,000~240,000	430,000 445,000 415,000 305,000	2.7~4.3 4.5 12~14 1.3~1.7
점판암	150,000~250,000 90,000	385,000 445,000	1.5~2.5 5
세립석영섬록암	18,400 12,900	- -	- -

동적전단 탄성계수(dynamic shear modulus)는 흙- 기초 구조물의 진동거동에 가장 큰 영향을 주는 Soil Parameter이다. 이 값은 흙의 Poisson' ratio와 간극비, 상대다짐도, 다짐 재료 등에 따라 현저하게 변화하는 경향을 나타낸다고 알려져 있다(ACI 351.3R-18, A.2와 대한 토목학회 논문집 '다짐 점성토의 동적전단 탄성계수' 참조).
한편 전단파속도를 이용하여 동적전단 탄성계수를 추정할 수 있다. 이 관계는 여러 학자가 제안했으며, ACI 351.3R-04의 식 3-32는 다음과 같다.

$$G = \gamma \times (V_s)^2$$

여기서, G : 동전단계수(Pa), γ : 단위중량(kg/m^3), V_s : 전단파속도(m/s)

ACI 351.3R-18 A.2에서는 G에 대해 US NRC(2013)을 참조하여 상한치와 하한치를 규정하는 방식으로 내용을 개정했다.

28) ACI 351.3R-04 4.4.3에서는 일반적인 그라우트 두께(50～100 mm)를 넘는 경우는 Creep과 Elastic Shortening을 증가시킨다고 한다. 그러나 ACI 351.3R-18에서는 이와 관련한 내용을 삭제했다.

29) ACI 351.3R-18, 7.3.2에서는 일반적으로 엔지니어들은 1.2 m보다 두꺼운 기초는 매스콘크리트를 위한 ACI 207.2R에서 제안된 최소철근을 배근한다고 설명한다. 또한 ACI 350-06 7.12.2.1에 따라 콘크리트 단면의 두께가 최소 600 mm보다 큰 경우 건조수축과 온도철근으로 각 면에 최소 300 mm를 배근해야 한다고 설명한다. 대형 터빈발전기 기초의 Pedestal을 위한 최소철근은 50 kg/m^3 또는 부피에 0.64%, 기초 슬래브는 30 kg/m^3 또는 부피에 0.38%를 추천했다. BS CP 2012-1, 3.5.7 블록기초에 최소철근 편에서는 기초두께가 1 m를 넘는 경우 16 mm 철근으로 3방향에 대해 600 mm 간격으로 수축철근을 배근해야 하며, 콘크리트 블록기초의 경우는 간격 300 mm, 철근 최소직경 16 mm 이상으로 배근할 것을 요구한다. BS CP 2012-1 그림 4 철근상세에서는 다음과 같이 상세를 제시했는데 철근의 정착을 180° 후크를 적용했다.

(1) Steel bars are shown with 180 U hooks. Alternatively, steel bars provided to meet the minimum requirements of 3.5.7 may have the ends provided with 90 L hooks in the case of mild steel bars, or may be omitted altogether in the case of high tensile deformed bars.

(2) All external exposed angles of 90 or less of the concrete form to be chamfered 25 mm × 25 mm unless specifically detailed otherwise.

(3) Concrete cover to steel bars to generally comply with the requirements of CP114 but in no case should cover be less than 30mm

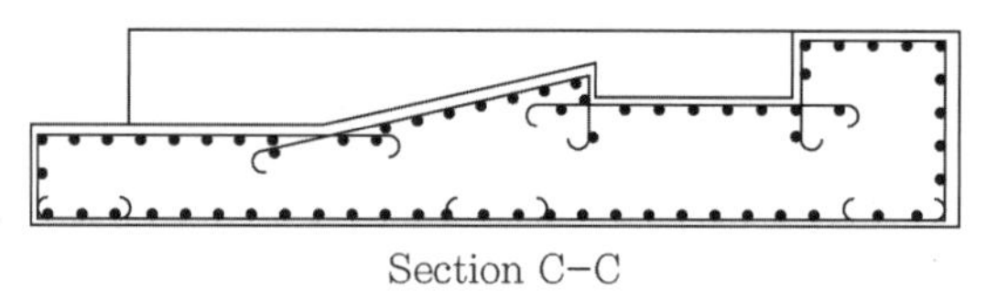
Section C-C

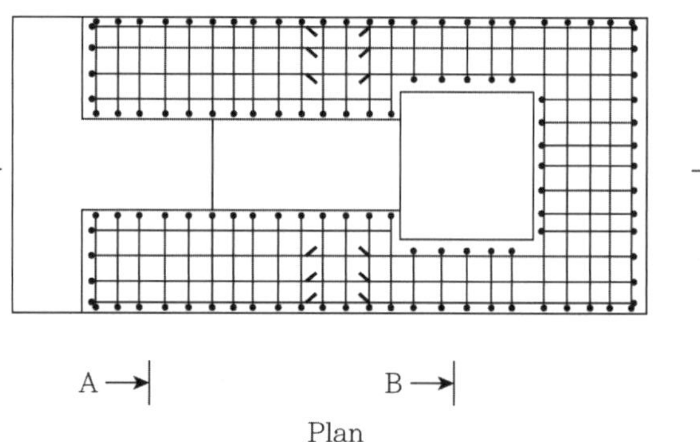

Plan

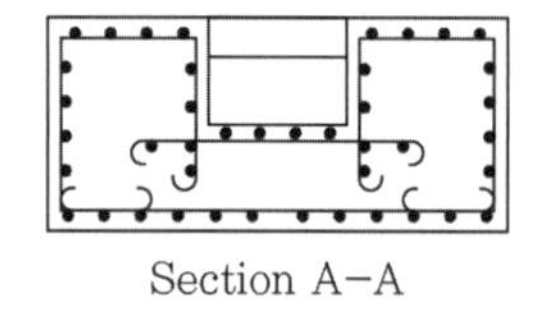
Section A-A

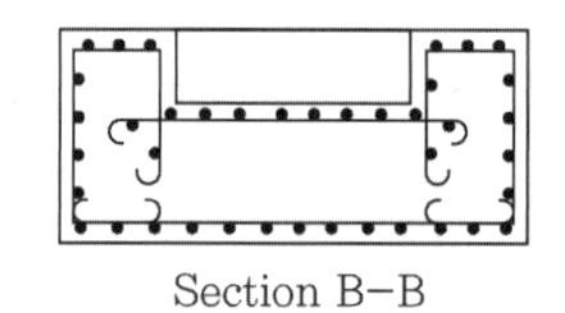
Section B-B

(출처 : BS CP 2012-1)

DIN 4024(1988) Part 1의 7.1.1.3편에는 기초의 최소철근은 30 kg/m^{3}로 규정했다.

※ 참고 1 : Circular frequency(각진동수, rad/sec)로 표현된 것은 2π(rad/cycle)로 나누면 cycle/sec(cps or Hz)를 얻는다.

※ 참고 2 : 1차 모드는 구조물이 가장 평안하게 자유 진동하는 경우 변형형상을 의미한다. 진동수가 가장 작은 경우가 1차 진동모드다.

※ ARYA의 Design of Structures & Foundations for Vibration Machines

1. 정적조건

1) 허용지지력

지반 또는 파일 허용지지력의 50%로 한다.

2) 부등침하 조건

a) 모든 정하중의 무게중심은 기초면 또는 파일그룹의 중심과 일치해야 하며, 최소한 대응하는 변길이의 5% 내에 들어야 한다.

b) 동하중과 정하중을 포함하는 하중의 중심은 기초 또는 파일그룹의 중심과 일치해야 하며, 최소한 대응하는 변길이의 0.5% 이내에 들어야 한다.

3) 절대침하 : 파이프 등 주변설비의 허용치 반영

2. 동적조건

1) 공진방지

10개의 낮은 자연 진동수에서 기계의 작동 진동수는 20% 이상 차이가 나야 하며, 왕복형 기계는 50% 이상 차이가 나는 것이 바람직하다.

2) 허용진폭

진동의 진폭은 다음의 그림(ACI 351.3R-18)에 따라 허용변위, 속도, 가속도의 진폭 내에 들어야 한다. 변위와 속도를 동시에 만족하면 가속도는 검토할 필요가 없다.

3) 확대계수 : 동적확대계수의 비는 1.5 이내에 들어야 한다.

※ Das의 Principle of Soil Dynamic 5.4에서는 기계기초를 설계하는 경우 지켜야 할 규칙에 대해 다음과 같이 소개했다.

1) 기초-지반 진동계의 공진 진동수(resonance frequency)는 고속기계(high-speed machine, 운전 진동수≥1000 cpm≒16 Hz) 운전 진동수(operating frequency)의 1/2 이하로 해야 한다. 이런 경우 기계의 운전시작 또는 정지하는 동안 잠시 공진 진동수에서 진동할 것이다.

2) 저속기계(low-speed machine, 운전 진동수 350~400 cpm≒5.8~6.7 Hz)의 경우 기초-지반 진동계의 공진 진동수(resonance frequency)는 운전 진동수의 최소 2배 이상이어야 한다.

3) 모든 형태의 기초에 무게(weight)를 증가시키면 공진 진동수는 감소한다.

4) 하중 재하 지역(기초)의 반경을 증가시키면 기초의 공진 진동수는 증가한다.

5) 지반의 전단탄성계수(shear modulus of soil)를 증가시키면(예, 그라우팅) 기초의 공진 진동수는 증가할 것이다.

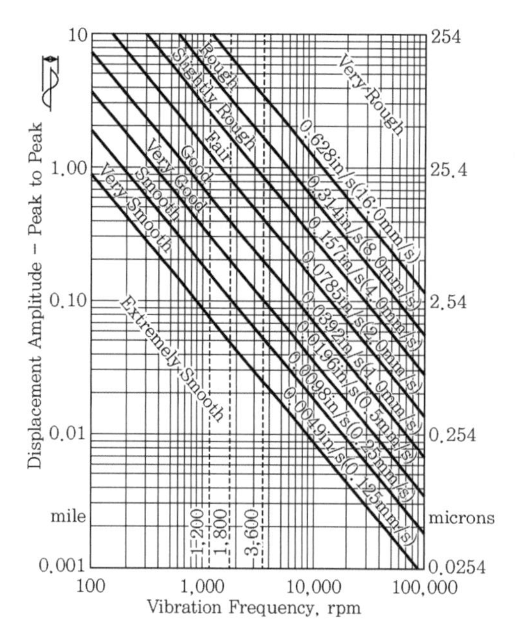

그림 5.8.1a General machinery vibration severity chart(Baxter and Bernhard 1967)

A : No fault. Typical new equipment.
B : Minor faults. Correction wastes dollars.
C : Faulty. Correct within 10 days to save maintenance dollars.
D : Failure is near. Correct within two days to avoid breakdown.
E : Dangerous. Shut it down now to avoid danger.

그림 6.2b Vibration criteria for rotating machinery(Blake 1964, as modified by Arya et al., 1979)

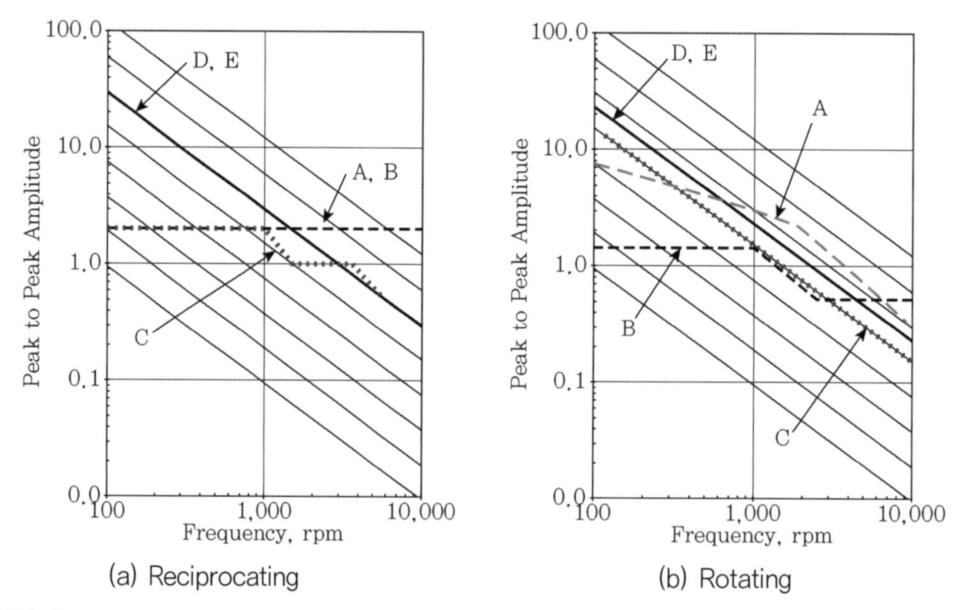

그림 5.8.1b Comparison of permissible displacements(miles) for five company standards

(출처 : ACI 351.3R-18)

MQ 12

10분간 평균풍속을 3초 거스트 풍속으로 변경하려면 어떻게 할까?

A

국내와 일본의 기본풍속은 10분간 평균풍속을 사용한다. 반면 미국은 ASCE 7-88까지는 Fastest Mile을 사용했고 ASCE 7-95부터는 3초 거스트 풍속(three-second-gust)을 기본풍속으로 사용한다. S.K. Ghosh에 따르면 Fastest-mile wind speed에 잠재된 평균속도는 풍속계(anemometer)로 불리는 관측기계를 통과하는 바람이 1마일 동안 걸리는 시간이며 통상적으로 30~60초 사이에 있다고 설명한다. 유럽기준(BS EN 1991-1-4-2005, 4.2 참조), 캐나다(CSA S471-04, Annex C.3 참조)도 10분간 평균풍속을 사용한다. 영국은 과거의 기준(CP 3 Chapter V Part 2 1972 wind loads)에서는 3초 거스트 풍속을 사용했으나 BS 6399(1995년)부터는 1시간 평균풍속을 사용한다.

10분간 평균 풍속을 거스트 풍속으로 변경하려면 다음의 Durst Curve를 사용하면 된다. 다음 그림은 ASCE 7-10에 있는 것이다. ASCE 7-16에서는 Durst Curve에 Hurricane(ESDU, 1993)을 추가했다. 그러나 Gust Duration의 sec 부분이 ASCE 7-10보다 해상도가 낮아 소개하지 않는다. ASCE 74-10의 Appendix D에 따르면 Durst Curve는 1960년에 작성하였고 노출등급 C(exposure C)에서 평균 1시간당 풍속(V3600)에 대해 예상되는 최대 풍속(probable maximum wind speed) 간의 비(V_t / V_h)를 나타낸 것이라 설명한다.

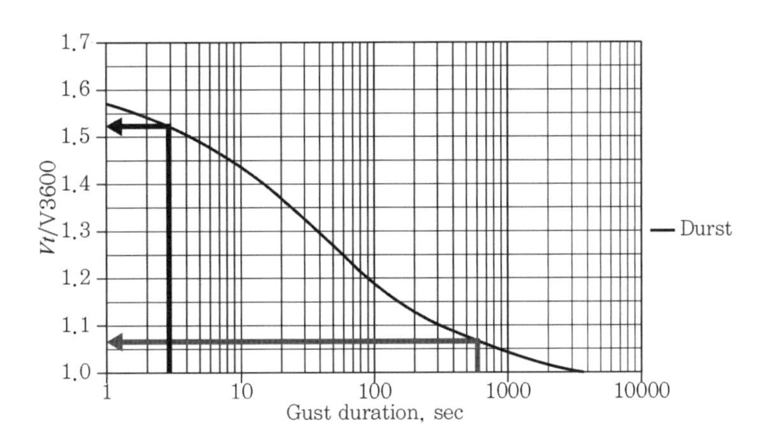

그림 C26.5-1 Maximum speed averaged over t's to hourly mean speed

예를 들어 10분간 평균풍속이 35 m/sec를 3초 거스트 풍속으로 변경해본다. 10분은 600 sec이다. 상기 표에서 Gust Duration이 600 sec에 대응하는 값은 1.07 정도다. 그럼 V_t(t=10분)/ V3600=1.07이고 V3600=35/1.07=32.71 m/sec이다. 다음으로 우리가 변환하려는 Gust Duration이 3 sec에 대응하는 값은 1.52 정도다. 그럼 $V_t(t=3초)/V3600=1.52$다. 결과적으로 $V_t = V3600\times1.52=32.71\times1.52=49.72$ m/sec가 된다.

한편, 하영철은 10분 풍속을 3초 거스트 풍속으로 변경하려면 1.46배를 하라고 설명한다. 그러면 10분간 평균풍속 35 m/sec는 51.1 m/sec가 되는데 ASCE 7에서 소개된 Durst Curve를 사용하여 계산한 것과 다소 차이가 발생한다.

MQ 13

기초 하부에 타설하는 버림 콘크리트 관련 규정은?

A

버림콘크리트(lean concrete)는 콘크리트기초 바닥면을 평탄(암반의 요철)하게 하고 흙으로부터 콘크리트가 직접적으로 접촉하는 것을 막고 깨끗한 상태로 철근을 배근할 수 있도록 굴착면 위에 타설한다. 또한 먹매김을 쉽게 하고 습기나 토양 속의 황산염과 같은 화학성분으로부터 콘크리트 기초의 열화를 방지하는 목적도 있다. 도로설계요령 제8-3편 하부구조물 4.6 (2)에는 다음과 같이 기초저면 처리를 한다.

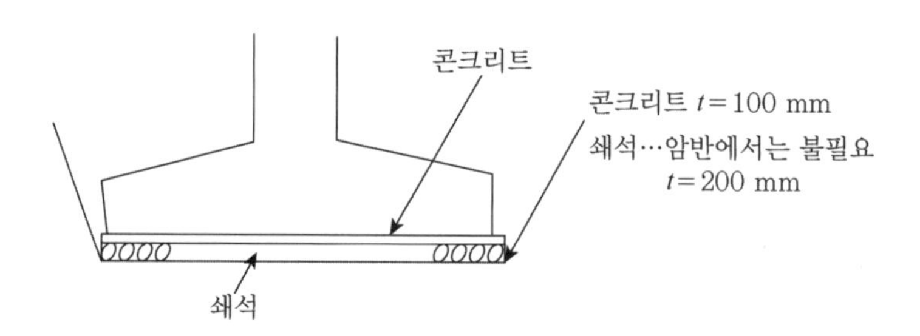

이것은 일본의 Hokuriku 설계요령 도로 편(평성 29년, 2017년) 9-5-6-3 기초저면의 처리 편에 소개된 내용과도 일치한다.

가공송전선로 공사원가 산정지침 5.6.2에서는 직접기초의 경우 암반지반은 버림 콘크리트 두께 50 mm, 토사지반은 버림 콘크리트 두께 50 mm와 잡석 150 mm로 수량을 산출한다. 말뚝기초에 대해서도 버림 콘크리트 두께 50 mm와 잡석 150 mm로 수량을 산출한다. 일본의 도로교표준시방서 하부구조 편(H24 도시 IV 10.7)의 기초저면처리에 대한 내용을 기반으로 작성된 일본의 Shizuoka 교량설계요령(평성 26년, 2014년)의 7.7.1 저면처리에서는 다음과 같이 기초저면 처리를 제시한다.

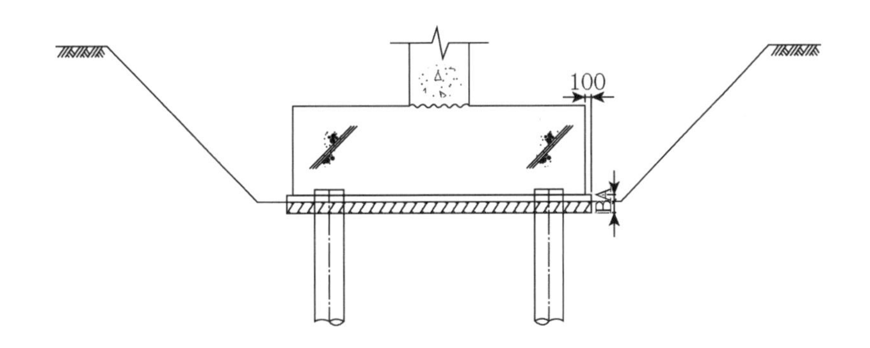

(단위 : mm)

	점성토		사질토		역질토(礫質土)		암반	
	직접기초	말뚝기초	직접기초	말뚝기초	직접기초	말뚝기초	직접기초	말뚝기초
A(버림 콘크리트)	100	100	100	100	100	100	100	100
B(잡석)	200[1)]	200[1)]	200[1)]	–	200[1)]	–	–	–

주1 : 하천 제방의 제외지에 설치하는 경우를 나타낸다.

대한건축학회 기술지침(2018) 4장 2. 잡석지정 편에는 다음과 같다.

구분	지반		지정		밑창콘크리트 두께(mm)
	토질	N값	종류	두께 (mm)	
직접기초 Slab 밑	암반, 경암	–	자체지반	–	60
	모래	N〈10	자갈	100	60
		N≥10		60	
	실트, 점토 Loam	N〈2	자갈	150	60
		N≥2		60	
바닥 Slab 밑	되메우기 토사	–	자갈	60	–

Building Construction Handbook(2014)의 4 Substructure 편에서는 다음 그림과 같은데 직접기초는 버림 콘크리트 50~75 mm, 말뚝기초의 경우 버림 콘크리트 40 mm이며 잡석은 없다.

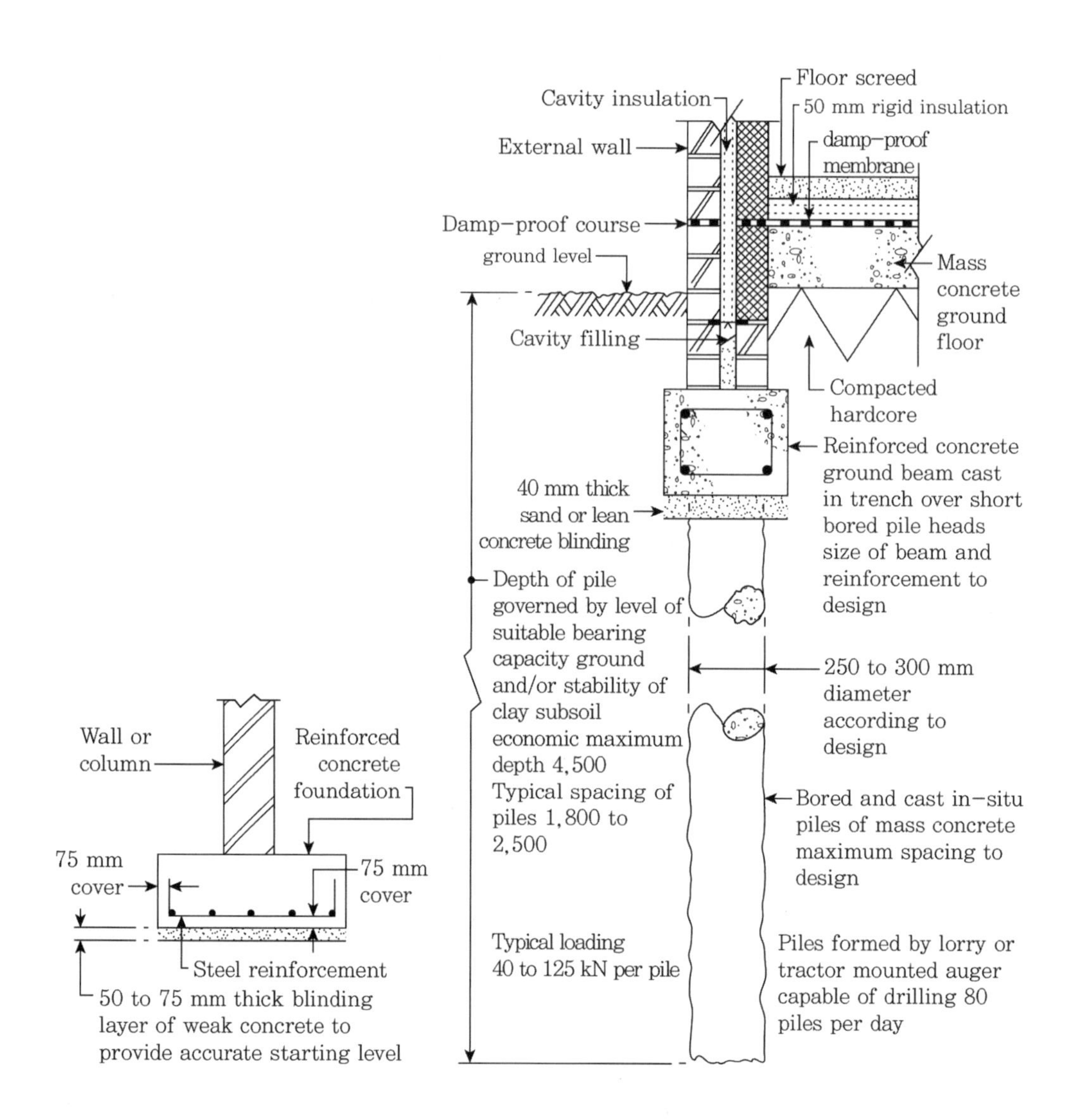

Appropriate Building Material A Catalogue of Potential Solutions(1981)에서는 지반의 종류에 관계없이 기초하부에 최소 50 mm 버림 콘크리트를 추천했다. Reynolds's Reinforced Concrete Designer's Handbook(2008)의 7.1.4 Blinding Layer에는 버림 콘크리트 50~75 mm를 제시했다. 한전기술(주)에서는 직접기초의 경우 암반지반에는 버림 콘크리트 100 mm, 토사지반에는 버림 콘크리트 50 mm, 잡석 200 mm로 한다. 말뚝기초의 경우는 버림 콘크리트를 100 mm만 적용한다.

MQ **14**

기초의 동결심도 관련 참고사항은?

A

동해란 동상과 융해에 따른 피해를 말한다. 동상(frost heave)은 간극 주위의 물(간극수나 흡착수 등)이 얼어서 부피가 늘어나는 현상으로 점토나 실트질이 가장 영향을 받는다. 융해는 온도상승 속도가 배수속도보다 빠를 때 함수비가 증대되는 상태로 동상에 의해 얼었던 것이 녹아서 부피가 줄어들게 되므로 흙이 오르락내리락하는 현상이다. 융해로 지반이 연약해지고 강도저하가 발생한다. 지반이 미세한 모래나 실트를 많이 함유하고 있으면 동상으로 인한 피해를 입을 수 있다. 실트질 지반은 아이스렌즈(ice lens, 인접해 있는 간극 속의 물을 끌어들이고 이 빈 간극은 모세관력으로 물을 끌어올려 이런 과정을 반복하여 형성된 얼음의 결정)를 형성하기에 적당한 투수계수를 가지므로 함수비가 충분히 큰 상태에서 추위가 지속되면 동상이 일어나고 해빙되면서 지반이 연화되어 상부 구조물이 손상될 수 있다. 따라서 독립기초는 물론 옹벽도 동결심도 이상 깊이를 확보해야 지반의 동결융해에 의한 피해를 줄일 수 있다. 이와 관련된 기준을 살펴본다.

도로설계요령 제8-3편 교량하부구조물 4.1.2편의 그림 4.1에서는 다음과 같이 기초의 설계기준면과 동결심도를 제시했다. 말뚝기초는 일반적으로 동결깊이가 불필요하다고 생각하기 쉽지만 확보하는 것이 좋다.

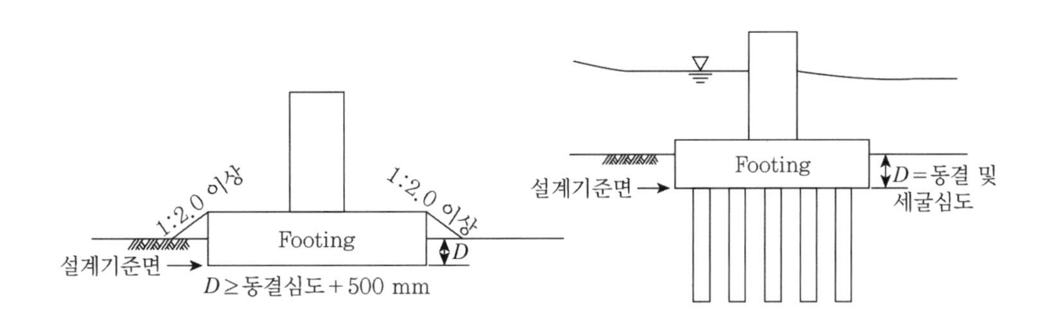

구조물기초설계기준해설 6.4.2 켄틸레버식 옹벽에 대한 그림 6.4.1에도 동결심도를 다음과 같이 제시했다. 6.3에서는 옹벽 저판의 깊이는 동결심도보다 깊어야 하며 최소한 1 m 이상으로 해야 한다고 설명한다.

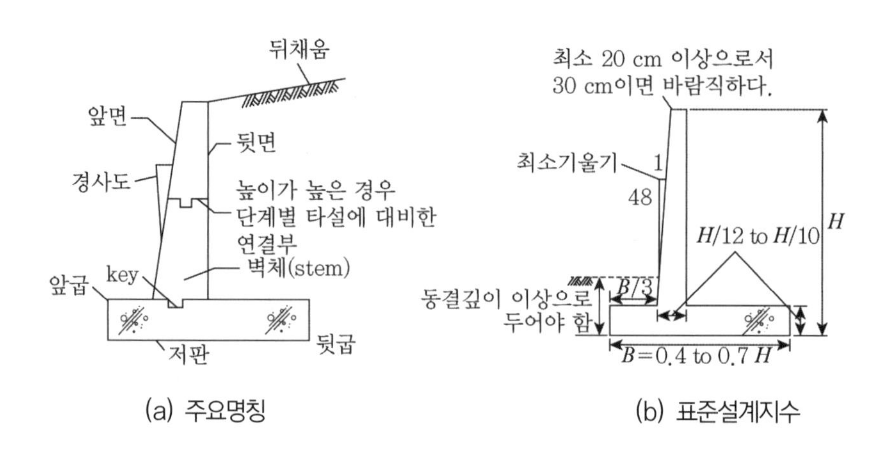

(a) 주요명칭 (b) 표준설계지수

ASCE 32-01, 4편에서는 계절적으로 지반이 얼 수 있는 지역에서의 직접기초(얕은 기초)는 동상에 의한 피해를 방지하도록 다음과 같은 세 가지 방법 중 한 가지 이상을 사용하여 동상을 보호해야 한다고 설명한다.

1) 동상에 민감하지 않은 층을 사용한다.

2) 동상 효과와 동상 침투를 완화하기 위해 기초 절연(insulation of foundations)

3) 해석에 기반한 승인된 설계나 상세

참고로 동상방지책으로는 배수구를 설치하여 지하수위를 낮추거나 지하수위에 조립층을 두어 모관수를 차단하는 방법 따위가 있다.

다음은 ASCE 32-01의 6.1편에 있는 그림이다.

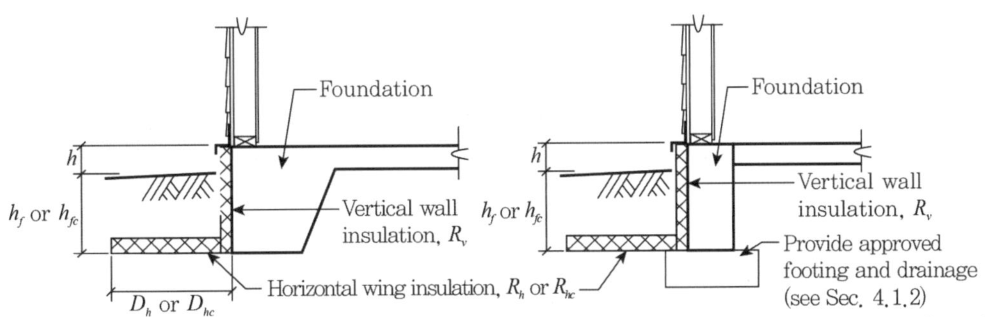

(a) Monolithic slab-on-ground detail (b) Stem wall detail

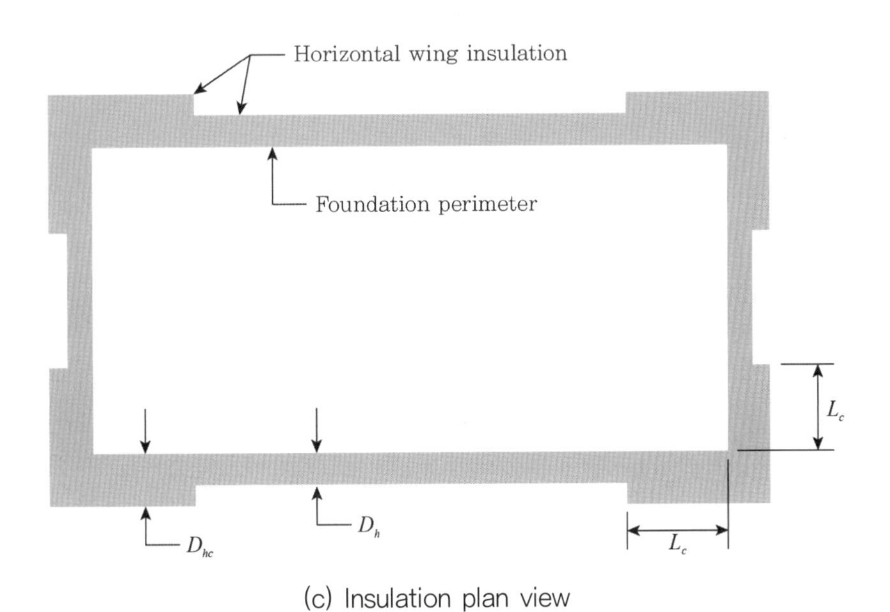

(c) Insulation plan view

그림 2 Slab-on-ground foundation for heated buildings

참고문헌

〈지진Earthquake〉

1. 콘크리트 구조물의 내구성능 설계의 도입배경 및 발전방향, 송하원, 콘크리학회지 제18권 4호, 2006.7.
2. 콘크리트 Q & A, 배도형, 콘크리학회지 제23권 1호, 2011.1.
3. 역량설계개념에 의한 강구조 건물의 내진설계, 이철호, 대한건축학회, 2008.10.
4. IBC-2000의 내진설계 기준 소개, 김상대, 김명한, 김도현, 대한건축학회, 2001.9.
5. 구조동역학, 김상대, 김명한, 김도현 공저, 2011.
6. 구조동역학, 제2판, 김재관 이동근, 2004.
7. 구조동역학개론, L.F보스웰, 기문당, 1998.
8. 내진설계를 위한 구조동역학, 이동근 조소훈, 구미서관, 2007.
9. 내진설계기준연구(I), 한국건설기술연구원/유비콘엔지니어링(주), 1996.
10. 내진설계기준연구(II), 한국지진공학회, 한국건설기술연구원, 1997.
11. 지진에 대비한 내진설계, 국립방재연구소, 1998.
12. 기상청.
13. 그것이 알고 싶다 지진, 기상청.
14. 제9회 기술강습회 도시철도의 내진설계, 한국지진공학회.
15. 제10회 기술강습회 철근콘크리트 교각의 내진설계, 한국지진공학회.
16. 제17회 기술강습회 교량의 내진과 면진의 실무, 한국지진공학회.
17. 제18회 기술강습회 건축물의 내진설계 -KBC2005 신내진설계기준 중심-, 한국지진공학회
18. 지진에 대비한 내진설계, 국립방재연구소, 1998.
19. 도시철도 내진설계 기준, 2018.
20. 도로교표준시방서, 건설부, 1992.
21. 도로교표준시방서 -설계/시공 및 유지관리편-, 건설교통부, 1996.
22. 도로교설계기준, 2000.
23. 도로교설계기준, 2005.

24. 도로교설계기준, 국토해양부, 2010.
25. KBC 2005 내진설계기준의 주요 개정내용, 2005년 12월, 한국강구조학회지.
26. 현행 반응수정계수의 배경과 문제점, 한국강구조학회지, 1997년 9월.
27. 현행 내진설계규준의 밑면 전단력과 반응수정계수 평가, 대한건축학회 논문집 14권 2호, 1998년 2월.
28. 반응수정계수의 변천과정 및 구성요소, 전산구조공학 제12권 제2호, 1999년 6월.
29. 내진설계기준에서의 반응수정계수에 관한 고찰,한국강구조학회, 2003년 9월.
30. 내진설계 지침서 작성에 관한 연구, 건설부, 1987.12.
31. 건축물의 구조기준 등에 관한 규칙 개정령, 건설부령 제432호, 1988.
32. 건축물 하중기준 및 해설, 대한건축학회, 2000.
33. 건축구조설계기준(Korean Building Code, KBC), 2005.
34. 건축구조기준(Korean Building Code, KBC), 2009.
35. 건축구조기준 및 해설(KBC), 국토해양부, 2009.
36. 건축구조기준(Korean Building Code, KBC), 2016.
37. 건축구조기준 및 해설(KBC), 2016, 국토교통부.
38. 내진설계기준 공통적용사항, 행정안전부, 2017.09.
39. 내진설계기준 공통적용사항, 행정안전부, 2019.06.
40. 국가건설기준 KDS 17 10 00 : 2018 내진설계 일반.
41. 국가건설기준 KDS 41 17 00 : 2019 건축물 내진설계기준.
42. 건축물 내진설계기준 및 해설 2019, 대한건축학회, 한국건축기준센터.
43. 소방시설의 내진설계 화재안전기준 해설서, 국민안전처 중앙소방본부(소방제도과), 2016.
44. 건축·전기설비 내진설계 시공지침서, 대한전기협회, 2014.
45. 콘크리트 구조기준(KCI-2012), 2012.
46. 콘크리트구조 학회기준(KCI-2017), 2017.
47. Nonlinear Structural Analysis for Seismic Design, NIST GCR 10-917-5, 2010.
48. Structures Design Actions Part5 : Earthquake Actions-New Zealand, NZS 1170.5 : 2004.
49. Structures Design Actions Part5 : Earthquake Actions-New Zealand-Commentary, NZS 1170.5 Suppl : 2004.
50. Review of NZ Building Codes of Practice, Gregory MacRae, Charies Clifton, Les Megget, 2011.

51. Seismic Design of Reinforced Concrete and Masonry Buildings, T.Paulay, M.J.N.Priestley, 1992.
52. Structural Design for Earthquake Resistance : Past, Present & Future, Rajesh, P Dhakal, 2011.
53. NEHRP Guidelines for The Seismic Rehabilitation of Buildings(FEMA 273), 1997.
54. NEHRP Recommended Provisions for Seismic Regulations For New Buildings and Other Structures, Part1 : Provisions(FEMA 302), 1997.
55. NEHRP Recommended Provisions for Seismic Regulations for New Buildings and Other Structures PART 2 Commentary(FEMA 303), 1997.
56. NEHRP Recommended Provisions for New Buildings and Other Structures : Training and Instructional Materials(FEMA 451B), 2007.
57. NEHRP Recommended Provisions for Seismic Provisions for New Buildings and Other Structures(FEMA P-750), 2009.
58. NEHRP Recommended Seismic Provisions for New Buildings and Other Structures Volume II : PART 3 Resource Papers(FEMA P-1050-2), 2015.
59. NEHRP Recommended Seismic Provisions : Design Examples, FEMA P-1051, 2016.
60. ASCE 7-88 Minimum Design Loads for Buildings and Other Structures, 1990.
61. ASCE 7-95 Minimum Design Loads for Buildings and Other Structures, 1996.
62. ASCE 7-98 Minimum Design Loads for Buildings and Other Structures, 2000.
63. ASCE 7-02 Minimum Design Loads for Buildings and Other Structures, 2003.
64. ASCE 7-10 Minimum Design Loads for Buildings and Other Structures, 3rd Printing, 2013.
65. ASCE 7-16 Minimum Design Loads for Buildings and Other Structures, 2017.
66. Significant Changes to the Seismic Load Provisions ASCE 7-10 : An Illustrated Guide, 2011, ASCE.
67. Significant Changes to the Minimum Design Load Provisions of ASCE 7-16, 2018, ASCE.
68. Guidelines for Seismic Evaluation & Design of Petrochemical Facilities, 2nd ed, 2011, ASCE.
69. Concrete Foundations for Turbine Generator, Analysis, Design, and Construction, 2018, ASCE No.136.

70. Standard Specifications for Highway Bridges, 16ed, AASHTO, 1997.
71. Development of Maximum Considered Earthquake Ground Motion Maps, Edgar V. Leyendecker 외 4인, Earthquake Spectra Volume 16, No. 1 2000.2.
72. Nonstructural Component or Nonbuilding Structure?, Robert Bachman and Susan Dowty, International Code Council(Building Safety Journal, April–May 2008).
73. Is It a Nonstructural Component or Nonbuilding Structure? Robert Bachman and Susan Dowty, Structure Magazine, July 2008.
74. Nonbuilding Structures and Nonstructural Components, Chris Kimball, Modern Steel Construction, March 2016.
75. Seismic Design of Nonstructural Building Components, Daniel C. Duggan, Structure Magazine, July 2016.
76. Seismic Design of Nonbuilding Structures and Nonstructural Components, Structure Magazine, June 2017.
77. Recommended Lateral Force Requirements and Commentary, Seismology Committee Structural Engineers Association of California(SEAOC) Blue Book, 1999.
78. ATC–19 Structural Response Modification Factors, ATC(Applied Technology Council), 2nd Printing, 1995.
79. ATC–3–06 Tentative Provisions for The Development of Seismic Regulations for Buildings, 2nd Printing, 1984, Applied Technology Council(ATC).
80. A Brief Guide to Seismic Design Factors, SEAOC Seismology Committee, September 2008, Structure Magazine.
81. Understanding Earthquakes, The headquarters for Earthquake Research Promotion, Japan.
82. Seismic Source Location, Jens Havskov.
83. Empirical Observations of Earthquake–Explosion Discrimination using P/S Ratios and Implications for the Sources of Explosion S–Waves.
84. THE SEISMIC DESIGN HANDBOOK 2nd ed, 2nd Printing, Farzad Naeim, 2003.
85. Uniform Building Code(UBC) 1961~1985.
86. Uniform Building Code(UBC) 1988.
87. Uniform Building Code(UBC) 1991.
88. Uniform Building Code(UBC) 1994 Volume 2.

89. Uniform Building Code(UBC) 1997 Volume 2.
90. UBC–IBC Structural(1997–2000) Comparison & Cross Reference, 2000, ICBO(International Conference of Building Officials).
91. International Building Code(IBC) 2000.
92. International Building Code(IBC) 2003.
93. International Building Code(IBC) 2006.
94. International Building Code(IBC) 2009.
95. International Building Code(IBC) 2012.
96. International Building Code(IBC) 2015.
97. International Building Code(IBC) 2018.
98. Wind and Earthquake Resistant Buildings Structural Analysis & Design, Bungale S. Taranath, 2005.
99. Response Spectrum Method In Seismic Analysis and Design of Structures, AJAYA KUMAR GUPTA, 1990.
100. Dynamics of Structures Theory and Application to Earthquake Engineering, Anil K. Chopra, 1995.
101. ACI 307–08 Code Requirements for Reinforced Concrete Chimneys and Commentary, 2008.
102. ACI 371R–16 Guide for Analysis, Design, and Construction of Elevated Concrete and Composite Steel–Concrete Water Storage Tanks, 2016.
103. ACI 318–11 Building Code Requirements for Structural Concrete(ACI 318–11) and Commentary, 2011.
104. ACI 318–14 Building Code Requirements for Structural Concrete(ACI 318–14) Commentary on Building Code Requirements for Structural Concrete(ACI 318R–14), 2014.
105. ACI 318–19 Building Code Requirements for Structural Concrete(ACI 318–19) Commentary on Building Code Requirements for Structural Concrete(ACI 318R–19), 2019.
106. ACI 349–13 Code Requirements for Nuclear Safety–Related Concrete Structures and Commentary, 2016.
107. ACI 351.2R–10 Report on Foundations for Static Equipment, 2010.

108. ACI 351.3R-18 Report on Foundations for Dynamic Equipment, 2018.
109. AISC Steel Design Guide 7, Industrial Buildings Roofs to Anchor Rods 2nd Printing, 2012.

〈철근콘크리트Reinforced Concrete〉

1. 강관구조 설계기준 및 해설, 대한건축학회, 1998.
2. 도해 토목건축 가설구조물의 해설, 건설문화사, 1997.
3. 콘크리트 표준시방서, 1985.
4. 콘크리트 표준시방서, 2016.
5. 콘크리트 구조설계기준, 2003.
6. 콘크리트 구조설계기준, 2007.
7. 콘크리트 구조기준 해설(KCI-2012), 2012.
8. 콘크리트구조 학회기준(KCI-2017), 2017.
9. 국가건설기준 KDS 11 44 00 : 2018 공동구.
10. 국가건설기준 KDS 11 50 25 : 2018 기초 내진설계기준.
11. 국가건설기준 KDS 14 20 54 콘크리트용 앵커 설계기준, 2016.
12. 국가건설기준 KDS 41 31 00 : 2019 건축물 강구조 설계기준.
13. 국가건설기준 KDS 47 10 40 : 2019 지하구조물.
14. 콘크리트용 앵커 설계법 및 예제집, 제2판, 한국콘크리트학회, 2018.
15. 도로설계기준, 2016.
16. 도로교설계기준, 2010.
17. 도로교설계기준(한계상태설계법), 2016.
18. 도로설계요령, 제6편 배수시설, 2009.
19. 도로설계요령 제10편 포장, 2009.
20. 시멘트 콘크리트 포장 생산 및 시공지침, 국토해양부, 2009.
21. 총칙편/토목편 고속도로공사 전문시방서, 2012.
22. 구조물기초설계기준, 2016.
23. 공동구설계기준, 2016.
24. 도시철도 내진설계 기준, 2018.

25. 항만 및 어항설계기준, 2005.
26. 도로의 구조시설에 관한 규칙 해설, 국토교통부, 2013.
27. 도로암거표준도[설계기준·표준도], 국토해양부, 2008.
28. 도로옹벽 표준도(설계기준 및 표준도), 국토해양부, 2008.
29. 건축구조기준(Korean Building Code, KBC), 2016.
30. 건축공사표준시방서, 2006.
31. 건축공사표준시방서, 2015.
32. 건축구조실무 Q & A, 건축구조기술사회, 2012.
33. 건축구조, Q & A, 건축구조기술사회, 2003년 9월.
34. 건축구조, Q & A, 건축구조기술사회, 2003년 12월.
35. 콘크리트 구조부재의 스트럿-타이 모델 설계 예제집, 한국콘크리트학회, 2007.
36. 개정 콘크리트 구조부재의 스트럿-타이 모델 설계 예제집, 한국콘크리트학회, 2013.
37. 가공송전선용 철탑기초 설계기준(DS-1110), 한국전력공사, 2013.
38. 철근콘크리트 배근상세, (사)한국건축구조기술사회, 2009.
39. 철근콘크리트공학 3판, 민창식, 구미서관.
40. 보 및 1방향 슬래브의 균열제어, 민창식, 한국콘크리트학회 논문집 제24권 4호, 2012.
41. 한중공사의 공기단축을 위한 조강시멘트의 적용성, 2004년 가을, 엄태선, 장동운, 건설기술 쌍용.
42. コソクリート 標準示方書 設計編, 平成 8年, 土木学會.
43. 道路橋示方書·同解說 Ⅳ下部構造編, 平成 8年 12月, 社團法人 日本道路協會.
44. Concrete Beams with Opening Analysis and Design, M.A Mansur, Kiang-Hwee Tan, 1999.
45. CE5510 Advanced Structural Concrete Design, Tan Kiang Hwee, University of Singapore.
46. Design of Concrete Structures, 14 Edition, 2010, Arthur H. Nilson, David Darwin, Charles W. Dolan.
47. Reinforced Concrete Mechanics and Design, 3ed Edition, James G. MacGregor, 1997.
48. Reinforced Concrete Mechanics and Design, 6th Edition, James K. Wright & James G. MacGregor, 2012.
49. Guide to the Design of Anchor Bolts and Other Steel Embedments, R.W. Cannon, D.A. Godfrey, and F.L. Moreadith, Concrete International, 1981.

50. Design of Headed Anchor Bolts, John G. Shipp & Edward R. Haninger, 1983, Engineering Journal/American Institute of Steel Construction.
51. Concrete Q & A Epoxy-Coated Reinforcement and Cover Depth Against Ground, Concrete International, January 2018, pp.63~64.
52. Concrete Q & A Transverse Reinforcement for Torsion, Concrete International, January 2019, p.96.
53. Detailing Corner, Concrete Cover ar Rustications, Drip Grooves, and Formliners, Concrete International, June 2010, pp.35~38.
54. Detailing Corner, Using Standees, Concrete Reinforcing Steel Institute(CRSI), August 2010, Concrete International.
55. Detailing Corner, RFIs on Formliners, Cover, and Embedments, Concrete International, February 2011, pp.66~70.
56. Detailing Corner, RFIs on Circular Ties, Rotating Hooks, Staggered Lap Splices, and Closure Strips, Concrete International, October 2011, pp.59~64.
57. Detailing Corner, Column Tie Configurations, Concrete International, March 2013, pp.45~51.
58. Understanding Balcony Drainage, Concrete International, January 2004.
59. Twisting Moments in Two-Way Slabs, Concrete International, July 2009, pp.35~40.
60. Dimensions of Sloped Walls and a Classification to Mechanical Splice Staggering(RFI 11-10), Concrete International, December 2011, pp.51~55
61. Concrete Cover to Reinforcement-Or Cover-up, Technical Paper, Adam Neville, October, 1999.
62. NCHRP(National Cooperative Highway Research Program) Report 469 Fatigue-Resistant Design of Cantilevered Signal, Sign and Light Supports, 2002.
63. 2009 NEHRP Recommended Seismic Provisions : Design Examples, FEMA P-751, 2012.
64. NEHRP Recommended Provisions for Seismic Regulations for New Buildings and Other Structures, FEMA 450-2/2003 Edition, Part 2 : Commentary.
65. Changes to and Applications of Development and Lap Splice Length Provisions for Bars in Tension(ACI 318-89), ACI Structural Journal July-August 1993, pp.393~406.
66. Another Look at Cracking and Crack Control in Reinforcement Concrete, May-June 1999, ACI Structural Journal.

67. ACI 116R-00 Cement and Concrete Terminology, 2000.
68. ACI 224.3R-13 Joint in Concrete Construction, 2013.
69. ACI 302.1R-96 Guide to Concrete Floor and Slab Construction, 1996.
70. ACI 302.1R-04 Guide to Concrete Floor and Slab Construction, 2004.
71. ACI 302.1R-15 Guide to Concrete Floor and Slab Construction, 2015.
72. ACI 313-16 Design Specification for Concrete Silos and Stacking Tubes for Storing Granular Materials and Commentary, 2016.
73. ACI 314R-16 Guide to Simplified Design for Reinforced Concrete Buildings, 2016.
74. ACI Detailing Manual-1994.
75. ACI Detailing Manual-2004(ACI 315R-04, ACI SP-66), 2004.
75. ACI 315R-18 Guide to Presenting Reinforcing Steel Design Details, 2018.
77. ACI 318-63, Building Code Requirements for Reinforced Concrete, 1963.
78. ACI 318-99 Building Code Requirements for Structural Concrete(ACI 318-99) and Commentary(ACI 318-99), 1999.
79. ACI 318-02 Building Code Requirements for Structural Concrete(ACI 318-02) and Commentary, 2002.
80. ACI 318-05 Building Code Requirements for Structural Concrete(ACI 318-05) and Commentary, 2005.
81. ACI 318-08 Building Code Requirements for Structural Concrete(ACI 318-08) and Commentary, 2008.
82. ACI 318-11 Building Code Requirements for Structural Concrete(ACI 318-11) and Commentary, 2011.
83. ACI 318-14 Building Code Requirements for Structural Concrete(ACI 318-14) Commentary on Building Code Requirements for Structural Concrete(ACI 318R-14), 2014.
84. ACI 318-19 Building Code Requirements for Structural Concrete(ACI 318-19) Commentary on Building Code Requirements for Structural Concrete(ACI 318R-19), 2019.
85. ACI 318.2-14 Building Code Requirements for Concrete Thin Shells, Commentary on Building Code Requirements for Concrete Thin Shells, 2014.
86. ACI 330R-08 Guide for the Design and Construction of Concrete Parking Lots, 2008.

87. ACI 408R-03 Bond and Development of Straight Reinforcing Bars in Tension, 2003.
88. ACI 349R-85 Code Requirements for Nuclear Safety Related Concrete Structures(ACI 349-85) and Commentary, 1985.
89. ACI 349-97 Commentary on Code Requirements for Nuclear Safety Related Concrete Structures(ACI 349-97), 1997.
90. ACI 349-13 Code Requirements for Nuclear Safety-Related Concrete Structures and Commentary, 2016.
91. ACI 351.1R-12 Report on Grouting between Foundations and Bases for Support of Equipment and Machinery, 2012.
92. ACI 351.2R-10 Report on Foundations for Static Equipment, 2010.
93. ACI 351.3R-11 Report on Foundations for Dynamic Equipment, 2011.
94. ACI 351.3R-18 Report on Foundations for Dynamic Equipment, 2018.
95. ACI 355.2-19 Qualification of Post-Installed Mechanical Anchors in Concrete (ACI 355.2-19) and Commentary, 2019.
96. ACI 439.3R-07 Types of Mechanical Splices for Reinforcing Bars, 2007.
97. ACI 447R-18 Design Guide for Twisting Moments in Slabs, 2018.
98. ACI 546R-14 Guide to Concrete Repair, 2014.
99. ACI SP-20 Maximum Crack Width in Reinforced Concrete Flexural Members, Peter Gergely and Leroy A. Luz, 1968.
100. ACI SP-204 Design and Construction Practices to Mitigate Cracking, 2001.
101. ACI SP-208 Examples for the Design of Structural Concrete with Strut-and-Tie Models, 2002.
102. Reinforcement Anchorages and Splices, 2002, Concrete Reinforcing Steel Institute(CRSI).
103. CRSI Technical Note ETN-D-2-13, Staggered Lap Splices.
104. CIP 6-Joint in Concrete Slabs on Grade, Concrete in Practice, National Ready Mixed Concrete Association(NRMCA).
105. CIP 22-Grout, National Ready Mixed Concrete Association(NRMCA).
106. Concrete Floors on Ground, Portland Cement Association(PCA), 2008.
107. Design and Control of Concrete Mixtures, The guide to applications, methods, and materials, 15th Edition, Portland Cement Association(PCA), 2011.

108. Manual of Standard Practice, CRSI(Concrete Reinforcing Steel Institute), 2003.
109. ICC Evaluation Service, Acceptance Criteria for Post-Installed Adhesive Anchors in Concrete Elements(AC308), 2013.
110. ICC Evaluation Service, Acceptance Criteria for Mechanical Anchors in Concrete Elements(AC193), 2012.
111. ICRI 310.1R-08, Guide for Surface Preparation for the Repair of Deteriorated Concrete Resulting from Reinforcing Steel Corrosion, Technical Guidelines prepared by International Concrete Repair Institute, 2008.
112. Wind Loads and Anchor Bolt Design for Petrochemical Facilities, 1997, ASCE.
113. Guidelines for Seismic Evaluation & Design of Petrochemical Facilities, 2nd ed, 2011, ASCE.
114. Anchorage Design for Petrochemical Facilities, 2013, ASCE.
115. ASCE/SEI 48-11 Design of Steel Transmission Pole Structures, 2012.
116. ASCE 136 Concrete Foundations for Turbine Generators, 2018.
117. ASCE 7-16 Minimum Design Loads for Buildings and Other Structures, 2017.
118. PIP STI03310 Concrete Typical Details, 2005, Process Industry Practices.
119. PIP STS03600 Nonshrink Cementitious Grout Specification, 2002, Process Industry Practices.
120. PIP STS03601 Epoxy Grout Specification, 2001, Process Industry Practices.
121. PIP STE05121 Anchor Bolts Design Guide, 2006, Process Industry Practices.
122. PIP STE05121 Application of ASCE Anchorage Design for Petrochemical Facilities, 2018.
123. ANSI/AISC 360-16 Specification for Structural Steel Buildings, 2016.
124. AISC Steel Design Guide 1, Column Base Plates, 1st, John T. DeWolf & David T. Bicker, 1990.
125. AISC Steel Design Guide 1, Base Plate and Anchor Rod Design, 2nd, James M. Fisher & Lawrence A. Kloiber, 2006.
126. AISC Steel Design Guide 1, Base Plate and Anchor Rod Design, 2nd, James M. Fisher & Lawrence A. Kloiber, 2014.
127. AISC Steel Design Guide 7, Industrial Buildings Roofs to Anchor Rods 2nd, 2012.
128. AISC Steel Design Guide 21, Welded Connections-A Primer for Engineers, 2006.

129. Addressing Anchor, Modern Steel Construction, September 2016.
130. Are you properly specifying materials, Modern Steel Construction, April 2018.
131. ASTM A563, Standard Specification for Carbon and Alloy Steel Nuts, 2013.
132. ASTM F1554, Standard Specification for Anchor Bolts, Steel, 36, 55, and 105-ksi Yield Strength, 2017.
133. ANSI/AISC 341-10 Seismic Provisions for Structural Steel Buildings, 2010.
134. Steel Designers' Handbook 7ed, Branko Gorenc, Ron Tinyou & Arun Syam, 2005.
135. Steel Detailers' Manual 2nd, Alan Hayward & Frank Weare, Blackwell Science 2002.
136. Design of Pinned Column Base Plates, Australian Steel Institute, 2002.
137. API 686(PIP REIE 686) Recommended Practice for Machinery Installation and Installation Design, 1996.
138. NIST GCR 11-917-11Rev.1, Seismic Design of Cast-in-Place Concrete Special Structural Walls and Coupling Beams.
139. Department of Transportation Bridge Plan Development Guide, State of Main, 2007.
140. Standard Method of Detailing Structural Concrete, A Manual for Best Practice 3rd, 2006, The Institute of Structural Engineers.
141. Eurocode 2 : Design of Concrete Structures, Part 1-1 : General Rules and Rules for Buildings, BS EN 1992-1-1 : 2004, 2010.
142. CEB-FIP Model Code 1990.
143. CEB-FIP No.226 Design of Fastenings in Concrete, Thomas Telford Edition, 1997.
144. CEB-FIP 58 Design of Anchorages in Concrete, 2011.
145. Fastenings to Concrete and Masonry Structures, 1994, COMITE EURO-INTERNATIONAL DU BETON.
146. EOTA Technical Report TR 061, Design Method for Fasteners in Concrete Under Fatigue Cyclic Loading, 2018.
147. Anchorage in Concrete Construction, 2006, Rolf Eligenhausen, Rainer Mallee, John F. Silva.
148. Design examples for Strut-and-Tie Models, CEB-FIP Technical Report Bulletin 61, 2011.
149. Strut-and-Tie Models, How to deign concrete members using strut-and-tie models in accordance with Eurocode 2, 2014, MPA The Concrete Center.

150. DD CEN/TS 1992-4-1 : 2009 Design of Fastenings for use in Concrete, BSI.
151. DD CEN/TS 1992-4-2 : 2009 Design of Fastenings for use in Concrete Part 4-2 : Headed Fasteners, BSI, 2009.
152. Design of Concrete Structures, CSA(Canadian Standards Association) A23.3-04, 2004.
153. NZS 3101 Part 1 : 2006 Concrete Structures Standard, 2008.
154. NZS 3101 Part 2 : 2006 Concrete Structures Standard Commentary, 2008.
155. Lecture Notes : Introduction to the Finite Element Method, Yijun Liu.
156. Scheduling, Dimensioning, Bending and Cutting of Steel Reinforcement for Concrete-Specification, BS 8666, 2005.
157. Joint in Steel Construction : Moment-Resisting Joints to Eurocode 3, SCI P398, The Steel Construction Institute and British Construction Steelwork Association 2013.
158. Joint in Steel Construction : Simple Joints to Eurocode 3, SCI P358, The Steel Construction Institute and British Construction Steelwork Association 2014.
159. Uniform Building Code(UBC) 1997 Volume 2.
160. Recommended Lateral Force Requirements and Commentary, Seismology Committee Structural Engineers Association of California(SEAOC Blue Book), 1999.
161. International Building Code(IBC), 2003.
162. International Building Code(IBC), 2018.
163. Bridge Structure Maintenance and Rehabilitation Repair Manual, Georgia Department of Transportation, 2012.
164. Thruway Structures Design Manual 3rd, New York State.
165. Structural Standard Document, SARGENT & LUNDY Co.
166. Finite Element Design of Concrete Structures, G.A.Rombach, 2004.
167. How to Design RC Flat Slabs using Finite Element Analysis
168. BECHTEL Design Guide - Finite Element Modelling of Concrete Structures.
169. BECHTEL Design Guide - Concrete Frame Structures Supporting Vibrating Equipment.
170. Recommendations for Finite Element Analysis for the Design of Reinforced Concrete Slabs.
171. Finite Element Modelling for Stress Analysis, R.D. Cook.

172. Single Box Culverts Cast-in Place Miscellaneous Details, Texas Department of Transportation.

173. Concrete Culvert Design & Detailing Manual, Ontario Ministry of Transportation, 2003.

174. Eurocode 2 : Design of Concrete Structures, Part 1 : General Rules and Rules for Buildings, DD ENV 1992-1-1 : 1991, 1999.

〈강구조Steel〉

1. 건축구조용 강재의 이해, 강구조학회지 제12권 4호, 2000년 12월.
2. 도로교 표준시방서, 1992.
3. 도로교설계기준, 2000.
4. 도로교설계기준, 2005.
5. 도로교설계기준 해설, 2008.
6. 도로교설계기준, 2010.
7. 도로교설계기준(한계상태설계법), 국토교통부, 2016.
8. 제3판 강구조공학, 한국강구조학회, 2007.
9. 강구조편람 1권 건설강재, 한국강구조학회.
10. 강구조편람 3권 건축물의 강구조설계, 한국강구조학회.
11. 구조용 고장력 보울트의 지연파괴, 대한토목학회지, 1986.
12. 이음 및 전단 표준접합 상세, 한국강구조학회지, 2009년 4월.
13. 소수 주거더교의 용접이음 설계 및 제작기술, 한국강구조학회지, 2007년 3월, pp.44~56.
14. 2016년 개정판 강구조설계, 한국강구조학회, 2016.
15. H형강 구조설계매뉴얼, 한국건축구조기술사회, 2012.
16. 하중계수설계법에 의한 강구조설계기준, 국토교통부, 2016.
17. 용접용어사전, 대한용접학회, 1992.
18. 국가건설기준 KDS 24 14 30 강교설계기준(허용응력설계법), 2019.
19. 국가건설기준 KDS 41 31 00 건축물 강구조 설계기준, 2019.
20. 국가건설기준 KDS 14 30 05 강구조 설계 일반사항(허용응력설계법, ASD), 2019.
21. 국가건설기준 KDS 14 31 05 강구조 설계 일반사항(하중저항계수설계법, LRFD), 2017.

22. 국가건설기준 KSD 14 31 25 강구조 연결설계기준(하중저항계수설계법), 2017.
23. 국가건설기준 KSD 14 30 25 강구조 연결설계기준(허용응력설계법), 2019.
24. 개정증보판 중급철강지식, 한국철강신문, 2011.
25. 강관구조 설계기준 및 해설, 대한건축학회, 1998.
26. 건축구조설계기준(Korean Building Code, KBC), 2005.
27. 건축구조기준(Korean Building Code, KBC), 2009.
28. 건축구조기준 및 해설(KBC), 2009, 국토해양부.
29. 건축구조기준(Korean Building Code, KBC), 2016.
30. 건축구조 표준접합상세지침, 한국강구조학회, 2009.
31. 2차 개정판 건축구조 표준접합상세지침, 한국강구조학회, 한국건축구조기술사회, 2009.
32. F13T급 고력볼트 기술개발, 건축학회지, 2012년 6월.
33. KS B ISO 1010 마찰접합용 고장력 6각 볼트·6각 너트·평와셔의 세트.
34. KS B ISO 10683 파스너-비전기적 아연 분말 도금, 2007.
35. 道路橋示方書·同解說 II 鋼橋編, 平成 8年 12月, 社團法人 日本道路協會.
36. 第3版 わかりやすい建築構W造用鋼材「Q＆A」集 －ＳＮ材シリーズ編－, 平成 20年 2月, 社団法人 日本鉄鋼連盟.
37. 橋の 設計の 基本と 基準の 變遷 3장.
38. AISC Detailing for Steel Construction 3ed, 2009.
39. ANSI/AISC 341-10 Seismic Provisions for Structural Steel Buildings, 2010.
40. ANSI/AISC 360-16 Specification for Structural Steel Buildings, 2016.
41. Manual of Steel Construction, Load & Resistance Factor Design (LRFD) Volume I, II, Second Edition, AISC, 1994.
42. AISC Steel Design Guide 23, Constructability of Structural Steel Buildings, 2008.
43. AISC Steel Design Guide 1, Column Base Plates, 1st, John T. DeWolf & David T. Bicker, 1990.
44. AISC Steel Design Guide 1, Base Plate and Anchor Rod Design, 2nd, James M. Fisher & Lawrence A. Kloiber, 2014.
45. AWS D1.1M Structural Welding Code-Steel, 2015.
46. Design Guide for Fabrication, Assembly and Erection of Hollow Section Structures, Construction with Hollow Steel Sections 7, CIDECT, 1998.
47. Hollow Sections in Structural Applications, CIDECT, 2001.

48. Division 5 Standard Specification for Structural Steel, Canadian Institute of Steel Construction(CISC), ONTARIO.
49. Handbook of Structural Steel Connection Design and Details, 2nd, 2010, Akbar R.Tamboli.
50. Handbook of Structural Steel Connection Design and Details, 1999, Akbar R.Tamboli.
51. Joint in Steel Construction : Simple Joints to Eurocode 3, SCI P358, The Steel Construction Institute and British Construction Steelwork Association 2014.
52. Joint in Steel Construction : Moment-Resisting Joints to Eurocode 3, SCI P398, The Steel Construction Institute and British Construction Steelwork Association 2013.
53. Design of Weldments, Omer W. Blodgett, 1963.
54. Design of Welded Structures, Omer W. Blodgett, 1966.
55. Use Double Sided Groove Welds, Modern Steel Construction, February 1998.
56. Steelwise Economical Weld Design, Modern Steel Construction, January 2013.
57. Bulletin on ASTM F1136/F1136M Zinc/Aluminum Coatings for use with ASTM A490/A490M Structural Fasteners, RCSC, 2011.
58. Galvanizing Structural Steel, Modern Steel Construction, December 2001.
59. Field Manual for Structural Welding, Michigan Department of Transportation, 2017.
60. Welding Design, United States Nuclear Regulatory Commission(US NRC), 1501-E118-Welding Technology and Codes.
61. Super-High Strength Bolt, 'SHTB', Nippon Steel Technical Report No. 97 January 2008.
62. BS EN 1993-1-8 : 2005 Eurocode 3 : Design of Steel Structures, Part 1-8 : Design of Joints, BSI.
63. Design of Steel-to-Concrete Joints Design Manual II, 2014, European Convention for Constructional Steelwork.
64. Design of Structural Connections to EUROCODE 3 Frequently asked Questions, 2003, Building Research Establishment.
65. NCCI : Design of Simple Column Bases with Shear Nibs.
66. Design of Pinned Column Base Plates, Australian Steel Institute, 2002.
67. Eurocode 3 : Design of Steel Structures, Part 1-2 : General Rules- Structural Fire Design(BS EN 1993-1-2 : 2005), 2010.

68. Structural Steel Designer's Handbook, 4ed, 2006, McGRAW-HILL.
69. Anchorage Design for Petrochemical Facilities, 2013, ASCE.
70. The Structural Design of Air and Gas Ducts for Power Stations and Industrial Boiler Applications, 1995, ASCE.
71. ASCE NO.138 Structural Fire Engineering, 2018.
72. Anchorage in Concrete Construction, Rolf Eligehausen, Rainer Mallee, John F. Silva, 2006.
73. ASTM A36-12 Standard Specification for Carbon Structural Steel.
74. ASTM A449-10 Standard Specification for Hex Cap Screws, Bolts and Studs, Steel, Heat Treated, 120/105/90 ksi Minimum Tensile Strength, General Use.
75. PIP STF05121 Fabrication and Installation of Anchor Bolts, 2006, Process Industry Practices.
76. PIP STE05121 Anchor Bolts Design Guide, 2006, Process Industry Practices.
77. PIP STE05121 Application of ASCE Anchorage Design for Petrochemical Facilities, 2018, Process Industry Practices.
78. PIP STC01015 Structural Design Criteria, 2017, Process Industry Practices.
79. Design Guide Piperack Design, 2002, BECHTEL Corporation Engineering
80. ACI 351.2R-10 Report on Foundations for Static Equipment, 2010.
81. ACI 349-13 Code Requirements for Nuclear Safety-Related Concrete Structures and Commentary, 2013.
82. ACI 318-19 Building Code Requirements for Structural Concrete(ACI 318-19) Commentary on Buildings Code Requirements for Structural Concrete(ACI 318R-19), 2019.
83. ASM(American Society for Materials) Specially Handbook, 1996, Carbon and Alloy Steels.
84. Handbook of Materials Selection, 2002, Myer Kutz, John Willey & Sons.
85. Structural Steel Designer's Handbook, 4ed, 2006.
86. Constructional Steel Design An International Guide, Chapter 1.1, 1992, Patrick J, Doweling 외 2인, Elsevier Applied Science.
87. ASM(American Society for Materials) Material Handbook, Material Selection and Design Volume 20, 10th ed, 1997.

<기타Miscellaneous>

1. 도로교설계기준해설, 2008.
2. 도로교설계기준, 2010.
3. 도로교설계기준(한계상태설계법), 2016.
4. 철도교설계기준 노반편, 2011.
5. 지반공학시리즈 4 개정판 깊은기초, 한국지반공학회, 2002.
6. 구조물기초설계기준, 건설부, 1986.
7. 구조물기초설계기준, 국토교통부, 2016.
8. 구조물기초설계기준해설, 2016.
9. 건설공사 비탈면 설계기준, 2016.
10. 콘크리트 구조기준 해설(KCI-2012), 2012.
11. 콘크리트구조 학회기준(KCI-2017), 2017.
12. 말뚝기초의 설계, 한국철도시설공단, 2012.
13. 도로설계요령, 제5편 토공사.
14. 도로설계요령, 제8-3편 교량하부구조물, 2009.
15. 최신개정판 철근콘크리트의 새로운 계산도표[RG], 건설도서, 1992.
16. 말뚝·케이슨 및 강관널말뚝 기초의 설계계산 예, 건설도서, 1999.
17. 교량점검시설 설치지침, 건설교통부 도로구조물과, 2003.
18. 강도로교상세부설계지침, 건설교통부, 1997.
19. 진동기초의 설계, 전산구조공학회, 1990.
20. 진동 및 내진설계, 한국지반공학회, 1997.
21. 지반공학시리즈 11 토목기술자를 위한 암반공학, 한국지반공학회, 2000.
22. 다짐 점성토의 동적전단탄성계수, 1983, 대한토목학회논문집 Vol. 3 No. 2.
23. 건축구조기준(Korean Building Code, KBC), 2016.
24. 산업안전보건기준에 관한 규칙.
25. 국가건설기준 KDS 41 10 15 : 2019 건축구조기준 설계하중.
26. 국가건설기준 KDS 11 50 30 : 2016 진동기계기초 설계기준, 2018.
27. 건축물의 피난·방화구조 등의 기준에 관한규칙.
28. 주택건설기준 등에 관한 규정.
29. 건축법 시행령.
30. 건축기초구조설계규준, 1976.

31. 건축구조설계규준, 1979.
32. 건축물의 규조기준에 관한 규칙 개정령, 1988.
33. 건축물의 구조기준 등에 관한 규칙.
34. 건축물 하중기준 및 해설, 대한건축학회, 2000.
35. 건축구조설계기준(Korean Building Code, KBC), 2005.
36. 건축구조기준 및 해설(KBC), 국토해양부, 2009.
37. 건축구조기준 및 해설(KBC), 국토교통부, 2016.
38. 건축기술지침 Rev.2 건축I, 대한건축학회, 2018.
39. 가공송전선로 공사원가 산정지침, 한국전력공사 송변전건설처, 2015.
40. KS B ISO 14122-3, 기계 안전-기계 설비에 대한 영구적 접근 수단-제3부 : 계단, 발판 사다리 및 안전 난간, 2014.
41. KS B ISO 14122-2, 기계 안전-기계 설비에 대한 영구적 접근 수단-제2부 : 작업대와 통로, 2014.
42. KOSHA Guide G-85-2015, 작업장의 통로 및 계단 설치에 관한 기술지침, 한국산업안전보건공단.
43. 각국 풍하중규준의 비교와 설계적용, 한국강구조학회, 제10권 4호, 1998년 12월.
44. 건축구조기준(KBC 2013) 풍하중(안)의 주요 개정내용, 하영철.
45. CRSI Design Handbook 2008.
46. Design Guide for Pile Caps, CRSI, 2015.
47. ASCE 20-96 Standard Guidelines for the Design and Installation of Pile Foundations, 1997.
48. BS 8004 : 1986 Code of Practice for Foundations, 1998.
49. Maritime Works-Part 2 : Code of Practice for the Design of Quay Walls, Jetties and Dolphins, BS 6349-2 : 2010.
50. Finite-Element Design of Concrete Structures Practical Problems and Their Solutions, 2nd, 2011, G.A. Rombach.
51. Wind and Snow Load Statistics for Probabilistic Design, Journal of Structural Divisions, ASCE, Vol. 107 No. ST7, July 1981, Bruce R. Ellingwood.
52. Wind Load Statistic for Probability-Based Structural Design, Journal of Structural Engineering, April 1999, Bruce R. Ellingwood, Paulos Beraki Tekei.
53. ACI 314R-16 Guide to Simplified Design for Reinforced Concrete Buildings, 2016.

54. ACI 318-08 Building Code Requirements for Structural Concrete(ACI 318-08) and Commentary, 2008.
55. ACI 318-11 Building Code Requirements for Structural Concrete(ACI 318-11) and Commentary, 2011.
56. ACI 351.3R-04 Report on Foundation for Dynamic Equipment, 2011.
57. ACI 351.3R-18 Report on Foundation for Dynamic Equipment, 2018.
58. ASCE 7-95 Minimum Design Loads for Buildings and Other Structures, 1996.
59. ASCE 7-98 Minimum Design Loads for Buildings and Other Structures, 2000.
60. ASCE 7-02 Minimum Design Loads for Buildings and Other Structures, 2003.
61. ASCE 7-05 Minimum Design Loads for Buildings and Other Structures, 2006.
62. ASCE 7-10 Minimum Design Loads for Buildings and Other Structures, 3rd Printing, 2013.
63. ASCE 7-16 Minimum Design Loads for Buildings and Other Structures, 2017.
64. ASCE 32-01 Design and Construction of Frosted-Protected Shallow Foundations, 2001.
65. ASCE 74-10, Guidelines for Electrical Transmission Line Structural Loading, Third Edition, 2010.
66. Counteracting Structural Loads : Treatment in ASCE Standard 7-05, Jr. of Structural Engineering, January 2009.
67. AISC Steel Design Guide 18, Steel-Framed Open-Deck Parking Structures, 2012.
68. AISC Steel Design Guide 34, Steel-Framed Stairway Design, 2018.
69. 2006 IBC SEAOC Structural/Seismic Design Manual Vol. 1.
70. 2012 IBC SEAOC Structural/Seismic Design Manual Vol. 1.
71. International Building Code(IBC), 2009.
72. International Building Code(IBC), 2018.
73. OSHA 29 CFR 1010 Occupation Safety & Health Standards, 2007.
74. BS 5395-1 Stairs, Ladders and Walkways, Part 1 : Code of practice for design, construction and maintenance of straight stairs and winders, 2000.
75. BS 6399 : Part 1 : 1996 Loading for Buildings, Part 1. Code of Practice for Dead and Imposed Loads, 1996.
76. PIP STC01015 : Structural Design Criteria, Process Industry Practices Structural,

2007.

77. PIP STC01015 : Structural Design Criteria, Process Industry Practices Structural, 2017.

78. The One-Third Stress Increase : Where is it now? Modern Steel Construction, October, 2003.

79. Practical Use of the New Load Combination, Structure Magazine September 2004.

80. Civil/Structural Engineering Design Guide for Vibration Sensitive Structures, 1994, BECHTEL Corporation Engineering.

81. British Standard CP 2012-1 : 1974 Code of Practice for Foundations for Machinery-Part 1 : Foundation for Reciprocating machines.

82. DIN 4024 Part1 Machine Foundations Flexible Structures that Support Machines with Rotating Elements, 1988.

83. DIN 4024 Part2 Machine Foundations Rigid Foundation for Machinery subject to Periodic Vibrations, 1991.

84. Design of Structures and Foundations for Vibrating Machines, Suresh Arya, Michael O'Neill, George Pincus, 1979.

85. Foundations foe Industrial Machines, Handbook for Practising Engineers, K G Bhatia, 2008.

86. Foundations Subjected to Vibration Loads, Concrete International, July 2009, p.42.

87. Machine Foundation in Oil and Gas Industry, Varanasi Rama Rao B.E,M.S.(1.1.Sc).

88. Structural Standard Document, SDS-E8 Turbine Foundations, Sargent & Lundy, Chicago.

89. Structural Standard Document, SDS-E9 Equipment Foundation, Sargent & Lundy, Chicago.

90. Principle of Soil Dynamic, 1993, Braja M.Das.

91. The Evolution of Wind Provisions in Standards and Codes in the United States, S.K. Ghosh, 2008.

92. CP3 Chapter V-2 : 1972, Code of Basic Data for the Design of Buildings, Chapter V : Loading Part2 : Wind Loading.

93. BS 6399-2 : 1997, Loading for Buildings, Part2 : Code of Practice for Wind Loads, 2002.

94. CSA Standard S475-04, General Requirements, Design Criteria, the Environment, and Loads, 2004.
95. Building Construction Handbook 10th Edition, Roy Chudley & Roger Greeno, 2014.
96. Appropriate Building Material A Catalogue of Potential Solutions, 1981.
97. Reynolds's Reinforced Concrete Designer's Handbook, 11 Edition, 2008.
98. 杭基礎の大変形挙動後における支持力特性に関する共同研究報告書 (杭頭結合部に関する研究), 平成24年 3月, 独立行政法人 土木研究所, 一般社団法人 鋼管杭·鋼矢板技術協会, 社団法人 コンクリートパイル建設技術協会.
99. 杭基礎設計便覽, 平成 4年 10月, 社團法人 日本道路協會.
100. 道路橋示方書·同解說, IV 下部構造編, 平城 8年 12月, 社團法人 日本道路協會.
101. 道路設計要領, 設計編, 国土交通省 中部地方整備局 道路部, 2014.
102. 設計要領 [道路編] 平成29年 4月, 北陸地方整備局(Hokuriku), 2017.
103. 静岡県(Shizuoka) 橋梁設計要領, 平成26年 7月, 静岡県 交通基盤道路局, 2014.
104. BS 4592-0 : 2006 Industrial type flooring and stair treads-Part 0 : Common design requirements and recommendations for installation, 2006.

저자 및 감수자 소개

<저자>

진현균

- 고려대학교 공학대학원 토목공학과 공학석사
- 토목구조기술사
- 現) 한국지진공학회 이사(12기)
- 現) 대한토목학회 구조위원회 위원
- 現) 한국전력기술(주) 부장

<감수자>

정영수

- 중앙대학교 건설환경공학과 명예교수
- 대한토목학회 참여회원

Q&A로 알아보는 구조설계

초판 발행 2020년 10월 21일
초판 2쇄 2021년 5월 4일

저 자 | 진현균
편집장 | 김준기
발행인 | 전지연
발행처 | KSCE PRESS
등록번호 | 제2017-000040호
등록일 | 2017년 3월 10일
주 소 | (05661) 서울 송파구 중대로25길 3-16, 대한토목학회
전화번호 | 02-407-4115
홈페이지 | www.kscepress.com
인쇄 및 보급처 | 도서출판 씨아이알(Tel. 02-2275-8603)

ISBN | 979-11-960900-6-7 (93530)
정 가 | 24,000원